石油化工建设项目文档管理实务

渭　璟　编著

中国石化出版社

内 容 提 要

本书从理论、实务和方法三部分系统介绍了工程项目文档管理。理论篇介绍了文档管理的基本原理和理论基础；实务篇注重实践管理，针对工程项目各参建角色中的项目管理层或主管文档信息的项目管理人员，以项目进展阶段为线索，阐述了各阶段的管理目标、策略和主要应该把控的工作重点，重在管理策略；方法篇注重基层操作，针对行业内工程项目中的基层文档管理人员，以文件的管理阶段及主要文件种类为线索，详细阐述了文件管理各个阶段应该做的工作，以及针对具体文件类型详细阐述其流转过程，重在实际操作。

本书适合工程行业工程项目中的文档管理人员，含建设单位、EPC 承包商、设计单位、施工单位和监理单位文档管理人员，以及项目中主管文件信息的管理人员参考使用。

图书在版编目(CIP)数据

石油化工建设项目文档管理实务 / 渭璟编著. —北京：中国石化出版社，2023.1

ISBN 978-7-5114-6729-4

Ⅰ.①石… Ⅱ.①渭… Ⅲ.①石油化工-基本建设项目-档案管理 Ⅳ.①TE65

中国国家版本馆 CIP 数据核字(2023)第 020665 号

中国石化出版社出版发行

地址：北京市东城区安定门外大街 58 号

邮编：100011　电话：(010)57512500

发行部电话：(010)57512575

http://www.sinopec-press.com

E-mail：press@sinopec.com

北京艾普海德印刷有限公司印刷

全国各地新华书店经销

*

787×1092 毫米 16 开本 22.25 印张 555 千字

2023 年 2 月第 1 版　2023 年 2 月第 1 次印刷

定价：98.00 元

《石油化工建设项目文档管理实务》

参编人员

王海涛　任　伟　王　蕊　张晓迎　杨　宇

文字整理及插图

张美慧　王　菲

鸣谢： 感谢北京时日中天科技发展有限公司的大力支持！

自序

想要编写一本适用于国内工程行业工程项目文档管理工具书籍的想法，从想法萌生到今天此书初步编写完成，已历时十年之久。期间经历了工作的变动，对新工作环境的适应，以及这样那样的原因所带来的编写计划的搁浅。其中最主要的就是几度产生的，对书编写好后，是否会被需要的怀疑和忐忑，以及因此而衍生的想要放弃的念头。但每当听到看到同行由于缺少专业理论指导和系统的实践经验参考，而无法在工作中融会贯通、触类旁通(这种现象一般常见于工程公司和文档管理服务商)；或因初次接触工程文档管理工作，而不知所措，继而四处碰壁(这种情况一般发生在刚刚成立的建设单位，或刚接触文档管理工作的个人)，又让我一次次坚定想要达成这个理想的决心。

文件档案管理，在我学习的中国人民大学，当初是叫作“档案管理”专业，但这个叫法已于2003年更名为“信息资源管理”，可以说这样的更改是有意义且顺应时代潮流的，因为随着信息社会的到来和发展，将来文件和档案的概念虽然不会被历史的长河所淹没，但却会因为其内容，也就是信息资源价值的凸显，而成为学科研究和实践应用中的主角，代替原本对于“文档”这个事物整体为导向的研究方向，而聚焦为对其内容价值以及应用技术的深挖。而这也将成为过去文件和档案管理，不论是学科还是管理实践在未来的发展方向。

回到我们工程文档管理的话题，大学毕业后的我有幸来到中国石化工程建设公司工作，这里说的幸运除了大学毕业就能加入大型央企外，更重要的是我们那一代人，刚踏上工作岗位就经历了时代信息化的变迁。当时设计院刚刚开始电脑绘图，在设计人员经历从手绘图纸到CAD绘图变革的时候，我们档案管理人员也面临着从纸质文件的管理到电子文件管理的变革。相比起大学里的学习，虽然作为国家档案管理学科的研究基地，在学校我们就已初步接触了电子文件管理以及计算机学科的启蒙，但聚焦到电子科技文件的管理，尤其是工程领域电子档案的管理，我初步意识到，果然大学校园教会我们的只是学习方法和面对陌生领域的探寻思路。在那几年的工作实践中，我的收获主要是对电子档案的认识以及对石化工程行业的初步了解。

紧接着就是我第二个值得在这里提及并仍可以用幸运二字形容的经历，那就是20世纪90年代，中国石化集团开始开拓海外市场，到了21世纪初初见成效，但在最初经历的一两个项目中，管理者发现并意识到工程文件信息管理对于一个工程项目实施的重要性。于是在21世纪初承揽的伊朗某炼油项目中，我作为档案管理专业人才加入该项目，开启了我自此之后20多年，也可能是一辈子对于工程行业文档管理的探究之路。正是源于伊朗项目，让我知道了在国际工程行业中，还有工程文档控制这个工作和岗位，也让我在探寻工程文档管理工作思路的同时，逐步与自己的所学专业和过去几年工程档案管理的业务寻找连接，同时在伊朗施工现场的两年，也给了我深入了解工程行业以及工程项目运转的契机。伊朗项目是我人生第一个深度参与的工程项目，让我见到、学到很多，也在实践中产生很多的疑问和思考，带着这些疑问和思考，才有了后来在文档管理这条道路上的执着和探寻，才有了今天的这些认识和呈现。在这里感谢所有项目领导和同事给予我的帮助和引领。

伊朗项目圆满结束后，我接触了职业生涯中最重要的一段经历，这段经历用幸运二字都不足以诠释和涵盖它对我的意义，应该说是上天给我的一种馈赠，正因为有了这段经历，才进一步打开了我的眼界和思路，才有了后来我对这份事业的信心和坚持。这个项目是由中国石化集团与两家国际石油公司作为业主，由我当时所在的中国石化工程建设公司与一家外企共同承担PMC（项目管理承包商），是当时国内最大的炼化项目。我有幸成为当时PMC方的文档管理主任，为建设单位规划整个项目的文档管理工作。初进入项目，虽然带着伊朗项目的经验和对于所学专业与过往实践的一些思考，但第一次与国外工程公司合作，项目整体管理思路和经验借鉴又都是基于国外工程项目和工程公司的管理经验，我颇感压力，甚至怀疑自己和自己过往的经验。但压力和怀疑进一步激发了我探寻和学习的动力，逆水行舟的艰难，也真切地带给了我成长和收获。我找来国外工程公司的相关标准规定反复研究，也意识到国外的管理经验不能照搬至国内项目，于是经过一段时间的研究，在借鉴国外经验的同时，我结合国内的项目运转规律以及当时的项目实际需求，形成了一套适合项目的文档管理标准。正是这一段经历，奠定了本书的基础，给了我将国际工程公司经验、国内工程项目客观实际与文档管理理论与规律结合的契机。项目结束后，源于评高级职称的需要，我根据自己10年来，尤其是此次项目上沉淀的经验和思考，在国家级档案专业刊物《档案学研究》上发表了论文《从文档一体化看工程项目文档控制工作》，第一次向这么高级别的国家档案学核心刊物投稿，我怀着忐忑的心情，但当看到自己的论文竟然一字未改地呈现在2008年第5期《档案学研究》上时，那一行行铅字和为数不多的稿费大大激发了我的自信心和对所从事事业的兴趣。

后来也是源于PMC项目的经验，我参与了中国石化集团PMC项目管理手册的编写，独立承担了其中项目文档管理篇章的撰写。因为个人原因，2011年我离开了中国石化工程建设公司(SEI)，开启了自己职业生涯中的另一段旅程。在SEI的13年间，除了上述项目的参与，我还主持编写了中国石化北京设计院《技术档案分类及编号办法》、SEI《总承包项目管理手册》中工程项目文档管理的篇章，参与了SEI《综合档案管理办法》系列标准的编制等工作。可以说，SEI对我来说，是我的第一个工作单位，也是我人生中的第二所大学，作为国内首屈一指的工程公司，在这里我学到了大学校园学不到的东西，获得了其他地方无法提供给我的学习和历练的机会，在此感谢那些在我初入职场时给予我帮助、支持和关怀的领导、同事和小伙伴儿们。

初次萌生想要写一本专业书籍的想法，正是在我评高级职称的时候，为了写一篇像样的论文，我跟大家一样，在书店、网上搜索相关的专业书籍、论文，希望能有所借鉴和学习，但很遗憾，我没有找到一本专门讲工程文档管理的书籍，从此在心里便埋下了一粒种子，这粒种子在我手捧发表着我论文的《档案学研究》时，进一步被激发，我想我应该写，也可以写。

但遗憾的是，因为工作调动，我的第二份工作虽然也是在石化工程领域，同样是工程文档管理工作，但由于肩负着对于北京石油化工工程有限公司工程文档管理业务建章立制的重担，所以那粒埋下的种子被暂时搁置。直到几年后，由于工作需要，部门人力配置需要考虑采用第三方服务的用工形式，故与市场上一些文档管理专业公司有了接触。这个时候，我发现虽然有些专业服务公司在市场上摸爬滚打十几年，参与过一些大型炼化项目的文档管理服务工作，但与企业负责人交流时，发现他们也在抱怨市场上竟然找不到一本从理论到实践比较全面的专业书籍，用于指导他们的业务实践。在我分享了自己曾经的想法时，就有公司提出希望我能把自己的想法付诸实践。于是我抱着一种尝试的心理，将无数次在心中勾勒的本书目录架构发送给这些企业负责人看，结果大大出乎我的意料，他们表示，这正是他们需要的工具书的样子。我心里的小火苗被重新点燃，我想我必须要完成这个目标，为了成就自己的理想，也为了能够帮助到需要的企业和个人。

经过约5年的打磨，本书终于编写而成，其间因为工作和个人的各种事情，编制计划也是一改再改，一拖再拖。非常感谢我在PMC项目里带出的小团队，在书籍编写最困难的时候为我提供了帮助和鼓励，助力我完成了心愿，我相信，他们的参与和付出也必将成为他们事业发展道路上的助力。同时在这里还要感谢给予我每一点鼓励、帮助、信任的同事、朋友，这本书凝聚的不是我一个人的智慧与心血，还有你们殷殷的期盼和从没有变过的相信。

序　一

一分耕耘一分收获；一分思考一分精进。渭璟同志作为中国人民大学档案学院的优秀毕业生，北京石油化工工程有限公司档案室主任、高级工程师，十年磨一剑，知行合一，求是求真，悉心编著了这部《石油化工建设项目文档管理实务》。该书内容丰富、结构完整、实用性强，是一部独具特色的集石油化工建设项目文档管理领域理论、实务和方法等方面知识之大成的优秀著作。其价值不仅体现在有效填补了我国在石油化工建设项目文档管理领域的理论和实践知识的空白，而且对其他领域的项目文档管理也具有非常重要的参考借鉴价值。

科学的档案专业术语是档案管理理论研究的重要基石。与同类出版的书籍相较，该书采用了严谨的术语体系来表达项目文档管理的理论、经验和方法。目前国内出版的某些总结本系统、本行业、本单位实践经验的书籍，普遍存在的问题之一就是书中所使用的术语概念定义不清、边界模糊，甚至有些作者把一些生活用语、习惯用语同专业术语混为一谈。这种问题的存在，在一定程度上影响了其思想表达的准确性和科学性。因此，如何采用专业术语来科学地表述项目文档管理的理论和思想，就成为档案学研究工作者必须加以重视的一个突出的现实问题。渭璟同志带领的团队编著的这部书，十分注重档案专业术语的定义和使用，为其他热心从事档案学理论和实践问题研究的同仁，树立了一个良好的学习标杆。

对特定行业或领域的项目文档管理理论和实践问题的探索和研究，还应注意对能够体现自身专业管理需要的特色术语的提炼和总结。这对于发现和总结反映特定行业或领域的文档管理经验、发现规律、认识本质、找出趋势，都非常重要。渭璟同志带领的团队不仅继承了我国项目文档管理的通用专业术语，还结合石油化工建设项目文档管理实际，提炼和总结了诸如“正式文件”“成品文件”“过程文件”“项目过程文件”“供货商文件”“交工技术文件”“内部文件”“外部文件”“硬拷贝文件”“发布”“标准文件分发矩阵”“预归档”“交付”“DCC”“项目文件编码”“文件传送单”“工程中间交接”“交工验收”“原版文件”“原版拷贝”“主档案室”“闭环”等专用术语概念，并且均作了符合实际需要的明确定义。

该书正是因为有了相对完整的专业术语及其定义的支撑，才使其整体思想理论和实践经验表达的逻辑性与科学性得到了有效保障。

项目文档管理的思想观点论证，离不开实践经验证据的支撑。当今的一些档案学术“研究成果”存在的主要症结之一就是从文献到文献，甚至有些人还深陷于“语录式”的循环论证的窠臼里不能自拔。这种研究定势一旦形成，往往会对学术风气产生不良影响，而且也会使所谓的“理论”越来越脱离实践的需要。目前广大一线档案工作者反映最为强烈的问题就是“理论讲了一大套实际工作不需要”。那么应该如何改变呢？渭璟同志带领的团队通过行动给出了明确的答案。他们从档案学的科学理论出发，注重用实践案例和具体事实来说明项目文档管理的思想观点与方法，充分体现了“实践是检验真理的唯一标准”的正当性和科学性。该书在阐述文档一体化理论在建设工程项目文档管理中的运用问题时，结合实际工作经验，深刻地揭示了项目文件管理与后期档案管理工作之间的衔接不畅问题的主要成因。“不了解项目归档的要求或归档后档案的管理环节及目的”“项目文件管理满足了项目管理的需要，却忽视了项目文件管理另一个重要职能，即为今后的档案管理做好准备”，是造成问题存在的主要原因。

认真回应工程项目文档管理实践中的“老大难”问题，是该书的主要贡献之一。如由于归档项目文件不符合存档要求而出现的大量返工问题，项目文件信息收集不全问题，项目文件整理思路与档案管理不一致问题，文件管理和档案管理岗位间工作缺少连续性问题，项目进度管理和公司文档质量管理之间的矛盾问题，等等。对于这些问题，该书不仅给出了解决问题的思路，而且提供了具体解决问题的方法，真正做到了理论联系实际。基于成功的实践经验，作者给出了切实可行的解决问题的策略和方法建议。在客观地分析了以往解决该问题的做法之弊端的基础上，作者指出如果项目文件管理和公司档案管理都能站在公司立场考虑问题，并从组织机构的隶属上保证其立场统一，就能很好地规避工程项目文档管理与项目进度管理之间的矛盾。在项目需求和公司需求之间找到一条二者兼顾的解决路径，除了需要在解决问题的思路和组织机构上做必要的调整外，采用文档一体化的管理模式是从根本解决这矛盾的主要路径。具体做法是让档案人员转变归档时事后纠错的惯性做法，提前参与项目文件管理，做好文档控制工作，在文件产生时就明确各项目文件的质量要求，从而有效减少影响文件信息传递进度的问题，从根本上提升项目文件管理和归档后档案管理的效果。另外，让项目文件管理人员提前了解档案管理的需要和要求，也能让他们调整自己的工作思路和方法，在项目文件管理的同时兼顾档案管理的要求，从整体上提高管理效率和服务质量。

项目文档控制工作是工程项目管理不可缺少的模块。项目文档控制工作和工程项目安全管理、质量管理、合同管理、费用控制、进度控制、材料控制等，都是工程项目管理不可缺少的模块。它是通过建立项目文档管理体系，及项目中各种文件管理的计划、程序、规范，做到项目文件，包括工程技术文件以及管理文件、通讯类文件等的有效控制和及时传递、共享。一个工程项目如果无法保证文件的真实、统一、规范、有效、完整，缺乏项目文件共享和流转体系，就会造成项目管理效率低下，工程进度迟缓、工程质量得不到保证等不良后果。因此，工程项目文档控制工作是工程项目管理的需要和重要组成部分。文件控制的首要目标就是要维护文件的真实性，只有真实的文件才有效，才能使项目档案具有凭证价值。规范性和统一性是指项目文件在格式、编码、版次等方面的外部信息需要有统一的做法和要求。由于工程项目是相互关联的一组连续性活动，需要各角色、各界面间相互按照交换的信息配合完成。同时，工程项目建设中不可预见性因素多，这些因素还在不时发生变化，这就决定了工程项目的复杂性。因此信息的时效性就显得格外重要。各角色、各界面间在传递信息的时候，必须要将时效性作为首要重要的考虑因素。文件的完整性是工程项目文档控制工作中应该把握的一个方面，就是文件数量齐全、质量完好。文档控制工程师在查验文件的时候，一般需要核对文件的页数，以保证完整性。值得注意的是，文件的完整性也是满足文档安全管理一个必要前提条件。

正确的项目文档管理理念，良好的文档管理体系，合理定义的项目级正式文件，明确的文档控制收发管理的文件范围，对需要纳入项目文档管理体系的文件信息的真实性、规范性、统一性、完整性和时效性的有效控制，是保证项目文档管理有效进行的必要条件。项目文档管理机构和人员不仅应从项目管理角度保证项目文件信息的有效控制、传递和共享，还应该着眼于项目结束后档案管理的需要。在文件管理中应融入档案管理的理念，以保证归档后项目档案信息的管理和利用。正确的项目文档管理理念能从文件信息角度对项目提供最好的支持，是一个建设单位、一个工程公司档案管理的重要基础。项目建设方应秉持正确的文档管理理念，并要求参建方履行管理义务、达成管理目标，但同时也应与项目参建方进行有效沟通，将正确的理念传递给他们，以保证整个项目文档管理目标的达成。在实际运作中，PMC 或者 EPC 承包商同样需要与项目建设方进行沟通，将良好的沉淀下来的工程文档管理经验和文档管理理念传递给建设方，告诉他们文档管理的重要性，以及什么样的管理才是有效和正确的，协助建设方在全项目建设中达成统一的文档管理理念。需要强调的是，这种沟通应贯穿整个项目的全过程。因为一种理念的建立绝不可能是一蹴而就的，需要长时间的经验积累，方能形成。如果只有建设方有正确的文档管理理念，但没有很好地去要求承包方按照全项目文档管理体系操作，整个建设期间来自承包方的文件信息就会与项目文档管理要求产生差距(如文件编码、版次、签署不符合建设方要求等)。这方面的问题如果解决不好，就将导致文档编制工作的反复，甚至造成信息传递不及时，乃至错误传递信息等不良后果的出现，进而会影响整个项目文档管理体系的执行，还会在很大程度上影响项目的质量、进度以及成本支出。

天下难事必作于易，天下大事必作于细。渭璟同志带领的团队通过对建设单位、EPC承包商、设计单位、施工单位、监理单位的文档管理经验的系统总结和升华，翔实地回答了各个相关主体的文档管理的原则、思路、管理体系建设、各阶段工作重点、项目文档控制关键控制点，为从整体上提升我国工程项目文档管理的质量和水平，提供了扎实的解决问题的思路和实践方案。就总体而言，该书的“实务篇”为各相关主体有序、有效地开展文档治理实践，提供了有助于行动的思想指南。

事成须基于实。理论研究的成果能否真正成为指导实践的有效工具，关键因素之一就是研究者所秉持的态度。近年来，一些学者由于醉心于“自造”的虚假命题的藩篱中，无视或轻视对档案工作实践中提出问题的探索与思考，不仅造成了国家有限科研经费的浪费，而且还使学术研究风气受到了某种程度的污染。渭璟同志带领的团队的这部著作，确确实实犹如一股清流，为我国档案学术界输入了满满的正能量，注入了求真务实的符合新时代中国档案事业发展所需要的新方法、新思想、新经验、新理论。“流程为王”，没有设计科学、实践可行的文档管理流程，再好的思想理论都难以产生良好的管理效果。渭璟同志带领的团队，不仅清晰地说明了工程项目文档的管理流程，而且对建设工程项目中主要的文件类型及管理方法、数字化交付的方法、项目电子文档管理的方法，进行了深入细致的介绍。

在渭璟同志带领的团队编著的这部优秀作品即将付梓之际，我谨以此序相贺，并希望广大读者能够通过阅读此书获得从事工程项目文档管理的智慧、理论、经验和方法。

中国人民大学信息资源管理学院
王英玮

序　二

建设工程项目文件管理，在国际、国内工程项目中，是一项重要的专业工作。它不仅包括日常的收、发、存的工作，而且要根据国家、行业、地方、项目的要求，建立起一整套文件管理体系，使项目在全生命周期内的信息得以有效的管理，满足交付和归档要求，保障相关方在未来能够准确完整地再利用这些信息，这就对工程项目文件管理的专业性提出了很高的要求。

作者是我的多年同事，这些年里，我看到了她在工程项目文档管理领域中的专注、用心和专业，对她来说，这不仅是一份工作，还是一项事业。本书从文件到档案的管理理论入手，结合多年工程项目实践经验，是针对项目文档控制工作的一本工具书。在实务篇里针对项目不同角色的用户，建立管理思路和策略；在方法篇里通过管理流程和环节，再到各类文件的管理方法，真是拿来就能直接用！

希望这本书可以帮助工程项目管理人员、项目经理们的日常工作，为工程公司和建设单位在企业文档管理方面提供参考。

北京石油化工工程有限公司

田　伟

前　言

文件–档案学（专业一点讲，应该是档案学，因为文件是档案的前身，档案学中就包含文件管理等相关内容）目前在我国属于边缘学科，然而随着信息化时代的到来，信息带来了前所未有的生产力和发展动力。人们也越来越认识到信息的载体——文件和档案的重要性。尤其是在工程行业，文件信息起着举足轻重的作用，可以说一个工程项目的管理水平，很大程度上依赖文件信息的管理水平。

可是有一个现象非常奇怪，在国内纯档案学科的书籍市场上不在少数。而21世纪初的10年内，工程行业中介绍文件–档案管理的书籍根本寻不到踪迹。究其缘由，主要是由于在国内工程行业，真正意义上的项目文档管理工作（区别于秘书工作）是在20世纪末才由国外传入我国，故2000~2010年之间，这项工作属于起步阶段。2010年以来的10多年里，随着市场的需要，此类书籍虽然逐渐出现，但却由于缺乏理论基础与系统性，无法很好地指导实践。

而在实际工作中，随着国内工程行业项目管理的前进步伐，为工程项目文档管理提出了越来越高的要求，故市场急需一本立足工程领域，分参建角色不同，系统介绍工程项目文档管理，通过指导实操阐述档案学理论、通过讲授档案学理论，传授实战技能，能够把事情说明白讲透彻的工具书，也需要有一本能够将档案学理论运用到工程实践，并为未来发展提出问题的书籍，为理论研究者们解决实践中的需求和困惑，起到抛砖引玉的作用。

本书很好地填补了这一空白，作者依据这20多年自身参与国内外大型石油化工工程项目总结的实战经验，结合自己科班出身的专业背景，将理论与实操相结合，撰写了这本工程项目中文件–档案管理的工具书籍。虽然主要针对石油化工行业，但由于工程项目执行的相通性，其他各相关行业，如煤化工、电力、水利等工程建设项目均可参考使用。除了实践指导性，书中还展望了未来工程行业文档管理工作的发展方向，如大数据时代对档案工作提出的机遇和挑战，数字化交付与工程项目文档管理之间的关系等，虽然不甚成熟，但希望能给业界带来一些思考和启发。因此此书不仅对于实际工作具有指导作用，对于理论研究同样具有一定价值。

全书分为三大部分，理论篇、实务篇和方法篇。实务篇注重实践管理，针对工程项目各参建角色中，项目管理层或主管文档信息的项目管理人员，以项目进展阶段为线索，阐述了各阶段的管理目标、策略和主要应该把控的工作重点，重在管理策略；方法篇注重基层操作，针对行业内工程项目中的基层文档管理人员，以文件的管理阶段及主要文件种类为线索，详细阐述了文件管理各个阶段应该做的工作，以及针对具体文件类型，详细阐述其流转过程，重在实际操作；理论篇则是针对上述受众中，不仅想要知其然，还要知其所以然的用户和读者，让他们了解到文档管理是一门学问，是有其理论根基的一项管理学科，在了解了这门学科的基本原理和理论基础后，实际工作中再参考实务篇和方法篇，工作就会得心应手。

目　录

理　论　篇

实　务　篇

方 法 篇

编制范围

本书所涉及的石油化工建设项目，含新建、扩建、改建等性质。项目周期范围包括从工程启动至工程收尾的整个建设阶段。所涉及的工作内容含项目主要参建方，即建设单位、EPC总包方、设计承包方、施工承包方及监理单位在项目建设过程中产生的文件、档案的管理。

术语和定义

1. 建设单位(引 DA/T 28—2018　建设项目档案管理规范)

对项目实施进行组织管理，并在项目建设过程中负总责的组织。

2. 参建单位(引 DA/T 28—2018　建设项目档案管理规范)

参与项目建设并承担特定法律责任的所有单位，主要包括勘察、设计、施工、总承包、监理、设备制造、第三方检测等单位。

3. 项目文件(引 DA/T 28—2018　建设项目档案管理规范)

在项目建设全过程中形成的文字、图表、音像、实物等形式的文件材料。

4. 项目档案(引 DA/T 28—2018　建设项目档案管理规范)

经过鉴定、整理并归档的项目文件。

5. DCC

项目文档控制中心/项目文档管理小组，简称 DCC，是项目正式文件对内对外的传递枢纽，对内项目各部门间正式文件需通过 DCC 传递；对外，它是项目文件唯一的对外接口，即外来正式文件的传递必须通过 DCC 登记、传递。

6. 正式文件

项目正式发布的，供执行和使用的文件。发布执行的过程文件和成品文件都属于正式文件，而项目中各部门、专业间非正式的、在工作交流中产生的文件，不属于此范畴。非正式文件可不满足项目文件管理的要求，也无须经过项目 DCC 的收发和管理。正式文件主要包括：过程文件(含项目过程文件及设计过程文件)、成品文件。

7. 成品文件

项目正式文件的一种，区别于过程文件，是指按项目合同的要求，在设计、采购、施工工作中产生的交付文件，必须符合项目文件管理要求，并按项目规定经项目文档控制中心(DCC)收集、查验、发布、发送、整理、交付、预归档、归档。

8. 过程文件

项目正式文件的一种，区别于成品文件，是指项目管理及设计、采购、施工具体工作过程中产生的文件，一般情况下，不属于交付范围，包括项目过程文件及设计过程文件。

9. 设计文件

建设工程项目的建设依据，由设计单位或 EPC 承包商编制。项目设计文件包括设计成品文件和设计过程文件，及在项目过程中收集的与设计相关的外来技术资料。

10. 项目过程文件

在项目管理过程中产生的文件，一般不需要交付建设单位，或者说其产生不是以交付为目的。

11. 设计过程文件

在建设工程设计工作过程中形成的文件，区别于为交付而形成的设计成品文件。

12. 项目管理文件

在建设项目管理工作过程中产生的文件，我们一般认为供全项目执行的工作计划、程序、规范、规定、报告等文件属于典型管理文件，除典型管理文件以外，还包括其他管理文件，如部门级管理文件，包括部门工作计划、记录等。

13. 往来通讯类文件

项目各角色间用于信息沟通传递的正式文件，如传真、信件、文件传送单等，由于管理的相似性，会议纪要与备忘录也被纳入此类。

14. 采购文件

本书中的采购文件是狭义的概念，并非所有跟采购相关的文件。而是单指请购文件、询价文件、采购合同/订单、技术附件。

15. 供货商文件

供货商/供应商提交给设计单位或建设单位所购设备、材料的设计文件，其中间版文件需逐版提交设计单位审核直到设计满足需要，其终版文件即设备出厂资料，是交工技术文件的一部分。

16. 监理文件(引 DA/T 28—2018　建设项目档案管理规范)

工程监理单位在履行建设工程监理合同过程中形成或获取的，以一定形式记录、保存的文件。

17. 施工文件

本书的施工文件是广义的概念，指项目施工过程中形成的反映项目建筑、安装情况及施工管理过程中形成的文件。

18. 竣工图(引 DA/T 28—2018 建设项目档案管理规范)

工程竣工后真实反映工程施工结果的图样。

19. 交工技术文件/交工资料(引 SH/T 3503—2017 石油化工建设工程项目交工技术文件规定)

工程总承包单位或设计、采购、施工、检测等承包单位及工程监理单位在建设工程项目施工阶段形成并在工程交工时移交建设单位的工程实现过程、安全质量、使用功能符合要求的证据及竣工图等技术文件的统称，是建设工程文件归档的组成部分。

20. 建设工程声像档案(引 GB/T 50328—2014 建设工程文件归档规范)

记录工程建设活动，具有保存价值的，用照片、影片、录音带、录像带、光盘、硬盘等记载的声音、图片和影像等历史记录。

21. 内部文件

建设工程项目各角色项目组内部形成的文件。包括正式文件和非正式文件。

22. 外部文件

针对建设工程项目各角色，非其项目组内部形成的文件，如针对建设单位来说，所有外部角色形成的文件均为外来文件。包括正式文件和非正式文件。

23. 硬拷贝文件

也叫纸质文件，即以纸质形式形成的文件。

24. 电子文件(引 GB/T 18894—2016 电子文件归档与电子档案管理规范)

国家机构、社会组织或个人在履行其法定职责或处理事务过程中，通过计算机等电子设备形成、办理、传输和存储的数字格式的各种信息记录。

25. 电子文档管理平台(EDMS)

项目正式电子文件的存储和发布平台，是项目资源共享和利用的平台。

26. 发布

指项目正式文件经审批、查验、确认后，正式对项目组公开，可以为项目组人员使用的过程。具体流程是将文件电子版放入公司/项目电子文档管理平台受控文件夹内，并发送或通知项目相关人员依据权限查阅、使用。

27. 标准文件分发矩阵

经项目组批准的文件固定分发群组，是项目文件进行分发的重要依据。

28. 预归档

工程项目周期一般都比较长，为了避免项目结束后再做归档会遗失有价值的文件，故在项目进展过程中对项目文件在项目内先行收集的方式。

29. 归档(引 GB/T 50328—2014 建设工程文件归档规范)

文件形成部门或形成单位完成其工作任务后，将形成的文件整理立卷后，按规定向本单位档案室或向城建档案管理机构移交的过程。

30. 交付

按照项目合同及建设单位要求将项目文件交给建设单位的行为。包括阶段性交付和即时交付。

31. 项目文件编码

利用各构成要素的有序排列，使得文件有序化并具有唯一性的代码。

32. 文件传送单

项目文件正式对外发送时的文件清单，包括文件编码、名称、版次及数量等信息，文件传送单一般需要收文方签收，是收发文件的凭证。

33. 单项工程(引 SH/T 3904—2014 石油化工建设工程项目竣工验收规定)

建设项目中，具有独立设计文件、可独立组织施工，建成后可独立发挥生产能力或工程效益的工程。

34. 单位工程(引 DA/T 28—2018 建设项目档案管理规范)

具有独立设计文件、可独立组织施工，但建成后不能独立发挥生产能力或工程效益的工程。

35. 分部工程(引 DA/T 28—2018 建设项目档案管理规范)

单位工程中按工程的部位、结构形式等的不同划分的工程。

36. 分项工程

分部工程的组成部分，它是按照不同的施工方法、不同材料的不同规格等，对分部工程进行的进一步划分。

37. 工程中间交接(引 SH/T 3903—2017 石油化工建设工程项目监理规范)

石油化工建设工程项目按设计文件内容施工结束由单机试车转入联动试车前，或按合同要求施工结束，承包单位向建设单位办理工程保管及使用责任移交的程序。

38. 交工验收(引 SH/T 3903—2017　石油化工建设工程项目监理规范)

建设工程项目投料试车生产出合格产品或具备使用条件后，建设单位组织监理、工程承包单位及相关单位按工程合同规定对交付工程的验收。

39. 竣工验收(引 SH/T 3903—2017　石油化工建设工程项目监理规范)

建设工程项目完成交工验收、专项验收、生产考核、竣工决算审计、档案验收，项目批准部门或其授权单位组织项目有关单位和部门进行工程验收，验收合格并签署“竣工验收证书”的过程。

40. 专项验收(引 SH/T 3904—2014　石油化工建设工程项目竣工验收规定)

政府行政主管部门对建设工程项目消防、防雷、职业卫生、安全、环境保护等设施及其实施效果的验收。

41. 原版文件

原件，一般为硬拷贝文件。

42. 原版拷贝

指原版文件的拷贝件。

43. 主档案室

项目文件正式归档到公司档案管理部门前，在项目文档控制中心/小组内暂时进行存放的场所。

44. 闭环

一份文件或一项工作处理完毕。

45. PMT

项目管理组(Project Management Team)。

理　论　篇

编著人员：渭　璟

第1章　建设工程项目概要

1　建设工程项目的特点

建设工程项目是为了完成依法立项的新建、扩建、改建工程而进行的，有起止日期的，达到规定要求的一组相互关联的受控活动，包括策划、勘察、设计、采购、施工、试运行、竣工验收和考核评价等活动。

一般来说工程项目不仅具有一次性，即有明确的开始和结束时间；独特性或唯一性，即每一个工程项目都是各有特点的；渐进性，即由于其唯一性，故过程需要不断深化，通盘考虑等特征，还具有周期长、界面多、资源投入大、专业复杂、不可预见性因素多等特点，是一个复杂的系统工程。

2　建设工程项目的进展阶段

对建设工程项目进展阶段的划分业内没有一个确定的说法。但为了本书后续内容需要，我们参考美国项目管理协会(PMI)对项目生命周期的阶段的划分(见表1-1)，将建设工程项目划分为四个阶段：启动阶段、规划阶段、执行阶段、收尾阶段。“策划”既可以属于启动阶段的活动，也是其他阶段应有的活动；“勘察”和“设计”属于规划阶段的活动；“采购”和“施工”属于执行阶段的活动；“试运行”和“竣工验收”属于收尾阶段的活动。

表1-1　典型项目生命期阶段划分

名称	主要内容
启动阶段	确定需求目标，项目立项，可行性研究，项目批准，建立项目组织，任命项目经理等
规划阶段	基础设计，估算费用和进度，订立合同条款，详细规划和设计等
执行阶段	项目实施，项目监理，项目控制等
收尾阶段	项目收尾，文档整理，项目交接，项目后评价等

启动阶段是确立项目及其最终可交付成果的阶段。规划阶段主要是界定并改进项目目标，从各种备选方案中选择最佳方案，以实现项目事先预定的目标。执行阶段是协调人员和其他资源来执行计划。收尾阶段是当项目目标已经实现，或者项目目标已不可能实现时，项目就进入收尾阶段。

3 建设工程项目承包模式与参建方

建设工程项目需由具体单位完成，建设方必须将他们委托出去。对建设方来说，这就是发包，对承包商来说就是承包。承包方式决定着整个项目任务分为多少个合同包或标段，以及如何划分这些合同包。承发包模式是项目实施的战略问题，对整个项目实施有重大影响。而项目中的各参建方也因为不同的承包内容，扮演不同的角色，拥有各自利益和需求。

3.1 工程项目承包模式

3.1.1 传统工程承包模式

传统的工程承包模式，即建设方在完成项目立项、资金落实以后，组织专家评审团招投标；自行成立项目管理指挥部，分别与设计单位签订设计合同，与监理公司签订工程监理合同，与工程承包商签订施工承包合同，承包商各司其职，施工承包商在工程监理的质量监督下按设计承包商设计的图纸施工，项目指挥部直接参与项目的实施管理，协调设计、施工、监理关系。而采购一般则由建设方自行采购。这种承包模式一般被称为 E+P+C 模式。

国内的大多数工程建设项目都是这种模式(如图 1-1 所示)。

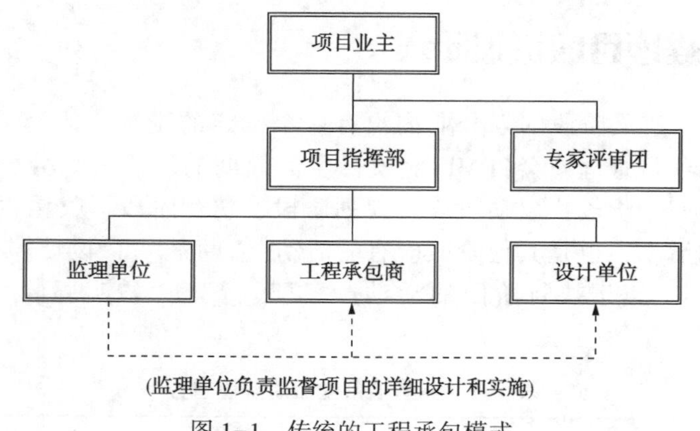

图 1-1 传统的工程承包模式

3.1.2 EPC 总包

即设计(Engineering)、采购(Procurement)、施工(Construction)模式，又被业内称为设计、采购、施工总承包，组织形式如图 1-2 所示；FIDIC 编制的《设计采购施工(EPC)/交钥匙工程合同条件》就是对这一模式的最好诠释和应用；项目投资人与 EPC 承包商签订 EPC 合同，EPC 承包商负责从项目的设计、采购到施工进行全面的严格管理，在总价固定(Lump-Sum Price)的前提下，投资人基本不参与项目的管理过程，建设单位的管理重点为竣工验收、成品交付使用，EPC 承包商承担项目建设的大部分风险。从 EPC 总包模式中，由于承包内容的不同，还衍生出 EP 承包，即设计+采购承包、PC 承包，即采购+施工承包等模式。

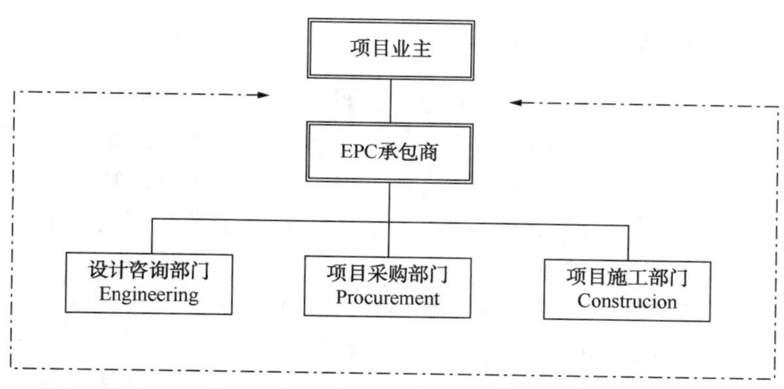

图 1-2　EPC 模式

3.1.3　PMC 项目管理团队/IPMT

项目管理承包商(Project Management Contractor)，代表建设单位在项目组织实施的全过程或若干过程中提供项目管理服务(图 1-3)。PMC 只与建设单位之间有合同关系，与各承包商之间并无合同关系。当建设单位也与 PMC 团队联合组成一个项目管理团队时，被称为 IPMT(Integrated Project Management Team 一体化项目管理团队)。图 1-4 为 PMC 与 EPC 在建设项目中各自承担的工作。

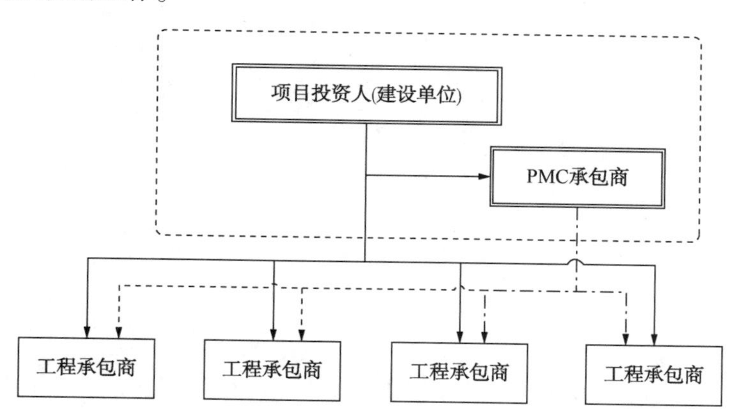

图 1-3　PMC 模式

承包模式	工程启动阶段		工程规划阶段		工程执行阶段		项目收尾阶段		备注
	可行性研究	项目融资	基础设计	详细设计	物资设备采购	项目施工	试运营	运营	
EPC模式			●	●	●	●	●		管理和实施
PMC/IPMT模式	○	○	○	○	○	○	○	○	提供管理和咨询服务

图 1-4

3.2 工程项目参建方或相关方

通过上文对工程项目主要承包模式的介绍，我们知道了项目的主要参建方为：建设单位、项目管理承包商(PMC)、EPC 总包方、设计承包方、供货商、施工承包方、监理等。

这里再介绍一个概念，即分包方。分包是承包方在国家法律法规允许范围内将自己承包的某些工作内容又转包他人的行为，项目的承包方在这里变成了发包方，而承接工作的一方对于建设单位来说就是分包方。

我们在项目中，还常常有一种角色是总体院，那么什么是总体院呢？总体院是在全厂性的项目或多套装置项目里，担任总体设计和协调的角色。因为全厂性或多套装置的项目，其设计工作应该注重全厂或多装置的整体设计和各类平衡，以及各装置间的协调，故需要有一个角色起到总体规划、协调的作用。

建设项目中，还有一些利益相关方，如当地政府部门、质检单位、行业及地方主管部门等。其他相关方由于与工程档案管理关系不大，故在这里不做赘述。

参 考 文 献

[1] 本书编委会编．建设工程项目管理规范实施指南[M]．北京：中国建筑工业出版社，2017.
[2] 骆珣主编．项目管理(第 2 版)[M]．北京：机械工业出版社，2016.
[3] 姚颢．EPC、DB、EPCM、PMC 四种典型总承包管理模式的介绍和比较[J]．中国水运：下半月，2012，10：106-108，110.

第2章　建设工程项目档案的特点及作用

1　建设工程项目档案的特点

1.1　建设工程项目档案具有档案的基本特性

建设工程项目档案作为档案的一种，具备档案的基本特点，即原始记录性，或者说真实性。因为档案是在各项社会活动中直接形成的、具有保存价值的、各种形式的原始记录。

那么什么是文件？文件就是档案吗？它们二者的关系又是怎样的？文件是人们在各项社会活动中直接形成的各种形式的原始记录；档案是办毕的，具有保存价值的文件。可以看出，档案的原始记录性是继承了文件的特性。也就是说，首先是文件具有原始记录性这一特点。从形式上，不论任何种类的文件，底稿上作者笔迹、签名，即便是电子文件，也有办法证明作者的所属性，再加上各类印章，说明它是第一手的原始材料；还有的是当时形象的照片和录像、原始的录音，表现出高度的原始性，事实的确凿性。在内容上，无论是指示、命令、请示、总结报告、通知，还是设计图纸、请购文件、施工检测文件，都真实地记载着作者和主管者的思想、立场或具体反映着当时活动的历史面貌。正因为档案继承了文件的原始记录性，具有历史再现性，所以档案才具有凭证价值的重要属性，并以此区别于图书情报资料和文物。

1.2　建设工程项目档案具有科技档案的特性

建设工程项目是依据设计文件完成实体建造的，加上其界面多、周期长、专业复杂、不可预见性因素多的特点，决定了各专业、各界面间信息往来传递的重要性。为了保证项目信息的准确性、及时性，所有重要信息必须以文字形式进行记载和留存，这样文件就成为项目信息的重要载体，对项目信息进行收集、加工、传递、使用和存储，并在项目竣工时整理成为工程档案交付当地城建档案馆或建设单位等。

建设工程档案从档案管理范畴讲，属于科技档案。与其他科技档案一样具有专业技术性、多样性、现实性、成套性等特点。

所谓专业技术性主要表现在工程档案归档前的工程文件所具有的，其产生领域及内容性质方面的专业技术特征。即其不光是在科技生产活动中，且是在一定的专业分工范围领域内产生的；同时从内容性质方面，具有鲜明的专业技术特征，反映了一定专业科技内容及相关的科技方法和手段。

多样性是指其在种类和类型方面的特征，比起其他档案，科技档案种类多样，如工程项目档案、农业生产活动的档案、气象档案、水文档案等；从类型角度看，科技档案也是所有种类档案中类型最为多样的，就拿工程项目档案来说，就有图纸档案、文字材料、声像档案、实物档案等多种类型。

现实性则是指由于其内容的专业技术性，故在归档之后还可以在较长时间发挥其现行效用，如工程项目档案中的工程设计档案是现行设计工作不可缺少的条件。

成套性是科技档案最突出的特性，因为科技档案都是围绕某一项科技活动形成的，在这一项科技活动中形成的一套科技档案，其具有内在联系、密不可分。故在今后的保存、管理和使用中，这些档案都必须集中在一起，不能分散存放管理，否则将影响管理和使用的效率。具体到建设工程档案，就必须对一个工程项目的档案按照成套性的特点进行收集、管理和利用。

2 建设工程项目档案的作用

档案在社会生活的各个领域发挥着重要作用，其凭证作用可以作为对于历史事实的依据，直接起到证实作用；参考作用帮助我们了解过去、指导现在、探知未来。从凭证作用的角度来说，工程档案是作为工程责任事故鉴定的最好凭证，而参考作用更是工程档案最突出的价值所在。

相比起其他门类的档案，建设工程档案由于具有科技档案的专业技术性、多样性、现实性等特点，尤其是现实性的特点，决定了其对生产工作有着现实指导意义，同时产生大量经济效益。对有价值的工程档案进行转让，可以产生直接经济价值，比如专利技术档案等；而设计人员利用原有的工程图纸还可以降低设计成本、缩短设计时间，从而产生间接效益。

信息、能源、材料并称为当今世界的三大资源。档案信息资源是社会信息资源的重要组成部分，它是社会发展的重要战略资源。合理有效地利用工程档案资源可以为社会经济建设的发展提供有效助力。

3 建设工程项目文件与建设工程项目档案

前文已经说明了文件和档案的关系，即档案的前身就是文件。档案是由文件有条件地转化而来的，档案和文件是同一事物在不同价值阶段的不同形态，两者具有同源性和阶段性的共性，也具有实效、功用、离合等个性差异。从文件到档案是一个批判继承的辩证运动过程。从信息的内容和形式来说，两者是完全相同的，但从时效、价值和系统性上来说，档案是对文件的不断扬弃。档案是已经办理完毕的文件，是办理完毕的文件中具有保存价值的部分，是把分散状态的文件按一定逻辑规律整理而成的信息单元。

建设工程项目中产生的档案种类很多，除实物档案和声像档案外，其他均是由有保存价值的建设工程项目文件归档后形成的。它们的共性和差异决定了它们在工程项目中有着不同的使命，文件在工程项目中通过传递信息履行自己的现实使命；档案则是储存起来作为凭证和参考，而工程档案作为科技档案也将继续发挥其现实依据作用。

从管理方法来说，它们有着本质区别，但又相互关联。区别在于，文件为了完成在工程项目中担当的现实使命，则需要着眼于其产生、发布、传递、交付、预归档及正式归档，同时，由于工程项目的承包模式、建设方要求及承担角色、项目界面等个性，造成各项目文件在种类、交付要求以及流转环节上的差异，需要依据以上项目特点策划其管理策略，搭建管理体系；而档案管理为了体现档案的价值，则需要关注收集归档，以及之后鉴定、整理、保管、统计、开发、利用六大管理环节。

从上文可见，归档环节是文件和档案的接口，文件管理着眼于按照归档要求进行归档前的准备，档案管理着眼于制定归档要求。由于本书主要着眼于项目建设期间的文件、档案管理，故对于项目建成后档案的鉴定、整理、保管、统计、利用工作不在本书阐述范围之内。

从工程项目文件和工程项目档案的特点来说，前文已经阐述，它们都具有原始记录性，即真实性，这是具有价值的工程项目文件保存成为档案后，成为现行依据及凭证的最重要保障，即失真和失准的档案无法满足其现行使用功能，也无法成为合法凭证。

4 从文件到档案全生命周期的文档一体化管理理念

4.1 文档一体化管理理念的由来

文档一体化是现代文件和档案管理中一种先进的管理模式。20世纪中叶，电子文件的大量涌现和办公自动化系统的逐渐推广，为文档一体化管理提供了可能。文档一体化就是强调电子文件全过程管理的连续性和信息记录的完整性，其目的就是确保有保存价值的电子文件，在自生成开始到结束的生命周期活动全过程中，信息能够获得完整的记载和一致的保存，简言之就是将传统的档案管理延伸到文件管理的过程当中，实现文件的全过程管理。

同一时期，美国档案学者提出了“文件生命周期”的理论，在接下来的几十年中，该理论在全球范围内不断完善、成熟，成为国际档案界档案管理的核心理论之一。文件生命周期理论揭示了文件运动的规律，将文件从生成到最终销毁或作为档案永久保存的运动过程视为一个完整的生命周期。该理论核心思想就是注意文件运动各阶段管理业务的相互衔接和照应，以及适当归并和简化，避免标准不统一和重复劳动。文件生命周期理论是文档一体化管理模式的重要理论基础。

20世纪90年代，澳大利亚学者“文件连续体理论”的提出，更是为文档一体化管理提供了理论上强有力的支持。“文件连续体理论”指出了“文件生命周期”的理论中文件线性运动的片面性，它通过构建一个多维坐标体系来描述文件的运动过程，是文件生命周期理论的补充和延续，它更加详细、全面直观地展现了文件的整个运动过程，尤其是在管理电子文件方面，很好地把握了电子文件阶段界限模糊的特点，不再要求各阶段相关因素的机械对应，更好地顺应了电子文件时代的发展要求，成为文档一体化管理模式的基础理论和实现依据。

4.2 前端控制是文档一体化理论的重要组成部分

档案的收集、鉴定、整理、保管、统计和提供利用是传统档案管理的六大环节。然而随着现代信息技术对文件、档案工作影响的不断深入，档案业务工作的传统模式受到了越来越大的挑战。电子文件的产生，电子文件作为档案的诸多特点，以及电子文件管理对于后续档案管理的影响等因素，要求档案工作者对文件管理工作提前介入，以保证文件管理的质量，并使文件管理阶段的成果为后续档案管理所利用，这就是档案的前端控制。档案前端控制是文档一体化管理思想实现的根本所在，也是文档一体化管理模式的重要组成部分(图 2-1)。

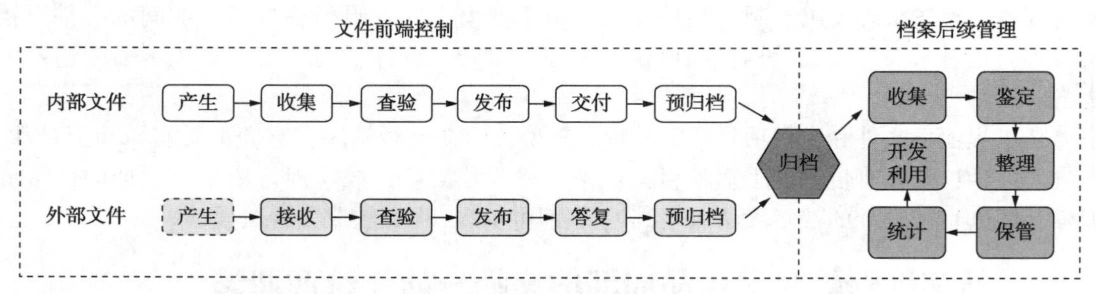

图 2-1　文档一体化

前端控制的必要性在于：

第一，随着数字化档案逐渐在双轨制存档模式中成为档案馆及基层档案单位实施管理和提供利用的主流对象，文件与档案的易逝性、易变性，信息及其载体的易分离性，电子环境和应用程序的依赖性等特点，要保证数字文件的真实完整和准确有效，档案工作者不得不提前介入文件形成与管理的前期工作中，才能保证电子文件归档后形成档案的真实有效和凭证价值特性，才能使所有文件的现行有效性在质量上得到保证。

第二，通过对电子文件形成过程加强控制，档案工作者也才能了解和认识电子文件的管理特性，做好归档鉴定、归档移交、数据转换与数据迁移等工作，最终对归档后的数字化档案实施有效管理。

第三，档案工作者从文件形成阶段就介入到电子文件管理工作过程，也是要求档案工作者通过参与文件控制和处理的前期策划等工作，在文件处理阶段就确立归档范围、确保归档文件质量。

第四，在已经实施了文档一体化信息系统的机关、企事业单位，文件的归档方式往往采用网络信息系统中文件管理权限的移交和文件内容的锁定，这必然要求档案工作人员熟悉系统的使用方法，关注电子文件归档前的管理模式和运行特点，要求档案工作提前介入电子文件的管理过程中。

第五，从档案管理的角度看，实行前端控制，优化了文档管理流程，减少了文件与档案管理各环节的重复，提高了管理效率和质量。比如文档数据的一次输入，多次利用，既减少重复劳动，节约人力、物力、财力和时间，还减少了多次录入产生不一致信息的可能。

5　文档一体化理论在建设工程项目文档管理中的运用

在建设工程项目文件、档案的管理过程中，我们发现文档一体化的管理模式不仅解决了电子档案管理和利用中的诸多问题，还在很大程度上减少了从工程文件到工程档案的管理中出现的断层现象以及重复工作，提高了管理效率，提升了服务质量。

在很多工程项目中，由于将工程项目文件管理和项目结束后的档案管理完全作为两个独立的管理环节，项目文件管理不了解项目归档的要求或归档后档案的管理环节及目的，项目文件管理满足了项目管理的需要，却忽视了项目文件管理另一个重要职能，即为今后的档案管理做好准备，故经常会出现与后期档案管理工作之间的衔接问题，如项目文件归档时由于不符合存档要求的大量返工、项目文件信息收集不全造成后期档案属性缺失影响档案利用、项目文件整理思路与档案管理不一致、归档准备不充分造成后期档案整理工作量大等；而工程项目档案管理工作由于没能参与到项目管理的过程中，故缺乏对工程文件产生背景、特点，尤其是电子文件特殊格式等的了解，经常出现事后管理和二次返工，尤其是利用障碍等问题。同时，由于两个岗位间工作缺少连续性，还会经常出现重复工作，项目文件管理环节已经做过的工作，档案管理再做一遍，造成效率低下及浪费。如在项目文件管理时收集记录的文件属性，到了档案管理时，往往再次收集录入；又如项目文件在项目中整理一遍，但由于缺乏对档案整理要求的兼顾，到了档案管理时再整理一遍等。

从项目管理和公司管理角度来看，不论是建设方还是承包方单位内部，由于项目文件管理和公司档案管理目标之间存在差异，一边是以满足项目要求，如项目进度为第一目标，一边则必须以公司文件质量为首要考虑，往往造成项目进度管理和公司质量管理之间的矛盾。目前工程公司通常做法是为了保证交付建设方文件的质量，承包方项目组除需要按照建设方要求对文件进行交付前的查验外，公司档案部门还会在文件出版前把好最好一道关，只有符合质量要求的文件才能加盖公司印章进行出版。在这样的做法下，就更加凸显了这一矛盾。质量的落实需要时间的保证，但当进度和质量发生冲突时，项目会选择放松对质量的要求，而档案管理不论是站在公司对外交付文件最后一道关口，还是把控档案收集质量的立场上，都必须严把归档质量关，双方立场的对立，矛盾由此形成。如果项目文件管理和公司档案管理都能站在公司立场考虑问题，甚至从组织机构的隶属上保证其立场统一，就能很好地规避这一问题，在项目需求和公司需求之间找到一个二者兼顾的解决方法。

除了思路和组织机构上的调整，文档一体化的管理模式能从根本上解决这一矛盾，让档案人员提前参与到项目文件管理中，提前在文件产生的时候就明确各项文件质量要求，不仅能从根本上转变归档时事后纠错，影响文件信息传递进度的问题，还能从很大程度上提高项目文件管理和归档后档案管理的效率。而让项目文件管理人员提前了解档案管理的需要和要求，也能让他们调整自己的工作思路和方法，在项目文件管理的同时兼顾档案管理的要求，同样可以提高管理效率、提升服务质量。

参考文献

[1] 王传宇，张斌主编．科技档案管理学[M]．第三版．北京：中国人民大学出版社，2009.
[2] 薛四新等主编．现代档案管理基础[M]．北京：机械工业出版社，2007.
[3] 本书编委会编．建设工程项目管理规范实施指南[M]．北京：中国建筑工业出版社，2017.

第3章　项目各阶段产生的文件种类

建设工程项目从项目开始各个阶段都会产生相应的文件种类，大致总结划分如下。

1　启动阶段

启动阶段的主要任务是项目识别、项目团队或组织根据客户需求提出需求建议书、项目立项。项目立项文件是这个阶段的主要文件种类，包括项目建议书、可行性研究报告等，除此之外，还有项目评估文件、会议纪要、来往通讯类文件及公文等。

2　规划阶段

规划阶段的主要任务是解决如何、何时、由谁来完成项目的目标等问题，即制定项目计划书，确定项目工作范围，进行项目工作分解；估算各个活动所需的时间和费用，做好进度安排和人员安排；建立质量保证体系等。

这个阶段的主要文件种类有：建设用地、拆迁文件；勘察、设计文件，含各类勘察报告、总体设计文件、基础设计文件、详细设计文件，及相关的各类审查意见等；各类招投标文件；项目管理类文件，含项目各级计划、项目 WBS 表、项目协调程序等项目各类管理文件；项目通讯类文件、会议纪要；长周期采购文件等。

3　执行阶段

执行阶段主要任务是具体实施解决方案，执行项目的计划书；跟踪执行过程和进行过程控制；采购项目所需资源；合同管理；实施计划；进行进度、费用、质量等的控制。

执行阶段的文件种类为：各类采购文件，含采购订单、技术附件；设备文件，包括供货商中间文件、设备随机资料；各类施工文件，含施工管理文件、施工技术文件、物资质量证明及检测类文件、施工记录、施工报告等；设计文件，含设计变更等；监理文件，含各类监理报告、记录、审批表、验收文件等；通讯类文件、会议纪要、声像资料等。

4　收尾阶段

收尾阶段的主要工作有最终可交付成果的交付、质量验收、费用决算和审计、项目资料整理与验收、项目交接与清算。其主要产生文件有设计文件；竣工图；竣工验收文件，含各类检查报告、工作总结；决算报告；审计报告；移交证书；试运行文件，包括试运行计划、记录、报告等。

详细文件清单可参考附件 2 ：文件归档范围和保管期限。

参 考 文 献

[1] 骆珣主编．项目管理[M]．第二版．北京：机械工业出版社，2015.

第 4 章　建设工程项目文档管理工作

1　建设工程项目文档管理工作

建设工程项目文件管理工作，由于文件与档案的联系性，一般被称为工程项目文档管理，也称工程项目文档控制工作。目前，在国际大型工程公司中，项目文档控制工作和工程项目安全管理、质量管理、合同管理、费用控制、进度控制、材料控制等一样，是工程项目管理中一个重要且不可缺少的模块。它是通过建立项目文档管理体系，以及项目中各种文件管理的计划、程序、规范，做到项目文件，包括工程技术文件以及管理文件、通讯类文件等的有效控制和及时传递、共享，从文件信息的角度保证项目的顺利实施。所谓有效控制，应包括保证项目正式文件的真实性、规范性、统一性、时效性、完整性。工程项目文档控制工作与传统意义上的文件收发工作不同，它的工作重心在于建立并维护项目各类文件的管理、流转体系，使之自始至终都处于可控状态，而并非文件的简单收发。

由于工程项目文档控制工作的出现主要是来自项目管理的需要，故以上定义和工作内容主要是从项目的角度出发，随着文档一体化管理模式的推进，工程项目文档控制工作还需要为项目结束后档案管理工作做好必要的准备。

1.1　真实性

如前文所述，原始记录性，即真实性是档案的最基本特性，故我们对文件控制的首要目标就是要维护文件的真实性，只有真实的文件才有效。首先真实性是为了项目管理的需要，只有代表设计人员和管理者真实意图的文件才能正确传递信息，让项目各参与方通过真实信息的流转一起工作，以保证工程的顺利实施；其次，真实性还是文件归档后成为档案的需要，因为只有具有真实性，才能成为档案，作为凭证或以供参考利用。怎样才能保证文件的真实性，针对纸质文件，我们使用签名签章来确保其真实性和效力，但针对电子文件，如何才能判定其真实、有效，双轨制下，我们会采取各种措施确保电子版和纸质版的一致性，以保证电子文件和带签字的纸质文件具有同等的凭证作用，如条形码、二维码扫描、电子签章等措施；但随着无纸化办公的普及，如何判定电子文件的真实有效，将成为摆在我们面前的课题。

1.2　规范性

工程项目文件应具备一定规范性，由于科技文件的专业技术性，所以必须符合国家、行业等相关规范，这里所说的规范性不仅指其内容上，还包括文件其他属性方面的规范性。比如签署，比如设计图纸的图幅，比如设计文件需进行版次化管理等。另外，这里所说的规范性也是分层次的，比如国家、行业标准中没有做具体要求和强制要求的方面，公司和项目可以依据自身个性制定具体要求。

1.3 统一性

项目文件除了要满足规范性，还应满足统一性。所谓统一性，是指项目文件在格式、编码、版次等方面的外部信息需要有统一的做法和要求。其实规范性和统一性在某种层面上，是共通的，因为有了规范性要求，统一性就可以得到保证，而之所以能够做到规范，那一定是因为有了统一的要求。但如前文所述，由于在很多时候，项目可以依据自身特点制定一些规范，但如果在一个大型项目中，各参建方都只考虑自身需求，对自己的文件制定只满足自己要求的规范，那么对于建设方来说，他所收集的文件就无统一性可言了。

1.4 时效性

由于工程项目是相互关联的一组活动，需要各角色、各界面间相互按照交换的信息配合完成。同时，由于其不可预见性因素多，并且这些因素还在不时发生变化等特点，决定了工程项目的复杂性，因此信息的时效性就显得更加重要。各角色、各界面间在传递信息的时候，必须要将时效性作为首要考虑因素。

1.5 完整性

文件的完整性是工程项目文档控制工作中应该把握的一个方面。这个很容易理解，就是文件外观完好、不能缺页，文档控制工程师在查验文件的时候，一般需要核对文件的页数，以保证完整性。

2 建设工程项目文档控制工作的意义

2.1 工程项目文档控制工作是项目管理的需要

和国外大型工程公司一样，在我国，工程项目文档控制工作最早是出于工程项目管理的需要，对于一个工程项目来说，工程技术文件、项目管理文件以及来往通讯类文件在项目管理中起着举足轻重的作用，它们不仅是工程建设的唯一依据，还保证了项目管理工作有章可循，有规可依，以及项目各方、项目组内部各部门间信息的畅通。总之，如果一个工程项目无法保证工程技术文件真实、统一、规范、有效、完整，无法建立项目文件共享和流转体系，就会导致项目管理效率低下，工程进度迟缓、工程质量得不到保证等后果，因此，工程项目文档控制工作是工程项目管理的需要。

案例：以国内某一流综合性工程建设公司为例，20 世纪 90 年代公司开始承揽 EPC 总包项目，项目文件的管理逐渐成为工程项目管理中不可或缺的内容。20 世纪末公司承揽了某国外炼厂改造项目，并在项目中初次设置了项目文档控制工程师这个岗位。基于项目管理层与公司档案部门对文件管理和档案管理之间的联系，以及项目文件管理对于后续档案管理意义的初步认识，档案室调遣了经验丰富的档案管理人员承担该项目的文档控制工作。虽然该项目文档控制工作是在没有任何经验借鉴的基础上，在艰难的摸索中展开，但还是发挥出了其在项目管理中的突出作用。该项目文档控制工作是以服务器作为文件存储平台，以电子表格作为文件检索、管理以及项目文件信息控制的工具。每一份文件的详细信息都被记录进文件管理台账，包括其编制日期、编制人、隶属专业、文件编号、文件名称、文件版本版次、文件页数、递交建设单位时间、批准时间、文件状态等，只要通过查找工具，就可轻松查到每一份文件的状态。在如何保证项目文件准确传递的问题上，文档控制工程师利用台账信息，跟踪核对文件版次，保证了设计文件版次控制；同时通过在项目文件上加盖文件分发章的措施，保证了文件信息的准确传递。该项目没有健全的文档工作策划以及文档管理程序为指导，也没有成熟的电子文件管理软件系统，但是项目文档控制工程师还是抓住了文件的重要控制点，利用有限的手段，凭借自身对科技档案特点的了解以及工程档案管理的经验，很好地控制了项目文件的有效性和时效性，从文件信息的准确、顺利传递角度，为项目提供了支持，确保了项目的顺利进展。可能大家会觉得这个例子相比起当今工程项目管理的现状和需求，没有太多可以借鉴的地方，但这恰恰就是国内项目文档控制工作的起源，说明了项目文档控制工作的主旨所在，即不论是通过什么样的手段和工具，只要是控制住了文件的真实性、规范性、统一性、时效性、完整性，保证了项目文件的有效传递和高效共享，便是满足了工程项目的需要。

2.2　工程项目文档控制工作也是档案管理的需要

同时，工程项目文档控制工作也是文档一体化管理的需要。如前文所述，工程项目文档控制工作是项目进行过程中项目管理的需要，也是从文件到档案过程中，档案管理的前端控制。

在第 2 章中，我们讲到：前端控制对于优化档案管理流程，尤其是电子文件管理存在诸多优势。电子文件的产生，电子文件作为档案的诸多特点，以及电子文件管理对于后续档案管理的影响等因素，要求档案工作者对文件管理工作提前介入，以保证文件管理的质量，并使文件管理阶段的成果为后续档案管理所利用，这就是档案的前端控制。档案前端控制是文档一体化管理思想实现的根本所在，也是文档一体化管理模式的重要组成部分。

案例：仍以上文的工程公司为例，这家公司自 20 世纪 90 年代，随着计算机绘图技术在公司的运用、普及，电子文件大量产生，公司档案室自此便致力于档案电子化管理进程的推进，与此同时，他们还逐步意识到电子档案全程管理的重要性，有意识地将工程档案管理向工程文件管理进行延伸。

同一时期，他们派驻了有经验的档案管理人员担任第一个国外 EPC 总包项目的文档控制工程师，在该项目中，档案人员将理论运用于实践，在努力摸索项目文件管理如何实现项目管理需要的同时，他们也在不断探索其与后续档案管理之间的关联性。随着项目的推进，项目文件的产生、传递与收集，他们从中发现了前端控制的必要性。例如在文件产生时期就按照档案管理的需要提出要求，那么就能避免文件在归档时的返工率；同时，还应该在项目执行过程中就按照归档范围及早制定好项目文件的收集范围，确保项目结束时归档文件的完整性；另外，为了保障后续电子档案的利用，他们着重了解和熟悉某些特殊软件生成的电子文件，关注其后续的可读性和易用性。项目结束后，项目文档工程师回到档案室，继续从事该国外项目归档后档案资料的整理工作，完整地实践了文档一体化的管理过程，进一步将理论联系实际，总结了文件前端控制和档案后续管理之间相辅相成的关系。比较起过去一些工程项目不重视文件管理而给后续档案工作，尤其是档案利用带来的困难，该项目的实践经验让该公司进一步认识到工程项目文档控制工作不仅是工程项目管理的需要，也是现代档案管理的需要，认识到档案管理前端控制的重要性和必要性，以及文档一体化管理模式为项目文档控制以及档案管理工作带来的巨大优势。

3　项目文档控制中心

项目文档控制中心，英文为 Document Control Center，简称 DCC，主管项目文档控制工作，是项目文档的传递枢纽。对内，所有项目正式文件均要以 DCC 为枢纽进行传递和流转，对外，DCC 是项目正式发出文件的唯一接口。这里要着重强调的是正式二字，即项目里产生的文件很多，是不是所有文件均要经过 DCC 传递呢？当然不是，如果连工作间正常的交流都要通过 DCC 的话，那我们就走向了另一个极端，真正该管控的文件没有管控好，反而因为大包大揽造成了数据冗余，使管理工作效率低下。然而，并不是所有项目对于项目正式文件及 DCC 要把控文件都有相同的定义和范围，各项目应该视自身情况和条件来定，所谓管理没有对错，但管理需要成本，应该依据项目管理目标、现状、资源配置合理划定管控范围才是正确做法。

另外前文已经阐述，DCC 的作用绝对不仅是文件传递，之所以必须以 DCC 为接口也是因为 DCC 要起到文件查验和把关的作用。以上这些方面也只是 DCC 工作的部分内容，总体说来，DCC 的工作应该是文件的前端控制，即从文件产生到归档的整个过程，除了对文件管理要求的制定、文件合规性查验、文件传递外，还有文件的交付、预归档及最终的归档工作。

并不是所有的工程项目都需要设立 DCC，中小型项目里只需要依据工作量安排 1~2 名文档控制工程师，有的小型项目，还可以依据工作量选择兼职文档控制工程师，但不论有多少人承担项目文档控制工作，他们行使的职责都是 DCC 的职责。

4　建设工程项目文档管理工作顺利开展的保障

在我国，工程项目文档管理理念从 20 世纪 90 年代产生至今，已经逐渐得到广泛认同，并在工程行业加以实施。在石油化工、电力水利等工程行业，项目文档管理已经成为一个工程项目不能缺少的管理内容。但是针对这项工作的内容、作用等具体方面，在认识和实施上仍然存在一定偏差。

4.1　建立正确的项目文档管理理念的重要性

目前，在国内大多数工程公司和工程项目里，不论是否设置项目文档控制这个岗位，都有着项目文档管理这个理念，或者说这个管理内容。但大家对项目文档管理的认识却仍然有较大差别。有的公司或项目将项目文档管理定义为简单的文件收发和保存，而有的却过于放大项目文档管理的范围，认为所有项目文件信息只要对外发送都必须经过文档控制。有的项目管理者认为项目文档管理就应该按照管理者的思路，让你做什么你就做什么；还有的项目文档控制在项目中，也会因为自身专业素质不过硬，变成项目管理者的秘书，对工作失去专业判断；有的项目到了要交付和归档的时候，才想起来要找个文档控制来发文件、归档，最后在交付中出现问题，认为是文档控制管理不到位。殊不知这些对项目文档管理认识的偏差，才是导致项目文档管理出现问题的根本。要么没有管理到点子上，要么就是管理范围扩大，造成眉毛胡子一把抓；要么并不承认项目文档管理的专业性，不尊重文件管理中的客观规律和管理原则，等出了问题又认为是文档管理工作没有做好，要么就是事后管理，认为出了问题再去弥补也是一样的，这同样是因为对文件形成和管理缺乏科学认识。而对于项目文档管理认识的偏差很大程度上又是因为没有从根本上认识到其在项目管理和档案管理中应该起到的作用。

如前文所述，正确的项目文档管理理念是项目管理和档案管理的重要支持，是需要在项目开始的时候便建立好一整套文档管理体系，定义好哪些文件属于项目级正式文件，需要文档控制进行收发管理，并对这些需要纳入项目文档管理体系进行管理的文件信息从真实性、规范性、统一性、时效性和完整性方面进行控制，除了从项目管理角度保证项目文件信息的有效控制、传递和共享，还应该着眼于项目结束后档案管理的需要，在文件管理中融入档案管理的理念，以保证归档后项目档案信息的管理和利用。正确的项目文档管理理念不仅能从文件信息角度对项目提供最好的支持，是项目管理中必不可少的内容，更是一个建设单位、一个工程公司档案管理的重要基础。

在一个工程项目中，由于参与方众多，建设方、承包商、分包商、供货商、监理等，如果大家的文档管理理念存在较大差距，会影响整个项目文档管理的效果。故在一个工程项目中，项目各方需要在文档管理中达成一致的管理理念，这样才能保证整个项目文档管理目标的实现。理论上来说，建设方应秉持正确的文档管理理念，并要求参建方履行管理义务、达成管理目标，但同时也应与项目参建方进行有效沟通，将正确的理念传递给他们，保证整个项目文档管理目标的达成。而目前国内大多数工程项目中，由于建设方往往缺乏工程管理经验，因此实际运作中，往往需要 PMC 或者 EPC 承包商通过沟通，将在丰富的工程管理经验中沉淀下来的正确的文档管理理念传递给建设方，告诉他们文档管理的重要性，以及什么样的管理才是有效和正确的，并协助建设方在全项目达成统一的文档管理理念。另外，还要强调的是，这种沟通应贯穿整个项目的全过程，因为一种理念的建立绝不可能是一蹴而就的，需要时间和经历的积累，方能形成。

4.2 做好项目内外培训，建立全项目档案管理网络

有了正确的项目文档管理理念，就应该让理念在项目中落地，建立全项目文件信息管理网络。所谓落地，就是要以切实可行的动作使一种想法不只停留在思想层面，而是让他以实际行动达到思想想要达到的效果。项目文档管理网络，顾名思义，并不能只凭一个人或一个组织就可以实现，而是需要所有参与方均加入到这个行动中来。为了所有人行动一致，我们除了前文所提及的有效沟通，还应进行思想和行为的培养和训练方可实现，换言之就是培训。

项目文档管理培训不应只局限于项目文档管理团队，因为参与实施管理的人是项目文档控制人员，但参与文件信息编制、传递及使用的人却涵盖了整个项目中的每一个人。所以这种培训还应针对整个项目管理团队中的每一个人。这里尤其需要强调的是项目管理层，

因为他们是下达指令的人，如果这些指令违背文件信息管理的原则，而若项目文档控制人员不能专业地提出正确建议，他们会对整个项目文档管理带来很大的负面影响，甚至造成难以弥补的损失。

同时，项目文档管理培训还不应只局限于项目内部，因为建设项目参与方众多，各界面只有有机配合，形成共同理念和行动，才可以事半功倍。尤其是项目文档信息，它既是整个建设项目的建设依据，又是界面间有机联系和配合的纽带，牵一发而动全身，只有全项目形成正确、统一的文档管理理念，并搭建全项目文档管理网络，才能保证整个项目文档管理的效果。为了达成以上目标，我们应在项目内外及上下进行有计划的培训。

4.3　积极沟通，取得相关单位的协作和支持

如上文所述，工程项目是一个各角色各界面间相互关联相互协作的过程，如同一台机器，一个零件不能正确发挥作用，会让整个机器不能正常工作。故在建设工程中，只有一方按照正确理念去做，并不能保证全项目文档管理的效果。如只有建设方拥有正确的文档管理理念，但没有很好地去要求承包方按照全项目文档管理体系操作，整个建设期间，来自承包方的文件信息就会与项目文档管理要求产生差距，如文件编码、版次、签署不符合建设方要求等，这就将导致文档编制工作的反复性，甚至造成信息传递不及时、甚至错误传递等现象，除了影响整个项目文档管理体系的执行，还会在很大程度上影响项目的质量、进度以及费用。同样地，如果承包商在文档管理方面比较成熟，也需要将正确的文档管理理念传递给建设方，虽然针对有些承包商，全项目文档管理的责任并不在承包范围内，但也需要尽自己所能将正确的文档管理理念传递给建设方及相关方，因为如上文所述，建设项目就如同一台联动运转的机器，任何一个零件偏离了正确方向，都将造成整台机器的损伤，也会导致这台机器上其他零件的损伤。所以，如建设方没有要求，我只需要做好自己分内的事情，做到自己界面内文件管理没有问题就好的理念是错误的。

案例一：A 工程公司作为某全厂性项目的设计承包商之一，建设方并没有要求其按照建设方的要求编制文件编号，同意 A 设计承包商按照本公司的编码体系对设计文件进行编码。虽然 A 公司明白，对于建设方来说，全厂性项目如果没有统一文件编码，将会导致建设方在建设期间的文件信息传递及项目建成后的档案管理及利用不便，但由于他们认为这并非自己的职责，故没有在项目建设初期给予建设方必要的提醒和建议。建设方同意各设计承包商各自为政，造成文件编码不统一。在项目建设过程中，由于整个项目中文件信息编号不统一，造成项目文件传递混乱、沟通困难、返工量大，影响到了整个项目的工期和质量，而 A 承包商作为参建方，并没有独善其身，由于建设方反馈信息速度慢、文件信息管理混乱，也大大影响到了 A 承包商的进度。

案例二：B 建设方在某建设项目中，虽然在项目初期就制定了文件管理的各类程序文件和要求并下发相关承包商，但却没有借着开工会等机会与承包商进行深入对接，也未对承包商的文件管理条件和能力做出要求和检查。当发现承包商递交文件与其要求相去甚远时，他们才意识到问题的重要性。虽然后期要求承包商按要求进行修改，但由于返工量大，加上初期并没有建立好良好的沟通渠道，故导致修改工作缓慢，最终影响到了项目交工技术文件的交付进度及整个工程的进度。

4.4 树立档案意识，做合格档案人

从档案管理角度来说，项目文档是档案管理的前端控制，是文件全生命周期的重要组成部分，故项目文档管理人员首先应该具备档案人的职业素养。早在汉朝，兰台作为中央档案典籍库，是我国最早的官方档案馆。现在，“兰台”一词已成为用来泛指档案保管机构和档案工作的代名词，档案工作者也就自称为“兰台人”，合格的兰台人首先应该具备一定的道德修养，即不图名利、诚实守信。能够做到在诱惑面前守口如瓶，不泄露档案机密；其次应该有较强的专业素养，即不仅要深入了解档案管理的专业理论，还要初步了解你管理的档案所涉及的行业或内容的知识。针对工程项目档案，档案管理员必须要了解一定的工程知识，包括设计、采购、施工等。可见要做好一个工程项目文档工程师，只有具备了以上道德和专业素养，成为一个合格档案人，才能做好自己的工作。同时，由于文档工程师还要兼顾项目管理的职能，故还需要了解工程项目管理的基础知识，了解项目运作的规律，以掌握项目中各类文件产生和流转的规律，这样才能做好自己的本职工作。

5 建设项目文档管理目标及策略

5.1 建设项目文档管理目标

工程项目的实施涉及许多组织机构、系统和界面，保证项目各参建方进行有效的文档交付、信息沟通与共享是项目文档管理的关键所在。在任何一个工程项目中，不论是建设单位还是承包方，其项目文档控制工作都应具有以下管理目标：

1）保证项目文档真实、有效、完整；即保证其真实性、时效性和完整性。

如前文所述，真实性是文件最基本的要素，故我们对文件控制的首要目标就是要维护文件的真实性，只有真实的文件才有效。文件的真实性保证了文件的现实价值和凭证、利用价值。

同时，工程项目文件必须区分信息的时效性，以免错误使用过时信息造成工程事故及问题，故大多工程项目文件为了区分时效性，都给了文件一个版本号。工程项目文档控制工作的一个重要目标就是要管理好文件版本确保文件的时效性。

另外，文件的完整性也是文件管理的目标之一，文件的完整确保了信息的完整，故文件的完整性是文件管理首先要遵循的要求和管理目标。

2）保证项目文档规范、统一，即保证其统一性和规范性。

前文已经阐述过项目文档控制工作中，控制文件规范、统一是最重要的工作之一。工程项目文件规范、统一的要求是由科技文件专业技术性决定的，同时也是为了保证文件归档后的利用。在此方面，作为承包商来说，既要考虑自身文件的规范和统一性，也需要配合建设方，保证全项目文件的规范统一，这是项目文件控制的重要内容。

3）保证项目文档在项目范围内及时传递，保证项目信息的畅通、高效共享。

工程项目文件是工程项目得以实施和顺利开展的依据，各类文件的流转中包括设计方案得以传递至施工方进行实施，采购信息传递至采购人员进行采买，施工中各类检测、质量控制信息及问题的提出和解决，以及项目管理、项目内外联络信息的传递和共享，这样

才能将整个工程的各参与方紧密联系起来，让大家各司其职，朝着一个方向努力。可见文件的传递及时与否、文件是否传递到位，决定着信息是否畅通，决定着整个项目的进度、质量，甚至花费。

4）保证项目各类文档及时交付、归档，项目结束时交工技术文件的顺利交付验收。

在工程项目中，作为承包商来说，要行使的一个重要使命，就是文件交付。也就是说，工程的交付包含文件交付和项目中交两部分，可见文件交付是项目工作的重要部分。当然，这里的文件并不是所有项目文件，一般来说，在甲乙双方签订合同的时候，建设单位都会向承包商提出交付文件的要求，涵盖文件的范围、交付地点、交付形式和交付时间等要求。而承包商则需要向建设单位递交交付文件清单，这份清单涵盖了承包商承包范围内，所有需要向建设单位交付的文件。

同时，工程项目文件跟所有文件一样，都要经历一个从产生到归档的过程，在这个过程中，文件履行了它的现实价值，有价值的归档成为档案，没有保存价值的最终销毁。那么说到归档就离不开文件的归档范围，因此明确归档范围是保证一个单位、一个项目归档工作顺利实施的重要方面。另外，就是归档的要求，我们要对归档文件制定出各项要求，以保证归档文件的质量，比如纸质文件的外观、格式的统一、编码、版本要求等。从档案管理角度来说，归档范围及归档要求事实上也是档案的一次鉴定，通过对档案进行第一次鉴定，归档具有保存价值的档案，并为其制定保管期限。

以上四个目标实际上是从项目文件的产生、流转执行过程及最后的交付和归档三个阶段来提出的，只要达到了上述目标，项目文档控制工作就尽在掌握了。

5.2　建设项目文档管理策略

那么，要达到上述的四个目标，我们具体需要制定哪些策略呢？总体来说，分为制度层面、工具层面、执行层面和思想意识四个维度。

5.2.1　文档管理体系的搭建

对于建设工程项目，我们必须建立一套完善的全项目文档管理体系，使整个项目中各角色、各部分、各单元都按照统一的计划、程序、规范和作业表格执行文档操作。各角色文档控制中心，即 DCC 在此过程中，将起到监督、把关和管理的作用，从而保证全项目文件的真实性、规范性、统一性、时效性和完整性。同时，项目各类文档信息在这个文档管理体系中，都有着自己的流转路径和方式，在 DCC 的监督和对重点环节的控制下，保证项目各类文档信息自始至终都按照各自的方式和路径流转。全项目文档管理体系还将着眼于项目文档全生命周期的管理和项目文档交付进度、交付质量的控制，为整个项目文档信息的控制建立起一整套从原则、纲领到具体实施办法的指导体系，是整个项目文档信息控制的灵魂和指挥棒(图 4-1)。

不同的项目，由于行业、地域、工期、建设单位要求、承包模式等的不同，项目的管理体系也会有个性上的差异。为了搭建符合项目个性特点的文档管理体系，需从如下角度进行具体策划。

（1）在工程中的角色　在一个工程中，不同角色的工作范围、内容和要求都是不同的，这也决定着其文档管理思路和内容的不同。如建设单位，应该着眼的是整个项目文档的管

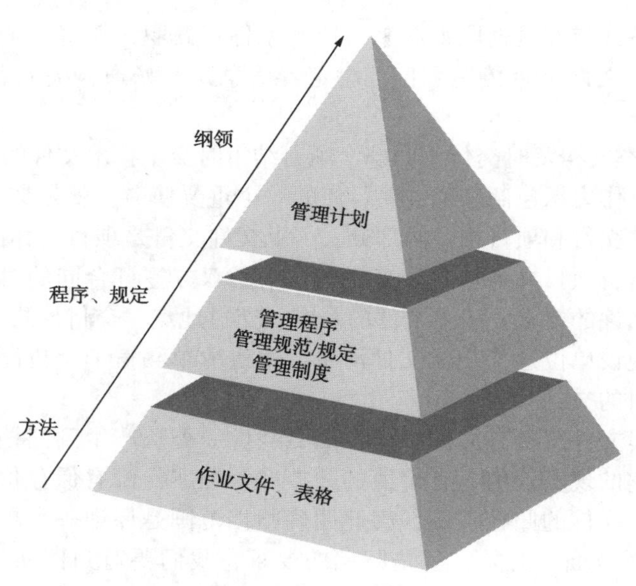

图 4-1　文档管理体系

理，需要搭建的文档管理体系是涵盖工程各参与方的整体管理系统。主旨是制定出各项要求以规范各参与方的交付文件。作为建设单位，一般不用考虑承包商的情况，但需要考虑为自身提出的要求买单。比如交付纸质文件的份数，如果超出了正常的范围，承包商可以提出额外费用要求；再比如建设单位提出特殊形式的交付内容和形式，如数字化交付(见第13章)，那么也必将为此支付费用。而作为承包商来说，在搭建自己的文档管理体系的时候，就首先需要考虑建设单位的要求，同时还要考虑自己公司的要求。因为工程项目文件不仅需要交付建设单位，还需要归档到自己公司，以供今后利用。故，在制定项目文档管理体系的时候就要双重考虑。

(2) 项目合同范围、类型　针对一个特定角色，在不同的合同范围、类型下，由于其承担的工作内容、合同类型不同，产生的文件就会不同，故搭建的管理体系也会不同。比如针对建设单位，如果其与承包商签订的是 EPC 总包合同，那么只需考虑自己和 EPC 总包这个接口，制定出对于总包交付文件的管理要求，至于总包内部的设计、采购和施工文件的具体管理及相互之间的接口就不用参与和考虑。而如果其签订的是 E+P+C 合同，由于设计、采购和施工相互协调管理的责任在建设单位自己，三方之间文件的流转也需要建设单位亲力亲为，那么建设单位搭建的管理体系必然要涉及此方面内容。

再比如针对承包商来说，由于 EPC 总包方和其分包方的合同范围和类型有着较大差异，故其文档管理的内容和范围也有着较大不同。EPC 总包方的文档管理体系应包含设计、采购、施工文档的管理内容，以及对分包商文档管理的监管内容；而分包方的文档管理体系仅包含自己分包内容相关的文档管理内容，如需要还可包括对 EPC 总包方文档管理要求的呼应等方面的内容。

(3) 国家、行业、地方要求及合同中的具体要求/建设单位的具体要求　对于工程项目文档管理，国家、行业和地方都对其有各类要求，大到文件的归档范围，小到文件的规格、折叠方法等。我们在搭建项目文档管理体系的时候，要首先考虑这些要求，做到不与其发生冲突。对于承包商来说，还需要按照合同里针对交付文件及文件管理的具体要求，以及建设单位的其他具体要求来搭建其文档管理体系。

（4）各类文件类型特点及文件流转路径　工程项目文件管理体系里，各类文件的管理和流转路径是一项重要内容。项目中有各种文件类型，设计文件、采购文件、施工文件、往来通讯类文件、管理文件等，每种文件因为其传递的信息不同，都有着独特的流转路径及管理方法，再加上不同的项目角色、项目类型、承包内容以及界面关系，使得每个项目中各类文件的管理方法都存在差异，故需要对其管理程序进行详细说明和规范。

（5）项目内外管理界面　在工程项目中，由于担任角色的不同，使得各角色的界面关系各不相同，这直接影响着文件的管理策略、流程和方法。上文已经讲到，建设单位的文档管理和承包商的文档管理内容和办法就是不同的。再比如针对 EPC 承包商，设计工作全部由自身完成，和有部分设计工作外包，因为多了一层界面关系，故针对设计文件的管理就不尽相同。同理，针对有 PMC 管理，或总体院的项目，那么文件管理还需要遵循 PMC 或总体院的相关要求并接受其审查，故在搭建文档管理体系的时候，就需要考虑这方面的内容。

5.2.2　项目电子文档管理平台的建立

DCC 是整个项目文件的控制枢纽，它保证项目信息资源的共享与集成，从项目信息准确高效共享的角度保证项目进度，及项目各角色、各环节工作质量和效率。当今，在电子文件与纸质文件双轨制的工程项目中，DCC 需对电子文件按照项目文档管理体系中的原则和程序进行控制和管理。

为了实现上述目标，DCC 通过搭建电子文档管理平台，把工程项目信息统一在一个单一的环境中，专业数据库和互联网使各地站点间交换工程项目信息成为可能，保证了项目各层次各角色之间的信息横向传递和共享；同时电子文档管理平台还需确保整个团队所使用、参考的信息是安全、精确、最新的，就必须做到文件的纵向版次管理，确保每个人都能够依据一个单一的、一致的信息资源去工作，使各地的设计人员、供货商、施工人员以及建设单位一起协作，将大家的办公室无形中连在一起。

项目实施中，我们可以在项目组中心办公室设置一台中央服务器，在其他工作站点通过浏览器访问此服务器。利用这一方法，中央服务器可用于控制和监视文件的访问，通过跟踪哪些文档被检验以及是谁修改了文档，有效地维护信息安全。当用户登录系统时，DCC 系统将校验这个用户访问了哪些文档。项目被授权的成员均有权利写入电子文档管理系统，但正式发布的文件必须由 DCC 团队加以确认，给文件一个正式的版本号码，标定文档的发布时间。

在项目生命周期内，存储在 DCC 中的每个文档的数据等级和属性都可用于开发，在文档间实现高级链接，有助于文档间漫游。参与项目的各方通过电子文档管理系统能有效地实现协同工作、数据传输和共享。

电子文档管理系统（Electronic Document Management System，简称 EDMS），还可与项目管理系统、设计协同系统以及建设方及承包方的 OA、ERP 等系统建立接口和数据关联，保证整个项目乃至公司工程项目信息的高效管理和利用，是当今工程项目文档管理必不可少的管理工具。

目前大多工程项目及工程公司的电子文档管理平台(图4-2)均采用市场上相关的商业软件，但也有部分工程公司采取自行开发的模式。这两种方式各有利弊，自行开发耗时长、需要有强大的IT技术能力支持，但更贴近实际需求、后期维护便利；采买的系统一般配置开发周期较短、无须过多IT技术支持，但容易造成系统功能难以落地、后期维护费用高等问题。

如采用购买软件的方式，则软件选择方面，没有好与不好，只有适合与不适合；也并非造价越高越好，只要满足项目文档管理体系的需要，解决项目电子文件管理的问题即可。

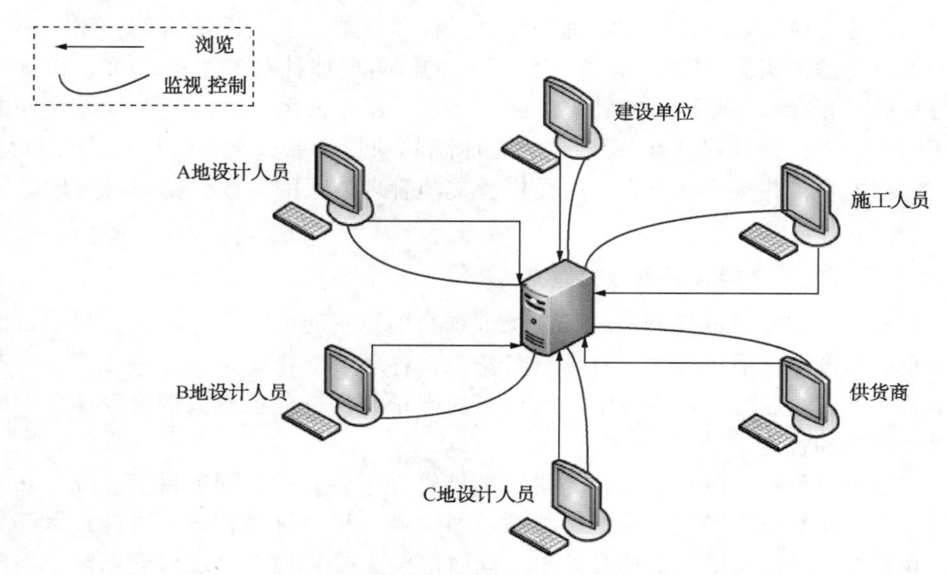

图4-2　项目电子文档管理平台的建立

5.2.3　在项目执行过程中，做好项目文档的过程控制

搭建项目文档管理体系就是要让全项目文档管理始终都在同一体系内运转，得到控制。那么我们在项目执行过程中，除了DCC必须始终按照体系的各项要求执行外，所有参与项目信息交换的人都应该始终按照该体系的要求进行文件编制、递交、利用等操作。

1）始终按照文档管理体系的各项要求执行，做好文件的纵向版次控制和横向传递共享，在项目内建立三维信息空间　真实性、规范性、统一性、时效性和完整性是我们对于工程项目文件进行控制的目标，在项目初期，项目DCC主要任务就是搭建好项目文档管理体系，为上述目标的实现建立好行动依据与规范。在项目执行过程中，项目组成员应按照项目文档管理体系的要求，保证所编制、审批文件的真实性、规范性、统一性、时效性及完整性；对于DCC来说，除了验证文件的真实性、规范性、统一性、时效性和完整性，最关键的任务是要在对文件进行管理的时候，做好文件的版次管理，把控好文件的时效性。对于文件的版次来说，除了编制人应该按照项目文件版次管理的要求，做到文件修改供发布时的版次更新，DCC还应该特别注意在文件收集、发布发送、交付及预归档、归档环节中的版次管理和更新，避免发生文件版次错乱，造成项目文件信息使用、保存时的错误。新的版次代替旧的版次，从文件角度来说，这是一种沿着时间线进行的纵向管理，保证项目文件纵向的版次管理，以保证文件的时效性，是在项目执行过程中，DCC 面临并参与其中的最重要的任务。

对项目文件进行控制管理的首要目的，是为了信息的传递利用。前文已经说过，工程项目就是一个多角色、多层面、多专业、多点工作和实施的网络化工作，让大家协调有效工作的基础就是在项目内建立起一张信息有效交互的大型网络，才能保证各项工作的顺利实施。从文件角度来说，针对每个版次文件信息的交互，相比起在时间线上的版次更迭，它是一种横向的流转，因此 DCC 需要做好的工作就是确保这种横向的控制和流转。

上文提到了文件信息由于版次更迭，形成了在时间线上的纵向控制，而对于每一版信息，又都会有一个横向的交互。因此在整个项目进程中，所有文件信息的流转，我们可以认为它是一个三维空间，也就是说，每一版文件的传递和流转形成了一个交互的二维空间，而加上了工程进展过程中，文件信息的版次更迭，就有了对文件时效性的控制，我们对项目文件信息的控制就成为了一个三维立体的模型(图 4-3)。

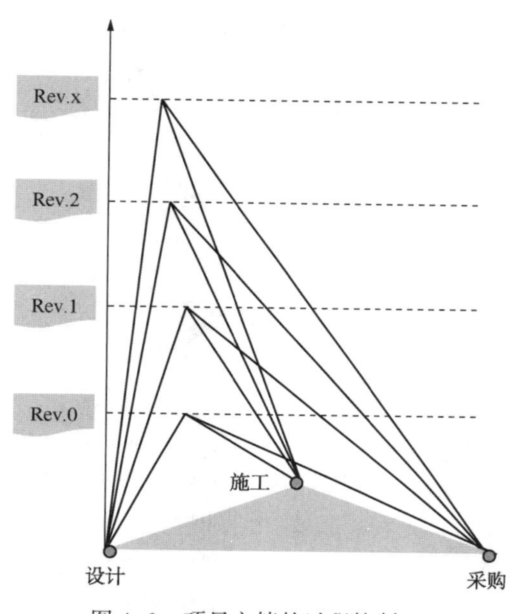

图 4-3 项目文档的过程控制

2）做好项目执行过程中文件质量和进度的把控 这里说的文件质量主要是从文件管理的角度来说的，并不涉及文件的内容。它主要包括文件的外观质量，如文件有无破损、是否完好，是否整洁等。另外还包括文件信息是否完整，有没有缺页。还有就是文件的真实性、规范性、统一性和时效性。项目 DCC 需在项目执行过程中，对收集的项目文件进行查验，从格式、编码的查验中，保证其规范性、统一性；从签署、签章是否符合要求保证其真实性；从版次的查验中，保证其时效性。

所谓文件的进度，就是指文件是否按照计划完成和交付。真正意义上，DCC 应该按照项目文件出图计划或交付进度来做到文件进度的跟踪和催交。但这个工作在大多国内项目里，属于项目进度计划工程师的职责。不论这个工作具体由谁完成，DCC 至少应该及时向项目提供文件递交的实时进度数据，以便此项工作的顺利开展。在信息化手段不高的项目中，DCC 至少应该做到对交付文件的属性进行收集，如文件的版次跟踪，如文件发布发送的时间、状态、原因，以及文件接收人等，项目组通过由上述属性形成的台账可掌握文件的发布发送及交付进度和状态，以便做到对文件进度的跟踪和控制。

针对这个问题，这里想特别强调一下施工文件的进度问题，在大多工程项目中，施工文件的进度一直是一个老大难问题，往往存在施工文件与实际工程进展不同步、事后补资料的情况。不仅造成文件不真实，影响其作为凭证和参考的价值，还影响到项目交工技术文件组卷交付的工作进度，甚至由于缺失数据信息，如材料报验的信息等，对整体工程的进度和质量造成影响、留下隐患。

项目文件质量和进度的把控在项目文档控制工作，乃至项目整体管理工作中，都是非常重要的内容，它决定着整个项目的进度和质量，在项目执行过程中，必须给予足够重视。

3）前端控制与后续管理相结合　前文已经讲解过，从文件产生到归档的文件管理，从文档一体化管理的角度，叫作档案的前端控制，从文件归档成为档案后的档案管理则称为档案的后续管理(图 4-4)。行之有效的工程项目文档管理在工程档案管理中充当了前端控制的作用，将工程项目建成后档案管理的各项需要纳入工程项目建设期间项目文件管理策划和实际控制中，就做到了工程档案前端控制和后续管理的有机结合，使这两项看似分离的工作成为一个整体，从真正意义上做到了文档一体化的先进管理。这是从档案管理角度看待项目文档控制的意义。从工程项目管理角度来说，对于档案管理需求的提前考虑也在很大程度上促进了工程项目文件的管理及项目管理的效率。

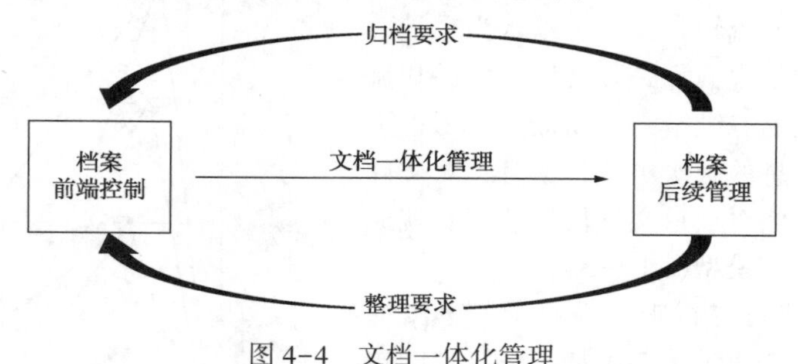

图 4-4　文档一体化管理

那么在现实工作中怎样才能做到文档一体化管理，也就是前端控制与后续管理的结合呢？首先在项目文档管理进行策划的时候，档案管理的人员就应参与进来，从后期项目文件归档要求和归档后整理要求方面提出意见，让项目文件在管理策划过程中就将各项具体要求纳入其中。如对于承包商来说，在项目文件格式、编码、版次、签署要求的规定策划中就不仅需要考虑建设单位的要求，还要考虑承包商公司的归档要求，以防文件在入库时不符合公司归档要求，进行不必要返工时造成项目文件交付进度的延误。又如，项目文件在项目中进行预归档时需要对保存文件进行分类整理，如果档案管理人员不对预归档文件提前提出分类整理要求，就会导致文件在正式归档时还要根据档案管理的要求进行二次整理，有时候文件归档后甚至还要进行三次整理，这就造成大量重复工作，费时费力。在项目文件管理的执行阶段，前端控制依然需要与后续管理进行紧密结合，以保证工作的推进和效率的提高。如进行有效的沟通。项目执行中每一个项目都千差万别，各有各的特殊情况，但规定和要求却是死的，我们经常会听到项目执行层面的人员抱怨公司规定就是绊脚石，极大地阻碍了工作的进展，这就是因为在特殊情况面前，我们不能灵活变通地执行规定。当后续管理的要求和前端控制的情况发生冲突的时候，我们只有进行有效沟通，才能让大家明确共同的目标，让规定成为助力而不是阻力，最终一起想办法达成目标。另外对要求落实情况的检查、开展的培训等方式也是在项目执行中前后端结合的具体体现。如建设单位档案管理部门参与项目参建单位针对施工资料同步性及质量的检查，就是建设单位档案后续管理对项目文件前端控制的很好结合。

5.2.4　统一认识，建立全项目文档管理意识

对于任何工作来说，都应该思想先于行动。因为只有提高认识、统一认识，才能让思想成为行动的动力。尤其是针对工程项目来说，参建方众多，如果各角色不能达到一个统一的思想认识，则会成为接下来工作的阻力；而如果全项目能够统一认识，就能为工作助力，事半功倍。对于工程项目文档管理工作来说更是如此，因为在项目管理中，相比起项目安全、进度、费用和质量的管理，项目文档管理工作容易被人忽视，容易形同虚设，因此，我们更应该建立全项目文档管理意识，并加以宣传和培训，这样才能统一认识，一致行动。

5.2.5　交工技术文件的顺利交付

《石油化工建设工程项目交工技术文件规定》SH/T 3503—2017 规定：交工技术文件，也称交工资料，是工程总承包单位或设计、采购、施工、检测等承包单位在建设工程项目实施过程中形成，并在工程交工时移交建设单位的工程实现过程、使用功能符合要求的证据及竣工图等技术文件的统称，是建设工程文件归档的组成部分。

交工技术文件的顺利交付是项目文档控制的一项重要目标，交工技术文件的交付是评价项目文档控制工作的重要指标。《建设项目（工程）档案验收办法》国档发【1992】8 号、《石油化工建设工程项目竣工验收规定》SH/T 3904 中明确，国家、行业、地方在对工程进行初步验收和竣工验收时，均需要对项目交工技术文件进行同步验收。

交工技术文件的交付工作所涉及的内容不只是交付工作本身，而是交工技术文件从编制到流转、最后到归档交付全过程的控制，需要整个项目文件管理工作作为基础和支撑。只有建立了完善的项目文件管理体系，并做好过程中各项规范制度的落实，以及项目文件交付进度的跟踪，才能最终实现交付这个环节目标的顺利达成。

从搭建项目文档管理体系来说，在项目初期，不论是建设方角色还是承包商角色，都应将交工技术文件交付这个事情列入考虑范围，作为建设方首先应依据行业与地方规范标准，并与当地质检机构、资料接收机构（如有，如城建档案馆等）进行沟通，同时还需与项目各方进行充分沟通，建立起符合本项目实际需要的交工技术文件编制、组卷及交付规范。EPC 总包方也应尽到自己协助、督促、确认等职责，帮助建设单位完成上述工作。在项目进展过程中，各方应担负起各自职责，建设方及总包方应做到必要的培训和宣贯，并根据实施情况不断完善修订各项规范要求，同时做到各类相关文件编制进度及质量的检查与督促；而作为设计承包及施工承包商及各类分承包商，应做到按规范要求完成自己的工作，遇到问题及时反馈、并做好各类检查、整改工作的配合。在交工技术文件最终顺利通过验收的基础上，建设方还需对项目所有接收档案做综合、有机、有效的编排整理，同时建立文档管理的各项目录、索引，为今后的档案后续管理和利用创造条件。

在整个交工技术文件从策划、编制到交付的过程中，建设单位应担负起总体的组织、策划、指导等作用，尽可能明确标准要求，减少过程中的返工量；各承包商、分包商应担负起配合工作、完成任务的职责，按照合同、建设单位和总包单位的要求，完成各自范围

内文件的编制和交付工作，应尽可能反应标准要求在实施过程中遇到的问题，发现问题，及时反馈，以减少返工、确保工作按进度推进；对于总承包单位来说，应担负起承上启下的作用，利用自己的成熟经验，主动协助建设单位尽快制定和完善各项标准要求，同时多收集分包单位，如施工单位在实施过程中遇到的问题，并与建设单位一起协商解决问题的办法，及时修订编制要求，以尽量减少返工、确保此项工作按进度完成。总之，交工技术文件工作就像建设实体工程一样，是一个需要总体把关、各方统筹协调的工作，需要各方各司其职又相互配合。

6 软硬件配备

6.1 软件方面

建设工程项目文档管理同其他项目管理工作一样，在工作中也需要管理工具，软硬件双方面的支持必不可少。软件方面除了一些基本的办公软件外，还需要电子文档管理系统作为电子文件管理的工具。本节仅简要陈述需要的基本配置及用途，对于电子文档的管理过程和要求将在后续篇章详细讲解。

软件方面应不少于表 4-1 配置。

表 4-1 软件配置

序号	名称	用途
1	Microsoft Office Word	文字处理
2	Microsoft Office Excel	电子数据表
3	Microsoft Office PowerPoint	电子幻灯片
4	Microsoft Office Visio	草图
5	E-mail	电子邮件
6	Adobe Acrobat	阅读与打印 PDF 文件
7	WinRAR	文件压缩
8	Adobe Photoshop	图像处理及打印
9	Autodesk 3ds Max	图形处理及打印
10	杀毒软件	文件杀毒
11	加密软件	用于保密文件加密
12	文档管理系统	项目文件管理
13	档案管理系统	项目档案管理
14	……	

6.2 硬件方面

除了上述软件，工作中还应配备相关硬件设施，除了基本的办公设施，还应具有文档管理的相应硬件，包括但不限于表4-2。

表4-2　硬件配置

序号	设备名称	用途
1	复印打印扫描一体机	快速、批量打印、复印、扫描文件
2	打印机	日常工作打印
3	彩色打印机	满足工作中彩色打印的需求
4	超厚证件打印机	打印档案盒等
5	光盘刻录机	电子文件储存、光盘刻录
6	光盘打印机	光盘封面打印
7	图纸扫描仪(彩色)	用于图纸扫描，可扫描A0图
8	绘图仪(彩色)	用于图纸打印，可打印A0图
9	蓝图打印工程机	用于A2以上图幅蓝图打印
10	联动大图叠图机	与蓝图打印机联动，用于折叠A2以上图幅图纸
11	A3小型叠图机	用于折叠A3文件
12	装订机	文件装订
13	电脑	日常办公
14	移动硬盘	电子文件传递、转移
15	服务器	电子文件存储、交换
16	碎纸机	废纸处理、保密需要
17	自动号码机	打页码、件号；视需要
18	平边切纸刀	裁切纸边及标签
19	档号章	视需要，多为建设方使用
20	平板拖车/文件推车	文件运输
21	档案整理工作台	大台面，用于档案及图纸等整理
22	自动/手动钻	装订过厚档案等文件的打孔
23	防磁光盘柜	存放光盘，防止消磁(档案库房)
24	除湿机	除湿(档案库房)
25	档案架/柜	储存资料(档案库房)
26	温湿度计	温湿度测定(档案库房)
27	空调	温度控制(档案库房)
28	……	

上表中所列设备，根据项目规模不同、工作范围不同，以及在项目中承担角色不同，其数量不同，需要根据实际情况确定。

7　工程项目文档管理现状与建议

7.1　工程项目文档管理现状

7.1.1　管理模式

目前不论是建设单位还是承包方，项目文档管理的模式一般分为如下三种：①自行管理；②整体外包管理；③自己建立体系，借用外包人力作为技术服务，或按照项目进行外包。

一般来说国内外拥有建设经验的建设方和大型工程公司多采用第一种模式，即自行管理，或采用第一种和第三种结合的方式，即当人力出现问题时，采用借助第三方公司人力的方式。拥有建设经验的建设方及国内外大型工程公司一般均具备完善的项目管理体系和丰富的项目管理经验，可根据项目的特点、要求和自身的需要制定出一套适合自己的文档管理体系，在人力充足的情况下可采用第一种模式，也可依据需要，在项目现场等情况下考虑第三种方式，即借用第三方人力。此种情况下，项目骨干人员由自己派出，第三方仅提供人力补充。第二种方式是缺乏建设经验的建设方及中小型工程公司使用较多的方式，即整体外包模式。对于没有太多建设经验的建设方及中小型工程公司，考虑到风险及成本因素，可采用整体外包给第三方专业公司的方式，以适当转移风险，借助外部专业团队的力量保证管理效果。由表4-3可知各种管理方式的利弊对比。

表4-3　各种管理方式的利弊对比

模式 要素	自行自管	外包模式	合作模式
风险承担	风险独自承担	外包公司承担	共同承担
管理经验	项目文档管理经验需要多年沉淀、积攒，风险取决于自身是否具备丰富管理经验	项目文档管理经验丰富，对风险把控较为成熟	如自身已具备丰富的项目文档管理经验，可在很大程度上规避文档管理中的各类风险；也可依靠外包公司的丰富经验，最大程度规避管理风险
人力配备	人力资源不足，需考虑人才队伍建设	人力资源充足，人员专业化程度较高，且管理队伍相对稳定	自身仍需要考虑人才队伍建设，外包公司可确保人力资源充足
成本核算	人力成本高(人员维护、考核管理及培训成本)	人员成本较低，易于控制	花费适中，成本控制相对灵活

7.1.2　管理水平

档案管理事业在中国历史悠久，中国甲骨档案是世界上最古老的档案形式之一，并成为唯一流传下来的档案，确立了我国古代档案在世界档案史上的地位。在近现代档案发展史中，由于旧中国统治阶级的腐败和帝国主义的侵略和压迫，严重影响了近代中国档案事业和档案学的发展。因此，近现代档案工作及档案学的方法与理论主要都起源于西方国家。

工程项目文档管理是在西方工程管理中衍生出的一项针对工程文件信息的管理工作，20世纪末，中国在与国外工程界的交流和国际项目的参与中，借鉴和学习到了这一工作的理念和方法，虽然目前为止，中国在此领域仍是一个学习者，但经过了20年的学习和发展，目前此项工作已经成为国内工程项目中不可或缺的管理内容，在项目管理方面起着重要作用。

工程项目文档管理理念在被国内工程项目管理接纳认可的同时，工程档案管理者们也意识到了此项工作对于工程档案管理的意义。这样的认识促成了工程项目文档管理在国内的发展。尤其是电子文件的逐渐普及，使得传统的以纸介质为载体的档案管理出现了翻天覆地的变化。电子文件的优势和如何规避其弊端成为档案界的研究方向，也使得文件和档案的管理更加紧密关联。在工程界，工程建设期间产生的电子文件，相比起纸质文件的编制、流转及信息传递、共享，其效率大幅度提升，但却也需要采取措施以保证其真实有效。如何更好地行使其文件的使命，并在归档后发挥出其价值，成为工程项目文档管理及档案管理关注的焦点。虽然目前国内工程界仍采用双轨制，即纸质档案和电子档案并存的存储与管理方式。但电子信息时代的来临，正在将传统文件与档案管理方式和管理水平推向前所未有的高度。

就目前国内工程项目文档管理水平来说，在拥有成熟工程建设经验的建设单位及大型工程公司，项目文档管理已经成为一个专业岗位，拥有完善的管理体系，建立了专门的组织机构，在项目管理和档案管理中，表现出了较高水平，也发挥出了重要作用。但这并不代表所有大型工程建设项目的文档管理均表现出较高水平，行业、地域等的差异，使得此项工作水平也表现出了较大差异。目前在石油化工行业，项目文档管理水平较其他能源和工程行业来说，处于领先位置。这主要因为石油化工行业与国际的合作较多，有更多的机会接触和学习国外先进的工程项目管理经验。

7.1.3　管理效果

目前石油化工行业工程项目文档管理方式各企业不尽相同，管理水平也良莠不齐，但从管理效果来看，都从项目管理和档案管理角度发挥出了越来越重要的作用。

从项目管理角度来看，如前文所述，没有项目文档管理的项目管理就如同八仙桌缺腿——搁不平一样，无法发挥出其桌子的功能。因为项目文档管理在项目管理各环节中，既是不可或缺的部分，又担当着重要的基础作用。行之有效的项目管理依赖于项目文档信息的有序管理和高效共享，项目文档信息管理的缺失，将会使项目进度、费用、质量安全等管理环节因为缺少了重要的管理依据和支持，最终形同虚设。

项目进度的管理需要从项目文档控制环节得到项目各类文件的进展信息，方可达到其控制的目标；项目费用的管理从开始的费用目标、计划的制定，到过程中的费用控制、分析以及最终的考核及项目结算，尤其是索赔、结算环节，都需要建立在项目设计文件有效管理的基础上，需要大量参考项目文件中的信息，如各类变更及与变更关联的文件等，只有文件的有效控制和高效共享，才能满足其需要；质量安全管理首先应该以文件质量为前提，其次除了现场的实地勘察外，大量隐蔽工程和作业的质量检查需要从文件信息入手。

其他合同、变更等管理更是需要首先针对相关文件的管理，其次才可以做到相关内容的管理。

从档案管理角度看，项目文档管理作为文档一体化管理的前端控制，在建设单位和工程公司的档案管理中发挥出了奠定基础和前置管理的作用。首先项目文档管理对项目文件的及时收集确保了项目各类档案的应归尽归，有效地避免了项目过程中档案的遗失；同时由于项目文档管理工作对文件真实性、统一性、规范性、时效性和完整性的控制，保证了入库档案的质量，减少了档案收集环节中鉴定工作的工作量，提升了归档工作的效率；同时项目文档管理工作中的整理和预归档工作由于提前考虑了档案管理的需要，故而将文件分类整理、文件相关属性收集录入等工作提前至文件管理阶段，减少了档案管理中相关工作的压力；在电子文件管理方面，项目文档管理更是凸显了对于电子档案的管理价值，不仅表现在电子文件以及电子文件元数据真实完整收集方面，还表现在由于档案管理人员深入项目文档管理工作中，加深了对于电子文件应用程序和管理系统等方面的了解，为电子档案的后续管理和利用提供了有利条件。

但由于管理意识的局限、管理水平有待进一步提高，目前国内建设工程领域，项目文档管理在管理效果方面仍有较大提升空间。尤其是当前大数据时代已经来临，如何在工程领域发挥出大数据的能动力，让工程项目管理及后续档案数据提供利用都搭上大数据这趟快速行驶的列车，还需要我们在开拓思想的基础上，切实地做好基础工作，即不仅从文件信息本身着手，着眼档案利用，做好文件信息编制和存储工作，并在过程中做到严格把控，如整个项目文件信息流转路径的设计与把控，只有这样，才能在不久的未来迎来工程项目数据信息驱动时代。

7.1.4 存在问题

（1）行业认识方面　从工程行业来讲，虽然已经认识到了文件信息的重要性，但仍没有将项目文档信息管理提升到与其他项目管理内容同等重要的层面。在国内工程档案管理领域，包括处于领先地位的石油化工行业，这种重视度不足表现在若干方面。如标准规定方面，国标及石化行业相关标准中，涵盖了建设工程项目文件归档的范围、内容及设计、施工、交工技术等文件编制、准备的各类规定，但却鲜见对于建设工程项目文档管理方面的标准规范。而从管控角度讲，虽然国标及行标并没有确切规定，一般情况下，也鲜见在项目合同中明确规定项目文件交付具体时间的情况。但《建设项目（工程）档案验收办法》（国档发【1992】8 号）第四章“验收要求”第十二条中明确规定：“项目档案验收应在项目竣工验收 3 个月之内完成”；《重大建设项目档案验收办法》第十二条规定：“项目档案验收应在项目竣工验收 3 个月之前完成”。故建设方需要在竣工验收 3 个月前就收集齐全项目交工技术文件，含竣工图、施工文件、项目重要管理文件及设备出厂资料等。这虽然从档案收集角度做出了规定，但从文件到档案的全生命周期中，缺失了从文件源头进行管控的措施。比如某些工程项目，由于不重视项目建设期间文件收集、管理，缺少了文件源头的管控，为了达到交付文件并顺利验收的目的，很多承包商，尤其是施工承包商及 EPC 承包商就会出现事后补资料，及伪造虚假施工过程文件及签字的现象。而建设单位即便知道项目中存在这种现象，很多文件都是虚假后补的，但为了应付项目验收，也只能睁一只眼闭一只眼。殊不知这种做法本末倒置，失去了真实性的项目文件，无法在归档利用后发挥出其档案的凭证价值，也因为在项目建设期间没有运用好文件信息管理这个手段，做到对项目管理的有效支持。

(2) 项目认识层面　从项目管理层面来讲，不论是建设方亦或是承包方，均对项目文档管理的意义认识不足，没有充分发挥其作用。如前文所述，项目文档管理在项目管理及各方档案管理方面均有重要意义，从项目管理层面讲，它是项目各项管理的基础和前提，从档案管理角度讲，文档一体化的管理理念下，项目文档管理是档案管理的前端控制，它的管理效果很大程度上决定着管理主体今后档案利用的效果。对建设方来说，建设档案是今后工厂检维修和改扩建的重要依据，而对于承包商来说，项目档案是它的产品也是建设的依据，是其技术积累和提升的宝贵财富。然而对上述重要性，项目管理主体往往没有充分的认识，才会出现前文管理水平的局限性，进而影响管理效果。

(3) 文档管理队伍本身　从文档管理队伍本身来说，由于普遍缺乏专业性，故不能很好地发挥出管理职能。目前国内建设项目文档管理队伍主要有两类，一种是建设方及承包商的项目文档管理团队，另一种则是专门从事项目文档管理的第三方公司。这两类团队中，人员构成也分为两类，一类是专业及半专业人员，严格意义上，只有掌握了档案管理及工程项目管理双重知识的人员，才可以被称为专业人员。而只涉足单方面知识领域的人员仅可称其为半专业人员。据不完全统计，目前市场上专业及半专业人才占比低于20%，往往担当文档管理队伍的领导者或骨干力量；另一类则是毫无相关培训及经验的人员，占比高于80%。但随着从业经验的积累，做过一两个项目后，其中有一部分人员可以快速成长为半专业人员。然而，正是由于没有经过系统的专业培训，很多看着熟练的半专业人员在工作中表现为只知其然，不知其所以然，故遇到问题，有的照搬照抄，忽视了项目的独特性及情况的差异性；有的则无视原则、唯上级指令是从。而具备专业性的项目文档管理是在掌握从文件到档案的全生命周期管理理论原理的基础上，能够依据行业要求、地方特点及项目的独特性，熟练运用管理手段，最终达到管理目的。具体到事务处理层面，专业性则表现在事前的规划及管理的系统性，以及针对不同条件不同事物处理方法的灵活性。而另一个层面，人类进入信息化时代也才几十年，虽然信息化在很多行业已经展现出其的引领地位，但在工程行业，数据信息作用的发挥还需要专业队伍的探索和开创，缺乏专业性的队伍势必会对工程行业信息化工作产生负面影响。

读到这里就会遇到一个疑问，随着经验值的增加，不专业的人员最终一定会转变成专业或半专业人员。从21世纪初国内工程行业开始出现项目文档管理岗位至今，已有近20年的发展历史，为何占比仍如此悬殊？导致这种不正常现象的缘故正是由于行业和项目管理层面认识不足。在国内，工程项目文档管理始终没有真正成为一个项目管理专业，而与项目秘书和打杂等事务性工作画上了等号。因此从行业到项目各管理主体，均没有对项目文档管理工作有一个正确而全面的认识，项目文档管理岗位没有形成一条可发展的职业成长道路，而是变成了其他项目管理岗位的跳板，一旦拥有了一定的项目管理经验，便会转行，亦或是由于看到了渺茫的发展前景，哪怕是离开工程领域，也义无反顾地放弃多年的工程从业经验。人员队伍的不稳定和专业人员的流失，加剧了项目文档管理队伍专业性的欠缺，这就如同一个恶性循环，队伍的不专业致使管理效果无法显现，从而更加无法凸显出文档信息管理的作用，这反过来更加制约了人们的认识，导致专业不受重视、人员队伍的专业性无法得到保证。

7.2 工程项目文档管理建议

7.2.1 在公司、项目内建立合适的文档管理体系

前文已经讲到过，建立文档管理体系是项目文档管理的重要策略和手段。项目文档管理体系是由基于一个公司/项目的文档管理计划、各类文档管理程序、规定和作业文件组成的依据性文件体系，它为一个公司或一个项目的文档管理提供了管理的依据和规则。有了项目文档管理体系，整个公司或项目的文档管理就可以做到有据可依、有章可循。从计划-程序、规定-作业文件的文档管理体系，是一个金字塔形的结构，最顶端为全公司/项目文档管理的整体规划，中间层为支撑上层计划的各类文件管理程序、规定，最底层则为工作中的作业文件，由各类表单、作业指导书组成，用来支撑中间层的各项程序和规定。

对于一个工程公司来说，是必须建立一整套基于公司层面的工程项目文档管理体系文件的，这套文件可以支持公司所承揽的各类工程项目的文件管理。那么有了这套体系文件，各项目还需要再建立一套项目级的文件体系吗？这个就要看情况。在大多工程公司，所承揽的项目中，有一些是建设单位对文档管理提出明确要求的项目，这里不论项目大小，只要建设单位对项目文档管理提出了要求，那么就需要承包商去响应这些要求，对所承揽范围内的项目文档管理做出相应的管理规定。但一般情况下，这种情况多发生在大型项目。这时候，公司级的文档管理体系只能作为该项目文档管理的基础和补充，项目文档管理体系的主体是项目内建立的、适应该项目管理要求的文件体系。在现实情况中，大型项目，尤其是全厂性的项目，或承担总体院及 PMC 角色，需要建立一整套项目级的文档管理体系文件，一般的项目中，只需要将该项目中特殊的执行要求和方式汇总在一篇文件中，作为对该项目文档管理的要求或程序，其他与公司其他项目做法无二的条款，就可以直接引用公司体系文件的内容或直接参见公司的文件。这里就需要注意，公司级的体系文件在建立的时候，就需要考虑到各项目的需求，应该在项目差异性上留有余地，或者为项目级管理要求留下接口，以免公司级要求与项目级要求之间产生矛盾，影响文件的执行与落地。

还有一种情况是建设单位对项目文件管理没有太多要求的情况，这一般是针对小型项目及零星改造等项目，那么这时候就无须再建立项目级的文档管理体系，而是可以直接应用公司的体系文件作为管理依据。

对于建设单位来说，由于不牵扯不同项目不同要求的问题，其文档管理体系文件就不存在公司级与项目级的区别。

7.2.2 正确认识项目文档控制中心在工程项目中的角色

项目文档控制中心如何认识其在项目中的角色，需要清楚项目正式文件在对内和对外传递中 DCC 所发挥的作用。

(1) 对内界面关系　DCC 是内部文件传递的枢纽。所有项目正式文件，都必须经过 DCC 的查验、认可，方可在项目文档信息管理平台发布成为正式文件，供项目各方使用。

各部门之间的正式文件传递原则上都要以 DCC 为枢纽。图 4-5 以建设单位/EPC 承包商为例，表示项目内部各部门/角色间正式文件来往的路径图，也可由此看出 DCC 在项目中扮演的角色。

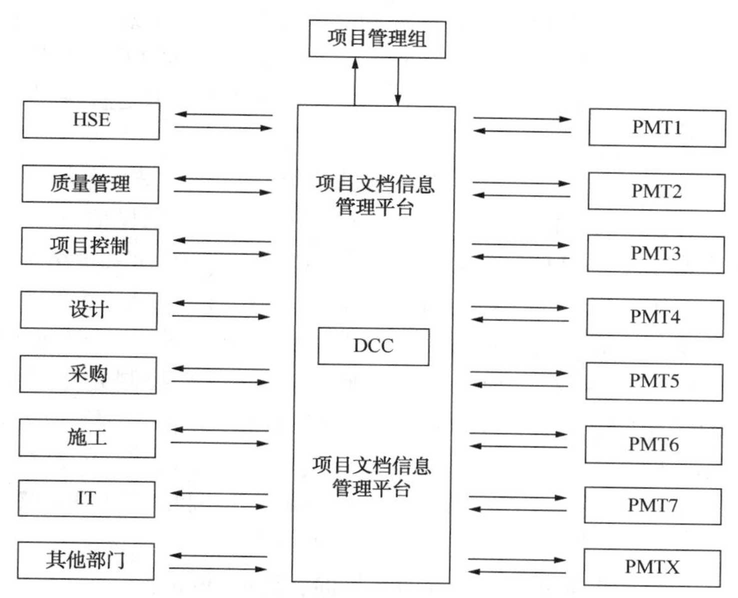

图 4-5 建设单位/EPC 承包商对内界面关系

1）与 HSE 的界面关系。DCC 需遵守 HSE 各项法规，积极配合 HAZOP（危险与可操作性分析）审查等工作中文件的传递工作。HSE 部门的各类文件需严格遵守 DCC 各项文件形成和流转的规定。

2）与质量部的界面关系。DCC 需遵守项目各项质量方针、政策，接受质量监督和项目质量检查，质量部也有责任协助 DCC 对项目文件质量等进行把关。质量部的各类文件需严格遵守 DCC 各项文件形成和流转的规定。

3）与控制部的界面关系。按照控制部合同打包方式和 WBS 等条件规划项目文件编码规则；与控制部共同研究、制定其产生和经手文件的流转流程，从保证文件合理流转的角度，配合控制部各项工作；通过对项目文件交付进度的控制和跟踪，为控制部项目进度控制和费用控制提供依据；参与项目承包/分包合同的谈判和签订，明确承包商/分包商文件管理和交付的责任，同时确定承包商/分包商文件的发放份数；控制部各类文件也要严格遵守 DCC 各项文件规定。

4）与设计的界面关系。以设计部制定的设计文件的各项规定和设计文件的流转特点作为 DCC 制定设计文件管理程序的条件输入，积极配合设计部门设计文件的审查或递交工作；在文件编号、版本版次、签署、格式等角度为承包商/分包商递交或自己产生的设计文件把好关；设计部需要在指定的时间内完成一般设计文件、供货商文件的审查工作，及自己承担的设计工作，并依据工作流程递交文件或回复意见。

5）与采购的界面关系。与采购部商议制定出相关文件的流转程序，明确需 DCC 把关的环节，行使采购文件传递职责，如请购文件，需根据项目组织机构设置及职责划分明确流转途径及 DCC 管理环节；在供货商文件管理方面，与采购部及设计部划分工作和责任范围，各司其职，确保该类文件的管理；采购部需要在指定的时间内完成采购文件的审查或递交工作，并依据工作流程递交或回复文件。

6）与施工的界面关系。在现场遵守现场施工部制定的相关规范，及时传递设计文件，为施工工作提供支持；在现场传递施工文件、监理以及第三方检验的文件，为顺利施工做好本职工作；施工部需要在指定的时间内完成施工文件的审查及递交工作，并依据工作流程递交或回复文件。

7）与 IT 的界面关系。服从 IT 对项目计算机软硬件及网络安全等的管理，在项目信息的传递、共享、安全等方面，DCC 需要与 IT 紧密配合，完成项目信息管理方面的规范文件，另外 IT 需要在电子文档管理及 EDMS 搭建及维护方面给予 DCC 充分的支持。

8）与 PMT 的界面关系。PMT 指项目管理组，项目文档管理是各 PMT 组的重要工作，DCC 的组织机构设置也是基于项目 PMT 的设置进行配套的，即 DCC 依据 PMT 的划分把部门人员分成若干小组，每个小组进行矩阵式管理，即各组文档控制人员需服从 PMT 项目经理领导，完成各 PMT 中的文档控制工作，同时项目文档控制中心需给予每一个分配到 PMT 中的文档控制人员以工作支持。

9）与其他部门的界面关系。遵守财务、行政、政府协调和其他相关部门的各项管理要求，为行政、财务等其他部门的工作提供文件上的支持。

（2）对外界面关系　在项目中除了有内部界面，还有外部界面。

1）建设单位。建设单位与各界面（总体院、专利商、EPC 承包商、供货商以及其他承包商）之间的正式文件传递都要经过彼此的 DCC 单点传递。也就是说 DCC 是项目正式文件对外来往传递的枢纽。并且所有对外文件传递除信函、传真外，都要同时附上文件传送单（图 4-6）。

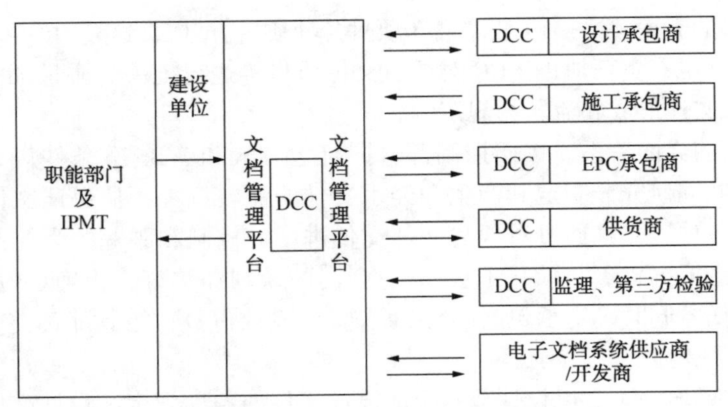

图 4-6　建设单位对外界面关系

a. 与设计承包商的界面关系。设计承包商与建设单位之间的合同关系为设计合同关系，其界面为建设单位与设计承包商之间单点联系、单点传递文件，即所产生通讯类文件和设计文件及其回复只通过双方 DCC 进行传递。

b. 与施工承包商的界面关系。施工承包商与建设单位之间的合同关系为施工合同关系，其界面为建设单位与施工承包商之间单点联系、单点传递文件，建设单位 DCC 向施工承包商 DCC 提供设计文件、采购文件作为其施工依据，同时双方 DCC 还传递通讯类文件、施工文件、监理文件等。

c. 与 EPC 承包商的界面关系。EPC 承包商与建设单位之间的合同关系为 EPC 总包合同关系，其界面为建设单位与 EPC 承包商之间单点联系、单点传递文件，即所产生通讯类文件、设计文件、采购文件、施工文件、监理文件等只通过双方 DCC 进行传递。

d. 与供货商的界面关系。供货商与建设单位之间的合同关系为供货合同关系，其界面为建设单位与供货商之间单点联系、单点传递文件，即所产生通讯类文件、供货商文件及其回复只通过双方 DCC 进行传递。

e. 与监理、第三方检验的界面关系。监理、第三方检验与建设单位之间的合同关系为服务合同关系，其界面为建设单位与监理、第三方检验之间单点联系、单点传递文件，即监理文件及检验报告等文件通过双方 DCC 进行传递。

f. 与电子文档管理系统供应商/开发商的界面关系。电子文档管理系统供应商/开发商与建设单位之间的合同关系为供货或供货加服务合同关系，其界面为建设单位 DCC 为 EDMS 供应商/开发商提供系统开发的功能需求，EDMS 供应商/开发商需提供合同中规定的相应文档，并按照合同的要求按时完成系统的搭建。

g. 与 PMC 的界面关系。PMC 与建设单位之间的合同关系为服务合同关系，鉴于 PMC 与建设单位之间的界面，PMC DCC 与建设单位 DCC 之间也会有通讯类文件、合同文件、管理文件、待审查文件的传递，均通过双方 DCC 单点传递。根据合同的范围，PMC DCC 与建设单位 DCC 之间可能会有管理范围的划分，这些都将依据合同采取相应的执行方式。

PMC 作为项目管理承包商，面向合同范围内的承包商时，代表建设单位行使与建设单位相同的权力，故 PMC 或 IPMT(PMC 与建设单位组成的项目管理一体化团队)与项目各参建方的界面关系与建设单位基本一致。

2) EPC 承包商。EPC 承包商与各界面[建设单位、总体院、专利商、设计/施工/采购分包商(一般由 EPC 承包商自己采购)、供货商以及其他承包商]之间的正式文件传递都要经过彼此的 DCC 单点传递。也就是说 DCC 是项目正式文件对外来往传递的枢纽。并且所有对外文件传递除信函、传真外，都要同时附上文件传送单(图 4-7)。

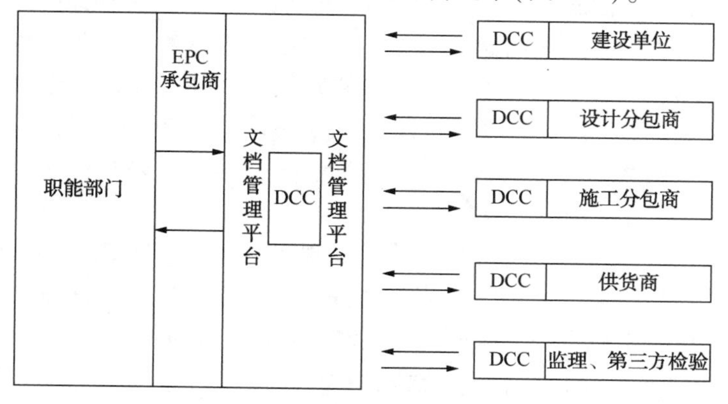

图 4-7　EPC 承包商对外界面关系

a. 与建设单位的界面关系。EPC 承包商与建设单位之间的合同关系为设计采购施工总包的合同关系，EPC 范围内的分包商，包括设计、施工分包单位及供货商的文件仅需要向 EPC 交付，或者通过 EPC 向建设单位交付文件。EPC DCC 与建设单位 DCC 之间会有通讯类文件、管理文件、所有需审查设计、采购、施工文件的传递，并且都是通过双方 DCC 单点传递。

b. 与设计分包商的界面关系。设计分包商与 EPC 项目管理组之间的合同关系为设计分包合同关系，其界面为 EPC 承包商与设计分包商之间单点联系、单点传递文件，即所产生通讯类文件和设计文件及其回复只通过 EPC 承包商 DCC 与设计院 DCC 之间传递。

c. 与施工分包商的界面关系。施工分包商与 EPC 项目管理组之间的合同关系为施工分包合同关系，其界面为 EPC 承包商与施工分包商之间单点联系、单点传递文件，EPC 承包商 DCC 向施工分包商 DCC 提供设计文件作为其施工依据，同时双方 DCC 还传递通讯类文件、施工文件、监理文件。

d. 与供货商的界面关系。供货商与 EPC 之间的合同关系为供货合同关系，其界面为 EPC 与供货商之间单点联系、单点传递文件，即所产生通讯类文件、供货商文件及其回复只通过 EPC DCC 与供货商 DCC 之间传递。

e. 与监理、第三方检验的界面关系。监理、第三方检验与 EPC 承包商之间无直接合同关系，监理、第三方检验代表建设单位行使检查监督的权利，与 EPC 承包商之间为检查和监督的关系。其界面为 EPC 与监理、第三方检验之间单点联系、单点传递文件，即所产生施工文件、监理文件、第三方检验文件及其回复只通过 EPC 项目管理组 DCC 与监理、第三方检验 DCC 之间传递。

7.2.3 尽早明确项目文件归档范围

建设工程文件归档范围应遵循《建设工程文件归档规范》GB/T 50328 及《建设项目档案管理规范》DA/T 28 的要求，也可根据行业特点参照行业内标准或规范执行，但上述规范中仅规定了文件的大致范围，并没有二级类目，故具体到文件的收集就会发现缺少了具体的指向。当然这也是因为工程领域各行业都有其独特性，如石油化工与民用建筑，在从项目论证到项目建设，再到项目竣工的各阶段都有着相当大的差别。再到地方的层面，不同地域也有不同的审批和监管措施。加上不同的项目也各具特点，事务的处理流程和方式不同，文件的种类和形式也不同，故无法做出准确细化。这就需要各项目在规范的前提下，按照各自情况细化归档范围。同时，角色不同，自然归档文件种类和范围也会不同，如建设方和承包方，项目文件的构成不同，归档目的也不尽相同。故在制定项目二级类目的时候，可以借鉴，但不可照搬照抄，要依据项目的情况、是何角色，以及行业、地方特点等多种因素，灵活判定范围。

另外，项目归档范围需要在项目初期就做好划定，至少在文件大类方面，哪些文件需要归档，哪些文件项目结束就可销毁，哪些文件永久保存，哪些文件短期保存等，便于在项目过程中很好地保存重要文件，保证归档文件的完整性和质量。

7.2.4 交工技术文件整编验收工作需早做准备

（1）明确适用标准、各项要求及组卷策略　如前文所述，建设工程在中交后承包商需要向建设方交付项目交工技术文件，也称交工资料、竣工文件。此文件包含设计文件，即竣工图，以及施工文件、设备出厂资料等，《建设工程文件归档规范》GB/T 50328中有对竣工归档文件范围、质量、立卷、验收移交等要求，可作为交工技术文件的归档依据。各行业也有相关要求。具体到石油化工行业，《石油化工建设工程项目交工技术文件规定》SH 3503中根据行业特点，对交工技术文件归档范围、成卷册以及文件格式等做了具体要求。但如前文所述，建设工程项目，尤其是工业工程，其复杂程度之深、涉足专业领域之广，决定了一个项目在竣工文件的编制和移交方面，不可能只依据一套标准。由于地域差异和行业差异，还需要综合考虑地标和行标。拿一个石油化工项目来说，一般情况下，会按照石化标准来做，即SH 3503及其他相关的石化标准。而由于地域差异，某些地区土建等专业就需要采用地标。另外，除了一般石化项目都会用到的铁路/港口码头、消防等标准，依据项目的不同，有些项目还需要架桥，有些项目需要电力系统，就需要采用上述行业的相关标准，如桥梁建造标准、电力标准等。故我们首先要做到的就是明确项目竣工文件编制需要依据哪些标准规范，这有利于减少工作过程中的返工，不走弯路，保证文件编制和验收进度。

正是由于一个建设工程涉及如此多的标准依据，情况不同，都会各有差异，故项目初期，就需要建设方协同监理，在选择好适用标准的基础上，还需要对标准不能覆盖的范围做好要求和规定。前文已经探讨过，标准为了达到适用性，不可能对各项细节和项目特殊性做出具体规定，这就需要项目自己提前发现问题、做出尽量细致的规定。这样可以保证在执行的时候减少因标准和做法不统一，而带来的返工。

另外，项目交工文件编制角色众多，各角色都会为自己范围内的工作交出满意答卷，但这么多文件，如何将其组织起来，成为一个有机又有序的整体，就需要对这些海量文件进行分类组卷，那么首先就需要制定好一个组卷策略。什么种类的文件放在哪里，什么角色编制什么文件，只有策划好这一系列的方案，各角色才可有序开展自己的工作，可见制定组卷策略是项目交工文件至关重要的工作。而这个工作一般都是由建设方在监理和EPC总包方的协助下完成的。一来监理和总包一般经验比较丰富，可以通过借鉴以往经验制定出高质量的组卷规则；二来总包也更加了解自己范围内各分包商的合同范围，以便合理组织和分配文件卷册。

（2）明确各责任方的职责　建设工程项目交工技术文件编制和移交工作涉及全项目所有参与者，大家在此项工作中，各有职责分工。建设方是项目的发包人，也是建设项目交工技术文件质量的第一责任人。因为文件的质量首先关系到该项目是否可以顺利通过验收。其次，交付文件最终成为建设方的项目归档文件，成为项目除了建设好的工厂以外的第二交付品，这些文件归档后成为宝贵的建设项目档案，是工厂今后检维修和改扩建的重要依据。所以文件的质量，至关重要。故建设方应该在交工技术文件编制移交工作中挑起第一责任人的担子，承担起明确标准依据、细化各项要求以及将要求传达到位、设立过程把控措施、明确考核机制等职责；而在项目建设期间，当出现任何问题时，如标准不适用、不统一，或者文件格式不一致、文件编制规则不一致等现象，建设方应不推脱责任，第一时间协商解决问题；项目收尾阶段，建设方还应组织文件移交验收、明确修改要求等。

而作为承包商来说，就应该各司其职，做好自己范围内的工作。这里要重点说一下监理和EPC总包方。作为监理来说，他承担着审查项目交工技术文件的职责，为了切实地承担起该职责，监理应该在项目初期就积极协助建设方明确标准依据和各项工作要求，并传达到位。在项目建设期间，当出现需要协调解决的问题时，监理应该积极协助建设方查找问题根源、协调各方达成一致，最终解决问题；在项目收尾阶段的移交及验收等工作中，监理也需起到监管作用。作为EPC总包方，有责任保障范围内交工技术文件编制、移交的进度和质量。故正常情况下，EPC承包商应该积极组织范围内的分包商参加建设方针对此项工作的培训，并认真研读建设方指定的工作标准及相关要求，发现问题及时提出。如建设方经验欠缺，不能及时做好职责范围内的工作，EPC总包方必须会同监理，积极协助建设方做好各项项目初期的规划性工作，千万不可认为上述工作超出自己的职责范围。殊不知一旦前期的规划性工作没有做到位，项目进展过程中就会出现大量因为标准使用不统一、要求不明确等造成的文件不统一、签署用印不规范等现象，而因此造成返工、进度拖延等后果，EPC总包往往难以甩脱责任，也就是这些恶果最后的承受人将会是EPC总包。故作为EPC总包在项目初期切不可置身事外，而应该积极投入到制定规则、传达规则的工作中，起到协助、督促、配合、响应的职责。同时，为了确保范围内各分包商交工技术文件的质量和进度，还应响应建设方的各项措施，制定出一系列适合自己的过程把控措施及考核机制。到了项目执行的过程中，EPC总包还应按照各项把控和考核措施，定时检查分包商的工作进度和质量。在项目收尾阶段，应积极配合建设方做好文件审查、交付，并组织做好相关整改工作。

（3）明确过程把控的措施　前文已经阐述了建设方和EPC总包都需要在项目初期制定出对过程把控的措施。可见这个工作至关重要。项目建设周期不可能仅一朝一夕，加上项目参加方众多，虽然前期已经制定了依据和要求，并进行了宣贯，但如何才能保证各方都领悟到了上述要求，并能够在漫长的建设过程中，始终按照既定的要求操作，这是一个困难重重且难以不出差错的课题。故需要我们采取一定的措施，不断地加以规范和矫正。作为建设方和监理方，他们需要通过定期和不定期的检查及纠错保证交工技术文件编制与工程同步，并从文件的统一性、规范性等角度发现问题，并及时给出解决方案；而EPC总包为了保证范围内交工技术文件的质量和进度，除了配合建设方对范围内各分包商的工作进行检查和纠错，还必须做好分包商与建设方之间的纽带，一边发现分包商文件编制工作中的问题，一边协调建设方与监理拿出解决方案。

（4）明确质量和进度考核机制　一般情况下，为了达到一个目标和效果，工作中都会采用一些激励和奖惩措施。交工技术文件工作也是一样的，由于涉及面广、时间跨度大，很多分包商在紧张的工程建设中，往往忽视文件的同步及质量，为了达到既定的目标，建设方和总包方需要采取一些激励和奖惩措施。这个机制并非必须，各项目可依据情况自行设定。

7.3　工程项目文档管理的几个误区

7.3.1　工程项目文档管理工作就是文件的收发和存储

如前文所述，传统项目文档管理确实仅停留在项目文件的收发和留存，等同于项目秘书工作。究其原因，除了认识问题，还因为各种条件所限，如行业和公司本身的支持和管控力度都不够，还有文档管理团队本身的专业水准也不够，故导致了项目文档管理的效果凸显不出来，而这样的效果又反过来制约了各方的认识水平，认为项目文档管理真的只能解决项目中文件信息的传递和储存的问题。而看到这里大家应该已经认识到了真正意义上项目文档管理工作从项目管理层面和各角色的档案管理方面都能发挥出重要作用，尤其可以为今后工程行业大数据时代的到来奠定坚实的基础。

如果在一个项目里，其文档管理工作仅停留在过去意义上的收发和存储，那么可以想见该项目的项目管理水平一定非常一般，甚至也成了华而不实的摆设，不能真正对项目安全、质量、进度、费用起到把关作用，而这个项目干完也就干完了，其项目的一大重要财富，即项目过程中产生的大量极富价值的文档信息的完整性、时效性都得不到应有的保障，这些数据信息很难成为下一个项目的借鉴，同时也很难通过这些数据做深度开发和利用。反言之，只有提升各角色各层面的认识水平，同时加大行业和企业的监管及支持力度，并加强对项目文档管理队伍职业成长道路的建设，提升岗位专业水平，才能从根本上摆脱传统理念的束缚，迎来项目文档管理的新时代。

7.3.2 项目文档管理影响了项目文件收发效率，进而影响了工程的进度

在有些项目中，不仅不认为项目文档管理工作促进了项目文件信息的流转效率，反而认为影响了文件的收发效率，进而影响了工程进度。项目文档管理工作确实需要做大量的基础性工作，如项目初期的策划及各项要求的制定、项目各角色间的沟通、收发文件时的检查、传送单的制作等，有些项目管理者会认为这些工作没有意义，这是因为他们不了解正是有了这些基础工作，才能在保证文件收发效率的基础上，保证文件信息的真实性、统一性、规范性、时效性和完整性，从而减少了信息传递的失误，提高了信息的易读性、安全性，保证了项目的整体进度。所谓磨刀不误砍柴工，千万不要觉得这些工作华而不实，相反它是保证结果和效果的必然工序。

7.3.3 管得越多越细致越好

工程项目文档管理从项目管理的角度，应保证项目文件信息的真实性、统一性、规范性、时效性、完整性，以及信息传递的准确到位和高效共享。但这里所说的项目文件是项目正式文件，而非所有文件信息。在一个工程项目中，大到全项目，小到每一个参与项目的人，每天都会产生各类文件信息。这些文件信息很多并不具备参考和执行的确定性，而只是作为个人层面的交流或文件信息定稿前过程中的沟通，如果连这样的信息都需要做规范化、统一化的处理，通过文档控制这个项目正式信息传递的单点联系人传递，那我们的文档控制工作就会淹没在这些没有经过筛选的信息中，因芝麻而丢掉西瓜。这也就是我们在认识和管理中会出现的另一个误区，即认为项目中所有对外文件信息都需要从文档控制处收发，有时候岗位间的交流邮件，也让文档控制代为转发。所以在一个项目里，首先要定义清楚什么样的文件信息必须经由项目文档控制传递，这是一个非常重要的事情。

一般来说，我们会将项目中经过各相关层面确认、需对内对外发布供使用的重要信息，以正式文件格式为载体、满足各相关要求，并经过时效性检查确认的文件称之为项目正式文件。这里所说的正式文件格式即经过规范化、统一化的约定，满足相关要求指除了格式

要求外的其他编号、签字、版本等要求，时效性检查一般也是通过版本版次来确认的。项目中正式文件以外的文件不需要通过文档控制传递和管理，第一，是因为项目中很多临时沟通的信息缺乏确定性，不具有执行、参考的效力和价值，为了区分哪些信息为各角色和界面行动的依据，就需要将其以正式文件的形式加以区分，并经由项目文档控制传递管理，以保证其准确传递、高效共享以及项目结束的完整安全归档；第二，也不是所有供执行和参考的文件信息都需要以正式文件的形式去发布和管理，上文已经说过，文档控制传递和管理的文件很重要的一个特点是保存备查，对于那些不需要保存备查的信息，虽然也具有一定的依据性，如一般会议的会议通知、来往宾客的接机信息等，这些信息虽然也是重要的执行依据，但是却没有太多的保存价值供后续项目利用，故一般情况下我们不作为文档控制传递和管理的正式文件。但这也不是绝对的，因为项目管理目标不同，细致程度也就不一样，这就是我们要说的下一个问题。

管理需要成本，项目文档管理与其他各种管理一样，依据目标、条件、投入等的不同，管理的深入和广度也不同，需要依情况而定。例如针对项目设计条件，即项目设计团队中，专业间的设计输入条件，这个在很多公司就有不同的管理方式。有些公司本着精细化管理的理念，有成熟的项目管理工具或项目文档管理工具作为支持，就做到了项目设计过程文件的精细化管理，但很多公司由于缺乏相应的管理条件及人力物力，故将此类文件定义为非项目级文件，故项目文档控制不对其进行传递和记录，设计岗位自己传递跟踪，项目结束后，交由公司档案室存档即可。

7.3.4 文件管理与档案管理的断层或管理环节上的重复

由于项目文档管理概念是21世纪初开始才被国内所逐渐接受，目前很多建设单位、工程公司等单位仍然没有意识到文件与档案管理不可分割，仍然不注重项目文档管理与档案管理工作间的衔接，造成从文件到档案管理的过程中发生的断层及重复现象。

如上文所述，文件全生命周期管理理论已经清楚地阐述了从文件到档案的过程中，文档管理作为前端控制对后续档案管理的意义所在，而档案管理作为后续管理，对于前端控制的项目文件管理又起到了促进的作用。因此从文件到档案的过程是一个逐渐演变的过程，那么从文件到档案的管理也应该是一个完整的管理过程。虽然从目前的管理来看，文件管理和档案管理是两个岗位，工作也不尽相同，项目过程中的文件管理是一个动态的管理，着眼于文件的控制、传递、交付，服务于甲方和项目组本身；项目结束后的档案管理是一个静态的过程，着眼于归档、整理、开发利用，服务于公司整体经营管理。但这两项工作之间是紧密相关的，应该无缝衔接，同时在工作接口上，即项目文件的归档和档案的收集之间应该密切合作，应该注重整体效果，减少重复工作。

在现实工作中，有些单位出于项目管理的考虑，将项目文档管理职能与项目进度控制、合同管理、材料控制、费用控制一起放在项目管控部门，还有一种做法就是从文件全生命周期的角度出发，将项目文档管理和档案管理放在一个职能部门。这两种做法没有对错，都有它存在的原因。只是在第一种做法中，要注意避免从文件到档案的管理过程中，出现断层和重复工作的现象。比如，项目管理部门往往会更加注重项目的需要，忽视档案后续管理的需要，在项目文件控制策划、预归档过程中的整理、文件信息属性的收集、台账的建立等工作中，不考虑档案后续管理的需要，等文件归档后，到了档案管理部门，档案工作人员还要再对归档档案按照档案的需求整理一遍，造成了工作的重复性。另外，如果项目文件在产生时没有考虑到后期档案管理的要求，就会造成归档时，文件不符合归档要求等现象的发生。同时，由于档案人员不了解项目中文件产生时的背景和条件，造成归档档案利用时无法满足需要等现象。这些都是在文件到档案的管理过程中出现断层的问题，我们要注意去避免。而如果采用第二种管理模式，即将项目文档管理和档案管理放在同一个部门，将更有利于保障文档一体化的管理，减少人力投入，获得更好的管理效果。但这种做法也需要更多地站在项目角度，考虑项目管理的需求。

7.3.5 交工技术文件编制是项目竣工后的事情

如前文所述，建设工程交工技术文件，包含竣工图、施工文件、部分项目管理文件、设备出厂资料等，除竣工图是在项目中交后开始编制外，其他文件则贯穿整个项目过程。首先设备出厂资料的要求需要在项目初期与供货商商谈合同的时候就要约定，如份数、交付时间、使用什么样的装订、电子文件如何交付、文件格式等，设备出厂资料一般是随着货品到场一起交付给承包商/建设方，而很多长周期设备的订货往往在基础设计的时候就开始了，故不论是建设方还是承包方，都应该在项目初期就明确各项要求，并将要求传递给供货商，这样才能保证交付的设备出厂资料不会二次返工。对于项目管理类文件和施工文件也是同理，更是需要提早规划，因为项目管理必须提前于项目的运行，管理先行决定了文件管理更要先行；施工文件出现在项目施工管理中，也就是现场什么时候动工了，什么时候就产生了施工文件，如果不在施工文件产生之初就设定好编制标准，如适用标准、编码、格式，以及组卷策略等，而是等到项目后期才想到文件交付这回事，面对文件的海洋，还是没有规则的文件海洋，返工量可想而知。这就是有些项目会在竣工后，专门拿出几年时间做资料的原因。

建设工程项目，尤其是工业工程，其复杂程度深、涉足角色多、时间跨度长，各项要求不提在前面，就会造成大家做法不一。前文已经讲到过，交工技术文件是有专门的标准来规范其编制、组卷和交付的，而各个项目由于地域不同、实际需求不同，涉及的专业领域不尽相同，建设单位的具体要求也不尽相同，故即便是同类型的项目也会有不同的要求，不存在照猫画虎即可满足实际需求的情况。所以编制要求必须在项目初期就制定好，即便是中交后才开始编制的竣工图，也需要在项目初期就制定好其编制和组卷要求，因为在大型工程项目，设计工作进度有先有后，加上承包情况各有不同，往往会存在设计分包，在项目之初就设定好所有交工技术文件的编制规则，含竣工图的编制要求，这样才能保证各项工作有序开展、避免后期因交付而造成的虚假做资料等现象。

7.3.6 工程项目文档管理的成败全看采用什么样的电子文档管理软件

在工程项目文档管理中，我们往往会走一些极端，前文说过，忽视项目文档管理，认为项目文档管理很麻烦，降低了工作效率、影响了项目进度。这种想法到了项目中后期，面对杂乱的文件海洋，查询信息障碍、甚至由于文件信息管理不到位导致的信息错误传递或者传递滞后，以及文件交付时面临的各种压力，都会让项目管理者认识到这种观点的错误性；然而这时候有些人又会走向另一个极端，即所有文件信息都通过文档管理中心或者文档管理人员收发，这就会造成信息传递迟缓，影响到项目管理效率和进度。可见这两种极端都是不可取的，真正利于项目管理的文档管理是区分项目需管理的文件信息与无需管理文件信息，根据项目的目标、要求量身定做的文档管理策略，才能在保证项目工作效率的同时兼顾项目文件信息的可控性。

20 世纪以来，计算机技术大量应用，为各行各业开辟了新的领域。在项目文档管理领域亦是如此，很多着眼于项目文档管理的信息化平台如雨后春笋般出现，为这项工作打开了新的天地。在这些系统平台中，我们可以在线上审阅文件信息，大大降低了文件线下传阅的纸张浪费，提高了这项工作的效率。尤其是近十年来移动终端的出现，进一步凸显了线上文件管理的优势，我们可以不受空间和时间的限制，做到线上的交互管理。利用计算机系统对文件信息进行版本控制，大大避免了人工比对和更新出现的效率低下和出错率高的问题。同时，高效地收集海量文件信息，同时做到各种角色按照权限查阅自己权限范围内的信息，在很大程度上解决了文件共享、信息传递中容易出现的安全问题和效率问题。随时随地生成各种数据报表、在线收发传递各种文件，都在很大程度上解放了文档管理人员的双手。可以说计算机、互联网技术在很大程度上提升了项目文档管理的效率、质量以及高度，让很多之前手工操作起来费时费力的事情变成瞬间就可呈现的现实，同时也在很大程度上拓展了我们项目文档信息管理者的思路，让项目文档管理发挥出更多的优势和潜力。

在这里同样容易出现两个极端，一个是认为采购电子信息管理平台需要大量投入，故不去做这件事情，殊不知一次性投入会给你带来一劳永逸的收获，前文所提到的那些功能和优势既可以减少文档管理人员的数量，节约纸张，又可以因为效率的提高和服务的拓展带给我们大量隐形的利润。然而另一个极端则是认为没有高大上的文档管理软件就不能完成文档管理这个工作，一味地追求软件的高大上而忽略了项目文档管理的理念，忽略了这项工作所想要真正达到的目的，忽略了与项目内外各项工作、各角色间的衔接以及各项目之间的差异，这样也会偏离文档管理的目的，让高科技不但没有形成助力，反而让大家质疑项目文档管理，甚至信息技术的作用。不论到什么时候，计算机及互联网技术都只是一个工具，核心的东西永远还是人的大脑以及大脑形成的理念和思路，工程项目文档管理的成败全看采用什么样的电子文档管理软件的观念是走入了另一个极端。

7.3.7 在工程项目中，文档管理只局限于对文件的管理，与项目其他工作并没有太大联系

很多项目管理者及管理团队成员认为工程项目文档管理就单纯是文件的管理，这个观点是错误的。从文件本身来说，它来自项目各岗位，设计文件来自设计、采购文件来自采购、施工文件来自施工、管理文件来自管理各岗位，如控制、质量、安全等。作为文档管理人员，虽然不用了解各类文件的具体内容，但至少要知道这些文件的大体情况，这样才能确定文件编码策略、制定各类文件的流转程序、模板等。同时与建设单位沟通各类文件管理及交付要求，如份数、交付时间、交工技术文件组卷的策略、使用标准等，还需要了解项目的概况，合同的内容等信息，这样才能有的放矢地与建设单位、监理去沟通。从这个角度来说，项目文档管理人员除了需要有文件-档案全生命周期的知识背景外，还需要对工程项目各项管理有基本的了解。

其次，依据自身角色的不同与建设单位、总体院、EPC总包方、分包方的沟通本身就不是项目DCC单打独斗，往往都是合同谈判的一部分。因此项目管理者就应该在合同谈判时让DCC参与其中。项目策划的时候亦然，DCC应该在项目策划阶段就参与到项目中，制定出项目各类文件的管理策略和交付策略。故文档管理绝非单纯地只和文件打交道，而是需要参与到项目很多工作环节。这也是因为文件信息贯穿整个项目的方方面面，项目执行依靠的是文件信息的传递和执行，因此这也反过来证明了工程项目中，文件管理的重要性。

再者，正是由于文档管理工作涉及项目管理的各个层面，故笔者认为，各部门各岗位的工作都离不开项目文件管理的支持，脱离了文件管理的支持就会造成信息传递的失误。以施工现场图纸分配为例，虽然早在项目策划阶段就已经制定出了现场图纸的分配方案，但工程项目中，施工承包/分包与设计工作的划分并不完全遵循相同的规律，如土建专业的图纸中往往不会将消防门单独分开设计，而消防在施工中往往需要有消防资质的施工单位单独承包/分包，故此类图纸就需要提前多印制一套，以供土建单位和消防单位所需。这就需要文档管理人员在印制图纸的时候准确识别哪类图纸属于此类情况，并灵活操作，以免图纸到了现场不够分配，而造成的工期延误。

这种情况在施工单位的文件管理中表现尤为突出，因为工程设计与施工工作的分工方式不同，在石油化工项目中，设计是按照装置-主项/单元-专业-单体来分工组织的，但施工工作中，却使用单项工程-单位工程-分部-分项-检验批来划分工作。仍以土建专业为例，装置对应了单项工程，土建工程即为单位工程，分部是对土建工程的部位、结构形式等的划分，如地基与基础、主体结构等，针对分项，土建工程是以工序来划分工作的。这里就存在一些交叉，也就是说，承担每一个工序施工工作的施工单位都需要整套单体的图纸，虽然有些施工单位只做其中某个或某几个工序，但由于图纸并不是按照工序来画的，故就需要一整套图纸。作为施工单位文档管理人员，就得了解以上设计图纸与施工工作之间的交叉，来判断施工文件的分配。

再拿工程结算为例，一个复杂的承包合同，如合同范围几经变更，如若在项目实施过程中没有建立好设计文件与合同变更之间的关系，那么到了项目结算的时候，就会成为一笔糊涂账，进而造成不必要的损失。

故，工程项目文档管理工作贯穿在整个项目的各项工作中，它绝不是一个单一而独立的工作。需要各部门各岗位的配合，反过来，它又为各部门各岗位服务，提供文件信息方面的支持。

7.4　建设工程项目文档管理展望

7.4.1　双轨制必然走向单轨制

当今我国档案界仍以双轨制为主要的档案存储形式，即纸质档案与电子档案并存。但随着电子文件的普及及合法化，在某些领域，双轨制的模式必将由于全面电子化、无纸化办公，被单轨制所代替，比如工程领域。

首先，在工程领域，早在20世纪初，就开始运用计算机制图，随着这20年的发展，目前不仅应用于工程项目的所有文件都已是电子文件，且在大型工程公司，文件的审批和流转也都已经在线上进行。将电子文件打印出来无非是由于其合法性的需要，即签署、盖章的需要。然而目前随着市场上电子签名、电子签章技术的逐渐普及，在很多领域都已经无须再实施实体签章。虽然电子签章技术现在在学术界仍有争论，但让电子文件以现代技术真正实现其真实、合法，完全代替纸质文件，已经是大势所趋，相信区块链等现代技术，在未来几年内就可以让单轨制完全代替双轨制，为文件-档案管理开辟新的天地。

7.4.2　数字化交付时代的到来

2015年国务院签署颁布的《中国制造2025》中，我国提出了工业4.0的目标，要把“智能制造作为信息化和工业化深度融合的主攻方向”。从此后，中国加快了数字工厂的建设。在石油化工领域，近年来也开始加速数字化工厂的建设进程。数字化工厂的核心特点是：产品的智能化、生产的自动化、信息流和物资流合一。怎么才能做到以上的智能化、自动化以及信息流和物资流的合一呢？那么首先是我们在工厂的设计阶段和建设阶段就做到数字化，为最终的数字化工厂提供结构化的数据，将实体工厂转化为数字化模型，这就是数字化交付，是工厂数字化发展的必由之路。作为设计单位，就是要除了过去仅二维平面图纸、文件的交付外，还要交付加载各种结构化数据的三维模型；供应商交付给建设单位的出厂资料也不再是过去单一的说明书，而应包含一系列嵌入工厂模型的设备、材料的结构化数据；施工及后期开车、调试资料也需要按照规定好的标准格式与工厂模型进行挂接。简言之就是将设计、采购、施工、调试等阶段产生的数据、资料、模型以标准数据格式，挂接在三维模型上，提交给建设单位的交付方式。

由此可见，项目文档管理将在未来的几年迎来一个大的变革和机遇，之所以说变革，是因为我们工作中一个重要内容，即交付文件的形式和内容都发生了变化，故我们将要考虑过去的工作标准、工作方法、工作内容中哪些方面要随之进行变革。不过在这里我想强调一点，即文件和档案的根本管理理念是不变的，因为变化的是文件和档案存在的形式，不论它变成什么样子，其载体是龟甲的、竹简的、纸质的，亦或是数字化的，我们管理、保存它的初衷始终没有改变，即利用文件传递信息，保存有价值的文件成为档案，以便今后利用。不论它的载体变换成什么样子，我们文档管理的初衷依然是维护它的真实完整以供利用。比如，各类电子签章技术的出现，就是为了保证电子文件的真实性；比如数字化交付的出现，就是为了让文件信息最大限度地被利用、发挥出它的生命力。随着科技发展，文件形式的变化，我们需要思索和变革的是与之相匹配的管理手段、管理方法，而不是文档管理的理念和原则。

另一个方面，对于工程项目本身来说，其建设模式和流程经过人类几千年实践的检验，发展到21世纪，也已基本固定。随着数字化时代的到来，我们变革的也仅仅是将工厂实物转化为数据和信息进行可视化管理，而工程管理模式并没有改变，依然以设计、采购、施工为主要工作，依然需要参建方之间通过信息的沟通和流转，相互配合完成建设。改变的仅仅是加强了信息化的管理，信息流转、共享更加高效，但信息流转的途径不会有大的变化，故对于工程项目文档管理工作来说，本书中所涉及的理论、各方工作内容、各类文件的基本管理方法等内容均不会因为现阶段和将来某些形式和手段的变化而失去意义。

以上的认识并不代表我们要墨守成规，真正的进步和变革来自清醒的认识，明辨什么该变、为什么要变、怎么变。这就是我们说的机遇。那么除了上文所说的适应现代文件新载体、新传输方式的文件管理模式和工作方法需要改变外，我们还能变什么？试想，传统的文件、档案管理方法主要由人力和手工完成文件的管理，目前各行业运用人力和信息系统相结合的方式完成管理工作，那么将来，随着信息化水平的提高，计算机和互联网将更多地解放我们的双手，那么被解放出或部分解放出的工程项目文档工作人员干什么呢？这就是我们要认真思考的变革。

几千年来，人们虽然逐渐认识到了文件、档案带来的价值，但不可否认，它的存在依然容易被人们忽视，研究文件、档案的科学长久以来也处于社会的边缘学科。但是随着信息时代的到来，信息爆发出了前所未有的能量，人们现在已经无法忽视信息的力量。工程项目文档管理工作从项目管理的需要产生至今，也遭遇了尴尬的命运，既不可或缺，但却总是停留在管理流程的最末端，受到冷遇。而如今数字化工厂和数字化交付的要求将会引领着工程项目文档管理这项工作发生变革，让其逐渐由后台走向前台，为工程项目管理及工程信息的利用发挥更大的作用，这既是挑战也是机遇。我们档案管理领域需要认真思考的问题是，我们的工作将何去何从？我们的工作者将何去何从？

7.4.3 工程项目文档管理与大数据时代

前文已经阐述了数字化工厂的建设目标给工程项目文档管理工作带来的挑战和机遇，其实随着大数据时代的到来，工程项目文档管理不仅能够通过数字化的交付帮助建设方构建数字化工厂，为将来的智能运营打下基础，也能为承包方提供数据信息的服务，助力其生产经营。

传统档案管理的目的就是对档案进行开发利用，以发挥其价值。对档案进行编研和编纂的工作，就是档案的开发工作，其实就是将其中的信息，即非结构化的数据进行提取，并为了特定目的进行汇编，以满足利用。

大数据(Big data)是指一个公司创造的大量半结构化和非结构化数据，它与传统数据的区别是，数据量“大”、数据类型“复杂”、数据价值“无限”。具体来说，传统数据仅是对对象进行描述，而大数据除此之外，还加入了时间、地点等维度，这样的数据记录的是一个过程。大数据与传统数据的核心差异在于其价值的不可估量。传统数据的价值体现在信息传递与表征，是对现象的描述与反馈，让人通过数据去了解数据。而大数据是对现象发生过程的全记录，通过数据不仅能够了解对象，还能分析对象，掌握对象运作的规律，挖掘对象内部的结构与特点，甚至能了解对象自己都不知道的信息。

大数据价值的特殊之处就在于它的可挖掘性，同样的一堆数据，不同的人能得到不同层次的东西。就好像同样见一个人，有些人只看他的外貌好不好看，有些人能从他的表情中读出心理活动，从眼神中看出阅历，从衣着打扮中读出品位，从鞋子上读出生活习惯。而这些深层次的非表象的内容需要技巧与实力去挖掘出来，这就是我们说的数据分析与数据挖掘。

针对工程建设行业，传统数据信息的传递利用，让我们建设工程项目。在大数据时代，我们可以对这些工程建设过程中的数据进行详细记录，不仅针对文件和档案中的数据，还针对这些过程数据，以信息化的手段进行分析、计算，以最大限度地挖掘其内在价值，反映出建造工艺容易出现的设计问题、不同工程建设过程中遇到的难点，为未来的建设提供借鉴；同时，我们还能通过数据分析出顾客的注重点、喜好，以摸清顾客胃口，准确进行市场开发和营销。

在现今的社会，大数据的应用越来越彰显它的优势，它占领的领域也越来越大，电子商务、O2O、物流配送等，各种利用大数据进行发展的领域正在协助企业不断地发展新业务，创新运营模式。在建设工程行业，大数据一样也能发挥出其巨大的价值，这就有可能成为将来我们工程项目文档管理工作的发展方向以及面临的挑战和机遇。

参 考 文 献

[1] 建设工程文件归档规范　GB/T 50328—2019
[2] 建设项目档案管理规范　DA/T 28—2018
[3] 石油化工建设工程项目交工技术文件规定　SH 3503—2017
[4] 建设项目(工程)档案验收办法　国档发〔1992〕8 号
[5] 重大建设项目档案验收办法　国档发〔2006〕2 号

实务篇

编著人员：

第5章	渭 璟	王海涛 任 伟
第6章	渭 璟	任 伟
第7章	渭 璟	任 伟
第8章	渭 璟	王海涛 王 蕊
第9章	渭 璟	王海涛 王 蕊

第5章 建设单位文档管理

建设单位也称为业主单位或项目业主，是建设工程项目的投资主体或投资者，也是建设项目管理的主体，对项目实施进行组织管理，并在项目建设过程中负总责的组织。其在建设项目中对项目文档工作负总责，通过统一制度、统一标准、统一管理，及节点控制强化项目管理，实现从项目文件形成、流转到交付、归档环节的全过程控制。

1 管理原则

建设单位文档管理工作是对建设项目全生命周期中所有参建单位，包括建设单位自己，以及设计、采购、施工、监理、总体院(如有)和项目管理承包商(如有)等单位，项目文件的产生到最终交付归档进行全过程的控制，要求上述项目参建单位在整个项目执行过程中所有产生的项目文件，按照建设单位制定的项目文档管理相关标准和要求，进行档案的前端控制及后续管理工作。建设单位对项目文档控制工作遵循“承担全过程管理职能，行使全方位管理权利”原则，在项目全生命周期内，对项目文件实行总体把控、分级管理、集中保管。

建设单位的主要工作是在工程建设项目的启动、规划、执行和收尾阶段实行全过程、全方位的控制与管理。项目文档工作融入项目建设，与项目建设管理同步，纳入项目建设计划、质量保证体系、项目管理体系、合同管理等工作，故其在文件方面需要对项目管理团队自身产生及上级管理部门(集团公司、行政管理部门等)下发文件进行有效管理和归档，并对各项目参建单位文件管理进行过程管控，并按照合同要求接收各参建单位的交付文件。一个建设工程涉及方多，历时长，尤其是大型石油化工项目，更是参建方众多，历时少则数年，多则十余年。要完成上述文件的收集工作，难度之大，可以想见。因此，建设单位需首先按照项目特点制定项目文档管理目标，规划项目文档管理策略，通过过程中节点控制、重点把控，做到项目过程文件管理，实现从项目文件形成、流转到归档管理的全过程控制及全方位把控；建设单位对自身、监理、EPC承包商及其设计、采购、施工单位的文档管理工作提出不同管理要求并进行不同程度的监管，实施分级管理；按照归档范围对全项目文件进行收集归档，最终达到项目档案的集中保管。

2 管理思路

建设单位为实现文件全生命周期管理理念贯穿于项目建设全过程，使项目建设的每个角色、每个阶段、每个环节产生的文件都处于受控状态，项目文件流转与归档能够有效衔接，保证工作过程及成果的可追溯性，防止工程建设期间重要信息资源丢失、损坏，以便项目建设重要信息、成果可以在后续的工厂运营、维修和改造中得以有效利用。其管理思路如下。

第一，保证项目归档文件满足国家、行业、地方、上级主管单位等相关要求，实施项目全过程文档管理。

1）在编制招标文件、合同文本，搭建全项目文档管理体系（含全项目信息管理平台）时，需充分考虑国家、行业、地方、上级主管单位等的相关法律、法规、标准及要求；

2）在项目实施过程中，严格按照全项目文档管理体系文件开展工作，与相关上级单位做好充分沟通，做好全项目文件的过程把控，保证归档文件满足工程过程管理及工程交工要求；

3）总体规划项目文件归档工作，完成项目档案的竣工验收。

第二，建设单位做好项目管理团队内部文档管理工作，符合项目管理及档案验收要求，并为工程完工后的运行、维护及改扩建提供查询利用。

1）结合建设单位内部档案与质量管理要求，在全项目文档管理体系下，建立项目管理团队自身文档管理体系，在全项目信息管理平台上开辟自身文件管理区域。

2）按照建设单位文档管理体系文件，做好自身项目文件的管理工作，保证项目文档管理工作满足档案前端控制要求。

3）对自身产生的项目文件分阶段收集归档，在启动、规划、执行及收尾各阶段结束后，对各职能部门的文件按照公司规定进行归档。

第三，对EPC承包商、设计单位、施工承包商、监理、供货商等参建单位的文档管理工作进行全方位控制，使其符合项目整体要求。

1）在招标文件及合同条款中明确对EPC承包商、设计单位、施工承包商、监理、供货商等参建单位在文件管理和交付上的责任和义务，将其文件管理纳入全项目文档管理体系中，使各承包商文件管理工作处于可控状态。

2）建设单位应就全项目文档管理体系文件对参建单位进行宣贯和培训，并在项目进程中，及时掌握执行过程中遇到的问题，对相关标准和要求进行及时修订。

3）对参建单位文件管理、交付及归档进行有效管控，保证其交付文件满足合同及建设单位的各项要求。建立考核机制，在对合同款审批支付时，应对其文件资料的同步性、质量及归档情况进行确认，将项目文件是否按要求管理、交付和归档作为合同款支付的前提条件。

3 管理体系建设

3.1 机构设置

建设单位项目文档管理工作一般设置独立的项目文档控制管理中心（DMCC）。项目文档控制管理中心负责对全项目文档管理工作进行统筹规划、组织协调、总体把控和监督指导。在行政上实行项目统一领导、统一管理，业务上统一培训、统一审核，在程序上统一标准、统一制定。

在项目执行期间，所有已经竣工的单项工程，以及还在执行的单项工程，所有项目建设期间需要使用和执行的文件，以及所有在项目结束后需要保存的文件，都将保存在项目文档控制管理中心。项目文档控制管理中心搭建适用于项目管理团队和所有承包商的全项目文档管理体系，包含保证项目文件真实性、统一性、规范性、时效性、完整性、系统性（对交工技术文件的要求）的相关标准、要求及执行程序，如统一的文件编码、文件类型、格式、签署、版次等要求，各类文件收集、查验、整理、分发及交付、归档的要求和程序，以及各参建单位文档管理的程序，并统一进行监督和管理。项目文档控制管理中心根据职能划分，又分为项目档案管理中心（PAC）和过程文档控制中心（DCC）。

项目档案管理中心（PAC）是工程项目中建设单位的文件归档部门和档案管理部门，管理所有单项工程完工后，建设单位项目组、职能部门归档的和承包商交付给建设单位的项目档案。PAC负责制定项目档案组卷策略、档案中文件的类型、格式及装订的要求、档案编目和档案验收的标准和程序。简而言之，PAC是负责项目过程文件结果控制的档案管理部门。

过程文档控制中心（DCC）是建设单位在工程项目进展过程中项目文件的控制部门，管理和控制项目中正在执行的各单项工程所产生的文件，及承包商所提交的文件。DCC的文件管理包括所有建设单位项目管理团队产生的用于项目管理的管理性文件、设计承包商和施工承包商需要提交的过程文件和最终交付文件、产品供应商需要提交的出厂资料等，以及工艺包、监理文件、试车文件和竣工验收文件，并按照PAC提出的要求查验、归类和整理，在项目竣工后移交给PAC统一管理。建设单位DCC需制定、监督和管理适用于项目管理团队和所有承包商的文件管理策略，及由此生成的全项目文件管理体系，含项目文件中间审查、交付和归档流程，及各类文件编制、管理、交付的具体要求，确保所有文件能及时和准确地传递到位。简而言之，DCC是负责承包商提交文件的过程和结果控制，及项目管理团队产生项目文件的过程控制，以保证文件真实性、统一性、规范性、系统性及传输时效性的控制部门。

3.2 人员配备

3.2.1 人员资质

项目文档控制管理中心，即DMCC，下分PAC与DCC，分别按照工作需要，建立人员岗位层级，按照一定的比例（一般比例为20%、30%及50%）配备相应数量的高级、中级以及初级文档控制/档案管理工程师。

各岗位职级的评定主要通过人员基本条件（包括工作年限、岗位年限、工作经验、职称/资质等）、岗位能力、领导能力、影响力等多方面确定。

3.2.2 人员配备

在项目启动和规划阶段，文档工作重心在于成立项目文档控制管理中心，中心设置主任/经理一名，负责总体策划工作，并部署人力计划；依据项目管理目标，在全项目执行计划下，建立项目档案管理工作计划及文档控制的执行计划；依据上述计划搭建项目文档管理体系，并逐步建立健全该体系中相关程序文件。启动和规划阶段，建议DCC中心文档控制组设置DCC经理一名，并依据项目职能部门的数量及文档工作任务，配备几名文档控制工程师统筹管理该部分文档控制工作，每个区域项目组(PMT)配备1名文档控制工程师；PAC小组设置PAC经理一名，并集中配备几名档案管理工程师完成全项目档案管理工作的策划与少量逐步归档档案的管理工作，具体人员数目依据工作量进行灵活配置(图5-1)。

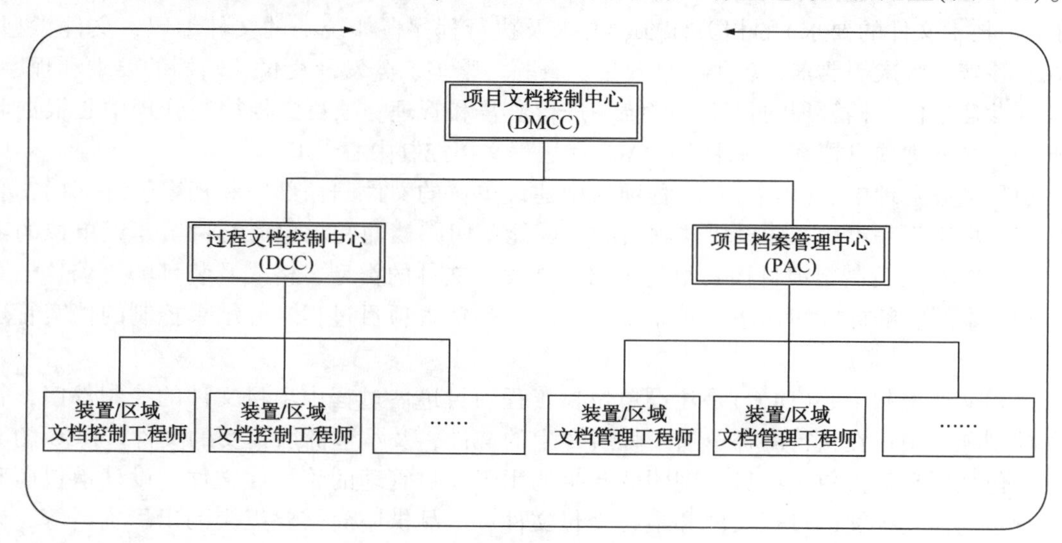

图5-1　人员配备

在项目执行及收尾阶段，文档工作的重心在于在项目进展中进一步修订、完善文档管理体系；项目各类文件的审批、流转、交付；项目交工文件的验收、归档。这一阶段建议DCC中心文档控制小组可依据工作量，适量增加文档控制工程师，装置较多的PMT(特别是采用E+P+C管理模式)增加1名文档控制工程师，执行阶段在工程交工期间，各PMT文档控制工程师可随工作量逐步进行精简；PAC组应随着各组档案工作量的增加，适量增加档案管理工程师岗位。

3.3　职责分工

在项目初期，建设单位应明确其在全项目文档管理工作中所承担的责任和义务，据此项目文档控制管理中心及其各岗位方可确定其在项目文档管理方面的具体职责，一般职责如下。

3.3.1　项目文档控制管理中心(DMCC)

(1) 项目档案管理中心(PAC)：

• 负责制定合同中文件交付要求的相关条款，确保项目归档文件符合国家、行业相关标准及合同要求。

• 制定适用于全项目的、统一的项目文件归档要求，含归档文件范围、归档文件格式、文件类型、档案编号、档案交付形式、装订形式等要求，及档案管理要求。

• 制定交付档案的验收及交接标准和程序。

• 负责策划、搭建、完善电子文档管理平台中档案管理模块文件目录树或档案管理系统中文件目录树和各级权限的定制策略，并设定相应的访问权限。

• 参与监督、检查承包商交付文件质量及程序，确保交付文件满足档案管理要求及标准。

• 负责对承包商文档资料交付情况进行考核，并参与进度款流程审批。

• 负责组织项目交工技术文件交付标准和要求的相关培训工作，不定期组织各参建单位以及建设单位内部和文档管理团队内部文件交付、归档要求及相关主题的培训。

• 组织、参加项目内外与文件交付相关的沟通、协调工作，含与上级机关及地方管理机构的各类沟通和协商工作，并制定具体工作及问题的实施方案，如适用标准等。

• 指导各参建单位完成建设项目交工技术文件的编制、整理、组卷、移交归档工作。

• 负责最终验收并收集、统一登记所有已竣工项目的档案(包括电子版和纸质版)。

• 对项目档案进行鉴定、分类、整理、上架，并做好日常保管、统计等相关档案管理工作。

• 协助项目竣工验收，进行项目竣工文件的验收与归档，参与项目竣工档案验收工作。

• 制定涉密档案访问规则，并做好相应的保密管理工作。

• 建立档案借阅制度，提供相关资料供被授权部门或人员利用，并负责催还工作。

• 有责任参与 DCC 项目文件管理制度、措施等的制定，配合各项项目文件管理工作的开展。

• 其他档案管理相关的工作。

（2）过程文档控制中心(DCC)：

• 制定合同中关于项目过程文件管理、传递等要求的条款，确保项目过程文件符合国家、行业相关标准及合同要求。

• 制定全项目文件管理体系文件，包括文件编码规定、格式、版次、签署等要求及各类文件管理程序。

• 对项目文件，尤其是过程文件进行接收、查验、发布、发送、跟踪、答复、预归档、归档等工作。

• 参与搭建项目电子文档管理平台中过程文件管理模块的文件目录结构，保证项目各角色，含建设单位各部门、各项目组、参建单位对文件的访问权限满足工作需要及文件安全的要求，并在项目进展过程中对其进行维护和管理。

• 负责向参建单位传达项目文件管理要求，并审批各参建单位提交的项目文档管理体系文件。

• 负责对承包商合同执行过程中文档资料交付情况进行考核，并参与进度款审批工作。

• 负责组织过程文档管理培训工作，不定期组织对各参建单位以及建设单位内部和文档管理团队内部的培训。

• 组织、参加项目内外与文件相关的各类协调会或工程例会，协同讨论相关的问题，并制定与文档管理相关问题的解决措施。

• 做好项目过程文件的移交归档等准备等工作。

• 有责任参与 PAC 项目交工技术文件交付标准、档案管理制度等的制定，配合项目档案管理工作的开展。

• 有责任按照或参考 PAC 制定的有关文件归档范围及档案管理要求，进行项目文件的收集及预归档文件的整理工作。

• 其他文件管理相关的工作。

3.3.2 其他项目组成员

(1) 项目总监:

• 项目总监是项目文件档案管理工作的领导者，负责听取 DMCC 对于项目文件及档案管理工作的汇报，共同制定项目文档及档案管理工作的策略和实施方案，并对全项目文件及档案管理体系文件进行审批。

• 项目总监作为工程建设项目的第一负责人，表现在文件及档案的管理上，即项目总监(或其授权人)是全项目管理文件的签发人。

(2) 区域项目经理:

• 区域项目经理是区域范围内文档控制工作的领导者，负责听取项目 DCC 对于范围内项目文档控制工作的汇报，共同制定范围内项目文档控制工作遇到问题的解决方案，并对项目文档控制程序文件进行审批，有责任组织开展范围内交工技术文件的收集及审核工作。

• 区域项目经理作为区域项目的第一负责人，表现在文件的管理上，即项目经理(或其授权人)是范围内往来通讯等文件的签发人。

(3) 采购部:

• 在与供应商(自采)签订合同之前，有责任与 DMCC 就采购文件传递及交付的各项要求进行沟通及确认。

• 采购管理部门负责组织供应商(自采)设备的开箱验收，并与区域项目组共同协助 DCC 收集相关出厂资料，负责监造设备相关文件的催交。

(4) 控制部:

• 在与承包商签订合同之前，有责任与 DMCC 就承包商文件交付的各项要求进行沟通确认。

(5) 质量部:

• 负责按项目质量体系要求指导、监督、检查全项目文档控制及档案管理工作。

质量管理部门负责参与确定项目竣工文件相关表格设置、填写等编制标准，按照合同要求督促、检查交工技术文件的质量，尤其是文件内容中技术层面的质量问题。

(6) 其他职能部门或区域项目组:

• 执行 DMCC 制定的标准和程序，保证编制项目文件的真实、统一、规范、完整与时效性。

• 负责本部门产生文件编码的有序性。

• 配合 DCC 就本部门或区域项目组文件的传递流程及文件分发矩阵的制定工作。

• 负责配合本部门或区域项目组电子文档管理系统目录结构及访问权限的确定工作，做好本部门或区域项目组产生文件收集的配合工作。

• 配合 DCC 完成纸质文件的分发工作。

• 配合 DMCC 督促区域项目组范围内承包商提交文档交付计划，并按计划审核交付文件。

• 有责任对区域范围内承包商提交文件内容的完整性和正确性进行审核。

• 按照责任划分，负责监管承包商、供货商阶段性文件的交付工作，并组织对其进行内容和质量的验收工作。

- 配合 DMCC，确保范围内归档项目文件的完整收集。

3.4 管理制度

项目文档管理制度的建立，主要是通过搭建项目文档管理体系，即编制项目文档管理的各类管理制度，形成一整套适用于项目文档管理的系列文件体系，使项目文档管理工作有据可依，为档案前端控制及文件归档后的后续管理提供工作程序和依据。建设单位的项目文档管理体系应着眼于全项目文档统筹管理，建设单位项目文档管理体系文件应依据建设单位项目管理团队管理模式、项目规模、项目承包模式、地方、上级单位要求等情况的不同，建立符合项目实际情况的文档管理体系。对于同一家建设单位的不同项目，由于项目建设的时期不同、规模不同、承包模式等的不同，其管理体系也会随之产生变化。

在编制全项目文档管理体系文件时，作为建设单位应首先遵循国家、地方、行业档案管理的相关法律、法规及标准、要求，并在规划阶段积极与上级单位、地方档案接收单位或当地质检站等单位进行沟通，了解其具体要求，以便编制的体系文件能够真正成为全项目文档管理的指导文件，供全项目执行。另外，由于文件还有一个落地和执行的过程，故体系文件除了编制、发布和宣贯，还应在执行过程中依据执行情况进行随时维护和修订，以便制度的落地和能够真正成为实践的依据。

完善的项目文档管理体系一般包括项目文档管理计划—各类文档管理程序和规定—各类文档管理的作业文件和作业表格，从计划到作业文件，正好形成一个金字塔形的体系结构，上层指导下层，下层支持上层(图 5-2)。

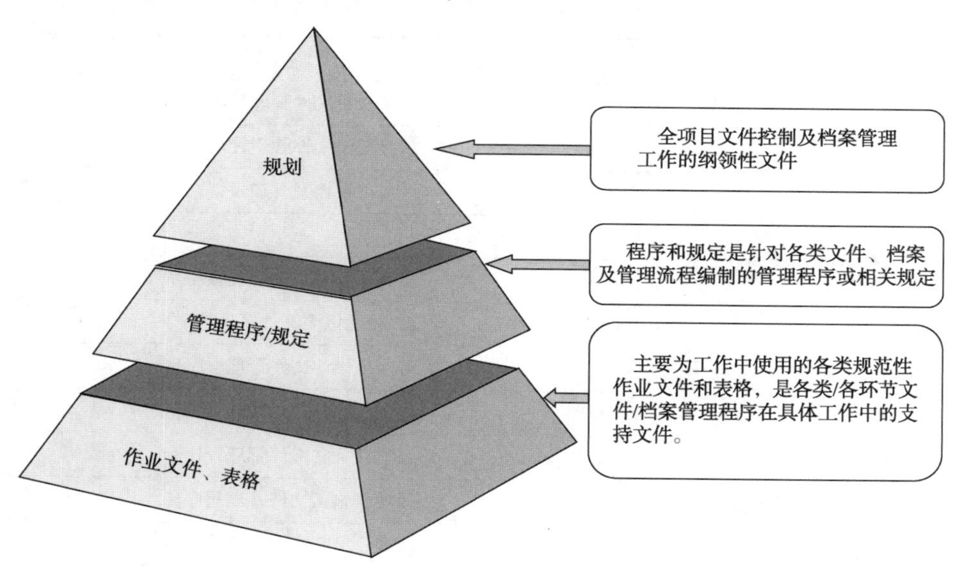

图 5-2　完善的项目文档管理体系

3.4.1　规划

规划文件主要包括《项目文件管理计划》《电子文件管理计划》及《项目档案管理规划》

等，是全项目文件控制及档案管理工作的纲领性文件。作为建设单位，应着眼于全项目范围和周期进行规划。

3.4.2 程序和规定

程序和规定是针对各类文件、档案及管理流程编制的管理程序或相关规定，是规划类文件在具体工作中的延展和落实。针对建设单位，应注意文件及档案类型是否齐全，以及文件往来流转流程、管理环节及档案管理流程的完整与闭合。

项目文件主要分为项目管理文件、往来通讯类文件、设计文件、供货商文件、采购文件、施工文件等几类，工程项目中产生的档案主要包括文书档案、科技档案及专门档案三大类，上述文件及档案的管理方法依据类型的不同而存在差异。程序文件中很重要的一部分是针对文件及档案类型规范其管理流程；同时，文件和档案还可按照其管理环节的不同，去规范具体环节的管理，如文件管理中文件的产生、查验、发布发送、预归档、交付、归档等环节的管理规范，也是程序文件的重要组成部分；档案管理程序文件也是按照档案管理的环节，即收集、鉴定、整理、保管、统计、利用中具体管理工作进行规范。

3.4.3 作业文件/作业表格

作业文件和作业表格主要为工作中使用的各类规范性作业文件和表格，是各类/各环节文件/档案管理程序在具体工作中的支持文件。这部分内容灵活度比较高，应依据各单位各项目的实际情况进行编制。

一般来说，建设单位项目文档管理体系建议由以下文件构成(包括但不限于)(表5-1)。

表5-1 建设单位项目文档管理体系

序号	类别	文件名称
1	规划	《项目文件管理计划》
2		《电子文件管理计划》
3		《项目档案管理规划》
		……
1	程序/规定	《典型管理文件管理程序》
2		《往来通讯类文件管理程序》
3		《项目设计文件管理程序》
4		《供货商文件管理程序》
5		《项目采购文件管理程序》
6		《项目施工文件管理程序》
7		《监理、第三方文件管理程序》
8		《项目文件编码程序》
9		《项目文件编制管理规定》
10		《项目文件发布管理规定》
11		《项目电子文件管理规定》

续表

序号	类别	文件名称
12	程序/规定	《项目档案室管理规范》
13		《项目文件利用管理规范》
14		《交工文件编制与移交规定》
15		《文件归档范围与保管期限管理办法》
16		《档号编制管理办法》
17		《科技档案管理办法》
18		《文书档案管理办法》
19		《专门档案管理办法》
20		《电子档案管理办法》
21		《声像档案管理办法》
22		《档案收集管理办法》
23		《档案鉴定及保管办法》
24		《档案借阅管理办法》
25		《保密档案管理办法》
26		《档案库房管理制度》
		……
1	作业文件 作业表格	文件对内发送登记表
2		文件对外发送单/文件传送单
3		文件接收登记表
4		文件发出登记表
5		供货商文件循环审查表
6		文件分发矩阵
7		文件发布申请单
8		项目文件审批会签表
9		内部文件审批单
10		传真模板
11		会议纪要模板
12		会议签到表模板(内/外部)
13		管理文件模板
14		请示报告模板
15		通知模板
16		PPT 模板
17		培训登记表，培训记录(签到表)

续表

序号	类别	文件名称
18	作业文件 作业表格	工作联系单
19		部门周/月报模板
20		施工/监理周/月报模板
21		委托单
22		文件材料移交清单
23		归档文件目录/移交清单
24		保密文件归档单
25		档案鉴定卡及鉴定文件目录
26		档案销毁清册及销毁文件目录
27		光盘封面
28		电子档案格式转换与迁移登记表
29		档案借阅审批表
30		档案借阅登记表
31		档案借阅失损报告
		……

4　各阶段工作重点

建设工程项目通常划分为四个阶段，即启动阶段、规划阶段、执行阶段以及收尾阶段。建设单位围绕这四个阶段的重点内容开展工作。建设单位在工程项目启动阶段主要工作为围绕确定项目目标、项目建议书、项目立项、可行性研究、项目核准/项目备案、资金申请及相关报批工作开展的项目管理工作；在建设工程项目规划阶段的主要工作为开展各项招标工作并签订合同、工程设计文件审批等；在建设工程项目执行阶段的主要工作为按照合同规定提供项目采购、施工等实施必要的条件，并在实施过程中督促检查并协调有关各方的工作，对项目进展情况进行跟踪；在项目收尾阶段则需完成组织试运行、竣工验收、工程结算、项目移交，做好项目文件资料的收集、接收与管理等工作。建设单位项目文档管理工作结合以上建设单位在工程建设项目各阶段的主要任务，其主要工作如下。

4.1　项目启动阶段

建设单位文档控制工作在项目启动阶段需做好文档管理工作的初步策划，并对此阶段项目管理工作产生的文件进行有效的管理及归档。

4.1.1　文档管理工作的初步策划

（1）确定启动阶段文件管理策略　启动阶段一般具有工作人员构成不稳定、职能分工不明确、管理程序不健全，文件涉及面广、来源复杂、版本更新快、可控性差、易丢失难以弥补等特性。

由于启动阶段项目部未正式成立(项目未立项)，文件量不大。文档管理工作有时甚至无专职文档和档案管理人员，由其他人员兼职管理。为了保证文件和数据的有效控制，应明确此阶段文件管理目标、制定基本的文件管理策略和各类文件管理程序，以保证此阶段文件管理工作的顺利实施。

启动阶段文档管理应以确保项目文件完整归档为目标，以理顺各类文件流转流程、确保各类文件及时归档，为规划阶段全项目文档管理策划工作打好基础为策略。

（2）建立启动阶段项目文件传递机制　建立各类文件的流转机制，明确文件有效传输途径，做到文件的集中管理，统一出(入)口，专人归档。杜绝文件多线传输、分散存储，形成信息孤岛。文件收发建立文件台账，防止丢失。

（3）确定启动阶段项目文件管理要求：

1）文件归档相关要求。确定项目文件管理要求，首先应制定项目文件归档要求，如归档文件的范围、归档文件的质量要求、归档文件时间、归档流程等。

项目启动阶段文件归档范围和保管期限包括但不限于《建设项目档案管理规范》(DA/T 28)附录B“表B.1 建设项目文件归档范围和保管期限”。

归档文件质量要求应从文件真实性、统一性、规范性、完整性和时效性的角度考虑，对项目文件编码、格式的规范统一、文件签署的要求、文件版本更替及文件内容完整等方面进行要求。在保证规定文件质量的同时，还应制定归档文件的整理要求，并将文件质量控制工作与整理工作前置于文件前端控制。

由于项目启动阶段工作人员构成不稳定，部分人员为临时借调，相应工作结束后即返回原有单位。需防范工作中产生的文件随工作结束和人员变动而遗失，故应做好启动阶段文件的收集管理工作及阶段性归档工作，在启动阶段初期便开始文件收集管理，在后期展开文件的归档工作。

2）项目文件管理要求。应根据启动阶段文件的归档要求，规范该阶段文件的管理工作，首先应制定好该阶段各类文件管理程序和要求。

项目启动阶段文件收集管理范围应至少包含归档范围中所有文件，除此之外，还有部分过程文件，虽无须归档，但仍然是项目运转中必不可少的文件，故也应进行收集和管理。

所收集文件的质量应首先确保对于归档要求的落实，即从文件真实性、统一性、规范性、时效性和完整性的角度考虑，对项目文件编码、格式、签署、版本及文件完整性等方面进行规范要求，同时注重文件的查验环节，确保收集文件满足质量要求。

同时应在明确项目各类文件流转程序的基础上，制定项目文件管理程序，以确保此阶段产生的各类文件信息的顺利传递和有效管理，还应按照归档文件整理要求，细化预归档文件的整理细则，避免归档后的重复工作。

（4）做好下一阶段文档管理策划准备　为确保项目规划阶段全项目文档策划工作的有序开展，需逐步开展全项目文档管理目标、管理策略、管理团队、管理体系文件、电子文档管理平台、培训宣贯等策划工作的准备工作。

4.1.2 启动阶段项目文件管理

（1）启动阶段文件类型　启动阶段产生的文件主要包括：项目建议书、可行性研究报告、政府审批文件、函件、传真、会议纪要等文件。

(2) 启动阶段项目文件管理　前文已经提及，项目启动阶段工作人员构成不稳定，应及时做好启动阶段文件的收集工作，以保证文件的齐全完整。另外，还应在收集文件的时候按项目文件质量要求做好文件的查验工作，以确保收集文件的质量。同时，应按照该阶段文件流转程序做好各类文件的内部流转控制和对外收发，确保文件信息传递及时有效。

对处理完毕的项目文件，还应按照文件的整理要求做好各类文件整理及保管，并在该阶段后期逐步做好文件的归档工作。

4.2 项目规划阶段

项目规划阶段是建设单位项目管理团队正式成立、各部门各专业确定管理模式及建章立制的阶段，同时也是基础工程设计到详细工程设计工作开展，以及长周期采购订货的重要阶段。建设单位文档管理工作在项目规划阶段需要配合项目合同的签订、做好全项目文档管理的整体策划及宣贯、提供获得的批准及地质勘察等文件，同时做好承包商交付的工程设计文件的接收及归档工作。

4.2.1 项目文档管理工作策划

前文已说明项目规划阶段是工程项目建设周期中，对整个工程项目的方方面面进行策划，为工程建设打好基础的阶段。那么对于建设单位文档管理工作来说，它既是项目管理的一部分，服务于项目管理，同时也是自成体系的一项重要工作，为项目完工后档案管理打好基础，或者说，从文档一体化的角度来说，它也是建设单位档案工作的一个重要组成部分。

在规划阶段，建设单位项目文档工作应从组织机构、人员部署以及全项目文档整体管理工作方面进行全面周密的策划和部署，以保证工程项目整体文档管理的顺利开展。在项目启动阶段，我们已经为文档管理策划工作做了一些准备工作，从项目目标、项目规模、项目计划的承包、管理模式等方面形成了初步的文档管理工作的想法和策划，在规划阶段，需进行明确和落实，同时随着规划阶段各项项目管理的工作开展，也为项目文档策划工作提供了各项输入条件。在此阶段，项目文档策划工作的内容为：项目文档管理目标的确立、管理策略的形成、管理团队的搭建、管理体系文件的编制和电子文档管理平台的建设等。

(1) 确定全项目文档管理目标　建设项目的实施涉及许多组织机构、系统和界面，如何保证项目各参与方进行有效的文档交付/交换与沟通是对建设单位项目文档管理团队的一项极大挑战。在项目规划阶段，建设单位需对项目文档管理进行统筹规划，应在整个项目周期内致力于：

- 保证全项目文档的真实性、统一性、规范性、完整性、时效性和系统性；
- 保证全项目文件信息在项目范围内及时传递，确保项目信息的畅通、高效共享；
- 保证全项目文档信息的安全性；
- 保证全项目文档管理满足后续档案的需要。

(2) 制定全项目文档管理策略　全项目文档管理策略的制定以实现全项目文档管理目标为目的，建设单位文档管理团队需根据项目规模、项目的特点、上级主管单位的要求及项目实际情况，确定本项目文档管理策略，一般情况下，建设单位项目文档管理策略可为：

• 搭建完善的文档管理体系，即文档管理计划——各类文档管理程序——各类文档管理的作业表格、规范。

• 借助电子文档管理系统搭建全项目信息管理平台，为各参建单位留有接口或者给予授权，使全项目文件轻松被传递和交付，同时做到文件纵向版次管理，横向及时传递、共享。

• 做好项目全周期文档的过程监控与管理，对于项目参建方文档管理工作进行监督考核，对于建设单位产生的文件进行及时收集管理，确保项目文档工作与工程建设同步。

• 前端控制与后续管理相结合，实现从项目文件的形成、流转到归档的全过程控制，确保全项目文档管理工作满足档案管理的要求。

4.2.2 搭建项目文档控制管理中心

在项目规划阶段，项目文档管理的工作将正式开展，并进行至关重要的策划及设计等文件的接收等工作，故必须尽快建立健全组织机构。

一般情况下，建设单位行使项目文档管理职能的组织机构多采用由项目总监/项目管理层直接领导，并独立于其他部门之外的形式，被称为项目文档控制管理中心。其部门内部又根据项目文档管理和档案的职能划分为 PAC 和 DCC(详细介绍参见本章 3.1 机构设置)。

项目文档控制管理中心需配备合适数量的文件控制工程师及档案管理工程师，明确工作职责并建立对内对外工作界面。一般说来，不论是 PAC 还是 DCC 人员均采用矩阵式管理，即不论该文档控制和档案人员服务于哪一个项目组，都需服从该项目组项目经理的领导，但在业务上，还接受项目文档控制管理中心的支持。

工程建设项目文档管理从项目启动至收尾阶段，工作强度不均匀，成波形分布，波峰与波谷工作量差距较大。一般来说，项目启动阶段人力投入最少；到了规划阶段随着策划工作的开始及各承包商设计等文件的传递和交付，人员逐步增加，到了执行阶段，随着施工和采购工作的正式开始，人员达到峰值；随着执行阶段的结束及项目收尾阶段各承包商文件逐步交付，人员又呈下降趋势，待项目文档全部交付，项目文档控制人员在完成与档案管理人员的工作交接后，可全部撤离项目，但对于建设单位来说，项目档案管理工作将在项目建成后持续开展，故还需为工厂建成后，档案管理工作留下足够的人力。在项目规划阶段，建设单位文档控制管理中心需根据上述规律做好项目文档管理及档案管理人员的人力投入计划，并根据计划，在项目的不同阶段做好人员的配备工作。

具体到规划阶段的人力部署，应该按照项目管理小组 PMT 的设置配备相应人力，一般情况下，每个 PMT 可配备 1 名文档控制工程师，文件量小的情况下，由 1 名文档控制兼职几个 PMT，对于项目职能部门的文件管理，应依据文件量配备 1 至几名文档控制人员统筹管理；档案管理工作也应根据文件量的大小为 PMT 及职能部门设置专职或兼职的档案管理工程师。

4.2.3 编制项目文档管理体系文件

坚持“依法治档”的原则，根据全项目文档管理目标和策略，搭建全项目文档管理体系，从工作制度和执行程序层面，理顺关系、明确职责、规范做法，使项目文档管理与工程管理相结合，使项目文档管理与档案管理相结合，发挥文件前端控制的作用。

项目文档管理体系文件需包含：

1）纲领性文件：全项目文档管理计划及项目档案管理规定。

2）程序和规定：对文件的编制要求，如编码、格式、版次、签署等的规范化要求；各类文件的管理程序和流转机制，确保文件的及时收集及传递到位；各类档案的管理方法及各项档案管理流程的规定。

3）作业文件和作业表格：项目文档管理工作和档案管理工作中的步骤、方法以及可以直接使用的模板和工作表。

项目文档管理体系文件的编制需要充分考虑国家、行业、地方、上级单位法律、法规、标准、规定、要求，并与上级单位、地方档案接收单位及当地质检站进行充分沟通，确定相关要求。体系文件的具体内容参考本章3.4“管理制度”。

4.2.4 搭建项目信息管理平台

在全项目文档管理策略和体系文件的框架之下，搭建全项目信息管理平台，以实施项目文档信息化管理。全项目文档信息管理平台，可进一步提高项目文档管理工作的规范性和高效性，在全项目范围内，提高项目文档管理现代化水平。在信息系统的选择上，可构建项目文档一体化平台，即与项目文档管理工作理念保持一致，在一个系统平台上，构建项目文档管理和档案管理两个不同的管理模块，实施从文件到档案全生命周期的一体化管理。全项目文档信息管理平台也可分别构建项目电子文档管理系统，用于项目建设过程中文件的管理；项目电子档案管理系统，用于项目已归档档案的管理。此时需考虑两个系统之间的数据对接。

全项目信息管理平台的一个功能是项目建设期间各类信息和文件的收发流转与处理，是项目建设中各单位、各部门间信息沟通、协同工作不可或缺的纽带。通过使用全项目信息管理平台，把工程项目信息统一在一个单一的环境中，以保证项目各层次各角色之间的信息传递，同时方便项目团队中的每个角色、个体都能够很方便地访问，做到信息的横向共享；另外全项目信息平台还需做到文件的纵向管理，确保整个项目各角色所参考使用的信息都处于最新状态，避免因为文件版本混乱造成的信息不对称、滞后甚至错乱而导致的对工程安全、质量、进度和费用的影响。

全项目信息管理平台的第二个功能是满足档案管理的需要。对于建设单位来说，项目建设期间形成的档案至关重要，将为项目建成后工厂运营、维修及改扩建提供重要基础数据和信息支持。档案的前生是文件，从文件全生命周期管理角度出发，项目文件管理是档案管理的前端控制，只有做好了项目建设期间文件的管理，做到文件信息质量的把关、做到及时有效收集、做到文件信息的及时准确传递，才能为档案后续管理打好基础。而建设工程，尤其石化工程，周期长、角色多、专业构成复杂，项目文件的归档决不能等工程结束后再进行，应采用项目阶段性归档的方式，以保证项目文件应归尽归。故对于建设单位文档管理工作来说，在整个工程项目建设期间，应是项目文件管理和档案管理并行的状态，应在项目建设期间，一边做好项目文件的管理工作，一边做好归档档案的管理工作。档案管理系统/模块是全项目文档信息管理系统中重要的组成部分，应在系统功能中体现档案管理的六大环节工作，即收集、鉴定、整理、保管、统计和利用。以下为建立全项目文档信息系统的基本工作：

● 分别在项目文档管理模块/系统及项目档案管理模块/系统中建立项目信息管理平台结构目录树，实现电子文件/档案分类存储。

● 为各参建方在项目文档平台上提供文件递交和交付的接口或者权限，使全项目文档信息平台能够起到全项目文档收集管理的目的，同时为全项目服务。

● 做好项目文档管理系统各级权限的管理，按照项目角色、人员职责和工作范围区分权限，做好人员分组管理，并对不同的人员群组赋予不同的查阅利用权限。

● 建设单位项目文档管理团队通过项目文件管理平台正式发布项目正式文件，项目正式文件放置在项目受控文件夹内，供全项目按照权限查阅和共享。

● 项目电子文件按照相应程序归档至档案管理模块/系统，档案管理模块/系统应配置好档案管理的相应功能，如借阅审批流程等，方便归档档案的利用。

注：对于电子文档管理系统的详细介绍详见本书方法篇第13章“项目电子文件管理实务”。

4.2.5　参与项目合同的签订

（1）招标工作　建设单位招标工作在规划阶段和执行阶段交叉进行。招标主要分为设计、施工、监理、检测等参建单位的招标和设备、材料采购的招标工作(如有)。参建单位设计、施工等服务的招标工作一般由建设单位项目管理团队控制部负责；设备、材料采购的招标投标工作一般由建设单位项目管理团队采购部负责。建设单位招标工作主要包括：①获得招标资格并进行备案；②确定招标方式；③发布招标公告或投标邀请书；④编制、发放资格预审文件；⑤进行资格预审；⑥编制、发出招标文件；⑦技术澄清及组织现场踏勘(如需要)；⑧接收投标文件；⑨开标、评标、定标；⑩中标结果公示及通知书备案等。

对于建设单位文档管理工作来说，主要工作在第⑥项及第⑦项。首先，完成招标文件中有关文档管理方面要求的编制，包括管理标准要求、人员配备要求、文档管理软件要求、交付文件要求等。其次，为招标文件提供相关的预归档文件，如供参考设计文件等；另外，在投标人提出文档管理方面技术澄清问题时，以书面形式予以解答及反馈。

（2）合同谈判及签订　建设单位发出中标通知书后，进入合同准备及合同谈判阶段。文档管理的主要工作为提出或确认相关合同附件，其中主要需明确各类文件的交付范围、交付份数、交付时间、交付方式、其他交付要求等内容，如需要也可将对文档管理的具体要求、标准、制度、程序纳入该附件中。

4.2.6　项目文档管理理念及要求的对内对外培训宣贯

建设单位在此阶段需要将必要的文档管理体系文件提供给中标的项目参建方，同时在全项目范围内进行相关宣贯、培训及指导。

（1）对内培训宣贯　建设单位文档管理团队首先应该进行项目管理团队的内部培训和宣贯。培训对象为文档控制管理中心人员及其他项目管理团队的人员。培训内容为全项目文档管理理念及文档管理体系文件。

（2）对外培训宣贯　建设单位文档管理团队还应该对建设项目内其他参建方进行宣贯、培训和指导。主要对象为项目参建方的文档管理团队。培训内容为全项目文档管理理念及文档管理体系文件。

4.2.7　向中标的参建单位提供相关批文及勘察报告等文件

建设单位需向中标的各参建方提供项目前期资料，以保证各参建方的工作开展有据可依。如厂址选择、可行性研究、安全预评价、节能评估、水文保护、消防、抗震、职业病、环境评价等报告及批文，以及地质、岩土等勘察报告。

4.2.8 规划阶段文档管理

（1）设计文档管理　设计文件主要包括：总体设计、基础工程设计、详细工程设计等。建设单位针对设计文件的管理工作主要包括：

1）向 EPC 承包商或设计单位发布文档管理要求。建设单位需将全项目文档管理体系文件中，设计文件管理的各项要求和相关程序文件提供给 EPC 承包商或设计单位，上述程序文件及要求每次修订和完善后，均需及时向 EPC 承包商或设计单位进行发布，并对其提出的疑问给予澄清解答。

2）对 EPC 承包商或设计单位文档管理体系进行审查。EPC 承包商或设计单位需按照建设单位的要求，编制项目文档管理计划、文件交付计划，以及各类文件管理程序文件，并提交建设单位备案、审核，以便在项目执行过程中组织自己的文档管理工作并按计划和要求交付各类文件。

3）对 EPC 承包商或设计单位文档管理工作进行过程检查。在项目规划阶段，建设单位为了保证设计文件的管理质量和进度，还应按照全文档管理体系文件中对承包商文档管理工作的要求编制检查大纲(可参考方法篇第 11 章 10.4“分包商文件管理审查提纲”进行编制)，不定时地对 EPC 承包商及设计承包商文件总体管理、纸质文件及电子文件管理等工作进行检查。如在检查中发现问题，需出具书面整改通知单，令其限时进行整改。

4）对 EPC 承包商或设计单位文档的接收和管理。总体设计、基础工程设计文件由 EPC 承包商或设计单位以成卷册形式阶段性交付建设单位；详细工程设计文件由 EPC 承包商或设计单位按照施工工作的需要，即时交付建设单位。建设单位文档控制管理中心需核查设计文件编号、格式、版本、签署、盖章是否符合项目文档体系文件要求，核查其交付份数等是否符合合同要求。对于接收的设计文件，双方需签署文件传送单或交付清单。

建设单位文档控制管理中心按照已确定的内部分发方案向各项目组/部门进行分发，做好分发记录。同时，将 1~2 份按照归档流程进行即时归档或阶段性归档。另外，设计变更通知单等同于详细工程设计成品文件，故建设单位对其接收及管理方式同上。

（2）参建单位其他文档管理　参建单位其他文档，主要包括通讯类、管理类等文件。与设计文件一样，建设单位需将此类文件管理要求发布给参建方，参建方将上述要求纳入自己的文档管理体系文件中，如《项目协调程序》《项目管理文件管理程序》等，并将其提交建设单位审查。

在日常工作中，建设单位与参建方按照《项目协调程序》及相关程序、规定相互收发通讯类文件，如传真、会议纪要等，以及管理类文件如计划、程序、规定等，建设单位对于接收文件，按照此类文件的分发范围进行审批答复、内部分发及保存。

在规划阶段会产生少量采购文件和供货商文件，其管理方式见本章节 4.3“执行阶段”。

（3）建设单位项目管理团队内部文件管理　在此阶段，建设单位项目管理团队自己也会产生各类文件，如通讯类、管理类等文件。建设单位内部应按照全项目文档管理体系中自身文件的管理程序和规定，对自身产生的文件进行查验，以控制文件的质量。

在收发方面，依然是按照与各参建方确定的《项目协调程序》，完成通讯类文件如传真、会议纪要等的传递。管理文件如计划、程序、规定等，在按照项目要求签署批准后，除了对外发送，有些需全项目执行的管理文件，也需按照分发范围，在内部进行分发。

4.2.9　规划阶段的档案管理

建设单位在规划阶段产生及接收的项目文件，经查验后在项目 DCC 处整理、保存，设计文件可以进行阶段性归档，如在总体设计结束、基础工程设计结束、详细工程设计结束后，将各阶段产生文件统一归档至项目 PAC 处，详细工程设计阶段由于周期长、文件量大，故也可以采取即时归档的方式，即对于 EPC 承包商或设计承包商递交的详细工程设计文件，经 DCC 查验后，直接归档至 PAC。

规划阶段其他项目文件如通讯类文件、管理文件等，可以按照阶段性归档的方式，也可以在项目结束后进行统一归档。

4.3　项目执行阶段

工程项目执行阶段主要为完成采购及施工建设工作，此阶段也是整个项目文档工作的重点和难点。时间跨度长、界面多、人员流动大、文件生成量大、时效要求高等特点是这一阶段的主要特征。保证文件规范统一，并能及时、准确、安全地收发，同时保证文件高效共享利用是对建设单位项目文档管理人员的考验。项目文档控制管理中心工作重心由设计类文件的管理逐步转移到现场施工类文件的管理(除部分项目详细设计工程与施工重叠的情况)。建设单位项目文档管理工作的重点为进一步协调组织各工作界面文档管理工作，以及各类文件管理工作的开展，对承包商(包括 EPC 承包商、施工承包商、设计单位)及监理单位等组织培训，并对各类承包商及监理单位的交付资料进行检查并督促整改。

4.3.1　全项目文档管理体系及全项目文档管理平台的维护

随着项目进入执行阶段，以及全项目文档管理要求的进一步明确，建设单位需对全项目文档管理体系进行持续维护，对文档管理体系文件进行修订及完善，并将升版文件及时发送各参建方执行。

同时，对于全项目文档管理平台，也应在工作中进行持续维护，如建设单位人员群组权限，承包商上传文件的权限以及平台上各类文件的版本更新等。

4.3.2　进一步组织协调全项目文档管理工作

(1) 建设单位文档管理团队人力部署及调整　根据项目文档管理及档案管理人力投入计划及实际需求，对两个岗位的人员进行动态调整、统筹安排。

在项目执行阶段，随着采购和施工工作的开展，各 PMT 文件量逐步增大，需根据各 PMT 工作量调配人力安排，工作量大的 PMT 可安排 2 名及以上文档控制人员，档案管理也应根据工作量进行动态调配。

(2) 建立全项目文档工作协调机制：

1) 建立健全全项目文档管理网络。建立健全以建设单位 PMT、各职能部门文档管理人员为核心，以建设单位文档控制管理中心为管理基础，以建设单位各 PMT、各职能部门和参建单位文档管理团队为控制点的管理网络。明确职责分工，保持网络人员的相对稳定。协调建设单位内部各 PMT、各职能部门、EPC 承包商、设计单位、施工单位、监理单位等之间的关系，监督、检查、指导项目文档的过程控制及最终归档工作。

2）与参建单位进行文档工作对接。要求参建单位配备合格、稳定的文档人员作为单点联系人，在对其进行全项目文档管理体系文件培训的基础上，明确双方文档管理人员职责及文件传递方式，并对项目文件收集、交付的范围和要求进行进一步确认，如文件编码要求、格式要求等，同时解答参建单位的相关问题。

3）建立全项目文档管理的相关督促制度。

a. 全项目文档协调会议制度：

建立项目文档协调会议制度，加强参建各方的有效沟通。要求EPC承包商定期组织项目文档协调会，建设单位、分包商和监理单位参与；建设单位项目文档控制管理中心也需组织项目月度文档协调会议，要求各承包商、监理单位参与；还需根据业务需要，召开文档专题会议，并跟踪会议行动项，协调解决各类项目文档工作中的问题。同时，应将文档经验反馈列入文档月度协调会议，做好项目文档经验共享，将培训工作融入日常工作中。

b. 全项目文档管理考核制度：

为有效促进全项目文档管理工作的管理水平，保证交付文件的进度和质量，建设单位还应在全项目建立文档管理考核制度，即对参建单位文档管理工作和交付文件进行检查及考核，对于在检查中不满足要求的承包商进行罚款等惩处，对于在各项检查中表现良好的承包商给予表扬及奖励。

4.3.3 开展技术培训

建设单位定期组织项目文档培训，开展培训的方式通常有两种：建设单位文档管理团队对参建单位及建设单位内部进行培训，并聘请档案方面的专家对建设单位及各参建单位进行培训。

（1）建设单位文档管理团队的培训　建设项目文档管理团队在项目执行阶段，需持续对建设单位项目管理团队内部，及参建单位文档管理人员就项目文档管理理念、管理方式以及文档管理和交付文件需要达到的标准要求进行培训，避免项目实施过程中部分人员因理解不到位造成管理偏差。

（2）邀请专家进行培训　在执行阶段，随着管理的深入，建设单位还需邀请国家档案局、省档案局或石油化工行业档案专家，对项目建设单位和各参建单位文档人员进行文档管理及交付方面的培训，提高受训人员文档意识，正确理解国家法规标准对项目文档管理及交付文件的要求。

4.3.4 组织检查工作

在执行阶段，为了保证参建单位的文档管理水平，保证各类文件，尤其是施工文件的编制、组卷进度和质量，建设单位在对各承包商工作检查方面应加大力度。与策划阶段相比，本阶段检查工作重心应放在各承包商施工现场的文档工作上，检查其在施工现场文件的管理流程、人员的配备等整体管理状况是否符合其体系文件的要求；同时，施工现场主要产生的文件就是施工文件，那么检查重点也主要是对施工文件的同步性、质量等进行检查。建设单位文档管理团队应制定检查计划，以保证工作有序开展。执行阶段建设单位对参建单位资料的检查工作主要分为巡检和专项检查两部分。检查过程中发现的问题以“不合格项通知单”(参见方法篇第 11 章 11“作业文件和作业表格”)的形式下发参建单位，要求其进行整改，并以邮件及电话方式通知参建单位技术总工或项目经理，对整改进度进行督促。多次不改或整改不到位的参建单位，应以传真、工程联络单等书面形式，正式对其提出改进要求。检查结果也应与考核制度相挂钩，对于在检查中表现突出的承包商给予表扬或奖励，对于问题多、屡次发出整改通知拒不整改，或屡次整改不到位的承包商进行批评或罚款。

（1）巡检　在执行阶段，建设单位应根据进入工地现场承包商的数量和实际情况，拟定巡检计划，含检查周期、频次，参加方以及由检查内容形成的检查提纲。

在执行阶段初期，建设单位文档管理团队宜在每个季度或每月联合监理、PMT、质量部对主要承包商承揽的主装置资料进行巡检。到了项目执行阶段中后期，建设单位文档管理团队应联合监理、PMT、质量部以月或周为单位进行巡查，制定出每月/周中每一天的巡查单位及装置计划，确保所有装置全面覆盖，并将计划落实到位。

（2）专项检查　相比起巡检，专项检查是有针对性地进行检查。在项目执行阶段初期，可每周对一到两家新进场的承包商进行专项检查，以保证其在施工现场的文档管理在组织形式、人员配备、管理场地及其他硬件设施方面符合要求。在整个执行阶段，也可以对某些承包商负责的主装置，或者在巡检中发现问题比较多的承包商，以及工作中的重要环节，如需整改的内容等，进行针对性的专项检查。

4.3.5　执行阶段各类文档管理

为确保参建单位文件管理有据可依，需要求参建单位在建设初期，根据建设单位发布的全项目文档管理体系文件，确立本单位的文档管理体系，且其中重要的文件管理策略需得到建设单位的审批和备案。

为保证承包商文件交付进度可控，各参建单位需在项目初期提交一份文件交付清单，建设单位 DCC 根据清单中文件的交付时间对参建单位文件交付进度实施跟踪。文件交付清单主要包括：设计出图计划、出厂资料到场计划及其他设计、采购、施工及项目管理中重要的管理文件的交付计划等。

（1）设计文件的管理　建设工程项目各阶段工作互相衔接，又互相交叉。在项目执行阶段，由于条件变化等原因，详细工程设计文件会有新增或升版，其管理方式与项目规划阶段中详细工程设计文件的管理方式一致。

（2）采购文件的管理　项目执行阶段的采购文件分为两部分，一部分为 EPC 承包商负责采购，从而交付的采购文件；另一部分指建设单位自己负责采购工作，从而需要管理和保存的采购文件。

1）EPC 承包商负责采购的情况。EPC 承包商负责采购时，EPC 承包商主要交付的采购文件为：主要设备的技术附件等与产品性能指标相关的文件。

参建单位采购属于建设单位审批范围的重要设备请购文件或技术附件，在收到参建单位提交的文件后，建设单位需按照约定的时间及时反馈审批结果。具体流程可依据《项目采购文件管理程序》或体现在建设单位与参建单位的采购协调程序中。

2）建设单位自行采购的情况。建设单位自行采购时，需要管理和保存的采购文件为：询价书/请购文件、采购合同/订单、技术附件等。

建设单位DCC首先需要接收来自设计单位请购文件的技术部分，DCC检查文件合规性，并传递给采购部或在项目文件管理平台予以发布。采购部形成最终的询价文件，开展采购流程。采购流程结束后，生成的采购合同/订单、技术附件等文件，DCC需按照采购文件的编码、编制等要求查验文件，并在项目内进行发布和预归档。预归档的采购文件，需在项目结束后统一归档至档案室。

（3）供货商文件的管理　供货商文件是供货商对于设备、材料的设计文件或规格文件，分为中间版及最终版。项目执行阶段的供货商文件分为两部分，一部分为EPC承包商负责采购，从而交付的供货商文件，为最终版文件，即随设备/材料到场的出厂资料；另一部分指建设单位自己负责采购工作，从而需要管理和保存的供货商文件，包含中间版及最终版。

1）EPC承包商负责采购的情况。参建单位提交建设单位的供货商文件主要为供货商文件最终版，也就是设备及材料出厂资料。建设单位应在与参建单位签订的合同中约定交付范围、份数、形式及时间，其中部分直接交付给建设单位，部分由参建单位形成项目交工技术文件中的一部分，随项目其他交工技术文件统一交付建设单位。

2）建设单位自行采购的情况。建设单位自行采购的情况下，供货商文件中间版一般需经请购方相关设计专业的审核确认。建设单位应在采购合同签订的时候，就将供货商文件中间版审核的范围、审核计划、份数等要求确定清楚，并与设计单位确定中间版文件的审核流程及对外的接口部门。

供货商文件中间版的审查流程比较复杂，在建设单位自采的情况下，中间版文件需要设计单位进行确认，而由于设计单位与供货商并无界面关系，故文件的流转还需要建设单位在中间传递。那么对于建设单位DCC来说，就需要做好供货商与设计单位文件接口的工作，做好过程中中间版文件版本的管理、收发并保存。

对于最终版的出厂资料，也需在供货商合同中说明交付范围、份数、形式及时间。与EPC承包模式不同，建设单位自采的出厂资料，均由供应商直接交付给建设单位，由建设单位整理成项目交工技术文件中的一部分。

（4）施工文件的管理　施工文件是项目施工过程中形成的文件。对于建设单位来说，分两种情况，一种是业主自己发包和管理的施工，即E+P+C模式；另一种则是EPC总承包模式。两种情况下，需管理和保存的文件不同。不论是哪种情况，建设单位首先应该在全项目文档管理体系文件中明确施工文件的相关要求，如使用的表格、编号、用章等，并对参建单位提交的施工文件管理程序进行审核。同时应对EPC承包商及施工承包商进行培训，对于他们提出的疑问进行解答，并就各项要求在实际工作中的落实情况进行跟踪，及时完善标准文件，使全项目施工文件管理工作有法可依。

施工文件的管理重点是确保文件与实体工程的同步性及文件的真实性、统一性、规范性、时效性及完整性。建设单位项目文档控制管理中心在执行阶段展开针对参建单位的检查工作，应主要检查施工文件的管理情况。可从施工文件的产生、收发、保管、使用、整理归档等文档控制全过程进行检查，以确保施工文件的质量和提交进度。有关施工文件检查的详细介绍见本章节4.3.4“组织检查工作”。

1）EPC总承包模式。在EPC总承包模式下，EPC承包商担负着各分包商施工文件管理的监督检查等职责，各分包商的报审文件交由总承包商统一上报；建设、监理单位下发的命令、指示等文件由总承包商转发各分包商。建设单位需要管理和存档的施工文件有：施工组织设计、开工报告、分包单位审批、项目经理任命、进度报告、质量报告、工程款支付文件、变更索赔文件、详细工程设计文件、设计变更文件、工程中间交接文件、工程交工文件、重大质量事故处理文件、设备开箱文件、往来函件等。有些文件需要建设单位审批签署，建设单位应及时予以签署反馈。建设单位在施工过程中督促、检查施工文件，以确保其质量及同步性。

2）E+P+C 模式。在 E+P+C 总承包模式下，建设单位负责各施工承包商施工文件管理的监督检查等职责，报审文件由各施工承包商直接交由建设单位审批；建设、监理单位直接向各施工承包商下发的命令、指示。建设单位需要管理和存档的施工文件有：施工组织设计、施工方案、开(复)工审批、分包单位审批(如有)、项目经理任命、进度报告、质量报告、工程款支付文件、变更索赔文件、重要程序报审/报验文件、详细工程设计文件、设计变更文件、工程中间交接文件、工程交工文件、重大质量事故处理文件、设备开箱文件、往来函件等。需要建设单位审批签署的文件，建设单位应及时予以签署反馈。由于 E+P+C 模式下，建设单位直接管理各施工承包商，故在施工过程中，建设单位应加大对各施工承包商施工文件的管理、督促、检查力度，以确保其质量及同步性。

（5）交工技术文件的管理

1）交工技术文件相关要求的进一步落实、宣贯和培训。在项目规划阶段，建设单位已在合同或项目文档体系文件中基本明确了交工技术文件整理、组卷和交付的要求和各方管理责任，并进行初步宣贯和培训。在项目执行阶段，建设单位将继续与参建单位沟通交流，对参建单位就要求的理解、实操等方面提出的问题进行答疑，并就各项在实操层面存在困难和问题的要求加以细化或进行修改，同时应持续组织参建单位进行标准要求的宣贯和培训。

2）交工技术文件预组卷的准备工作。在施工过程中，应做好交工技术文件预组卷的准备工作。为保证参建单位交工技术文件相关工作的开展，建设单位在执行阶段，应继续与上级单位、地方档案接收部门或质检部门沟通联系，在规划阶段建立全项目文档管理体系的基础上，进一步明确交工技术文件的相关标准要求，含组卷策略、验收标准等；还应根据项目上述标准要求在实际工作中的执行情况及参建单位反馈的问题，对前期形成的组卷策略及其他相关要求进行进一步的明确或修订；同时应在执行阶段对施工文件的编制和流转进行检查和督促，保证施工文件的同步及文件的真实性、统一性、规范性、时效性和完整性；当上述条件成熟时，便可以启动项目文件的预组卷工作。

（6）参建单位其他文件的管理　除了上述重点讲述的文件类型外，执行阶段参建单位传递及交付给建设单位的文件类型基本与规划阶段一致，其管理方式见规划阶段。

（7）建设单位内部文件的管理　除了上述重点讲述的文件类型外，执行阶段建设单位其他内部文件的种类与规划阶段基本相同，其具体管理方式见规划阶段。

4.3.6　执行阶段档案管理

建设单位在执行阶段产生及接收的项目文件，经查验后在项目 DCC 处整理、保存，少量设计文件采取即时归档的方式，即对于 EPC 承包商或设计承包商递交的详细工程设计文件，经 DCC 查验后，直接归档至 PAC。

采购文件、供货商文件、施工文件在项目执行阶段均预归档在DCC处，可采取项目结束后统一归档或阶段性归档的方式，即在项目收尾阶段后期陆续归档，或在执行阶段结束后归档至PAC。

执行阶段其他项目文件如通讯类文件、管理文件的归档方式同规划阶段。

4.4 项目收尾阶段

项目收尾阶段又称为试车及竣工验收阶段，顾名思义，此阶段的主要工作包括建设项目交接、试运行及竣工验收工作。作为建设单位在此阶段起主导作用，督促和组织各项工作的开展。对于建设单位文档管理团队来说，此阶段的主要工作是做好项目相关资料的收集、接收与管理工作。在项目规划阶段，建设单位建立了交工技术文件的编制标准、归档要求与组卷原则；在项目执行阶段，建设单位进一步明确相关标准及要求，并开展培训、指导工作，同时组织对参建单位文件的巡查及专项检查等工作，督促施工文件与施工进度的同步性；那么，收尾阶段项目交工技术文件组卷与交付是此阶段的工作重点，这一时期文件交付量大，类型多，是文档管理工作的高峰，建设单位文档管理团队的主要工作是督促参建单位对交工技术文件进行组卷、交付与整改，并在竣工验收工作中配合档案专项验收等工作。另外，建设单位需组织、督促内部文件的归档工作，含交工技术文件中建设单位文件的组卷及归档工作。

在项目收尾阶段，建设单位文档管理团队的重要任务是在督促、接收参建单位归档文件的同时，加大力度完成自己承担的这部分交工技术文件的工作。

4.4.1 交工技术文件的组卷、归档

（1）继续解决工作中出现的各种问题，积极开展培训　项目建设过程中参建单位进场的时间不统一，所以建设单位要不断地对参建单位进行培训，确保每家参建单位对建设单位的文档管理要求和交工技术文件的组卷要求有细致的了解，以规避工作中常见错误的发生。同时，随着工作的进展及项目的特殊性，在交工技术文件预组卷、组卷工作中，会出现各种事先难以预见的问题，比如标准要求的落地问题以及需要细化的项等，故需要在工作中不断去发现问题、解决问题，同时细化要求，并加以培训和宣贯，以保证工作的顺利开展。在收尾阶段随着工程陆续中交，各参建单位交工技术文件进入到预组卷/组卷阶段，因此需加强交工技术文件组卷等方面的培训工作。

（2）督促资料组卷、交付　项目收尾阶段，各参建单位应按照合同约定时间完成交工技术文件交付，这个阶段建设单位的主要任务就是督促各参建单位及时开展交工技术的预组卷/组卷工作，以便能够按期完成交付。通常建设单位采取召开会议以及工作检查的方式对参建单位的交工技术文件工作进行督促，并掌握其工作质量和进度，由此有针对性地进行督促、指导工作。同时，还可以将检查和考核制度进行挂钩，利用表扬、奖励和批评、经济处罚的方式进一步督促此项工作。

（3）查验、整改与接收　各参建单位完成资料的预组卷后向建设单位提出查验要求，建设单位文档管理团队（主要是PAC）、质量及相关单位，如EPC总包（总包合同模式下）等对其预组卷文件进行查验，对于不符合项，要求参建单位进行整改并予以复查；复查通过的资料可正式组卷，各参建单位将组卷资料交至建设单位文档管理团队PAC进行组卷检

查，对于仍存在的问题，需继续整改，直至通过后，建设单位正式接收参建单位的交工技术文件，签署“交工技术文件移交证书”。另外，参建单位还需在交付文件的同时，交付“交工技术文件交付清单”一式两份，清单中需明确档案交付的内容、案卷数、图纸张数等。参建单位还需交付可编辑版“交工技术文件交付清单”和“卷内目录”。

（4）建设单位交工技术文件组卷、归档　交工技术文件是反映工程全貌的文件集群，应涵盖整个工程项目的方方面面，故除了设计单位应交付的竣工图、施工单位交付的施工文件、采购单位交付的设备出厂资料、物资采购资料及参建单位应交付的工程承接、管理过程中的重要管理文件外，建设单位应承担建设单位自行采购设备的设备出厂资料编制工作。也可与相应施工单位协商由施工单位代为编制。材料质量证明文件一般移交相关施工单位，编入相应案卷中。

4.4.2 配合竣工验收工作

（1）工程竣工验收主持单位通常为项目批准部门或其授权单位和部门，项目中铁路、公路、桥梁、港口、码头、电站竣工验收按照相关行业法律法规等要求由相关主管部门主持。

（2）项目档案验收的组织工作，参考以下方案：

a. 国家发展和改革委员会组织验收的国家重点建设项目，按照《重大建设项目档案验收办法》（档发〔2006〕2号）文件规定办理。中国石化系统项目也可按照“中国石化综〔2020〕177号关于印发《中国石化建设项目档案验收细则》的通知”执行。

- 国家发展和改革委员会组织验收的项目，由国家档案局组织项目档案的验收；
- 国家发展和改革委员会委托中央主管部门（含中央管理企业，下同）、省级政府投资主管部门组织验收的项目，由中央主管部门档案机构、省级档案行政管理部门组织项目档案的验收，验收结果报国家档案局备案；
- 省以下各级政府投资主管部门组织验收的项目，由同级档案行政管理部门组织项目档案的验收；
- 国家档案局对中央主管部门档案机构、省级档案行政管理部门组织的项目档案验收进行监督、指导。项目主管部门、各级档案行政管理部门应加强项目档案验收前的指导和咨询，必要时可组织预检。

注：国家发改委批准国家重点建设项目通常委托中国石化/中国石油等集团公司办公厅组织验收。

b. 中国石化/中国石油等总部组织竣工验收的项目（含上级委托中国石化/中国石油等组织竣工验收的项目），由集团公司办公厅组织项目档案专业验收。

c. 各企事业单位、分（子）公司组织竣工验收的项目，由各单位档案部门组织项目档案专业验收。

d. 国家重点建设项目和大型建设项目档案专业验收组人数为5~9人。

（3）配合编制“档案专业验收汇报材料”和“档案验收报告”　“档案专业验收汇报材料”和“档案验收报告”编制工作需要统计大量数据，要多部门、人员配合协同完成。因项目建设周期一般都要数年时间，所以各类信息的日常记录对编制工作有很大帮助。如：检查频率、工作图片、培训记录、专家指导等。

（4）组织配合档案专项验收　档案专项验收过程中，建设单位文档管理团队协助现场答疑、文件调阅、人员沟通等工作。项目负责人、勘察、设计、监理、施工等单位应派代表参加档案专项验收，负责解答验收组提出的相关问题。

（5）档案最终整改　档案专项验收中发现的问题，由建设单位档案管理部门统一安排整改，交工技术文件编制单位具体实施，整改完毕由建设单位文档管理团队检查确认。

4.4.3　建设单位内部文件归档

（1）交工技术文件的归档　前文已经讲到建设单位也需要将自己采购设备的出厂资料进行组卷后，放置进交工技术文件中进行归档，这部分文件应该由建设单位相关部门在项目进展过程中进行收集、保存，在项目收尾阶段按照交工技术文件总的组卷策略进行整理和归档。

（2）其他内部文件归档　在整个工程的进展中，建设单位会产生大量文件，如工程立项、报批及项目总体管理等文件。这部分文件时间跨度长、来源广、种类多，很多文件为孤本，遗失不可弥补，所以在收集、管理中应灵活把控“以文为本，因文施策”的原则，可以按项目阶段进行归档，也可办毕即归。

工程项目文件是否具有保存价值，一般依据《建设项目档案管理规范》DA/T 28—2018附录B“建设项目文件归档范围和保管期限表”，但表中的归档文件范围为通常情况下的，且分类上也只是大类，针对特定的工程项目，还应具体情况具体分析，故在甄别文件是否需要归档时，还应在项目内建立文件归档范围的审批和判定流程。此判定过程即为文件在归档时的鉴定过程，从档案管理角度来说，即为档案的一次鉴定。建设单位档案收集及后续管理可参考方法篇第10章“2 建设项目档案管理流程”。

建设单位各部门可按阶段分期或在项目收尾阶段，对需要归档的文件按照归档要求进行整理、归档。归档文件应符合项目文件真实、统一、规范、完整等的要求。

（3）组织监督作废文件销毁　工程项目进展中产生的文件除了具有保存价值需要归档保存的外，对于没有保存价值的文件应在项目结束后，也就是文件用毕后，进行作废销毁处理。项目中的文稿、信函、图纸及其他图文资料，包含了项目的重要信息。经过整个建设期间的积累，数量巨大，商业价值不可估量。即便是作废文件，也会因为信息泄露造成泄密风险。因此，对于作废文件的销毁工作务必重视。如为纸质文件，在文件销毁工作中应注意：①监督销毁人全程监督文件销毁处理过程；②如造纸厂销毁，可请销毁处理公司开具“文件销毁证明”。如为电子文件，分为信息销毁和载体销毁两种方式，即如为可更改载体，则采用信息销毁，简单说就是从硬盘、软盘、可擦写光盘上删除需要销毁的数据；如为不可更改的记录载体或受损伤无法修复的载体，则需要销毁载体。

不论纸质文件或电子文件，也不论是信息销毁还是载体销毁，都需要在文件销毁的时候留下销毁审批和记录。

5　项目文档控制关键控制点

5.1　项目文档管理体系的建立、完善及传达

做任何事情都需要首先制定其标准、明确其要求，确立依据。对于建设工程项目更是

如此，参建方多、周期长、专业多、文件类型也多、流转复杂，对于文件档案管理，不同的行业、不同的地方还有不同的要求，各参建单位对于文件的管理也都有自己的一套方法和标准，如文件编码、格式等，因此建立全项目文档管理的标准要求就显得尤为重要。

建设单位应在项目启动和规划阶段初期搭建项目文档管理体系，明确全项目文档管理的目标、策略，并统一标准、要求，编制全项目文档管理体系文件。在招标文件以及后续合同签订中加以落实，并向参建单位传达，以保证参建单位按照全项目文档管理体系的标准要求完成文档交付及管理工作。

5.1.1　全项目文档管理体系的搭建

前文已经阐述，工程项目文档管理需坚持“依法治档”的原则，在制度上确立标准、理顺关系、明晰职责、规范做法，将国家、行业、地方对文档工作的基本规定、标准、要求与工程项目实际情况相结合，搭建出适合每一个工程项目的文档管理体系。对于建设单位来说，需要关注的点是全项目范畴及整个工程项目全生命周期，即制定出的全项目文档管理体系文件应确保整个项目中的每一个角色都能够按此执行，完成其在工程项目中的文档交付任务及管理职责；同时全项目文档管理体系还应涵盖建设项目从项目启动一直到项目收尾整个周期的管理。为了达到这样的目标，建设单位文档管理团队应在项目启动和规划阶段根据项目的总体目标明确项目文档管理目标，并通过项目的实际情况、资源制定出确保目标完成的策略。同时需明确本项目涉及的行业和专业领域，并积极与行业、上级主管部门及地方相关管理单位取得联系、进行沟通，为编制全项目文档管理体系文件打好基础。

5.1.2　全项目文档管理体系文件的不断完善

建设单位与各参建单位在项目执行过程中，需积极就全项目文档管理体系文件展开沟通，对各项文档管理标准要求的细节及可执行性进行深入对接，以保证统一认识、加深理解，使各项要求真正落地。参建单位在此过程中，应尽量暴露问题，并与建设单位商量解决问题的办法。建设单位也需要保持与当地质监站等地方机构的沟通和联系，对参建单位提出的问题进行咨询与回复。建设单位应根据上述的持续沟通、咨询和探讨，就各项标准要求的细节和发现问题的解决方法与参建单位达成一致，并将其落实在全项目文档管理体系文件中，故在整个工程项目执行期间，全项目文档管理体系文件不是制定好了就一成不变的，而是应该不断完善、及时修订的。

5.1.3　全项目文档管理体系文件的传达

建设单位作为建设项目管理的主体，需要将明确的文档管理标准和要求以体系文件的形式形成固定、统一的信息，传达给所有参建单位供执行，以保证全项目(含所有参建单位)按照一致的标准要求和方法操作，以保证全项目文档管理目标的实现。当文档管理体系文件被修订时，建设单位应及时进行传达，也就是说在工程项目执行过程中，建设单位应持续进行文档管理体系文件的传达、宣贯和培训，这是建设单位文档管理团队最重要的工作。

5.2　项目合同签订及付款结算工作的参与

合同是项目参建方履行责任、义务，同时享有权利的依据。项目文档工作中各参建方需交付的文件、完成的重点工作以及对工作的各项重要要求，也应在合同中有明确规定，以免后期执行中产生纠纷。

也正是由于项目文档交付与相关管理工作是各承包商应尽的合同义务，故在合同阶段性付款和项目结算工作中，应与实体工程进度、质量等工作一样，就此项工作的完成情况，对各承包商进行考量。反过来，对于项目文件交付、档案的收集归档等管理工作，也可以以财务结算和付款控制点来进行控制，只有实体工程和文件交付都满足了项目进度和质量等的要求，才可以正常进行付款结算。也就是将工程进度款或工程尾款拿出一定比例，专门用于项目文件交付和归档的经济控制措施，是对全项目文档工作最有效最直接的管控措施。各项目可根据实际情况核定具体比例范围。

5.2.1　参与项目合同的签订

项目文件的整理、交付和归档应当纳入项目的合同管理范畴，项目建设单位在签订勘察、设计、采购、施工、工程总承包及监理等合同时，应设立专门的合同附件或条款，明确上述履约及违约条款。针对重要事项，应充分考虑细节，并以文字加以落实。

（1）负责招标文件中文档管理部分的编制　为了达到在合同中明确乙方就项目文档交付和管理所承担责任和义务的目的，首先需要建设单位文档管理团队参与到招标文件的编制工作中。在编制招标文件时，建设单位项目文档管理团队应首先根据全项目文档管理体系中，项目文档管理的目标和策略，及合同类别和乙方所承担具体的项目工作内容，从文件交付物、项目文档管理要求，含软硬件要求，如电子文件管理系统、电子版文件提供的方式、格式等，以及文档工作组织管理等方面提出具体要求，如文档管理团队的建立、体系文件的编写、主档案室的设置等，并让潜在承包商就范围内文档的及时交付和管理目标的实现进行承诺，同时在投标文件中阐述具体策略和措施。

建设单位文档管理团队对承包商的文档管理责任的规定，应首先考虑自己的投入产出比，即对于这个项目，建设单位将以怎样的投入获得在文档管理方面的管理效果。这将最终决定建设单位对各参建单位文档交付和管理工作的要求。另外，应注意区分合同的类型，如 PMC 合同、EPC 合同、设计合同、施工、监理、勘察及供货合同，不同承包模式下承包商的文档交付物是不同的，对于文档交付和管理的具体要求也都不同，如设计文件的份数在 EPC 项目和设计项目就应有不同的考虑；同时，由于合同中承揽工作范围的大小不同及服务方式不同，如是否有分包，对于承包商文档管理的各项要求也存在差异，如同样是设计合同，承揽全厂性或多装置设计项目的承包商就应让其提供对于承揽范围内各装置或项目组、分包商文档统筹管理的方案。

（2）合同谈判及条款明确　在合同签订之前，建设单位需要与中标单位进行合同谈判，其中明确合同中的详细条款是一项重要内容。针对项目文档管理工作，建设单位项目管理团队应与中标单位就文档交付及管理、考核的相关细节进行沟通协商，共同明确各自责任。其中对各项要求和事项应进行详细对接，建设单位文档管理团队应认真听取中标单位的意见，尽量在双方友好协商的氛围下，与中标单位就各项条款达成一致。

主要需要与中标单位明确的相关要求和事项为：

- 文件交付及需审查范围：约定需递交审查（含设计、采购、施工及各类管理文件）及交付文件的详细范围、名称。

- 文件交付份数：确定各类交付文件纸质版及电子版的份数。
- 文件交付格式：明确交付文件的格式（主要指电子版文件）。
- 文件交付时间：明确哪些文件按照项目进展即时交付，哪些文件可阶段性地交付。
- 文件交付地点：约定文件交付的地点、具体地址及接收部门或人员（一般指硬拷贝文件）。
- 文件交付形式：纸质版文件一般以邮寄的方式交付；电子版文件一般采用邮件形式，阶段性的交付可以光盘形式邮寄。
- 其他交付要求：为便于建设方文档管理工作的开展，要求提交便于建设单位文档管理的相关文件和格式，如可编辑版交付文件目录、项目设计文件总目录（设计文件所涵盖的所有装置的目录）、分目录/主项目录（各装置中所有主项的目录）及专业目录（各主项下所有专业的目录），以便于核对项目文件的完整性。
- 其他与文件相关的要求：如文件编码、图签样式、版次及版次说明等，以及各类文件管理要求，尤其是交工技术文件交付的相关要求等。
- 对承包商文档管理进行监督、考核：承包商文档管理体系文件的递交时间和审查要求、建设单位对参建单位文档管理的检查方案、考核要求和奖惩措施，如拿出进度款的一定比例对文档交付进度和质量进行考核等。
- 对建设单位应承担责任的相关规定：合同中责任和义务应是甲乙双方共同承担的，建设单位在全项目文档管理中也应承担自身的责任，有些建设单位以为自己的责任写得越少越好，殊不知一旦工作出现问题，最终影响的都是建设工程本身，也就是建设单位的利益，尤其是建设单位也是由多部门组成，文档管理工作需要各部门的配合，在合同中明确建设单位自己的责任，有利于建设单位文档管理团队推进全项目文档管理工作。建设单位在全项目文档管理工作中应承担的责任包括但不限于：在指定时限内答复和返回承包商的审查文件、尽早并以文字明确各类文件的管理要求；当承包商就文档管理工作提出任何疑问时，建设单位应在规定时限内给予答复；各类行业、地方和上级机关针对工程项目文档管理工作的检查和验收，建设单位应进行组织、协调和后续整改工作的跟踪落实等。

在上述合同签订的相关工作中，建设单位项目管理团队应与负责合同签订相关工作的负责部门，如控制部、采购部等，进行提前沟通，并达成共识，保证从招标文件编制到合同谈判过程中各项工作的参与度，其中尤其容易忽视对供应商文件的要求，造成后续诸多问题，如工厂资料份数、装订不符合要求等；又如在施工承包合同中，应明确向施工承包商提供多少份设计文件，多了容易造成浪费，少了又会造成后续文件加印带来的对施工进度的影响。

5.2.2　结算和付款的控制

合同签订以后，甲乙双方需以合同中达成的共识履行各项责任，建设单位需按照约定向承包商支付进度款，但款项的支付需进行考核。按照合同的约定，针对进度款中文档管理工作的考核比例，需由建设单位文档管理团队以各项检查、考核的结果为依据决定是否正常支付。符合检查要求的，参建单位方可拿到进度款中文档工作的比例份额；针对严重不符合检查要求且整改不到位的参建单位，建设单位文档管理团队有权利拒绝支付该份额或进行部分扣除。参与合同付款流程工作的把关，将文档交付和管理直接与经济利益挂钩，肯定了项目文档工作的重要性，有力地调动了参建单位文档管理工作的积极性，保证了建设项目文件管理工作的力度和效果。

在项目收尾阶段的竣工结算环节，建设单位项目文档管理团队也应有权利签署或参与意见。在工程项目进展期间签订的各项合同关闭时，财务人员应严格执行合同关闭及付款流程，在确定所有签字都有效后方可关闭合同，向参建单位支付工程款，并按照合同约定留下尾款。尾款必须在使用部门确认无任何遗留问题，项目文档管理团队对接收的项目档案进行检查、验收并确认无误签字后，方可支付。财务部门应在合同关闭清单中，合同承办部门及文档管理部门确认项目文件“真实、统一、规范、有效、完整、系统，符合档案管理要求”后，履行合同结算(尾款)付款手续，否则，不予办理有关财务结算手续。

5.3 建设项目文档管理的过程管控与档案管理同步开展

5.3.1 项目文档管理过程管控

建设单位文档管理应从项目启动阶段开始，直至项目收尾阶段，随着项目各类文件的正式归档或销毁而结束。在这个漫长的过程中，对于建设单位来说，全项目文档管理工作目标的实现，就是其管理效果的体现。其中“保证全项目文件信息在项目范围内及时传递，确保项目信息的畅通、高效共享”是针对文档管理过程的管控；而“保证全项目文档的真实性、统一性、规范性、完整性、时效性和系统性”“保证全项目文档信息的安全性”“保证全项目文档管理满足后续档案的需要”，看起来均是对结果的要求。然而这些对结果的要求却也都需要过程的管控才能达成。故对于建设单位文档管理工作，亦或是针对所有的参建方来说，项目文档管理工作都应注重过程管控，区别只是在于建设单位的过程管控将贯穿从启动阶段到规划阶段、执行阶段及收尾阶段的整个工程项目全过程。

5.3.2 项目文档控制工作与工程项目档案管理并行

工程项目档案管理是建设单位项目文档管理的一部分工作，即对流转完毕且具有保存价值的归档文件进行管理，以保证后续开发利用。

建设单位的项目文档管理工作有别于工程项目中其他角色，建设单位是建设工程项目的投资主体，是建设项目管理的主体，故其在全项目文档管理工作中，除了角色的不同，即其是要求的制定者和发出者，是工程项目文档交付的对象，是全项目文档管理工作的组织者和管理者。同时，正是由于上述角色特点，其文档管理工作一方面为项目过程中文档的管理；另一方面则为各参建方交付和归档(含自身归档)档案的管理。而建设工程项目工程浩大、涉及专业诸多，通常将工程分割为多个标段，由诸多参建方参与其中，虽然大型工程项目整体从启动至收尾历时少则数年，多则十几年，但各参建方依据其承担的工作范围，却各有周期和节点。为了保证全项目文档的完整收集，工程项目均采用按照各类合同的闭合节点，依据各参建单位承担工作情况，即时或阶段性交付和归档的方式。这就形成了建设单位在整个项目周期中，项目文档过程管理和已归档档案管理同步开展的工作特点。

在建设单位项目文档过程管理和档案管理并行的工作过程中，应注意以下几点内容：

- 文档一体化管理理念的充分体现。
- 职责清晰与相互协作。
- 不同阶段工作重心的转移。

5.4 交工技术文件的交付与建设项目竣工验收

5.4.1 交工技术文件的交付

（1）明确项目交工技术文件工作的标准、要求及职责　建设单位项目文档管理团队发布的全项目文档管理体系文件中，需包括交工技术文件工作的相关文件，如各类文件应遵循哪类行业标准进行编制，及文件编制、整理和交付中的各项要求。上述要求，建设单位项目文档管理团队在编制时，需满足国家、行业及地方的标准要求，并与当地质检站和上级验收单位进行沟通，以选择项目适用的标准，并明确各项要求。如前文所述，上述体系文件应是在整个项目进展过程中，依据执行和落实情况进行不断维护和修订，而不是订立之后就一成不变。

同时，建设单位项目文档管理团队还需明确项目各方职责，将交工技术文件工作的组织、培训、实施、检查、交付、验收、整改等职责纳入项目文档管理体系文件及项目进度计划，纳入各级领导及工作人员岗位职责，在全项目上下形成由建设单位文档管理团队承担整体组织、培训、检查、组织验收、整改的职责；EPC 总包负责组织、培训、检查范围内分包单位的工作，并在验收后组织整改；其他参建方需按照建设单位及总包的要求配合实施，含交工技术文件的编制、工作中遇到问题的提出、配合各项培训、检查、验收及整改工作。在建设单位内部，针对交工技术文件工作，也应该建立起项目文档管理团队负责组织实施、相关责任部门配合参与的机制，如对于参建单位项目文档管理工作的检查，尤其是施工现场施工文件同步性和质量的检查，就应由建设单位质量部门参与配合。

（2）做好交工技术文件工作的宣贯、培训和指导工作　建设单位在整个项目进展过程中，都应对各参建单位做好培训和对接工作，尤其是交工技术文件工作，应将确定的编制标准及各项具体要求向参建单位进行详细宣贯、培训及指导，含交工技术文件的组卷策略、排序、折叠、装订、装盒等工作的具体实施方法。当标准和要求发生变化，体系文件修订升版，需就变化和修订内容进行重点宣贯、培训和指导，也就是说上述工作在整个工程进展过程中，需持续开展。

（3）竣工图的整理和交付　竣工图作为交工技术文件中的设计文件，是非常重要的一部分内容，它是由详细工程设计文件添加了施工过程中的变更内容，按照工程竣工原貌绘制而成的。在石油化工行业，竣工图一般由设计单位绘制，绘制完成后，需在蓝图上加盖“竣工图章”。有关竣工图章的盖章要求，建设单位文档管理团队应提前确定其适用的标准，如按照《建设项目档案管理规范》DA/T 28—2018 的要求，设计单位无须在竣工图上加盖“竣工图章”并进行签署，而是由监理单位在签署齐备的竣工图（蓝图）上盖“竣工图审核章”并进行签署。虽然竣工图从编制到盖章（含监理单位盖章）、组卷、交付均由承担设计的单位完成，但在竣工图经监理盖章、签署的过程中，建设单位应就此环节的进度给予一定的督促，以保证整体交付进度。

（4）通过过程管控，保证施工文件的同步性　交工技术文件的重要组成部分为施工文件，在项目执行过程中，应加强施工文件过程管理，以保证其最终的交付进度和质量。对施工文件的过程管控措施因注重以下时间点：合同签订时、各类文件编制时、检查工程进度及验收施工质量时、进行单位/分部分项工程质量等级评定和单项工程验收时，以及合同付款时。应在上述时间点做到同时进行文档工作的检查和把控，如在合同中要明确施工文件交付归档的具体条款，以及违反条款的处罚措施；在各类文件编制时，应提前发布施工文件的编制适用标准和具体要求，如施工表格使用及编号编制等方面，并进行及时培训；在项目建设过程中建立项目文件的督促、检查、考核机制，以确保施工文件随工程实体同步形成，以及文件的质量符合项目要求，对于具备组卷条件的要及时督促施工单位开展整理、组卷、编目、归档工作，并进行定期巡检和专项检查，同时实施项目文件经济制约措施，让施工文件进度、质量与施工进度款及项目尾款挂钩；在合同付款时，含进度款支付及合同尾款支付，需按照合同约定，对其中与文档交付相关比例，由建设单位文档管理团队根据考核情况予以确认。

（5）出厂资料的整理和交付　出厂资料是交工技术文件中工程使用设备、材料的相关文件，也是交工技术文件的重要组成部分。出厂资料的装订等要求应由建设单位项目管理团队依据项目确定的标准在签订订货合同时在合同中进行明确。针对 EPC 承包商模式，也应尽早将上述要求明确在体系文件中，以便让 EPC 承包商能够在订货合同中进行明确，以确保供货商交付的出厂资料满足建设单位的统一要求。

采购单位或部门收到出厂资料应及时整理，按项目规定的份数交付建设单位文档管理团队。建设单位文档管理人员接收到出厂资料后，按文件分发矩阵进行内部分发，存档文件按设备位号、生产厂家进行分类归档。归档时应将出厂资料的正本进行特殊标识，EPC 承包商应注意自留出厂资料正本，用于编制交工技术文件设备出厂资料卷。

注意事项：

1）在采购设备材料时应考虑到项目所用资料的份数(包含原件份数)。一般应在 6 份以上：建设单位、监理、总承包单位 3 份(其中 2 份用于交工技术文件，且至少 1 份为原件)、施工单位 1 份、如需提供给生产准备部门，则另外增加份数。

2）设备随机资料的问题主要有：没有装箱清单，质量证明文件未随设备一起到场，合格证及质检报告不符合要求，非标设备使用说明书说明不细致等，应在合同中明确上述要求。

3）压力容器制造厂家至少要提供以下资料：

a. 竣工图样：竣工图上应有设计单位许可印章(复印无效)，并且加盖竣工图章(竣工图章上标注制造单位名称、制造许可证编号、审核人的签字和“竣工图”字样)。

b. 压力容器产品合格证(含产品数据表)、产品质量证明文件(包括主要受压件材质证明书、材料清单、质量计划或者检验计划、结构尺寸检查报告、焊接记录、无损检测报告、热处理报告及自动记录曲线、耐压试验报告及泄漏试验报告等)和产品铭牌的拓印件或复印件。

c. 特种设备制造监督检验证书(实施监督检验的产品)。

d. 压力容器设计文件，包括风险评估报告(需要时)、强度计算书或者应力分析报告、设计图样、制造技术文件，必要时还应当包括安装及使用维护说明等。

e. 动设备出厂资料一般包括：装箱单、产品合格证、产品质量保证书、产品安装和使用说明书、产品性能测试和试验报告、重要部件材料质量证明文件、图纸(安装图、主要部件图)和配套电动机合格证、使用说明书等。

(6) 交工技术文件的组卷工作　项目交工技术文件标准和要求中一个非常重要的内容就是项目交工技术文件的组卷策略。交工技术文件在一个项目中由所有参建单位共同完成，那么这些文件以怎样的逻辑和顺序进行组织和排列，就是交工技术文件的组卷工作。如何组卷在项目初期应由 EPC 承包商配合建设单位制定好相应的策略，并在项目文档管理体系文件中加以明确，同时进行各层级的宣贯和培训。有了明确的交工技术文件组卷方案，各参建单位就可以按照该方案，对收集的各类文件进行预组卷工作。达到预组卷标准的交工技术文件，一般需经过各单位自查，以及 EPC 承包商、监理、建设单位质量部及文档管理团队对其真实性、统一性、规范性、完整性、时效性、系统性进行审查。交工技术文件较其他文件来说需要具备“系统性”的特点，主要是指交工技术文件是由多家参建单位完成、由种类多数量庞大的文件构成一个层次分明的整体，具有一定的秩序和清晰的逻辑关系，故我们需特别注意其在组织和排列时的系统性。经各级检查后发现的问题，参建单位需在指定期限内完成整改，并进行复查。复查后的文件再按照装订、装盒等要求完成最终组卷工作。这样先预组卷再组卷的方式，可以避免直接进行装订后，发现问题进行拆装情况的发生，避免了因此造成的文件破损及进度延误。

(7) 交工技术文件的交付和归档　各参建单位交工技术文件经各级检查无误后，准备移交清单随组卷后的交工技术文件，一并交由建设单位文档管理团队 PAC。按照上文所述，建设单位文档管理团队 PAC 将开展最终的检查工作。经最终检查确认无误后，建设单位文档管理团队 PAC 在移交清单上签署确认，并将其返回至相关参建单位。

交工技术文件中其他文件，如建设单位负责编制的综合卷，应由项目管理团队尽早明确其文件收集范围，并在项目进展中及时进行收集和归档，在项目收尾阶段按照组卷要求进行组织、整理和装订。

5.4.2　档案专项验收

石油化工建设项目均须组织项目档案专项验收。档案专项验收是项目竣工验收的组成部分和必备条件，未经档案专业验收或档案专业验收不合格的项目，不得进行或通过项目竣工验收。由于石油化工建设项目规模大、周期长，单项或单位工程多，往往首批进行建设的单位工程需为后来单位工程做准备，这就形成了有的单位工程已经验收使用，有的单位工程才开工的情况。因此，整体项目竣工验收和单位工程竣工验收应分开进行。只有严把单位工程档案的验收关，才能确保整体项目档案验收的顺利进行。单位工程档案的验收是项目档案工作的重点。

为配合上级主管部门进行档案专项验收，建设单位应组织成立自己的交工技术文件联合检查小组，主要由设计部、质量部、施工部、生产准备部门、项目文档管理团队等部门和监理、EPC 总包组成。在专项验收开始之前，对交工技术文件进行联合检查，也就是终检，并就检查中发现的问题提出整改要求，令其限期整改。重点关注：一查综合管理工作，重点关注项目档案管理体系及制度建设、文档管理所使用的设备设施及人员配备、文档专(兼)职人员业务培训等；二查具体业务工作，重点关注文件流转控制，档案收集、整理工作是否符合体系文件的要求；三查实体档案，即自查验收范围内各种档案的真实性、统一性、规范性、完整性、系统性、准确性，重点关注验收范围内档案收集是否完整、齐全，文件是否准确，档案分类是否合理；四查档案库房、文件信息的保密安全管理；五查项目档案利用，重点关注项目档案及信息资源开发利用工作。

在档案正式进行专项验收时，建设单位应做好组织、配合工作，确保验收工作的顺利开展。

建设单位项目档案验收应做好以下事项：

1）提前筹划，充分准备，对照项目档案验收内容，准备好依据性文件及有关凭证性材料备查。

2）建设单位召开项目档案验收迎检会议，协调各有关部门，做好验收各项准备，认真配合验收组的工作。

3）按照项目档案验收内容以及档案类别，做好迎检、陪检人员的分工。现场验收档案时，根据验收组所提的问题，由有关陪检人员负责解答；其他迎检、陪检人员（指工程管理及有关部门人员）可在办公室待命，做到随叫随到。

4）陪检人员回答问题，应清晰明了，不可与验收组专家发生争执。对待提出的问题，不要相互推诿，能答复的尽量给予答复；不能答复的，向建设单位有关领导反映。

5）陪检人员应熟悉档案目录、档案存址，做到调卷迅速，并提前准备一些档案案卷供查验（例如：有变更修改的案卷）。

6）陪检人员要积极热情，密切配合，及时沟通、反馈、汇报。做好相关记录，便于制订整改方案。

在工程收尾阶段，项目文档管理团队应参与工程款结算支付工作的签字确认环节，以便引起参建单位对项目文件归档、整改工作的足够重视。参建单位不能按期、保质整编交付合格的竣工档案，且多次整改仍达不到标准要求，建设单位有权延迟结算。通过与费用挂钩的管理方式，建设单位可达到参建单位积极配合项目文档管理工作，共同完成档案专项验收的目的。

参 考 文 献

[1] 建设工程文件归档整理规范　GB/T 50328—2019
[2] 归档文件管理规则　DA/T 22—2015
[3] 建设项目档案管理规范　DA/T 28—2018
[4] 石油化工建设工程项目交工技术文件规定　SH/T 3503—2017

第 6 章　EPC 承包商的文档管理

EPC（Engineering Procurement Construction）承包商接受建设单位委托，按照合同约定对工程建设项目的设计、采购、施工、试运行等实行全过程或若干阶段的承包，EPC 承包商通常对其所承包工程的质量、安全、费用和进度进行负责，文档管理工作也是 EPC 承包商项目管理中一个重要且不可缺少的内容。

1　管理原则

EPC 承包商文档管理是对项目设计、采购、施工全过程项目文件，从产生到最终交付归档进行全过程控制，要求整个项目执行过程中所产生的相关文件自始至终都按照一定的规范和程序运行、管理，使其处于受控状态。因此，EPC 承包商对项目文档控制工作应本着“履行交付义务、承担管理职责”的原则，实行统筹规划、组织协调、分级管理。

EPC 承包商的主要工作是对合同范围内工程建设项目的设计、采购、施工实行全过程、全方位的控制与管理，故其需要对自己承包范围内的文件进行有效管理（含归档），对其范围内的分包商文件进行过程管控，并最终按照合同要求完成对建设单位的交付工作（含分包商文件的交付管理）。因此，EPC 承包商应该按照项目的特点、建设单位的要求以及 EPC 承包商公司的现状及要求，分析并确定项目文档管理的目标和策略，做到统筹规划；保持内外部各工作界面思想和行动的一致性，做好组织协调；另外，按照建设单位、EPC 承包商及分包商三个层级不同的管理要求进行分级管理。

2　管理思路

EPC 承包商为项目执行周期内按照合同要求，完成对建设单位的交付工作，同时保证其范围内项目管理各项工作过程及成果的可追溯性，防止信息资源丢失、损失，便于有关信息、成果的有效再利用，需要对项目文件进行有效的管理，其管理思路如下。

第一，为了保证 EPC 承包商交付文件满足建设单位要求，应有如下考虑：

1）在编制投标文件、合同文本及项目文档管理体系文件时，需充分考虑建设单位要求。

2）在项目实施过程中，严格按照经建设单位审批后的项目文档管理体系文件开展工作，以保证交付文件满足建设单位要求。

3）按照与建设单位确定的文件交付方式，总体把控项目文件的交付工作，尤其是交工技术文件的交付。

第二，EPC 承包商要做好 EPC 项目组内部文档管理工作，符合 EPC 承包商公司的归档要求。

1）结合公司档案与质量管理部门的要求，建立项目文档管理体系，并策划、搭建电子文档管理平台。

2）按照公司审查通过的项目文档管理体系文件做好项目文件的管理工作，以满足公司质量体系的要求，同时保证项目文档控制工作在满足项目信息控制及共享的基础上，满足档案前端控制的要求。

3）项目(或项目某一阶段)结束后，按照公司规定，做好项目文件的归档等相关工作。

第三，EPC 承包商对分包商项目文档管理工作进行有效控制，使其符合项目整体要求。

1）在招标文件及合同条款中明确分包商在文件管理和交付上的责任和义务，将分包商的文件管理纳入 EPC 项目文档管理体系中，使分包商文件管理工作处于可控状态。

2）加强对分包商文件过程管理的管控工作，保证其文件资料与项目建设的同步性。

3）对分包商文件交付工作进行有效管控，保证其交付文件满足合同及建设单位要求。

3 管理体系建设

3.1 机构设置

一般由 EPC 承包商公司内部项目文档管理工作的主管部门/机构，根据项目规模、特点及需要为项目建立文档控制中心、小组或派遣文档控制工程师。

3.2 人员配备

3.2.1 人员资质

项目文档工作主管部门/机构按照工作需要，建立人员岗位层级，按照一定的比例(一般比例为 20%、30%及 50%)聘用相应数量的高级、中级以及初级文档控制工程师。

各岗位职级的评定主要通过人员基本条件(包括工作年限、岗位年限、工作经验、职称/资质等)、岗位能力、领导能力、影响力等多方面确定。

3.2.2 人员配备

一般情况下，EPC 承包商根据项目规模确定项目文档管理人员的配置，如项目界面多、复杂性高，或者建设单位有特殊需要，可依据实际情况进行调整。

(1) 大型项目(全厂性、多装置 EPC 项目)　宜设置文档控制中心，文档控制中心按照文档管理工作的分工，配备相应数量的文档控制主任/经理及文档控制工程师。一般设一名文档控制主任/经理，还可下设文档控制副经理或项目现场文档控制经理，均由高级文档控制工程师担任。文档控制工程师的人数及职级比例依照项目的规模、复杂程度、界面多少及文件数量来确定。

(2) 中等规模的 EPC 项目　可根据装置数量、界面多少等条件，成立规模和人数小于文档控制中心的文档控制小组完成项目文档管理工作；配备一名高级文档控制工程师任项目文档控制经理对小组成员和项目文档管理的整体事务进行管理，同时配备一名或几名中、初级文档控制工程师完成各装置的文档管理工作。

（3）小型 EPC 项目　每个项目派遣一名中级文档控制工程师或一名初级文档控制工程师，或采用兼职模式，由一名中/初级文档控制工程师兼职多个小型项目的文档控制工作。

具体配置根据项目需要确定。以大型多装置项目的文档控制中心为例，组织机构示意图见图 6-1。

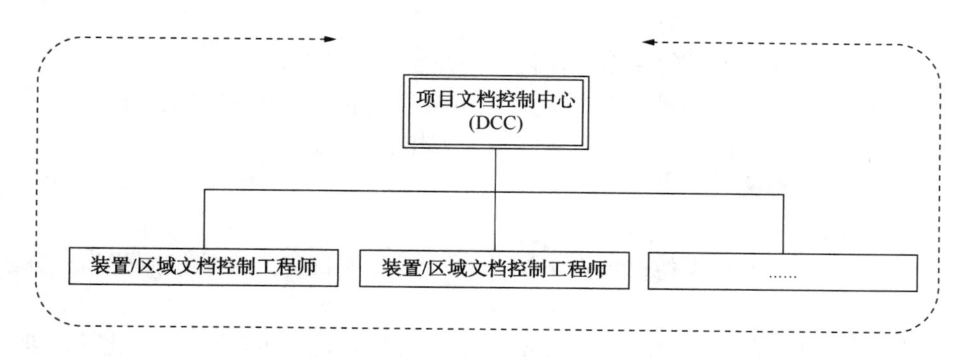

图 6-1　组织机构示意图

3.3　职责分工

在项目初期，EPC 承包商需明确其在全项目文档管理工作中所承担的责任和义务，据此确定 EPC 承包商项目组成员在项目文档管理方面的具体职责，一般职责如下。

3.3.1　项目文档管理人员

（1）文档控制经理：

• 向项目经理负责，组织协调项目文档控制工作。

• 与建设单位 DCC 沟通协商，明确文档管理要求，以组织编写投标文件或合同文本。

• 负责项目文档控制中心/小组的组织管理工作，协调与文件管理工作相关的内外界面关系。

• 负责项目文档控制体系的策划工作，制定各项管理程序、规定及作业文件，并适时维护与更新，经项目经理批准后用于项目执行，并送交上述文件至公司档案管理、质量管理（如需要）部门备案。

• 负责策划、搭建、完善电子文档管理平台文档目录树和各级权限的定制策略。

• 不定期与建设单位文档控制管理部门沟通，积极组织团队成员参加建设单位组织的培训。

• 总体管理和协调项目执行过程中 DCC 日常工作，以确保各项文档管理工作符合体系文件的要求。

• 组织 DCC 内部例会、部署任务，抓住关键点处理 DCC 相关日常事务。

• 组织策划团队建设工作，增强团队凝聚力。

• 与分包商 DCC 沟通协调，传达文档管理的要求和意见，并审批分包商文档管理体系文件。

• 跟踪检查分包商在项目执行过程中的文档管理工作，以确保其符合合同及项目文档管理体系的要求。

• 组织、参加项目内外与文件相关的各类协调会或工程例会，协同讨论相关的问题，并提出与文档管理相关问题的解决措施。

• 在项目内外及文档控制中心内部组织各类宣贯、培训，以提升项目内外文档管理意识、提升文档管理水平。

• 针对项目要求和特点，组织做好项目文档控制工作的考核、检查工作。

• 按照 EPC 承包商公司要求，组织进行项目结束后的项目文件归档工作。

• 负责策划、组织、跟踪交工技术文件相关工作。

• 其他文档管理相关的各类工作。

(2) 文档控制工程师：

• 向文档控制经理汇报工作，负责编制分管范围内项目各类文档控制程序，并进行日常跟踪维护。

• 按照项目文档控制程序及相关规定的要求，对分管范围的项目文档进行管理，保证其真实、统一、规范、完整、有效。

• 负责依据体系文件进行项目文档接收、查验、发布、发送、交付、预归档管理等工作。

• 对分管范围内的文件按照合同及协调程序中文件份数、交付形式、交付地点等要求进行文件传递和交付。

• 跟踪分管范围内各类文档状态，并定期形成文档管理报表，供项目组查阅。

• 负责分管范围内电子文档管理平台受控文件夹各级权限的授权与日常跟踪维护。

• 负责分管范围内交工技术文件的整理、组卷、交付等工作。

• 负责按照合同及分包商的文件管理计划及程序监督、跟踪分包商文档管理工作，尤其是文件的同步性及交付工作。

• 不定期召开 DCC 会议或与分包商保持必要的沟通，就新规定、新问题对分包商进行讲解、宣贯和培训，并接受咨询、给予业务指导。

• 负责组织分管范围内的分包商完成交工技术文件的收集、编制、整理、交付以及相关整改等工作。

• 协助项目文档控制经理按照公司要求完成项目结束后的归档工作。

• 配合项目文档控制经理或项目经理完成其他文档管理工作。

3.3.2 项目组其他成员

(1) 项目经理　项目经理是项目文档控制工作的第一责任人及领导者，负责听取项目文档控制经理/文档控制工程师的汇报，共同制定项目文档控制工作的策略和实施方案，并对项目文档控制体系文件进行审批，有责任组织职责范围内交工技术文件的收集、审核及交付工作。同时，项目经理(或其授权人)是项目所有管理文件和往来通讯文件的签发人。

(2) 设计经理　设计经理负责组织其职责范围内设计文件的编制、审核工作，并对设计文件交付工作进行配合。

（3）采购经理：

●采购经理负责按项目文档管理体系文件组织做好项目采购文件的编制等相关工作，并有责任组织、配合其职责范围内交工技术文件的相关工作。

●在与供应商进行采购订单签订之前，有责任与DCC就供应商文件交付的相关要求进行沟通确认。

（4）施工经理　施工经理负责组织项目施工文件的编制和答复工作，并有责任组织、配合其职责范围内交工技术文件的相关工作。

（5）控制经理：

●控制经理在与分包商进行合同签订之前，有责任与DCC就分包商文件交付的相关要求进行沟通确认。

●负责按项目文档管理体系文件组织做好项目控制部相关文件的编制等工作。

（6）质量经理　质量经理负责按公司质量体系要求指导、监督、检查项目文档控制工作，并按项目文档管理体系文件组织做好质量部文件编制等相关工作。

（7）其他项目参与人员：

●有责任按照项目文档控制体系文件配合DCC完成文档控制相关工作。应按照项目发布的与项目文件编制相关的规定编制项目文件，并使用项目规定的文件模板/格式。

●项目文件编制完成或修改、升版后，项目参与人员应跟踪文件的审批环节，并及时送交文档控制工程师，按照规定流程进行文件发布。

●送交项目文档控制工程师查验的文件，经查验后如需修改，项目人员有责任按照DCC的要求配合完成。

●项目各类工作完成后，如阶段性设计工作，项目参与人员应按项目文档交付计划或归档范围等相关要求，及时提交文档控制工程师交付建设单位，并在项目内进行预归档、保存。

3.4　管理制度

项目文档管理体系文件，即项目文档管理的系列制度。项目文档管理体系的建立，使得项目文档管理工作有据可依，为文件前端控制提供工作程序和质量依据。项目文档管理体系文件依据合同要求、EPC承包商公司的要求和现状以及项目的实际情况建立，即便是在同一个公司，各项目的文档管理体系也会有所区别，甚至截然不同。

完善的EPC项目文档管理体系一般包括：文档管理计划——各类文档管理程序和规定——各类文档管理的作业文件和作业表格，从计划到作业文件，正好形成一个金字塔形的体系结构，上层指导下层，下层支持上层。

●文档管理计划是项目文档管理工作的纲领性文件。

●文档管理程序和规定是针对文件类型及文件管理流程，编制各类文件的管理程序或相关规定，是文档管理计划在具体工作中的延展。

●作业文件和作业表格主要为工作中的各类规范性作业文件和表格，是各类/各环节文件管理程序在具体工作中的支持文件。

一般来说，EPC项目文档管理体系由以下文件构成（表6-1）。

表 6-1 EPC 项目文档管理体系

序号	类别	文件名称
1	规划	项目文档管理计划
2		电子文件管理计划
		……
3	程序/规定	项目文件编码程序
4		项目主档案室管理规范
5		项目信息安全管理规定
6		项目文件保密管理规定
7		项目文件编制管理规定
8		项目文件发布发送管理规定
9		典型管理文件管理程序
10		往来通讯文件管理程序
11		项目设计文件管理程序
12		项目采购文件管理程序
13		项目施工文件管理程序
14		项目供货商文件管理程序
15		项目分包商文件管理程序
16		竣工图编制管理规定
17		交工技术文件编制与交付规定
18		项目文件交付与归档规定
		……
19	作业文件、作业表格	文件借出/归还登记表
20		图像文件登记表
21		多媒体文件登记表
22		公司电子文档管理平台目录树及权限列表
23		各类文件登记台账
24		电子文件管理平台权限申请表
25		文件发布申请单
26		标准文件分发矩阵
27		文件传送单
28		内部文件分发单
29		文件发布审批单
30		项目程序文件模板

续表

序号	类别	文件名称
31	作业文件 作业表格	项目文件会签表
32		传真模板
33		备忘录模板
34		会议纪要模板
35		会议签到表模板
36		工作联系单模板
37		工程管理违约金通知单模板
38		工程管理奖励通知单模板
39	作业文件 作业表格	作废文件销毁申请
40		卷内目录
41		卷内备考表
42		项目交工技术文件交付清单
43		3503-J 封面
		……

4 各阶段工作重点

从前文我们已经知晓，建设工程项目划分为四个阶段，即启动阶段、规划阶段、执行阶段以及收尾阶段。启动阶段的工作一般由建设单位完成，EPC 承包商则主要在规划阶段、执行阶段以及收尾阶段开展具体工作。因此，EPC 承包商应在建设工程项目中的规划、执行及收尾阶段把握好其重点工作。从建设工程项目规划阶段的主要内容，我们可以确定 EPC 承包商在项目规划阶段的主要工作为签订项目合同以及详细工程设计工作(有时也包含基础工程设计工作)，具体来说就是需要完成投标及合同谈判工作、搭建好项目组织机构、制定项目执行计划、建立各项管理体系以及开展设计工作等；项目执行阶段的主要工作为按照项目执行计划具体实施采购及施工工作；项目收尾阶段的主要工作为配合工厂试运行以及竣工验收。EPC 承包商在以上三个阶段的工作前后衔接，又互相交叉。EPC 承包商项目文档管理工作结合以上 EPC 承包商在工程建设项目各阶段的主要任务，其主要工作如下。

4.1 项目规划阶段

EPC 承包商文档控制工作在项目规划阶段需要配合项目合同的签订，做好项目文档管理的策划工作，并对详细工程设计文件进行有效的管理。针对 EPC 承包商也承担基础工程设计工作的情况，这里不做详细介绍，如有需要，参见第 7 章 4.1.3“基础工程设计与详细工程设计文件的管理”。

4.1.1 项目合同的签订

（1）投标准备工作　EPC 承包商投标前的准备工作主要包括：①对投标项目进行前期调查，判断是否适合投标；②获得招标文件后，对招标文件进行研究，熟悉招标文件内容及相关要求；③如有现场踏勘，进一步了解项目现场情况。

对于 EPC 承包商文档管理工作来说，主要工作在于第二项，对招标人的招标文件进行研究，对于其中提出的关于项目文档管理及交付的要求进行了解，并掌握关键信息。

（2）编制投标文件　招标文件中关键信息，如项目概况、项目规模、招标范围、投标文件需要递交的时间、对项目文档管理的各项要求，含适用管理标准要求、人员配备要求、文档管理软件要求、交付文件要求等。项目文档控制经理/项目文档控制工程师根据以上获取的信息，按照招标文件中的投标文件格式或公司负责投标小组提供的模板，编制投标文件中与文档管理相关的章节，对招标文件中招标人提出的要求和内容做出响应，并对项目在文件质量、进度、安全保证等方面做出承诺。

投标文件中项目文档管理部分的内容一般包括：项目文档管理的目标与策略；项目文档管理工作的组织；工作职责；项目各阶段主要工作内容；主要管理流程，如项目内外部文件收发流程等；各类文件管理方法，含管理文件、往来通讯文件、设计文件、采购文件、施工文件、交工技术文件（包括竣工图）、电子文件管理方式、分包商文件及主档案室的管理方式等；项目文档管理体系；项目文档管理特色及亮点；文件质量、进度、安全保证措施；以及其他招标人要求说明和响应的内容等。

需要注意的是编制投标文件时，各部分内容需与招标人的要求进行呼应性阐述。

（3）技术澄清　在阅读招标文件后，如对其中文档管理相关内容有不明确之处或疑问，需要在招标人规定的时间前以书面形式及时向投标小组反馈，由投标小组将提出的问题发送招标人予以澄清，收到招标人书面的答复后，继续完成标书相关内容的编制工作。

（4）合同谈判及签订　在收到中标通知书后，进入合同准备及合同谈判阶段。文档管理的主要工作为编制相关合同附件，其中应主要明确各类文件（主要包括设计文件、交工技术文件等）交付范围、交付份数、交付时间、交付方式等内容，如需要也应要求发包人将文档管理的具体要求、标准、制度纳入该附件。

4.1.2 文档管理工作的策划

EPC 承包商在此阶段的整体策划工作主要为成立项目组以及编制项目执行计划、搭建项目管理体系等项目策划方面的工作。项目文档管理作为项目管理中的一项重要工作，在此阶段也需要做好如下策划工作。

（1）确立项目文档管理目标　项目建设单位为了保证全项目文档管理目标的实现，必然会对各承包商提出管理要求。针对 EPC 承包商，由于其在承揽范围内需要对设计、采购、施工进行全面管理，同样涉及诸多组织机构、系统和界面，故 EPC 承包商首先应按照建设单位提出的全项目文档管理目标和要求确定自身文档管理目标，才能确保与建设单位及其范围内供货商、分包商进行有效的文档沟通、履行合同约定的责任和义务。EPC 承包商文档管理团队除了要履行对建设单位的合同义务外，还需保证对自己公司的归档责任，故其在制定文档管理目标的时候，还需考虑公司对文件的各项要求。EPC 项目文档管理目标一般为：

- 保证项目文件的真实性、统一性、规范性、完整性和时效性。
- 保证文件信息在项目范围内及时传递，确保项目信息的畅通、高效共享。
- 保证项目结束时交付文件的顺利验收。
- 保证项目结束后项目文件在EPC承包商公司的归档。

（2）项目文档管理策略的制定　依据项目文档管理目标就可以完成对项目文档管理策略的制定。EPC承包商文档管理团队需根据合同的要求、项目的特点、EPC承包商公司的要求及项目实际情况，确定本项目文档管理策略，EPC项目文档管理策略一般为：

- 搭建完善的文档管理体系，即文档管理计划——各类文档管理程序——各类文档管理的作业表格、作业文件。
- 借助电子文档管理系统搭建全项目信息管理平台，使文件管理做到纵向版次管理，横向及时传递和共享。
- 做好过程控制与监督，确保设计等文件的及时提交、按时交付与施工文件的同步性。
- 前端控制与后续管理相结合，确保项目文档管理的顺利归档与后续利用。

（3）项目文档管理团队的建立　EPC承包商在此阶段建立项目文档管理团队并指定专人负责，根据项目的规模、特点、需要和项目的进展配备文档控制中心主任/经理及相应数量和工作经验的文档控制工程师，明确工作职责并建立对内对外界面关系，积极配合建设单位文档管理部门的工作，含业务培训、指导及监督检查。

项目文档管理团队在规划阶段需做好项目文档管理人力计划，该计划中的人员数量需根据项目整体工作进展情况增加或递减。

（4）项目文档管理体系文件的编制　此阶段是项目各专业确立管理模式、建章立制的重要阶段，项目文档管理团队需根据制定好的项目文档管理目标和策略，着手项目文档管理体系文件的编制。

首先应依据项目文档管理目标和策略，在全项目执行计划框架下，建立项目文档控制的执行计划。并逐步建立健全计划之下的各类程序文件和作业文件。EPC承包商根据建设单位相关要求及项目实际情况，编制上述文件供项目执行。

项目文档管理体系文件首先应确定项目文件的标准化管理，如对文件编码、格式、版次、签署等做出规范性要求。建立文件的流转机制，确保文件的及时收发、交付和归档。在编制文档管理体系文件时，要充分考虑合同中相关要求，包括文件的份数、质量等交付要求；同时，也要充分与公司档案部门沟通，确定项目文件的归档要求。体系文件的构成参见本章3.4“管理制度”。

（5）项目文档管理平台的搭建　策划、搭建项目文档管理平台，使文件管理做到纵向版次管理，横向及时传递和共享，在确保项目电子文件安全性的同时，满足文档及时有效收集及后续管理。其主要内容包括：

- 建立项目电子文档管理平台结构目录树，实现电子文件分类存储。
- 做好平台各级权限的管理，按照人员职责和工作范围区分权限、做好人员分组管理，并对不同的人员群组赋予不同的查阅利用权限。
- 由项目文档管理团队通过项目文档管理平台正式发布的项目文件为项目正式文件，

项目正式文件放置在项目受控文件夹内，供全项目查阅和共享。原则上提供查阅和利用的电子文件版本为带签字的PDF版本，项目成员依据各自的权限，查阅权限范围内的文件。

（6）接受培训、继续进行项目文档管理要求的沟通，并对项目内外进行项目文档管理理念和制度的宣贯　此阶段项目文档管理团队需继续与建设单位进行项目文档管理要求的沟通，并将编制好的文档管理体系文件发送建设单位进行审核，同时就全项目文档管理要求和适用标准接受其培训；项目文档管理团队还需就项目文档管理理念以及建立的项目文档管理体系在项目组内及分包商进行宣贯、培训和指导。

4.1.3　详细工程设计文件的管理

EPC承包商在工程建设项目规划阶段需开展详细工程设计工作，并将详细工程设计成品文件交付建设单位，同时做好设计成品文件及设计过程文件在公司内部的归档工作。

（1）设计成品文件的管理：

1）设计成品文件的内部管理。设计成品文件是项目规划环节最重要的管理内容，包括基础工程设计及详细工程设计文件，是作为成品文件向建设单位交付的主要文件之一。详细工程设计是基础工程设计的细化，是工程项目施工的依据。设计工作是EPC承包商在规划阶段的主要工作之一。这里所说的管理为EPC承包商自己承担详细工程设计任务（也可能承担基础工程设计及详细工程设计任务）的情况。

设计成品文件从产生（含内容审核）、收集、查验、发布、发送到预归档、归档是一个完整的内部管理流程。其具体的管理流程我们将会在本书方法篇中详细阐述，这里只做简要介绍。

设计成品文件的管理依据为项目文档管理体系中的《项目设计文件管理程序》，对于设计文件管理，主要应建立健全各项设计文件管理规定，如编码、格式、版次、签署等，让设计文件的产生及管理有章可循。如果是基础工程设计，还应提前确定文件的成册策略，以保证基础工程设计文件各章节的有机联系和组织；内容审核环节应按照设计工作的校对、审核、会签及公司质量审核部门的流程完成设计验证及设计质量检查，DCC收集审核完毕设计成品文件后，查验环节主要通过查验文件的格式、编码、签署、页数、版次，确保文件的真实性、统一性、规范性、完整性和时效性；经收集和查验完毕的文件进入发布环节，通过在项目范围内进行发布，供有权限的人员使用和查阅；发布后的文件DCC需对其进行预归档或归档，以保留项目设计成果，供后续项目使用。

设计变更单是详细工程设计过程中及详细工程设计结束后，产生的一种文件，用于对详细工程设计文件的局部修改，这种文件的出现有时候是在规划阶段，但在国内工程中，规划阶段到了后期，即详细工程设计阶段往往与执行阶段重合，故两个阶段都会产生设计变更文件。设计变更单作为对详细工程设计的补充和修改，属于详细工程设计文件的一部分，应按照详细工程设计文件管理流程处理。但其具体流转和管理流程却与详细工程设计文件有着较大不同，具体见方法篇中第11章“设计文件”。

这里还要说一下设计文件的归档，EPC承包商项目组需从公司今后对档案的利用和项目需求、工作便利性角度，明确设计文件的归档要求及归档方式，如基础工程设计文件一般多采用成册后统一归档的方式，而由于详细工程设计多与施工同时开展，且文件量巨大，故详细工程设计多采用边设计边归档的方式。另外，从文件的查验角度，也有不同的做法，有的公司项目 DCC 从项目角度对文件进行查验，档案管理部门归档的时候从公司档案收集角度再对文件查验一遍；但部分公司也将二者合二为一，两种做法各有利弊，主要取决于各公司的人力配置、机构以及工作流程的设定。但部分公司文件不经查验便发布出版并归档的方式却一定是不可取的。

2）设计成品文件的交付。总的来说，项目文档控制工程师向建设单位交付设计文件时，主要包括交付准备、实施及确认工作。EPC 承包商按照建设单位交付要求准备好文件及文件传送单，设计文件的交付一般分为阶段性交付和即时交付，一般来说，基础工程设计文件多采用阶段性交付，详细工程设计文件一般采取即时交付的方式，即时提交至建设单位。项目文档控制工程师还需督促建设单位对交付文件进行确认，并收集确认凭证。

（2）设计过程文件的管理　设计过程文件是设计文件的一种，区别于成品文件，一般不需要交付建设单位，但也是设计过程中产生的正式文件。在规划阶段，设计过程文件也需要进行管理和内部归档。设计过程文件包括：设计条件、设计计算书(设计计算过程)、设计各类评审、设计校审记录、各公司设计质量验证文件等。

设计过程文件由于不在交付范围内，故其管理主要取决于各工程公司的要求，也因此不一而同，如管理深度、归档范围等。有些公司比较重视设计过程文件，认为其是把控设计质量的重要环节和依据，故在设计管理及项目文档管理中对设计过程文件的管理制定了详细规定，并由 DCC，或借助项目电子文档管理平台对每一类文件的流转环节进行详细跟踪和管控；但鉴于精细化管理所需要投入的人力和物力，也有些公司不甚重视设计过程文件的管理，甚至不予归档。笔者认为，设计过程文件是设计过程中产生的重要文件，它的管理对设计质量的验证和追溯有着重要意义，故应对其进行管理并归档，但管理深度和范围可以依据各公司的条件而定。

以设计互提条件为例，设计互提条件是设计上下游专业之间互相提供的设计参数、资料等形成的文件，它是设计成品文件的重要输入。对于此类文件，各公司管理形式不同，可由 DCC 进行管理，也可由设计专业负责人自行管理。

（3）其他内部文件的管理　在项目执行阶段，EPC 项目组还有通讯类、管理类等文件。在项目策划阶段，EPC 承包商与各方确定协调程序，通讯类文件如传真、会议纪要、信函等按照协调程序的要求进行传递。

管理类文件包括计划、程序、规定等，EPC 承包商确定其审批流程，待批准后，按照确定的分发范围进行分发。

在 EPC 承包商项目组内，各部门还会产生一些文件，如部门级会议纪要，如上文提及的设计条件等，属于非项目级文件，则应视项目组确定的 DCC 文件管理范围，确定是否应由 DCC 进行管理。原则上，部门级的文件一般由各部门自行管理，如需对外发出，则应视为项目级文件，由 DCC 统一收发管理。

（4）建设单位文件的管理　EPC 项目组在规划阶段，会接收建设单位的文件，如传真、规定等。EPC 项目组 DCC 应按照协调程序及经建设单位确认过的文档管理体系中的相关要求对接收文件进行查验，并做内部发布等管理。如建设单位文件发送违反上述要求和程序，并对 EPC 承包商的工作造成影响，EPC 承包商 DCC 需向建设单位提出调整建议。

(5) 分包商文件的管理　规划阶段如有设计分包，对设计分包商文件的管理工作主要为：

1）向分包商发布文档管理要求。EPC 承包商需将建设单位和 EPC 承包商文件管理的各项要求和相关程序文件提供给分包商，每次修订和完善后的版本，均需及时向分包商进行发布，并对其提出的疑问给予澄清解答。

2）对分包商文档管理体系的审查。分包商需编制项目文档管理计划及文件交付计划，以及各类文件管理程序，并提交 EPC 承包商备案、审核，以便在项目执行过程中组织自己的文档管理工作及交付各类文件。

3）分包商文件的接收和管理。EPC 项目组 DCC 接收分包商提交的文件，含中间审查文件及最终交付文件。首先应按照分包商文档管理体系文件查验接收文件，并在项目内进行发布。需要答复的按照协调程序约定好的时间给予回答。最终交付文件除留下 EPC 项目组的归档份数外，其余应按照交付时间统一交付建设单位。

4）对分包商文件管理工作的检查。在项目规划阶段，EPC 承包商还应按照文档管理体系文件中对分包商文档管理工作的要求编制检查大纲(具体参见方法篇第 11 章 10.4“分包商文件管理审查提纲”)，不定时地对分包商文件总体管理、纸质文件及电子文件管理等工作进行检查。

4.2　项目执行阶段

工程项目执行阶段主要工作为采购及施工建设，这一阶段项目文档管理的重点为项目实际执行过程中产生的各类文件的管理，除按照以下各类文件管理重点开展工作外，还需注意业务培训工作，包括接受建设单位培训、组织项目内部培训(包括 DCC 内部培训以及 DCC 对项目组内部开展的培训)，以及对分包商进行相关培训，以便能够将各项文件交付管理要求向各方予以传达并就具体做法进行讲解、传授；另外，EPC 承包商需要随时接受建设单位、监理单位对自身资料及分包商资料的检查并完成整改。

4.2.1　文档管理要求的进一步明确

(1) 文档管理要求的沟通　在项目初期，EPC 承包商 DCC 与建设单位、公司档案管理部门进行了充分沟通，确定项目文件尤其是设计文件收集、交付的范围和要求。随着工作的开展，EPC 承包商需与建设单位对提交及交付文件的各项要求进行进一步的沟通，包括前期确定的工作要求在执行中遇到的问题，以及在项目初期没有预见到的问题等。

(2) 文档管理体系文件的跟踪维护　随着对文档管理要求的进一步沟通，EPC 承包商在项目进展中需进一步修订、完善文档管理体系文件，对于文档管理体系文件的编制、修订、完善，均需发送建设单位进行审核及备案。

4.2.2　各类文件的管理

(1) 设计文件的管理　建设工程项目各阶段工作互相衔接，又互相交叉。在项目执行阶段，由于条件变化等原因，详细工程设计文件会有新增或升版，其管理方式与项目规划阶段中详细工程设计文件的管理方式一致。

（2）采购文件的管理：

1）采购文件的内部管理。采购文件是EPC项目采购工作的依据。EPC承包商DCC接收采购文件(包括询价书/请购文件、采购合同/订单、技术附件等)，按照采购文件的编码、编制等要求查验文件，并在项目内进行发布。采购文件需要进行预归档，项目结束后统一归档至档案管理部门。对于采购文件的具体管理流程介绍详见本书方法篇中第11章2“采购文件”。

2）采购文件的外部审核。一般情况下，EPC承包商的采购文件无须递交建设单位审核，但往往一些重要设备的采购文件需经建设单位审批，建设单位也需向EPC承包商反馈审批结果。此流程可以依据方法篇第11章2“采购文件”，其管理流程可体现在EPC承包商采购组与建设单位的采购协调程序中。

（3）供货商文件的管理　供货商文件是供货商对于设备、材料的设计文件或规格文件，分为中间版及最终版，中间版文件一般需经请购方相关设计专业的审核确认，最终版即为设备及材料出厂资料。在采购合同签订的时候，就应将供货商文件中间版审核的范围、审核计划、份数等要求确定清楚，并在项目内确定中间版的内部审核流程及对外的接口部门。供货商文件中间版的审查流程比较复杂，往往涉及多个设计专业的审核，故内部审查流程需确定一个牵头专业，并经项目DCC跟踪、记录，最终形成的审查意见也需要经采购部门或项目DCC传递至供货商，并做好供货商中间文件多版本管理。其具体审核及管理流程详见方法篇的第11章6“供货商文件”。

对于最终版的出厂资料，也需在供货商合同中按照项目主合同的要求说明交付范围、份数、形式及时间。到工程现场的随机资料，其中部分直接交付给建设单位，部分(一般为2份)由EPC承包商拿回，作为项目交工技术文件中的一部分，随项目其他交工技术文件统一交付建设单位。

（4）施工文件的管理　施工文件是项目施工过程中形成的文件，有计划、方案、报告、表格、记录等。对于EPC项目组，主要形成的文件是施工管理文件。如施工组织设计、各类检查报告、工程联络单、工作联系单、验收记录等。施工文件使用的表格、编号、用章等需与建设单位进行落实与明确，并按照项目文档管理体系文件中施工文件相关管理规定，对施工文件进行接收、查验、发布、发送及预归档等内部管理工作。有些文件需要监理或建设单位审批签署，如施工单位报验类施工文件，需要注意跟踪文件的流转。

施工分包商形成的施工文件是项目施工文件的主要部分。EPC承包商除了应尽早与建设单位确定施工文件编制的标准，明确表格格式、编号、用章等，还需制定好在施工过程中督促、检查施工文件的机制，以确保其质量及同步性。

（5）交工技术文件的管理：

1）交工技术文件验收要求的进一步落实、宣贯和培训。在项目策划阶段EPC承包商已按照合同或建设单位要求基本明确了交工技术文件的要求和管理责任。在项目执行阶段，EPC承包商DCC应及时收集问题，针对执行中无法落实及不明确之处与建设单位、监理进行沟通，进一步明确并就解决方案形成书面文件。同时应及时组织分包商进行宣贯和培训。

2）交工技术文件预组卷的准备工作。在施工过程中，应该做好交工技术文件预组卷的准备工作，如策划阶段形成组卷策略的进一步确认；如上文提及的对施工文件的检查和督促工作，保证施工文件的齐全完整；如与上级部门及地方档案接收部门或质监部门进一步明确验收的相关要求和规定，确保当符合条件时，开展项目文件的预组卷工作。同时，EPC 承包商 DCC 还应积极参加建设单位组织的联合检查、例会等工作，并要求相关分包商参加并接受检查。

（6）其他内部文件的管理　执行阶段其他内部文件的种类与规划阶段基本相同，其具体管理方式见规划阶段。

（7）建设单位文件的管理　执行阶段传递给 EPC 项目组的建设单位文件类型基本与规划阶段一致，故其管理方式见规划阶段。

（8）分包商文件的管理　执行阶段的分包一般为施工分包，对其文件的管理除了应做到规划阶段分包商文件管理的诸多要求外，还应做好施工分包商文件的巡检及专项检查工作，以保证施工文件的质量及同步性，为交工技术文件工作预组卷和组卷做好准备。

4.3　项目收尾阶段

项目收尾阶段的工作主要为建设项目试运行及竣工验收工作，针对 EPC 承包商，需负责组织范围内各承包单位的中间交接工作、配合建设单位进行项目验收、试车、开车等工作。EPC 承包商项目文档管理团队在此阶段的主要工作就是完成交工技术文件的组卷和交付。在项目执行阶段，EPC 承包商文档管理团队已经统一、明确交工技术文件的编制标准、归档要求与组卷原则，在项目执行阶段，EPC 承包商文档管理团队主要是在工作中完善和进一步明确上述标准和要求，并在实施过程中加强宣贯、培训、指导，同时开展针对施工分包商文件的巡查和专项检查，以保证施工文件的进度与施工工作同步。那么到了项目收尾阶段，EPC 项目组 DCC 主要的工作就是组织各单位进行交工技术文件的组卷、交付，以及最后的配合建设单位验收及整改工作。另外，EPC 承包商文档管理团队还需做好内部的归档工作。

4.3.1　交工技术文件组卷

（1）施工文件　施工单位负责施工部分交工技术文件的预组卷及组卷工作，施工交工技术文件的构成包括各专业的工程材料质量证明文件、工程检测报告、工程设计变更一览表、工程联络单一览表，施工单位应对其进行汇编。纸质文件组卷需符合建设单位或 EPC 承包商提出的组卷要求、案卷构成、卷内文件排列、案卷编制、装订装盒等各项要求。电子文件的整理一般与纸质文件保持一致，或按照其他明确的要求进行整理。

（2）竣工图　EPC 承包商及其设计分包商需按照建设单位的要求编制竣工图。EPC 项目组 DCC 及其设计分包商根据建设单位及公司档案管理部门的要求实施对竣工图的收集、查验、组卷的准备工作。

与建设单位、公司档案管理部门和质量管理部门协商，经设计经理批准，确定本项目竣工图的管理方法，含编制范围、编制方法、编制要求、装订方式等，对竣工图的图签格式、编码、版次、签署、竣工图章盖章方式（按照《建设项目档案管理规范》DA/T 28—2018 的要求，目前一般由监理加盖竣工图审核章，建设单位有特殊要求或执行其他标准的情况除外），以及竣工图组卷组册等要求做出具体规定，并形成书面文件，双方签字确认。

在征求建设单位意见时，应要求建设单位出具其行业、项目所在地竣工图档案管理等方面的要求。也可根据建设单位的具体情况，自行收集这方面的要求，但需得到建设单位的书面确认。

一般情况下，竣工图的编制范围、内容、数量应与详细工程设计一一对应。如有新增加或取消的文件，需按照具体情况，将增加、修改或取消内容的依据纳入竣工图编制资料，如标注设计变更单编号等。

竣工图编制的几种基本方法为注记修改法、杠划法、重新绘制竣工图法，编制时，应在修改处用云形线进行标识，也可根据建设单位要求不留任何标识。

EPC 项目组 DCC 主要对竣工图的格式(图签样式)、编码、版次、签署等方面的编制要求进行查验、确认。

(3) 设备出厂文件　设备出厂资料由 EPC 承包商或其相关分包商负责编制组卷，包括锅炉、起重机械、塔、容器、反应器、冷换设备、动设备、成套设备等具有特定设备位号的设备及大宗材料的出厂资料。其编制组卷和交付工作，应按照项目明确要求开展。

(4) 项目管理文件　建设项目交工技术文件一般需由 EPC 承包商编制综合卷，其组卷内容主要为项目管理文件。EPC 承包商需按照建设单位要求将相关文件入卷，一般包括单位资质证书、项目经理任命文件、项目组织机构及人员资格证书、中标通知书、合同、开工报告、工程中间交接证书、竣工报告、重大质量事故处理报告(如发生)等。EPC 项目组 DCC 根据建设单位要求完成综合卷中管理文件的收集、组卷和交付工作。

4.3.2　交工技术文件审查、交付及整改工作

(1) 内部审查　EPC 项目组交工技术文件由各相关单位整理编制组卷后，由 EPC 项目组质量管理组及 DCC 按要求逐项进行检查，并准备接受监理单位或建设单位的审查。

(2) 接受建设单位及监理单位审查及整改　经过内部审查的交工技术文件根据审查程序向建设单位提出审查要求，由监理单位及建设单位进行审核。如需要整改，则按照监理单位及建设单位意见进行整改。取得监理、建设单位对资料内容及文件各要素认可后，完成交付。

(3) 交付建设单位　交工技术文件经审查验收合格后，建设单位应签署“交工技术文件移交证书”，办理交付手续，明确档案交付的内容、案卷数、图纸张数等，EPC 承包商 DCC 还应填写《交工技术文件交付清单》一式两份，双方签署，EPC 承包商还需交付可编辑版《交工技术文件交付清单》和《卷内目录》。

4.3.3　配合验收工作

竣工验收工作验收内容涵盖从项目立项开始，至项目结束的建设全过程。为做好竣工验收工作，通常要求参与工程建设的设计、采购、施工、外事、EPC、监理、生产等单位高度重视竣工验收准备工作，做到竣工验收准备工作与工程建设同步进行。EPC 承包商需按照单位工程及时组织收集项目相关文件，并组织编制交工技术文件，及时报送监理单位和建设单位进行审查，编写项目总结并配合各项专项验收，包括档案专项验收工作。在档案专项验收工作中，对提出的承包范围内的相关问题及时配合整改，以便通过验收。

4.3.4　项目文件的内部归档

在建设项目完成后，按公司档案部门明确的归档范围，将经整理、编目后形成的项目

文件按公司相关规定向档案管理部门归档，归档文件应完整、成套、系统。外文资料应将题名、卷内章节目录译成中文；经翻译人、审校人签署的译文稿与原文一起归档。

5 项目文档控制关键控制点

5.1 项目文档管理标准、要求的明确及传达

项目文档管理标准及要求应在项目启动时由建设单位确定，在招标文件以及后续合同签订中加以落实，并向参建单位传达。作为EPC承包商，应该积极与建设单位进行沟通，明确并执行这些标准要求，同时将上述要求传达到自己范围内的分包商，以保证EPC项目范围内的文档交付及管理工作满足建设单位的标准要求。

5.1.1 积极沟通、提出可行性意见及建议

在项目规划、执行、收尾各阶段，含招投标阶段、合同签订时、EPC项目文档工作策划时以及整个EPC项目实施期间，EPC承包商应与建设单位保持积极沟通，以明确其在项目文档管理工作中的适用标准及要求，还应慎重考虑上述标准和要求的可执行性，并尽可能充分地与建设单位进行深入沟通，利用自身在EPC项目中的经验，向建设单位提出可行性意见和建议。如遇建设单位缺乏项目管理经验，还应尽自己最大可能给予协助，力求尽快确定项目文档管理标准和要求，以保证项目文档管理工作的有序开展。

5.1.2 明确标准要求，并尽量书面化、文件化

在工程项目中，由于涉及的角色、界面众多，故工程项目文件的一个重要作用就是传递信息，使大家能在同样的标准、要求、输入条件以及指令下工作，这样才能确保多角色多界面的协同工作。项目文档管理工作也是一样的，大家都必须按照一致的标准和要求操作，才能确保管理质量和效率。但在实际工作中，往往会发生由于标准要求不够明确，使参建单位无所适从，造成大量返工的情况。这种情况尤其会发生在交工技术文件工作中，石油化工工程项目涉及专业众多，各地方、各行业质量监督检查部门也会有不同的要求，往往在项目初期确定好的适用标准、规范以及要求不能满足项目的需要；同时建设单位由于经验不足等原因也会出现口头下达指令及下达指令和要求前后矛盾的情况，在这种情况下，EPC承包商就要在其中起到承上启下的重要作用，尽一切可能做到标准、要求、指令的明确化、书面化、文件化，如对于不够清晰或施工单位无法执行的要求，可采取组织会议等方式进行沟通解决，确保项目重要角色，如建设单位、监理单位必须参会，会议达成的共识形成补充文件或会议纪要，并由与会方共同签字认可等形式解决问题，避免标准无法执行、要求含混不清、指令朝令夕改，以保证交工技术文件工作的效率和质量。

5.1.3 向范围内分包商传达文档管理要求

前文已经讲到了，EPC承包商在EPC项目里，主要起到的一个重要作用就是承上启下，即建设单位与分包商之间的桥梁作用，需要将建设单位的要求和指令及时传达给分包商，同时针对分包商遇到的问题，如超出了EPC承包商的解决范围，还需及时传递给建设单位进行解决。

对于“下达”，即建设单位要求的传递，很好理解，EPC承包商范围内的分包商需要按

照 EPC 合同的要求交付文件，并承担相应管理责任，而 EPC 范围内的分包商与建设单位之间并没有合同关系，故各种要求的传达就必须由 EPC 承包商来完成。针对“上传”，一般情况下，EPC 承包商有责任自行解决合同范围内的一切事务，但有些事务由于与建设单位所在的行业、地方有关系，如施工中的质量检验工作，就需要当地质量监督检查单位完成，而 EPC 承包商无法直接与政府部门进行对话，建设单位就必须对此项工作进行组织和协调，故与此相关的质量标准等要求的传达、落实及反馈，就需要 EPC 承包商在建设单位和施工分包商之间做好沟通和反馈。

5.2 项目合同的签订

合同是项目参建方履行责任、义务，同时享有权利的依据，项目文档工作中各参建方需交付的文件、完成的重点工作以及对工作的各项重要要求也应在合同中有明确规定，以免后期执行中产生纠纷。

5.2.1 参与项目合同的签订

在与建设单位签订 EPC 承包合同的时候，EPC 承包商 DCC 需对其中文档管理及交付的附件与建设单位进行协商与确认，以保证合同中对于文档管理和交付的要求是可以被满足的，避免出现由于 DCC 人员没有参与合同谈判及合同文本的编制而造成的违约现象。

同时，在 EPC 承包商签订采买和分包合同时，EPC 承包商 DCC 也应参与其中，以建设单位及本公司要求为依据，在分包和采买合同中明确供货商及分包商在文件管理和交付中的责任和义务。

5.2.2 明确各关键点要求

在 EPC 合同、采买合同及分包合同中，主要需要明确与文档管理相关的要求为：

- 文件交付及需审查范围：约定需递交审查(含设计、采购、施工及各类管理文件)及交付文件的详细范围、名称。
- 文件交付份数：确定各类交付文件纸质版及电子版的份数。
- 文件交付格式：明确交付文件的格式(主要指电子版文件)。
- 文件交付时间：明确哪些文件按照项目进展即时交付，哪些文件可阶段性地交付。
- 文件交付地点：约定文件交付的地点、具体地址及接收部门或人员(一般指硬拷贝文件)。
- 文件交付形式：纸质版文件一般以邮寄的方式交付；电子版文件一般采用邮件形式，阶段性的交付可以光盘形式邮寄。
- 其他交付要求：为便于建设方及 EPC 承包商文档管理工作的开展，要求提交便于建设单位文档管理的相关文件和格式，如可编辑版交付文件目录，项目出图完毕后提供完整的总目录(设计文件所涵盖的所有装置的目录)、分目录(各装置中所有主项的目录)及专业目录(各主项下所有专业的目录)，以便于核对项目文件的完整性。
- 其他与文件相关的要求：如文件编码、图签样式、版次及版次说明等，以及各类文件管理要求，尤其是交工技术文件交付的相关要求等。
- 对供货商、分包商文档管理进行监督、考核：供货商及分包商文档管理体系文件的递交时间和审查要求、建设单位对各参建单位及EPC承包商对供货商及分包商文档管理的检查方案、考核和奖惩措施，如拿出进度款的一定比例对文档交付进度和质量进行考核等。

• 对EPC承包商应承担责任的相关规定：合同中责任和义务应是甲乙双方共同承担的，EPC承包商在项目文档管理中也应承担自身的责任，有些EPC承包商以为自己的责任写得越少越好，殊不知一旦工作出现问题，最终将影响EPC承包商的利益，EPC承包商由多部门组成，文档管理工作需要各部门的配合，在合同中明确EPC承包商自己的责任，有利于EPC承包商文档管理团队推进项目文档管理工作。EPC承包商在项目文档管理工作中应承担的责任包括但不限于：在指定时限内答复和返回供货商或分包商的审查文件、尽早并以文字明确各类文件的管理要求；当供货商或分包商就文档管理工作提出任何疑问时，EPC承包商应在规定时限内给予答复；各行业、地方和上级机关对工程项目文档管理工作的检查和验收，EPC承包商应与建设单位沟通督促其组织、协调，并与其共同对后续整改工作进行跟踪和落实。

在上述合同签订的相关工作中，EPC承包商项目管理团队应与负责合同签订工作的负责部门，如市场部、控制部、采购部等，提前沟通并达成共识，保证从投标文件编制到合同谈判过程中各项工作的参与度。对于EPC合同，还可以尽量去明确建设单位对交工技术文件的要求，可以将相关要求形成独立文件，作为合同附件。针对采买和分包合同，主要需要注意EPC项目组DCC的参与度，在一般的EPC项目中，EPC承包商很容易忽视对文件的要求，造成后续诸多问题，如出厂资料份数没有按照业主要求进行落实、装订不符合建设单位的要求；又如EPC承包商需要向施工分包商提供多少份设计文件，多了容易造成浪费，少了又会造成后续文件加印带来的对施工进度的影响等。

5.3 对分包商文件交付及管理工作的控制和管理

5.3.1 向分包商传达建设单位文件交付及管理要求

EPC承包商需要将建设单位及EPC项目组文件管理的各项要求和相关程序文件提供给分包商，并对其提出的疑问给予澄清和解答。

5.3.2 对分包商进行宣贯、培训及指导

EPC承包商在EPC项目范围内组织与文档管理工作相关的培训活动，宣贯并落实项目各项文档管理标准、规定，并对分包商提交文件的各项意见进行答复。

5.3.3 对分包商的文档管理体系文件进行审查

分包商需要按照建设单位及EPC项目组文件管理的各项要求和相关程序文件，编制含文档管理计划、文件交付计划、各类文件管理程序在内的文档管理体系文件，提交EPC承包商项目组审核、备案，在项目实施过程中，EPC承包商始终以其为依据，对各分包商文档管理工作和文件交付情况进行跟踪和监督。

5.3.4 对分包商文档管理工作进行检查和管控

在项目执行过程中，EPC承包商需要定期或不定期对分包商文档管理工作进行检查，如发现与项目以及分包商文档管理体系文件不符合的情况，需要责令分包商限期改正。

EPC承包商可根据项目情况编制“分包商文件管理审查提纲”对分包商文件的管理进行

检查，提纲中包括各检查要点，如分包商项目文档管理人员的配备、项目主档案室的管理情况、项目电子文档管理平台的搭建以及对 EPC 承包商文档管理要求的执行和响应情况等。针对施工分包商，应重点检查施工过程中，施工文件的同步性和文件质量是否满足项目要求。

5.3.5 对分包商文件的审核和答复

（1）一般文件的审批 EPC 承包商对分包商提交的文件需要进行审批和答复时，EPC 项目组应在合同或协调程序约定的时间内，整理所有的内部意见形成项目组的答复文件，并按照 EPC 项目组文件发布发送流程发送分包商。

（2）设计变更的审批 对于分包商产生的设计变更的审批处理，需要由各方商定具体流程。以下为一般情况下的审批流程，各 EPC 承包商可参考执行。分包商产生的设计变更，需经 EPC 承包商及建设单位审批的，应由其在约定的时间内审查并返回所有意见。针对分包商提出的设计变更，一般有几种情况：分包商内部原因、EPC 承包商原因、建设单位原因引起的变更。

设计分包商内部原因的设计变更，完成内部审批流程，并经 EPC 承包商审批后，按照设计文件发送流程或项目规定的此类文件发送流程发送 EPC 承包商供施工；由 EPC 承包商原因引起的设计变更，也需要在设计分包商完成内部审批后，提交 EPC 承包商进行审批，再返回设计分包商盖章后发送 EPC 承包商供施工；由建设单位原因引起的设计变更，设计分包商完成内部签署，经 EPC 承包商审批后，提交建设单位进行批准，再返回至设计分包商盖章后发送 EPC 承包商供施工。

针对 EPC 分包商的设计变更，内部原因的设计变更无须发送 EPC 承包商和建设单位，直接在内部自行消化；EPC 承包商原因和建设单位原因的设计变更，则需要发送 EPC 承包商和建设单位审批，然后供 EPC 分包商施工。

（3）请购文件的审批 EPC 分包商针对其范围内关键设备的采购，请购文件需经 EPC 承包商及建设单位审批；针对设计分包商，其请购文件应提交 EPC 承包商审批并进行采买。

（4）施工文件的审批 施工分包商提交需审批的施工文件，EPC 承包商、监理或建设单位，均应在约定时间内审查并返回意见。施工文件在施工分包商内部完成签署后，提交 EPC 承包商签署，再逐级经监理单位及建设单位签署后闭合。

5.3.6 对分包商交付文件进行检查和确认

各分包商按照项目分包合同、EPC 项目组和建设单位相关要求，向 EPC 项目组进行各类文件的即时或阶段性交付。EPC 承包商根据项目要求，对分包商交付的文件，按照《项目文件编码程序》《项目文件编制管理规定》《交工技术文件管理规定》等检查文件的格式、名称、编号、版本及签署，并依据“文件传送单”核对文件版次、文件数量，对于不符合编制要求的文件退回分包商进行修改，如确认无误，则在传送单上签字确认。分包商的设计文件或交工技术文件，在交付 EPC 项目组后，由 EPC 项目组向建设单位进行交付，如不符合要求，分包商需配合完成修改，并重新提交文件。

5.3.7 对分包商文件进行预归档和归档

（1）分包商文件预归档 EPC 承包商接收分包商文件后将文件在项目主档案室进行分

类预归档。其中涉及设计成品文件，如基础工程设计文件或施工蓝图等，按照项目阶段、装置单元、专业等进行预归档。分包商交付的设计文件有新版本后，EPC 承包商需替换预归档的废旧版本。

（2）分包商文件归档　EPC 项目结束后，分包商文件作为 EPC 承包商 DCC 预归档文件的一部分，也应向 EPC 承包商公司档案管理部门进行归档。文件归档前，EPC 项目组应将作废版本及无须归档的文件，依照程序进行销毁。需要归档的分包商文件按照公司档案管理部门的要求整理后完成归档工作。

5.4　交工技术文件及配合验收工作

5.4.1　明确项目交工技术文件编制的标准、要求及职责

认真研读分析建设单位发布的关于交工技术文件工作的相关文件，并与建设单位相关部门，如质量管理部门、档案管理部门，以及监理单位沟通，必要时还需督促与协助建设单位与当地质监站就交工技术文件组卷、装订、交付等各方面的要求进行沟通与确认，分部分项交付的方式更有利于交工技术文件的及时收集与交付。

同时，EPC 承包商还需向建设单位确认各方职责，将 EPC 承包商就交工技术文件的管理、交付职责纳入项目管理程序及项目进度计划，纳入各级领导及工作人员岗位职责，在 EPC 项目组上下形成由 DCC 组织、相关责任部门参与的交工技术文件工作模式。同时还需明确分包商应履行并承担相应管理职责。

5.4.2　在 EPC 项目范围内做好交工技术文件工作的宣贯、培训和指导工作

EPC 承包商在充分了解建设单位交工技术文件相关标准要求后，需将相关标准要求文件发送项目组内部相关人员及分包商。将如何进行合同范围内交工技术文件的编制、整理、组卷、排序、折叠、装订和交付工作，在项目范围内进行传达、宣贯，召开培训会议、开展实操指导工作。

5.4.3　通过过程管控，保证施工文件的同步性

在项目执行过程中，应加强施工文件过程管理，实现从项目文件形成、流转到交付的全过程控制，保证施工文件与建设进度同步性。并在如下时间点，如签订合同时、各类文件编制时、检查工程进度及验收施工质量时、进行单位/分部分项工程质量等级评定和单项工程验收时，做到同时进行文档工作的把控。在分包合同中要明确项目文件移交归档的具体条款，以及违反条款的处罚措施；在各类文件编制时，在施工表格的使用及编号编制等方面，如发现未按项目要求的情况，应要求分包商及时整改，同时如发现标准要求有含糊不清和存在歧义的地方，也应代表分包商及时与建设单位和监理进行沟通，及时澄清，避免后续返工；在项目建设过程中建立项目文件的定期检查、考核机制，坚持项目文件的“过程归档”原则，施工文件应随实体同步形成，实施项目文件经济制约措施，让施工文件进度与施工进度款挂钩；对于具备预组卷条件的文件，要及时督促施工单位开展整理、预组卷工作。

另外，加强对分包商项目文档管理工作的监管和检查，要求各分包商明确分管文件控制工作的领导及专职文档控制人员职责，实施“四纳入”制度，即，将文件材料的形成、累

计、整理、归档工作纳入各分包商管理计划；纳入其施工管理及考核范围；纳入有关领导和工程技术人员的岗位职责；纳入经济责任制，责任落实到位。

5.4.4　交工技术文件的组卷工作

项目交工技术文件标准和要求中一个非常重要的内容就是项目交工技术文件的组卷策略。交工技术文件在一个项目中由所有参建单位共同完成，那么这些文件以怎样的逻辑和顺序进行组织和排列，就是交工技术文件的组卷工作。如何组卷在项目初期应由 EPC 承包商配合建设单位制定好相应的策略。

有了明确的交工技术文件组卷方案，EPC 承包商及其分包商，以及项目其他参建单位就可以按照该方案进行文件的预组卷工作。达到预组卷的交工技术文件，一般需经过各单位自查，以及 EPC 承包商、监理、建设单位质量及档案等相关部门，针对其真实性、统一性、规范性、完整性、时效性、系统性进行审查。交工技术文件较其他文件来说需要"系统性"，主要是指交工技术文件由多家参建单位完成，由种类多、数量庞大的文件构成一个层次分明的整体，具有一定的秩序和清晰的逻辑关系。预组卷后，经检查发现的问题，需在指定期限内完成整改并进行复查。复查后的文件再按照装订、装盒等要求完成最终组卷工作。这样先预组卷再组卷的方式，可以避免直接进行装订后，发现问题进行拆装情况的发生，避免了因此造成的文件破损及进度延误。

5.4.5　内部检查及整改工作

上文提到了交工技术文件的预组卷，以及预组卷后需进行的自检并开展后续外部检查工作。经自检后的检查工作具体为 EPC 承包商开展巡检、专项检查，及建设单位组织联合检查，以及相关的整改及复查工作。EPC 承包商作为总包方，有责任督促施工单位开展自检，并按照《建设项目档案管理规范》DA/T 28—2018 及《科学技术档案案卷构成的一般要求》GB/T 11822—2008 对交工技术文件的真实性、统一性、规范性、完整性、时效性及系统性进行定期巡检及专项检查，对发现的问题及时进行整改。经 EPC 项目组确认过的交工技术文件应由建设单位组织联合检查，EPC 项目组 DCC 应配合建设单位进行相关工作。对检查过程中发现的问题及建设单位提出的问题及时进行整改，并进行复检。

5.4.6　交工技术文件的交付

经多次检查无误后，EPC 承包商准备交工技术文件移交清单随完成组卷的交工技术文件，一并交付建设单位档案管理部门。按照上文所述，建设单位档案管理部门将开展最终的检查工作，确认无误后，建设单位档案管理部门将在移交清单上签署确认，并将其返回至 EPC 承包商，至此，交工技术文件就完成了交付工作。

5.4.7　配合档案专项验收

在竣工验收阶段，EPC 承包商需按照建设单位提出的明确要求配合档案专项验收。档案专项验收工作一般由建设单位向上级主管部门或地方质监单位提出申请，按照回复时间及要求进行验收准备，并届时做好配合验收工作。建设单位需要 EPC 承包商配合的工作，需向 EPC 承包商明确具体要求。EPC 承包商应按照建设单位要求配合建设单位进行验收，并参加档案专项验收会议，同时还应组织施工分包商开展针对验收意见的整改工作。

参 考 文 献

[1] 建设工程项目档案整理规范　DA/T 28—2018
[2] 石油化工建设工程项目交工技术文件规定　SH/T 3503—2017
[3] 石油化工建设工程项目竣工验收规定　SH/T 3904—2014
[4] 建设工程文件归档规范　GB/T 50328—2019
[5] 电子文件归档与电子档案管理规范　GB/T 18894—2016

第7章　设计单位文档管理

建设工程设计单位(以下简称“设计单位”)是“从事建设工程设计活动的企业”(《建设工程勘察设计资质管理规定》2007年06月26日建设部令第160号发布，2015年05月04日住房和城乡建设部令第24号修正)。而建设工程设计，是指根据建设工程的要求，对建设工程所需的技术、经济、资源、环境等条件进行综合分析、认证，编制建设工程设计文件的活动〔《建设工程勘察设计管理条例》(2017修正版)中华人民共和国国务院令第662号〕。设计单位在工程建设项目中根据合同，接受建设单位(设计承包合同)、EPC承包商(设计分包合同)及总体院(如有)的管理。下文是以设计单位作为建设单位的设计承包商，直接接受建设单位管理的角度展开叙述。设计单位接受建设单位委托，按照合同约定，承包工程建设项目的设计工作，对设计质量及进度负责，及时交付设计文件是设计单位的重要工作，同时，设计单位还需按照项目合同及建设单位要求进行现场服务工作。

设计单位文档管理工作与EPC承包商文档管理工作有部分相似内容，主要因为EPC承包商负责设计、采购、施工的全过程管理，因此在设计文件、管理文件及往来通讯文件的管理方式上二者是基本一致的，为保证不同读者的需求，与第6章中相同部分的内容仍在下文予以保留。另外，设计单位如接受EPC承包商和总体院(如有)管理，其文档管理工作还需充分考虑和满足二者的相关要求。

1　管理原则

设计单位文档管理以设计文件通过审查并完成交付及归档为目标，同时对整个项目执行期间产生的管理、往来通讯等文件进行控制。因此，设计单位对项目文档控制工作应本着“执行标准要求，履行交付任务”的原则，对项目文件实行确定标准、抓住重点、分类管理。

设计单位的主要工作是完成合同范围内工程建设项目的设计工作，及现场服务工作，故其在文件方面需要对自己承包范围内的文件进行有效管理(含归档)，对设计分包商(如有)文件交付进行把控，并最终按照合同的要求完成对建设单位的交付工作。因此，设计单位应根据项目特点，按照建设单位要求，并与公司档案及质量部门充分沟通，建立项目文档管理体系文件；设计单位的主要工作都围绕设计文件的编制开展，对设计文件的编制及设计质量等负有全面责任，因此需抓住“设计文件向建设单位的交付”这个重点；另外，设计单位在项目执行过程中，除设计文件外，还将产生一些管理文件、通讯类文件等，设计单位文档管理应做好文件的过程管理以及最终的归档工作，做到有效分类管理。

2 管理思路

设计单位为保证项目文档管理处于可控状态，保证范围内项目各项工作过程及成果的可追溯性，防止信息资源丢失、损失，便于有关信息、成果的有效再利用，其管理思路如下。

第一，设计单位为确保符合建设单位文件交付的进度及质量要求，应做到：

1）在编制投标文件及合同文本、建立文档管理体系，尤其是对设计文件的要求时，需充分考虑建设单位要求。

2）在项目执行过程中，为保证满足设计文件的交付要求，需严格按照经建设单位批准的项目文档管理体系文件执行。

3）按照与建设单位确定的交付方式，向建设单位进行设计文件的即时或阶段性交付。

第二，设计单位需做好项目组内部文档管理工作，符合设计单位在公司内部的归档要求。

1）在建立文档管理体系及策划、搭建电子文档管理平台时，应与公司档案及质量管理部门充分沟通，征求他们的意见。

2）按照公司审查通过的项目文档管理体系文件做好项目文件的管理工作，满足公司质量体系要求；同时在保证项目文档控制工作满足项目信息控制及共享的基础上，满足公司档案前端控制的要求。

3）按照公司规定，还需做好项目文件的归档等相关工作，一般设计文件即时归档，其他项目过程文件在项目结束后或项目某一阶段结束后归档。

第三，如设计工作有分包，设计单位还应对设计分包商项目文件交付进行把控，保证其符合项目整体要求。

1）在招标文件及合同条款中明确设计分包商在文件管理和交付上的责任和义务，将其文件管理纳入设计单位项目文档管理体系中，使分包商文件管理工作处于可控状态。

2）按照项目文档管理体系文件审查设计分包商编制的正式文件，保证其满足项目及公司质量要求。

3）对分包商文件的即时交付和阶段性交付进行把控，保证其满足项目整体要求。

3 管理体系建设

3.1 机构设置

设计单位项目文档管理机构的设置同 EPC 承包商有一定的相似之处，一般由设计单位公司内部项目文档管理工作的主管部门/机构，根据项目规模、特点及需要为项目建立文档控制小组或派遣文档控制工程师。

3.2 人员配备

3.2.1 人员资质

设计单位对文档控制工程师人员资质的确定与 EPC 承包商基本一致。

项目文档工作主管部门/机构按照工作需要，建立人员岗位层级，按照一定的比例(一般比例为20%、30%及50%)聘用相应数量的高级、中级以及初级文档控制工程师。各岗位层级的评定主要通过人员基本条件(包括工作年限、岗位年限、工作经验、职称/资质等)、岗位能力、领导力能力、影响力等多方面确定。

3.2.2　人员配备

设计单位项目文档管理人员的配备，一般情况下，主要根据项目规模及项目情况(如工作界面的多少、复杂程度或建设单位要求等)配备及调整。设计项目相对于EPC项目来说不需要考虑现场文档控制人员的配备，因此一般不需要建立文档控制中心。

(1) 大型设计项目(全厂性、多装置项目)　根据项目规模、复杂程度、界面多少以及文件数量的多少，来确定成立文档控制小组(人数小于文档控制中心)或配备一名高级文档控制工程师完成项目文档管理工作。如需要建立文档控制小组，一般设置一名文档控制经理，由高级文档控制工程师担任，另外根据项目情况配备相应数量的文档控制工程师。文档控制小组组织机构示意图见图7-1。

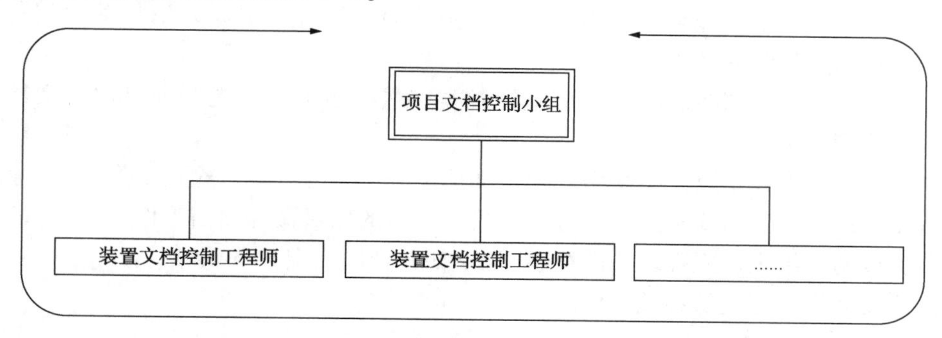

图7-1　文档控制小组组织机构示意图

(2) 中型或小型设计项目　一般每个项目派遣一名中级文档控制工程师或初级文档控制工程师，或采用兼职模式，由一名中级或初级文档控制工程师兼职多个中/小型设计项目的文档控制工作。

3.3　职责分工

在项目初期，设计单位需明确其在建设项目中文档管理工作的责任和义务，并据此来确定项目组内部成员在文档管理方面的职责，一般职责如下。

3.3.1　项目文档管理人员

(1) 文档控制经理：

● 向设计经理负责，组织协调项目文档控制工作。

● 与建设单位项目文档控制小组/项目文档控制工程师沟通协商，明确文档管理要求，以组织编写投标文件或合同文本。

● 负责项目文档控制小组的组织管理工作，协调与文件管理工作相关的内外界面关系。

● 负责项目文档控制体系的策划工作，制定各项管理程序、规定及作业文件，并适时维护与更新，经设计经理批准后用于项目执行，并送交上述项目文件至公司档案管理、质量管理(如需要)部门备案。

•负责策划、搭建、完善电子文档管理平台文档目录树和各级权限的定制策略。

•不定期与建设单位文档控制管理部门沟通，积极组织团队成员参加建设单位组织的培训。

•总体管理和协调项目实施过程中项目文档控制小组的日常工作，以确保各项文档管理工作符合体系文件的要求。

•组织项目文档控制小组内部例会、部署任务，抓住关键点处理项目文档控制小组相关日常事务。

•组织策划团队建设工作，增强团队凝聚力。

•与分包商项目文档控制小组/项目文档控制工程师沟通协调，传达文档管理的要求和意见，并审批分包商文档管理体系文件。

•跟踪检查分包商在项目执行过程中的文档管理工作，以确保其符合合同及项目文档体系的要求。

•组织、参加项目内外与文件相关的各类协调会或例会，协同讨论相关的问题，并提出与文档管理相关问题的解决措施。

•在项目内外及文档控制小组内部组织各类宣贯、培训，以提升项目内外文档管理意识，提升文档管理水平。

•针对项目要求和特点，组织做好项目文档控制工作的考核、检查工作。

•按照设计单位公司要求，组织进行项目结束后的项目文件归档工作。

•负责策划、组织、跟踪竣工图组卷工作(如有合同约定)。

•其他文档管理相关的各类工作。

(2) 文档控制工程师：

•向文档控制经理汇报工作，负责编制分管范围内项目各类文档控制程序，并进行日常跟踪维护。

•按照项目文档控制程序及相关规定的要求，对分管范围的项目文档进行管理，保证其真实、统一、规范、完整、有效。

•负责依据体系文件进行项目文档接收、查验、发布、发送、交付、预归档管理等工作。

•对分管范围内的文件按照合同及协调程序中文件份数、交付形式、交付地点等要求进行文件传递和交付。

•跟踪分管范围内各类文档状态，并定期形成文档管理报表，供项目组查阅。

•负责分管范围内电子文档管理平台受控文件夹各级权限的授权与日常跟踪维护。

•负责分管范围内竣工图(如在合同范围内)的整理、组卷、交付等工作。

•负责按照合同及分包商的文件管理计划及程序监督、跟踪分包商文档管理工作，尤其是设计文件交付工作。

•不定期召开文档管理工作会议或与设计分包商保持必要的沟通，就新规定、新问题进行讲解、宣贯和培训，并接受咨询、给予业务指导。

•负责组织分管范围内的设计分包商完成竣工图的编制、整理、交付以及相关整改工作(如在合同约定范围内)。

- 协助项目文档控制经理按照公司要求完成项目结束后的归档工作。
- 配合项目文档控制经理或设计经理完成其他文档管理工作。

3.3.2 项目组其他成员

(1) 设计经理 设计经理是项目文档控制工作的第一责任人及领导者，负责听取项目文档控制经理/文档控制工程师的汇报，共同制定项目文档控制工作的策略和实施方案，并对项目文档控制程序文件进行审批，有责任组织职责范围内竣工图的收集、审核及交付工作。同时，设计经理(或其授权人)是项目所有管理文件和往来通讯文件的签发人。

(2) 控制经理：

- 控制经理在与分包商进行合同签订之前，有责任与项目文档控制小组/项目文档控制工程师就分包商文件交付的相关要求进行沟通确认。
- 负责按项目文档管理体系文件组织做好控制部文件的编制工作。

(3) 质量经理：

- 质量经理负责按公司质量体系要求指导、监督、检查项目文档控制工作。
- 负责按项目文档管理体系文件组织做好质量部文件的编制工作。

(4) 其他项目参与人员：

- 有责任按照项目文档控制体系文件配合文档控制工程师完成相关文档控制工作。应按照项目发布的项目文件编制管理规定编制项目文件，并使用项目规定的文件模板/格式。
- 项目文件编制完成或修改、升版后，项目参与人员应跟踪文件的审批环节，并及时送交文档控制工程师，按照规定流程进行文件发布。
- 送交项目文档控制工程师查验的文件，经查验后如需要修改，项目人员有责任按照文档控制工程师的要求配合完成。
- 项目各类工作完成后，如阶段性设计工作，项目参与人员应按项目文档交付计划及归档范围的要求，及时提交文档控制工程师交付建设单位，并在项目内预归档、保存。

3.4 管理制度

项目文档管理体系文件，即项目文档管理的系列制度。项目文档管理体系的建立，使得项目文档管理工作有据可依，为文件前端控制提供工作程序和质量依据。项目文档管理体系文件依据合同要求、建设单位的要求、设计单位公司的要求和现状以及项目的实际情况建立，即便是在同一个公司，各项目的文档管理体系也会有所区别，甚至截然不同。

完善的设计项目文档管理体系一般包括文档管理计划——各类文档管理程序和规定——各类文档管理的作业文件和作业表格，从计划到作业文件，正好形成一个金字塔形的体系结构，上层指导下层，下层支持上层。

- 文档管理计划是项目文档管理工作的纲领性文件。
- 文档管理程序和规定是针对文件类型及文件管理流程，编制各类文件的管理程序或相关规定，是文档管理计划在具体工作中的延展。
- 作业文件和作业表格主要为工作中的各类规范性作业文件和表格，是各类/各环节文件管理程序在具体工作中的支持文件。

一般来说，设计项目文档管理体系由以下文件构成(见表7-1)，但如设计单位已经建立了公司项目文档管理体系，而所执行的设计项目管理要求与公司体系文件一致时，则不需要再编制全部的文件，而是根据项目情况，将特殊规定或要求编制为一份或几份项目文档管理程序文件，其他均参照设计单位公司体系文件执行即可。

表7-1　设计项目文档管理体系

序号	类别	文件名称
1	规划	项目文档管理计划
2		电子文件管理计划
		……
3	程序/规定	项目文件编码程序
4		项目主档案室管理规范
5		项目信息安全管理规定
6		项目文件保密管理规定
7		项目文件编制管理规定
8		项目文件发布发送管理规定
9		典型管理文件管理程序
10		往来通讯文件管理程序
11		项目设计文件管理程序
12		项目分包商文件管理程序
13		竣工图编制管理规定
14		项目文件交付与归档规定
		……
15	程序/规定	文件借出/归还登记表
16		图像文件登记表
17		多媒体文件登记表
18		公司电子文档管理平台目录树及权限列表
19		各类文件登记台账
20		电子文件管理平台权限申请表
21		文件发布申请单
22		标准文件分发矩阵
23		文件传送单
24		内部文件分发单
25		文件发布审批单
26		项目程序文件模板
27		项目文件会签表

续表

序号	类别	文件名称
28	作业文件 作业表格	传真模板
29		备忘录模板
30		会议纪要模板
31		会议签到表模板
32		工作联系单模板
33		作废文件销毁申请
		……

4 各阶段工作重点

设计单位主要参与工程建设项目四个阶段（启动、规划、执行以及收尾阶段）中规划、执行及收尾阶段的工作。因此，设计单位应在建设工程项目这三个阶段中把握好其工作重点。根据建设工程项目规划阶段的内容，设计单位的主要工作为签订项目合同以及开展基础工程设计或详细工程设计工作（也可能两部分工作均有承揽，为了讲解全面，下文以此种情况为背景，进行介绍），具体来说主要包括投标及合同谈判工作、搭建项目组织机构、制定项目执行计划、建立项目管理体系以及开展基础、详细工程设计等；在工程建设项目执行阶段，设计单位应按照合同约定继续完成详细工程设计工作、现场服务及配合施工的工作；项目收尾阶段需要配合工厂试运行以及竣工验收工作。设计单位文档管理工作结合设计单位在工程建设项目各阶段的主要工作和任务，确定各阶段工作内容及重点。

4.1 项目规划阶段

设计单位文档控制工作在项目规划阶段需要配合项目合同的签订（含投标工作），做好项目文档管理的策划工作、并对基础工程及详细工程设计文件进行有效的管理。由于设计单位此阶段的主要内容与EPC承包商工作内容基本一致，因此二者在此阶段需完成的文档管理工作也是非常相似的，设计单位仅在项目合同签订工作以及文档管理策划工作中不需要关注采购、施工以及除竣工图外的交工技术文件的管理。

4.1.1 项目合同的签订

（1）投标准备工作　设计单位投标前的准备工作主要包括：①对投标项目进行前期调查，判断是否适合投标；②获得招标文件后，对招标文件进行研究，熟悉招标文件内容及相关要求；③如有现场踏勘，进一步了解项目现场情况。

对于设计单位文档管理工作来说，主要工作在于第二项，对招标人的招标文件进行研究，对于其中提出的关于项目文档管理及交付的要求进行了解，并掌握关键信息。

（2）编制投标文件　招标文件中关键信息，如项目概况、项目规模、招标范围、投标文件需要递交的时间、对项目文档管理的各项要求，含适用管理标准要求、人员配备要求、文档管理软件要求、交付文件要求等，项目文档控制经理/项目文档控制工程师根据以上获取的信息，按照招标文件中的投标文件格式或公司投标小组提供的模板，编制投标文件中与文档管理相关的章节，对招标文件中招标人提出的要求和内容做出响应，对项目文件质量、进度、安全保证等方面做出承诺。

投标文件中项目文档管理部分的内容一般包括：项目文档管理的目标与策略；项目文档管理工作的组织；工作职责；项目各阶段主要工作内容；主要管理流程，如项目内外部文件收发流等；各类文件管理方法，含管理文件、往来通讯文件、设计文件（含竣工图）、电子文件管理方式、分包商文件及主档案室的管理方式等；项目文档管理体系；项目文档管理特色及亮点；文件质量、进度、安全保证措施；以及其他招标人要求说明和响应的内容等。

需要注意的是编制投标文件时，各部分内容需与招标人的要求进行呼应性阐述。

（3）技术澄清　在阅读招标文件后，如对其中文档管理相关内容有不明确之处或疑问，需要在招标人规定的时间前以书面形式及时向投标小组反馈，由投标小组将提出的问题发送招标人予以澄清，收到招标人书面的答复后，继续完成标书相关内容的编制工作。

（4）合同谈判及签订　在收到中标通知书后，进入合同准备及合同谈判阶段。文档管理的主要工作为编制相关合同附件，其中应明确各类文件，主要包括设计文件（含竣工图）等交付范围、交付份数、交付时间、交付方式等内容，如需要也应要求发包人对文档管理的具体要求、标准、制度纳入该附件。

4.1.2　文档管理工作的策划

设计单位在此阶段的整体策划工作主要为成立项目组、编制项目执行计划、搭建项目管理体系等项目策划方面的工作。项目文档管理作为项目管理中的一项重要工作，在此阶段也需要做好如下策划工作。

（1）确立项目文档管理目标　项目建设单位为了保证全项目文档管理目标的实现，必然会对各承包商提出管理要求。针对设计单位，由于其主要工作内容为完成承揽范围内的设计工作管理及施工配合工作，故其首先应按照建设单位提出的全项目文档管理目标和要求确定自身文档管理目标，才能确保与建设单位及其范围内分包商进行有效的文档沟通、履行合同约定的责任和义务。设计单位文档管理团队除了要履行对建设单位的合同义务外，还需保证对自己公司的归档责任，故其在制定文档管理目标的时候，还需考虑公司对文件的各项要求。设计项目文档管理目标一般为：

- 保证项目文件的真实性、统一性、规范性、完整性和时效性。
- 保证文件信息在项目范围内及时传递，确保项目信息的畅通、高效共享。
- 保证项目过程中及结束时交付文件的顺利提交及验收。
- 保证项目结束后项目文件在设计单位公司的归档。

（2）项目文档管理策略的制定　依据项目文档管理目标就可以完成对项目文档管理策略的制定。设计单位文档管理团队需根据合同的要求、项目的特点、设计单位公司的要求及项目实际情况，确定本项目文档管理策略，设计项目文档管理策略一般为：

- 搭建完善的文档管理体系，即文档管理计划——各类文档管理程序——各类文档管理的作业表格、作业文件。
- 借助电子文档管理系统搭建全项目信息管理平台，使文件管理做到纵向版次管理，横向及时传递和共享。

- 做好过程控制与监督，确保设计文件的按时交付。
- 前端控制与后续管理相结合，确保项目文档管理的顺利归档与后续利用。

（3）项目文档管理团队的建立　设计单位在此阶段成立项目文档管理团队并指定专人负责，根据项目的规模、特点、需要和项目的进展，配备文档控制小组经理及相应数量和工作经验的文档控制工程师，明确工作职责并建立对内对外界面关系，积极配合建设单位文档管理部门的工作。

项目文档管理团队在规划阶段需做好项目文档管理人力计划，该计划中的人员数量需根据项目整体工作进展情况增加或递减。

（4）项目文档管理体系文件的编制　此阶段是项目各专业确立管理模式、建章立制的重要阶段，项目文档管理团队需根据制定好的项目文档管理目标和策略，着手项目文档管理体系文件的编制。

首先应依据项目文档管理目标和策略，在全项目执行计划框架下，建立项目文档控制的执行计划。并逐步建立健全计划之下的各类程序文件和作业文件。设计单位根据项目实际情况，编制上述文件供项目执行。

项目文档管理体系文件首先应确立项目文件的标准化管理，如对文件编码、格式、版次、签署等做出规范性要求。建立文件的流转机制，确保文件的及时收发、交付和归档。在编制文档管理体系文件时，要充分考虑合同中相关要求，包括文件的份数、质量等交付要求；同时，也要充分与公司档案管理部门沟通，确定项目文件的归档要求。体系文件的构成详见本章3.4“管理制度”。

（5）项目文档管理平台的搭建　策划、搭建项目文档管理平台，使文件管理做到纵向版次管理，横向及时传递和共享，在确保项目电子文件安全性的同时，满足文档的及时有效收集及后续管理。其主要内容包括：

- 建立项目电子文档管理平台结构目录树，实现电子文件分类存储。
- 做好平台各级权限的管理，按照人员职责和工作范围区分权限、做好人员分组管理，并对不同的人员群组赋予不同的查阅利用权限。
- 由项目文档管理团队通过项目文档管理平台正式发布的项目文件为项目正式文件，项目正式文件放置在项目受控文件夹内，供全项目查阅和共享。原则上提供查阅和利用的电子文件版本为文件带签字的PDF版本，项目成员依据各自的权限，查阅权限范围内的文件。

（6）接受培训、继续进行项目文档管理要求的沟通，并对项目内外进行项目文档管理理念和制度的宣贯　此阶段项目文档管理团队需继续与建设单位进行项目文档管理要求的沟通，并将编制好的文档管理体系文件发送建设单位进行审核，接受其项目文档管理要求和适用标准的培训；项目文档管理团队还需就项目文档管理理念以及建立的项目文档管理体系，对项目组内部及分包商进行宣贯、培训和指导。

4.1.3　基础工程设计及详细工程设计文件的管理

设计单位在工程建设项目规划阶段需开展基础工程设计及/或详细工程设计工作，并将设计成品文件交付建设单位，同时做好设计成品文件及设计过程文件在公司内部的归档工作。

（1）设计成品文件的管理：

1）设计成品文件的内部管理。设计成品文件是项目规划环节最重要的管理内容，包括基础工程设计及详细工程设计文件，是作为成品文件向建设单位交付的主要文件之一。详细工程设计是基础工程设计的细化，是工程项目施工的依据。设计工作是设计单位在规划阶段最主要的工作。这里所说的为设计单位承担基础工程设计及详细工程设计任务的情况。

设计成品文件从产生(含审核)、收集、查验、发布、发送到预归档、归档是一个完整的内部管理流程。其具体的管理流程我们将会在本书方法篇中详细阐述，这里只做简要介绍。

设计成品文件的管理依据为项目文档管理体系中的《项目设计文件管理程序》，对于设计文件管理，主要应建立健全各项设计文件管理规定，如编码、格式、版次、签署等，让设计文件的产生及管理有章可循。基础工程设计还应提前确定文件的成册策略，以保证基础工程设计文件各章节的有机联系和组织；内容审核环节应按照设计工作的校对、审核、会签及公司质量审核部门的流程完成设计验证及设计质量检查，项目文档控制工程师在收集文件后，查验文件的格式、编码、签署、页数、版次，确保文件的真实性、统一性、规范性、完整性和时效性；经查验完毕的文件进入发布环节，就可以在项目内进行发布，供有权限的人员使用和查阅；发布后的文件，项目文档控制工程师需对其进行预归档或归档，以保留项目设计成果，供后续项目使用。

设计变更单是详细工程设计中及详细工程设计结束后产生的一种文件，用于对详细工程设计文件的局部修改，这种文件的出现有时候是在规划阶段，但在国内工程建设中，规划阶段到了后期，即详细工程设计阶段往往与执行阶段有重合，故此类文件在两个阶段都会出现。设计变更单作为对详细工程设计的补充和修改，属于详细工程设计文件的一部分，应按照详细工程设计文件管理流程处理。但其具体流转和管理流程却与详细工程设计文件有着较大不同，具体参见方法篇中的第 11 章“设计文件”。

这里还要说一下设计文件的归档，设计单位项目组需从公司今后对档案的利用和项目需求、工作便利性角度，明确设计文件的归档要求及归档方式，如基础工程设计文件一般多采用成册后统一归档的方式，而由于详细工程设计多与施工同时开展，且文件量巨大，故详细工程设计多采用边设计边归档的方式。另外，从文件的查验角度，也有不同的做法，有的公司项目文档控制工程师从项目角度对文件进行查验，档案管理部门归档的时候从公司档案收集角度再对文件查验一遍；但有的公司也将二者合二为一，两种做法各有利弊，主要取决于各公司的人力配置、机构以及工作流程的设定。但部分公司文件不经查验便发布出版并归档的方式却肯定是不可取的。

2）设计成品文件的交付。总的来说，项目文档控制工程师向建设单位交付设计文件时，主要包括交付准备、实施及确认工作。设计单位按照建设单位交付要求准备好文件及文件传送单，设计文件的交付一般分为阶段性交付和即时交付，一般来说，基础工程设计文件多采用阶段性交付，详细工程设计文件一般采取即时交付的方式，项目文档控制工程师需督促建设单位对交付文件进行确认，并收集确认凭证。

（2）设计过程文件管理　设计过程文件是设计文件的一种，区别于成品文件，一般不需要交付建设单位，但也是设计过程中产生的正式文件。在规划阶段，设计过程文件也需要进行管理和内部归档。设计过程文件包括：设计条件、设计计算书(设计计算过程)、设计各类评审、设计校审记录、各公司设计质量验证文件等。

设计过程文件由于不在交付范围内，故其管理主要取决于各设计单位的要求，也因此不一而同，如管理深度、归档范围等。有些公司比较重视设计过程文件，认为其是把控设计质量的重要环节和依据，故在设计管理及项目文档管理中对设计过程文件的管理制定详细规定，并由项目文档控制工程师，或借助项目电子文档管理平台对每一类文件的流转环节进行详细跟踪和管控；但鉴于精细化管理所需要投入的人力和物力，也有些公司不甚重视设计过程文件的管理，甚至不予归档。笔者认为，设计过程文件是设计过程中产生的重要文件，它的管理对设计质量的验证和追溯有着重要意义，故应对其进行管理并归档，但管理深度和范围可以依据各公司的条件而定。

以设计互提条件为例，设计互提条件是设计上下游专业之间互相提供的设计参数、资料等形成的文件，它是设计成品文件的重要输入。对于此类文件，各设计单位管理形式不同，可由项目文档控制工程师进行管理，也可由设计专业负责人自行管理。

（3）其他内部文件的管理　在项目执行过程中，设计单位项目组还有通讯类、管理类等文件。在项目策划工作中，设计单位与各方确定协调程序，通讯类文件如传真、会议纪要、信函等按照协调程序的要求进行传递。

管理类文件包括：计划、程序、规定等，设计单位确定其审批流程，待批准后，按照确定的分发范围进行分发。

在设计单位项目组内，各部门还会产生一些文件，如部门级会议纪要、如上文提及的设计条件等，属于非项目级文件，则应视项目组对于项目文档控制小组/项目文档控制工程师的文件管理范围，确定是否应由项目文档控制工程师进行管理。原则上，部门级的文件由各部门自行管理，如对外发出，则应视为项目级文件，由项目文档控制小组/项目文档控制工程师统一管理。

（4）建设单位文件的管理　设计单位项目组在项目执行过程中，会接收建设单位的文件，如传真、规定等。设计单位项目组项目文档控制工程师应按照协调程序，及经建设单位确认过的文件管理体系中的相关要求对接收文件进行查验，并做内部发布等管理。如建设单位文件发送违反上述要求和程序，并对设计单位的工作造成影响，设计单位项目文档控制小组/项目文档控制工程师需向建设单位提出调整建议。

（5）分包商文件的管理　规划阶段如有设计分包，对设计分包商文件的管理工作主要为：

1）向分包商发布文档管理要求。设计单位需将建设单位和设计单位文件管理的各项要求和相关程序文件提供给分包商，每次修订和完善后的版本，均需及时向分包商进行发布，并对其提出的疑问给予澄清解答。

2）对分包商文档管理体系的审查。分包商需编制项目文档管理计划及文件交付计划，以及各类文件管理程序，并提交设计单位备案、审核，以便在项目执行过程中组织自己的文档管理工作及交付各类文件。

3）分包商文件的接收和管理。设计单位项目组项目文档控制工程师接收分包商提交的文件，含中间审查文件及最终交付文件。首先应按照分包商文档管理体系文件查验接收文件，并在项目内进行发布。需要答复的按照协调程序约定好的时间给予回答。最终交付文件除留下设计单位项目组的归档份数外，其余应按照交付时间统一交付建设单位。

4）对分包商文件管理工作的检查。在项目实施过程中，设计单位还应按照文档管理体系文件中对分包商文档管理工作的要求编制检查大纲（具体参见方法篇第 11 章 10.4“分包商文件管理审查提纲”），不定时地对分包商文件总体管理、纸质文件及电子文件管理等工作进行检查。

4.2　项目执行阶段

建设工程项目执行阶段，设计单位的主要工作为配合施工建设工作进行现场服务，这一阶段其项目文档管理的重点为对设计变更以及升版的设计成品文件的管理，以及实施过程中所产生的通讯类文件等的管理。另外，如由设计单位负责竣工图编制及组卷，还需注意相关培训工作，包括接受建设单位培训、组织项目内部培训（包括项目文档控制小组/项目文档控制工程师内部培训以及项目文档控制小组/项目文档控制工程师对项目组内部开展的培训）以及对分包商进行相关培训，以便能够将竣工图交付管理要求向各方予以传达并就具体做法进行讲解、传授。

4.2.1　文档管理要求的进一步明确

（1）文档管理要求的沟通　在项目初期，设计单位项目文档控制小组/项目文档控制工程师与建设单位、公司档案管理部门进行了充分沟通，确定项目文件尤其是设计文件收集、交付的范围和要求。随着工作的开展，设计单位需与建设单位对提交及交付文件的各项要求进行进一步的沟通，包括前期确定的工作要求在执行中遇到的问题，以及在项目初期没有预见到的问题等。

（2）文档管理体系文件的跟踪维护　随着对文档管理要求的进一步沟通，设计单位在项目进展中需进一步修订、完善文档管理体系文件，对于文档管理体系文件的编制、修订、完善，均需发送建设单位进行审核及备案。

4.2.2　各类文件的管理

（1）设计文件的管理　在项目执行阶段，由于条件变化等原因，详细工程设计文件会有新增或升版，其管理方式与项目规划阶段中详细工程设计文件的管理方式一致。

在项目策划阶段设计单位已按照合同或建设单位要求基本明确了竣工图编制要求和管理责任。如明确由设计单位负责编制竣工图，则设计单位项目文档控制小组/项目文档控制工程师，在项目执行阶段，应及时收集问题，针对执行中无法落实及不明确之处与建设单位进行沟通，进一步明确并形成书面文件。同时，应及时组织对分包商的宣贯和培训。

（2）请购文件的管理　设计单位需编制请购文件供建设单位开展采购工作，设计单位文档控制工程师按照请购文件编码等编制要求查验文件，并发送建设单位审核，经建设单位确认的文件供建设单位进行采购。设计单位文档控制工程师预归档请购文件，并在项目结束后，统一归档至公司档案管理部门。其具体流程可参考方法篇第 11 章 2“采购文件”。

（3）其他内部文件管理　执行阶段其他内部文件的种类与规划阶段基本相同，其具体管理方式见规划阶段。

（4）建设单位文件管理 执行阶段传递给设计单位项目组的建设单位文件类型基本与规划阶段一致，故其管理方式见规划阶段。

（5）分包商文件管理 执行阶段对设计分包商的文档管理要求和方法与规划阶段基本一致。另外，在竣工图管理方面，需及时向其传达编制及组卷要求，督促其做好竣工图编制组卷等准备工作。

4.3 项目收尾阶段

工程建设项目收尾阶段的主要工作为试运行及竣工验收工作，对于设计单位来说，主要负责配合项目中间交接、试车及交工验收等工作。设计单位文档管理工作的主要任务在此阶段主要为完成竣工图的组卷与交付。在项目规划阶段，设计单位项目组已经初步明确了竣工图的编制及交付要求；在项目执行阶段，设计单位项目组进一步明确上述要求，并对设计分包商进行了宣贯及培训；在项目收尾阶段，设计单位及其设计分包商需按明确的标准文件编制竣工图，按要求组卷、交付，并配合建设单位完成最终的档案专项验收，及验收后的整改工作。同时，设计单位项目组文档控制小组/文档控制工程师需做好内部归档工作。

4.3.1 竣工图组卷

设计单位及其设计分包商需按照建设单位的要求编制竣工图。设计单位及其设计分包商根据建设单位及设计单位档案管理部门的要求实施对竣工图的收集查验，并做好组卷准备工作。

设计单位项目组与建设单位、设计单位档案管理部门和质量管理部门协商，经设计经理批准，确定本项目竣工图的管理方法，含编制范围、编制方法、编制要求、装订方式等，对竣工图的图签格式、编码、版次、签署、竣工图章盖章方式(按照《建设项目档案管理规范》DA/T 28—2018 的要求，目前一般由监理加盖竣工图审核章，建设单位有特殊要求或执行其他标准的情况除外)，以及竣工图组卷组册等要求做出具体规定，并形成书面文件，双方签字确认。在征求建设单位意见时，应要求建设单位出具其行业、项目所在地竣工图档案管理等方面的要求。也可根据建设单位的具体情况，自行收集这方面的要求，但需得到建设单位的书面确认。一般情况下，竣工图的编制范围、内容、数量应与详细工程设计一一对应。如有新增加或取消的文件，需按照具体情况，将增加、修改或取消内容的依据纳入竣工图编制资料，如标注设计变更单编号等。

竣工图编制的几种基本方法为注记修改法、杠划法、重新绘制竣工图法。编制时，应在修改处用云形线进行标识，也可根据建设单位要求不留任何标识。

竣工图编制完成后，需经过设计、校对、审核、审定、会签专业按照详细工程设计文件的签署级别完成验证。经设计经理同意或批准后，由项目文档控制工程师进行竣工图的格式(图签样式)、编码、版次、签署等方面的编制要求进行查验确认，无误后按照合同约定的份数进行出版。出版完成后，如按照建设单位的要求需加盖竣工图章，则由项目文档控制工程师或出版部门加盖竣工图章，并配合设计经理组织相关人员完成竣工图章的签署，再提交监理单位完成签署；如需要加盖监理审核章，则在出版后提交监理单位加盖竣工图审核章并完成签署。盖章签署后，按照建设单位的要求对竣工图进行整理，包括对竣工图进行分类、组卷、排列、编目、装订(如有必要)与装盒。

4.3.2 竣工图的审查、交付及整改

(1) 内部审查　完成组卷的竣工图，由设计单位设计经理、质量经理及文档控制工程师按要求进行检查，并准备接受监理单位及建设单位的审查。

(2) 接受建设单位及监理单位审查及整改　完成编制整理组卷后的竣工图，根据审查程序向建设单位提出审查要求，由监理单位及建设单位进行审核。如需要整改，则按照监理单位及建设单位意见进行整改。取得监理、建设单位对资料内容及文件各要素的认可后，完成交付。

(3) 交付建设单位　组卷后的竣工图经审查验收合格后，建设单位应签署"交工技术文件移交证书"，办理交付手续，明确档案交付的内容、案卷数、图纸张数等。设计单位文档控制工程师填写《交工技术文件交付清单》一式两份，双方签署，设计单位文档控制工程师还需交付可编辑版《交工技术文件交付清单》和《卷内目录》。

4.3.3 配合验收工作

竣工验收工作验收内容涵盖项目建设全过程。为做好竣工验收工作，通常要求参与工程建设的设计、采购、施工、外事、EPC、监理、生产等单位高度重视竣工验收准备工作，做到竣工验收准备工作与工程建设同步进行。设计单位需按照单位工程划分，及时组织范围内竣工图的收集、汇编工作，并报送监理单位和建设单位进行审查，编写项目总结并配合各项专项验收，包括档案专项验收工作。在档案专项验收工作中，对提出的承包范围内的相关问题及时配合整改，以便通过验收。

4.3.4 项目文件的内部归档

在完成建设项目相关工作后，按设计单位档案部门明确的归档范围，将经整理、编目后形成的项目文件按公司相关规定向档案管理部门归档，归档文件应完整、成套、系统。外文资料应将题名、卷内章节目录译成中文；经翻译人、审校人签署的译文稿与原文一起归档。

5 项目文档控制关键控制点

5.1 项目文档管理标准、要求的明确及传达

项目文档管理标准及要求应在项目启动时由建设单位确定，在招标文件以及后续合同签订中加以落实，并向参建单位传达。作为设计单位，应该积极与建设单位进行沟通，明确并执行这些标准要求，同时将上述要求传达到自己范围内的设计分包商，以保证按照建设单位的标准和要求完成范围内的文档交付及管理工作。

5.1.1 积极沟通、提出可行性意见及建议

在项目规划、执行、收尾各阶段，含招投标阶段、合同签订时、项目文档工作策划时以及项目实施期间，设计单位应与建设单位保持积极沟通，以明确其在项目文档管理工作

中的适用标准及要求，还应慎重考虑上述标准和要求的可执行性，并尽可能充分地与建设单位进行深入沟通。还可根据自身经验，向建设单位提出可行性意见和建议，以保证项目文档管理工作的有序开展。

5.1.2　明确标准要求，并尽量书面化、文件化

设计单位在建设工程项目中，主要承担设计工作，根据承接的工作范围以及自身资质等，必要时需进行设计分包，设计单位及其设计分包商需要在同样的标准、要求、输入条件以及指令下工作。项目文档管理工作也是一样的，大家都必须按照一致的标准和要求操作，才能确保管理质量和效率，避免标准要求不够明确，造成大量返工或推诿的情况。因此，在项目实施过程中尽一切可能做到标准、要求、指令的明确化、书面化、文件化，如对于不够清晰或无法执行的要求，可采取会议等形式沟通解决，确保建设单位、监理单位参会，会议达成的共识形成补充文件或会议纪要，并由与会方共同签字认可等形式解决问题，避免标准无法执行、要求含混不清、指令朝令夕改，以保证设计文件包括竣工图交付的效率和质量。

5.1.3　向范围内设计分包商传达文档管理要求

设计单位是建设单位与设计分包商之间的桥梁，设计单位需要将建设单位的要求和指令及时传达给分包商，同时分包商遇到的问题，如超出了设计单位的解决范围，还需及时传递给建设单位进行解决。

5.2　项目合同的签订

合同是项目参建方履行责任、义务，同时享有权利的依据，项目文档工作中设计单位需交付的文件和方式等重要事项应在合同中进行明确的约定，以免项目执行中产生纠纷。

5.2.1　参与项目合同的签订

在与建设单位签订合同时，设计单位项目文档控制小组/项目文档控制工程师需对其中文档管理及交付的合同附件与建设单位进行协商与确认，以保证合同中对于文档管理和交付的要求是可以被满足的，避免出现由于文档管理人员没有参与合同谈判及合同文本的编制而造成的违约现象。

同时，在设计单位签订设计分包合同时，项目文档管理人员也应参与其中，以建设单位及本公司要求为依据，在分包合同中明确设计分包商在文件管理和交付中的责任和义务。

5.2.2　明确各关键点要求

在与建设单位、设计分包商的合同中，主要需要明确与文档管理相关的要求为：

- 文件交付及审查范围：约定需递交审查（含设计、请购及各类管理文件）及交付文件的详细范围、名称。
- 文件交付份数：确定各类交付文件纸质版及电子版的份数。
- 文件交付格式：明确交付文件的格式（主要指电子版文件）。
- 文件交付时间：明确哪些文件按照项目进展即时交付，哪些文件可阶段性地交付。
- 文件交付地点：约定文件交付的地点、具体地址及接收部门或人员（一般指硬拷贝文件）。

• 文件交付形式：纸质版文件一般以邮寄的方式交付；电子版文件一般采用邮件形式，阶段性的交付可以光盘形式邮寄。

• 其他交付要求：为便于建设方及设计单位文档管理工作的开展，要求提交便于建设单位文档管理的相关文件和格式，如可编辑版交付文件目录，项目出图完毕后提供完整的总目录（设计文件所涵盖的所有装置的目录）、分目录（各装置中所有主项的目录）及专业目录（各主项下所有专业的目录），以便于核对项目文件的完整性。

• 其他与文件相关的要求：如文件编码、图签样式、版次及版次说明等，以及各类文件管理要求，尤其是交工技术文件交付的相关要求等。

• 对设计分包商文档管理进行监督、考核：包括对设计分包商文档管理体系文件的递交时间和审查要求、建设单位对各参建单位及设计单位对设计分包单位文档管理的检查方案、考核和奖惩措施，如拿出进度款的一定比例对文档交付进度和质量进行考核等。

• 对设计单位应承担责任的相关规定：合同中责任和义务应是甲乙双方共同承担的，设计单位在项目文档管理中也应承担自身的责任，有些设计单位以为自己的责任写得越少越好，殊不知一旦工作出现问题，最终将影响设计单位的自身利益，设计单位由多部门组成，文档管理工作需要各部门的配合，在合同中明确自己的责任，有利于设计单位文档管理团队推进项目文档管理工作。设计单位在项目文档管理工作中应承担的责任包括但不限于：在指定时限内答复和返回设计分包商的审查文件，并尽早以文字明确各类文件的管理要求；当设计分包商就文档管理工作提出任何疑问时，设计单位应在规定时限内给予答复；设计单位应按建设单位要求参加各行业、地方和上级机关对工程项目文档管理工作的检查和验收，并对后续整改工作进行跟踪和落实。

在上述合同签订的相关工作中，设计单位项目管理团队应与负责合同签订工作的负责部门，如市场部、控制部等，提前沟通并达成共识，保证从投标文件编制到合同谈判过程中各项工作的参与度，主要需要注意设计单位文档控制小组/文档控制工程师的参与度，在分包合同中约定清楚分包单位在文档管理方面应承担的责任和义务。

5.3 对分包商文件交付及管理工作的控制和管理

5.3.1 向分包商传达建设单位文件交付及管理要求

设计单位需要将建设单位及设计单位项目组文件管理的各项要求和相关程序文件提供给设计分包商，并对其提出的疑问给予澄清和解答。

5.3.2 对分包商进行宣贯、培训及指导

设计单位项目组在项目范围内组织与文档管理工作相关的培训活动，宣贯并落实项目各项文档管理标准规定，并对分包商提交文件的各项意见进行答复。

5.3.3 对分包商的文档管理体系文件进行审查

分包商需要按照建设单位及设计单位项目组文件管理的各项要求和相关程序文件，编制含文档管理计划、文件交付计划、各类文件管理程序在内的文档管理体系文件，提交设计单位项目组审核、备案，在项目实施过程中，设计单位始终以其为依据，对设计分包商文档管理工作和文件交付情况进行跟踪和监督。

5.3.4 对分包商文档管理工作进行检查和管控

在项目执行过程中，设计单位需要定期或不定期地对设计分包商文档管理工作进行检查，如发现与项目以及分包商文档管理体系文件不符合的情况，需要责令分包商限期改正。

设计单位可根据项目情况编制“分包商文件管理审查提纲”对分包商文件的管理进行检查，提纲中包括各检查要点，如分包商项目文档管理人员的配备、项目主档案室的管理情况、项目电子文档管理平台的搭建以及对设计单位文档管理要求的执行和响应情况等。

5.3.5 对分包商文件的审核和答复

（1）一般文件的审批　设计单位项目组对分包商提交的文件需要进行审批和答复时，设计单位项目组应在合同或协调程序约定的时间内，整理所有的内部意见形成项目组的答复文件，并按照设计单位项目组文件发布发送流程发送分包商。

（2）设计变更的审批　对于分包商产生的设计变更的审批处理需要由各方商定具体流程。以下为一般情况下的审批流程，各设计单位项目组可参考执行。分包商产生的设计变更，需经设计单位及建设单位审批的，应由其在约定的工作日内审查并返回所有意见。针对设计分包商提出设计变更，一般包括两种情况：分包商内部原因及外部原因引起的变更。分包商内部原因的设计变更，也称为设计原因变更，一般在完成内部审批流程后，即可按照设计文件发送流程或项目规定的此类文件发送流程发送建设单位供施工；由设计单位、建设单位、施工单位、设备或材料制造厂、专利商、国家或地方性法规的改变等外部原因引起的设计变更，也称为非设计原因变更，分包商完成内部签署，经设计单位项目组审批后提交建设单位进行处理或批准，再返回至分包商盖章后发送建设单位供施工。

（3）请购文件的审批　设计分包商请购文件需提交设计单位及建设单位审批，设计单位及建设单位在约定时间内审查并返回意见，设计单位及建设单位确认后即完成审批，建设单位可用于采购。

5.3.6 对分包商交付文件进行检查和确认

分包商按照项目分包合同、设计单位项目组和建设单位相关要求。向设计单位项目组进行各类文件的即时或阶段性交付。设计单位根据项目要求，对分包商交付的文件，按照《项目文件编码程序》《项目文件编制管理规定》《竣工图管理规定》等检查文件的格式、名称、编号、版本及签署，并依据“文件传送单”核对文件版次、文件数量，对于不符合编制要求的文件退回分包商进行修改，如确认无误，则在传送单上签字确认。分包商的设计文件包括竣工图，在交付设计单位项目组后，由设计单位项目组向建设单位进行交付，如不符合要求，分包商需配合完成修改，并重新提交文件。

5.3.7 对分包商文件进行预归档和归档

（1）分包商文件预归档　设计单位接收分包商文件后将文件在项目主档案室进行分类预归档。其中涉及设计成品文件，如基础工程设计文件或施工蓝图等，按照项目阶段、装置单元、专业等进行预归档。分包商交付的设计文件有新版本后，设计单位需替换预归档的旧版本。

（2）分包商文件归档　项目结束后，分包商文件作为设计单位项目文档控制工程师预归档文件的一部分，也应向设计单位公司档案管理部门进行归档。文件归档前，设计单位项目组应将作废版本及无须归档的文件，依照程序进行销毁。需要归档的分包商文件按照公司档案管理部门的要求整理后完成归档工作。

5.4 竣工图组卷交付及配合验收工作

5.4.1 明确竣工图编制的标准、要求及职责

认真研读分析建设单位发布的关于竣工图的相关文件，并与建设单位相关部门，如质量管理部门、档案管理部门，以及监理单位沟通，就竣工图编制、组卷、交付等各方面的要求进行沟通与确认。

同时，设计单位还需将设计分包商就竣工图的管理、交付职责纳入项目管理程序，明确其应履行并承担的管理职责。

5.4.2 做好合同范围内竣工图编制及交付工作的宣贯、培训和指导工作

设计单位在充分了解建设单位竣工图相关标准要求后，需将相关标准要求文件发送项目组内部相关人员及设计分包商。将如何进行合同范围内竣工图的编制、整理、组卷、排序、折叠、装订(如需要)、装盒和交付工作，进行传达、宣贯，召开培训会议。

5.4.3 通过过程管控，保证竣工图的及时交付

竣工图在详细工程设计文件(施工图)的基础上形成，竣工图与其在格式、编号、版次等方面具有一定的联系，因此在项目执行过程中，设计单位应加强内部及设计分包商对施工图的检查，确保其在格式、编号、版次等方面符合建设单位要求，设计单位项目组及设计分包商同时做好电子版文件的保管，在竣工图编制时，除了内容的修改，仅在编号、版次方面做一些小的调整即可满足需要，这对于加快及保证竣工图编制及交付的进度有很大的帮助。

5.4.4 竣工图的组卷工作

设计单位及其分包商需要按照合同或建设单位相关规定编制竣工图并进行整理、组卷。一般情况下，同一项目竣工图按装置/系统单元名称排列，同一装置/系统单元名称下按专业排列，同专业图纸按图号顺序排列。一般情况下竣工图按专业分类装盒，编制案卷封面、卷内目录、交工技术文件封面、交工技术文件说明、卷内备考表。

有了明确的竣工图组卷方案，设计单位及其分包商就可以按照该方案进行文件的预组卷工作。达到预组卷要求的竣工图，一般需经过自查，以及监理、建设单位质量及档案等相关部门对其真实性、统一性、规范性、完整性、时效性、系统性进行审查。竣工图较其他文件来说需要“系统性”，主要是指竣工图是由不同的装置/系统单元、专业的文件构成的一个层次分明的整体，具有一定的秩序和清晰的逻辑关系。预组卷后，经检查发现的问题，需在指定期限内完成整改并进行复查。复查后的文件再按照装订、装盒等要求完成最终组卷工作。

5.4.5 内部检查及整改工作

上文提到了竣工图预组卷，以及预组卷后需进行的自检并开展后续外部检查工作，以及相关的整改及复查工作。对自查过程中发现的问题，应及时进行整改，设计单位项目组

确认后的竣工图应由监理、建设单位审查，对检查发现的问题及时进行整改，并进行复检。

5.4.6 竣工图的交付

经多次检查无误后，设计单位准备交工技术文件移交清单，随完成组卷的竣工图一并交付建设单位档案管理部门。按照上文所述，建设单位档案管理部门将开展最终的检查工作，确认无误后，建设单位档案管理部门将在移交清单上签署确认，并将其返回至设计单位，至此，竣工图就完成了交付工作。

5.4.7 配合档案专项验收

为做好竣工验收工作，作为参与工程建设项目的设计单位，需按照建设单位提出的明确要求配合档案专项验收，主要为确保提交的竣工图符合要求。档案专项验收工作一般由建设单位向上级主管部门或地方质监单位提出申请，并按照回复时间及要求进行验收准备，届时做好配合验收工作。建设单位需要设计单位配合的工作，需向设计单位明确具体要求。设计单位应按照建设单位要求配合其进行验收，并参加档案专项验收会议，如有必要，组织设计分包商进行相关整改工作。

参 考 文 献

[1] 建设工程项目档案整理规范 DA/T 28—2018
[2] 石油化工建设工程项目交工技术文件规定 SH/T 3503—2017
[3] 石油化工建设工程项目竣工验收规定 SH/T 3904—2014
[4] 建设工程文件归档规范 GB/T 50328—2019
[5] 电子文件归档与电子档案管理规范 GB/T 18894—2016
[6] 建设工程勘察设计资质管理规定 2007 年 06 月 26 日建设部令第 160 号发布，2015 年 05 月 04 日住房和城乡建设部令第 24 号修正
[7] 建设工程勘察设计管理条例(2017 修正版) 中华人民共和国国务院令第 662 号

第8章　施工单位文档管理

工程施工单位是依法成立并取得国务院建设主管部门颁发的工程施工企业资质证书，从事建设工程施工活动的组织机构。工程施工是工程施工单位受雇于建设单位/EPC承包商，根据法律法规、工程建设标准、勘察设计文件及合同进行建设工程施工，对工程质量、进度进行控制，对合同、信息进行管理，履行建设工程安全生产管理法定职责的服务活动。施工单位在建设项目中对范围内文档管理工作负直接责任，确保项目文档按照建设单位/EPC承包商规定和发布的统一标准，通过节点控制强化内部管理，实现从项目文件形成、流转到交付、归档管理的全过程控制。

1　管理原则

施工单位文档管理以施工文件与施工建设同步、真实记录施工过程，以及交工技术文件中施工部分顺利通过验收并完成交付及归档为目标。因此，施工单位对项目文档控制工作应本着“执行标准要求、履行交付义务”的原则，对在项目执行期间产生的施工过程记录文件进行有效控制。

施工单位的工作是依据设计文件，对合同范围内的工程建设项目实施建设，故其需要对自己接收到的建设依据，也就是设计文件进行有效管理，确保按照最新的设计方案进行工程建设；同时对其自身工作中产生的文件，主要为施工文件，进行有效管理，确保其真实有效；另外，还需对其分包商的文件(如有)进行过程管控，并最终按照合同要求，完成范围内施工交工技术文件对建设单位/EPC承包商的交付(含分包商文件的交付管理)。故其应该严格执行建设单位/EPC承包商明确的标准，以及制定的规范、要求，其中主要是项目施工文件应执行标准的确定，如国标、行标、地标和使用的表格模板的选择；及时编制施工过程文件，保持施工现场建设工作和施工过程文件的同步，保证按照项目节点进行文件的交付。

2　管理思路

施工单位为按照合同及建设单位/EPC承包商确定的标准、要求，完成交付工作；保证其范围内施工工作过程及成果的可追溯性，防止信息资源缺损，便于有关信息、成果的有效再利用，需对项目施工文件进行有效管理，其管理思路如下：

第一，为了保证施工单位交付文件满足建设单位/EPC承包商要求，应有如下考虑：

1）在工作开始之前，需与建设单位/EPC承包商充分沟通，明确文件管理的各项要求，含施工文件编制所依据的标准、规范及要求，并将其落实在自身文档管理体系文件中。

2）在项目实施过程中，严格按照经建设单位/EPC 承包商审批后的项目文档管理体系文件开展工作，应特别把控过程中施工文件与施工进度的同步性，并确保施工文件的质量，以保证文件管理工作及交付文件满足建设单位的要求。

3）按照与建设单位/EPC 承包商确定的文件交付方式及交付要求，配合建设单位/EPC 承包商的各类检查及整改工作，确保交工技术文件施工部分顺利交付。

第二，施工单位要做好项目组内部文档管理工作，符合施工单位公司的归档要求。

1）结合公司档案与质量管理部门要求，建立项目文档管理体系，并策划、搭建电子文档管理平台。

2）按照公司审查通过的项目文档管理体系文件做好项目文件的管理工作，以满足公司质量体系的要求，同时保证项目文档控制工作在满足项目信息控制及共享的基础上，满足档案前端控制的要求。

3）项目结束后，按照公司规定，做好项目文件的归档工作。

第三，施工单位对分包商项目文档管理工作进行有效控制，使其符合项目整体要求。

1）在招标及合同条款中明确分包商在文件管理和交付上的责任和义务，将分包商的文件管理纳入自身文档管理体系文件中，使分包商文件管理工作处于可控状态。

2）加强对分包商文件过程管理的管控工作，保证其文件资料与项目建设的同步性，以及文件质量符合项目要求。

3）对分包商文件交付工作进行有效管控，保证其交付文件满足合同及建设单位/EPC 承包商的要求。

3　管理体系建设

3.1　机构设置

施工单位项目文档管理工作一般采用分散式管理，每个单项工程配备相应的文档管理人员；包含多个单项工程的大型工程，可设置独立的施工项目文档控制中心。

3.2　人员配备

3.2.1　人员资质

施工单位项目文档控制中心/小组根据工作需要，人员配备主要采取两种方式：一种是仅配备文档控制工程师，并按照需要建立人员岗位层级，按照一定的比例配备相应数量的中高级及初级文档控制工程师(一般比例为 30%及 70%)。此种方式下，施工资料的编制由施工单位技术人员完成，文档控制工程师仅负责文件的管理工作，含文件传递、存档及交工技术文件的组卷等工作。另外一种方式是文档中心/小组配备资料员搭配文档控制工程师两个岗位的人员，资料员主要负责项目施工文件的编制、收集和查验工作，文档控制工程师则只负责文件的传递和管理工作。这种人员配备模式下，文档控制中心/小组以资料员为主，文档控制工程师为辅，两个岗位一般按照 70%和 30%的比例进行配置。也有些单位/项目不设立文档控制工程师的岗位，由高级别资料员担任文档控制经理，中高级别资料员负责编制、查验施工文件及其他文档管理中的核心工作，初级别资料员则仅负责文件的日常处理，如文件的传递、整理、登记和保存。资料员的配备依据工作需要，按照20%、30%及50%的比例，分别配备高级、中级及初级资料员。资料员岗位需根据各省/直辖市要求考取资料员证书，并按照专业进行分工，如土建资料员、安装资料员等。

各岗位职级的评定主要通过人员基本条件（包括工作年限、岗位年限、工作经验、职称/资质等）、岗位能力、领导能力、影响力等多方面确定。

3.2.2 人员配备

施工单位对于各项目人力配备一般依据项目规模确定，大型建设项目或中型含多个单项工程的项目，可根据单项工程数量或项目规模成立文档控制中心或人数小于文档控制中心的文档控制小组完成项目文档管理工作。文档控制中心/小组一般配备一名中高级文档控制工程师/资料员任项目文档控制经理，对中心/小组成员和项目文档管理的整体事务进行管理，同时配备一名或几名初级文档控制工程师/资料员完成各单项工程的文档管理工作。以大型建设项目的文档控制中心为例，组织机构示意图见图8-1。

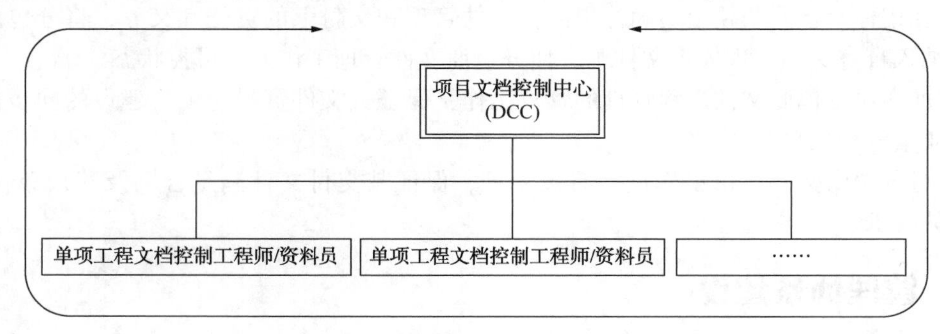

图8-1　组织机构示意图

中小型项目，每个单项工程配备一名中/初级文档控制工程师/资料员。

3.3 职责分工

在项目初期，施工单位需明确其在建设项目文档管理工作的责任和义务，并据此来确定项目组内部成员在文档管理方面的职责，一般职责如下。

3.3.1 项目文档控制中心

负责合同规定工作范围内文件信息的管理，保证项目文档的真实性、统一性、规范性、完整性及时效性，保证项目文档的及时、有效传递，使项目文档在安全的前提下高效共享，最终确保项目交工技术文件的及时交付及项目需保存资料的按时归档。具体职责如下：

（1）文档控制经理　如文档控制中心不负责编制施工文件，则文档控制经理由文档控制中高级工程师担任；如文档控制中心负责编制施工文件，则一般情况下，文档控制经理由高级资料员担任。针对配置资料员的情况，这里仅对文档管理的职责进行阐述，资料员编制施工文件的职责这里不做展开。

- 对项目经理负责，在项目内组织协调项目文档控制工作。
- 与建设单位/EPC承包商项目文档控制部门沟通协商，明确文档管理要求，以组织编写投标文件或合同文本。

- 与其他单位(如建设单位、监理、EPC承包商、分包商)文档管理工作负责人直接联系，就一切与文档质量、交付进度等相关问题交换意见。
- 负责项目文档控制中心/小组的组织管理工作，协调与文件管理工作相关的界面关系。
- 负责项目文档控制体系文件的策划和搭建工作，制定范围内各类文档管理程序并适时维护与更新，经项目经理批准后用于项目执行，并提交上述文件至公司档案管理、质量管理(如需要)部门备案。
- 负责组织、策划、搭建、完善项目电子文档管理平台、平台结构目录树和各级权限的定制策略。
- 不定期与建设单位、EPC承包商文档管理团队沟通，积极组织团队成员参加建设单位、EPC承包商组织的培训。
- 总体管理和协调项目实施过程中项目文档控制小组的日常工作，以确保各项文档管理工作符合体系文件的要求。
- 组织DCC内部例会、部署任务，抓住关键点处理DCC相关日常事务。
- 组织策划团队建设工作，增强团队凝聚力。
- 与施工分包商项目文档控制小组/项目文档控制工程师沟通协调，传达文档管理的要求和意见，并审批施工分包商文档管理体系文件。
- 跟踪检查施工分包商在项目执行过程中的文档管理工作，以确保其符合合同及项目文档体系的要求。
- 组织、参加项目内外与文件管理相关的各类协调会或工程例会，协同讨论相关的问题及解决措施。
- 在项目内外及文档控制小组内部组织各类宣贯、培训，以提升项目内外文档管理意识、提升文档管理水平。
- 针对项目要求和特点，组织做好项目文档控制工作的考核、检查工作。
- 按照施工单位公司要求，组织进行项目结束后的项目文件归档工作。
- 负责范围内交工技术文件施工部分(包括声像资料)的组卷工作。
- 配合建设单位、EPC承包商的各类文档管理检查工作，并配合就发现问题进行整改。
- 配合项目验收工作，对于验收中发现问题积极配合建设单位、EPC承包商进行整改。
- 其他文档管理相关的各类工作。

(2) 文档控制工程师/资料员　如前文所述，资料员依据职级高低，按照难易程度，还肩负编制施工文件的职责，但这里仅对资料员文档管理的职责进行阐述。

- 向文档控制经理汇报工作，负责编制分管范围内项目各类文档控制程序，并进行日常跟踪维护。
- 按照项目文档控制程序及相关规定的要求，对分管范围的项目文档进行管理，保证其真实、统一、规范、完整、有效。

- 负责依据体系文件进行项目文档接收、查验、发布、发送、交付、预归档管理等工作。
- 对分管范围内的文件按照合同及相关规定中文件份数、交付形式、交付地点等要求进行文件传递和交付。
- 跟踪分管范围内各类文档状态，并定期形成文档管理报表，供项目组查阅。
- 负责分管范围内电子文档管理平台受控文件夹各级权限的授权与日常跟踪维护。
- 负责按照合同及分包商的文件管理计划及程序监督、跟踪分包商文档管理工作，尤其是施工文件交付工作。
- 不定期召开 DCC 会议或与施工分包商保持必要的沟通，就新规定、新问题向其进行讲解、宣贯和培训，并接受咨询、给予业务指导。
- 负责组织分管范围内施工分包商完成交工技术文件施工部分(包括声像资料)的收集、整理、组卷、交付，以及相关整改等工作。
- 协助项目文档控制经理按照公司要求完成项目结束后的归档工作。
- 配合项目文档控制经理或项目经理完成其他文档管理工作。

3.3.2　项目组其他成员

(1) 项目经理　是项目文档控制工作的第一责任人和领导者，负责听取项目文档控制经理/文档控制工程师、资料员对于项目文档控制工作的汇报，共同制定项目文档控制工作的策略和实施方案，并对项目文档控制程序文件进行审批，有责任组织职责范围内交工技术文件施工部分(包括声像资料)的收集、编制、审核、过程管理及交付、归档工作。

(2) 控制经理：

- 在与施工分包商进行合同签订之前，有责任与 DCC 就分包商文件交付的相关要求进行沟通确认。
- 负责按项目文档管理体系文件组织做好控制部相关文件的编制等工作。

(3) 质量经理：

- 负责按公司质量体系要求指导、监督、检查项目文档控制工作，并负责按项目文档管理体系文件组织做好质量部相关文件的编制等工作。
- 有责任与 DCC 共同对本单位的施工文件进行自检，并负责与 DCC 协作配合，按照进度计划检查分包商施工文件、交工技术文件施工部分(包括声像资料)的完成情况。

(4) 施工专业工程师：

- 负责按照项目文档管理体系文件做好施工部相关文件的编制等工作。
- 负责按照进度计划提交文件，当 DCC 查验或提出修改要求时，积极配合整改工作(有资料员的单位/项目，此工作由资料员承担)。

(5) 其他项目参与人员：

- 有责任按照项目文档控制程序文件配合 DCC 完成相关文档控制工作。应按照项目发布的项目文件编制管理规定编制项目文件，并使用项目规定的文件模板/格式。
- 项目文件编制完成或修改、升版后，项目参与人员应跟踪文件的审批环节，并及时送交文档控制工程师，按照规定流程进行文件发布发送。
- 送交项目文档控制工程师查验的文件，经查验后如需要修改，项目人员有责任按照文档控制工程师的要求配合完成。

● 项目各类工作完成后，项目参与人员应及时将需要预归档的项目文件交由文档控制工程师。

3.4　管理制度

施工单位文档管理制度基于建设单位/EPC 承包商项目文档管理体系文件编制，为确保项目文档管理满足建设单位/EPC 承包商的要求，施工单位体系文件的重点内容，一般应包括：文档管理计划——各类文档管理程序和规定——各类文档管理的作业文件和作业表格，自上而下呈金字塔形。

● 规划文件主要包括《项目文档管理计划》等，是施工单位项目文档控制工作的纲领性文件。

● 程序和规定是针对文件类型及管理流程编制各类文件的管理程序或相关规定，是规划类文件在具体工作中的延展和落实。

● 作业文件和作业表格主要为工作中的各类规范性作业文件和表格，是各类/各环节文件管理程序在具体工作中的支持文件。这部分内容灵活度比较高，应依据各单位各项目的实际情况进行编制。

一般来说，施工单位项目文档管理体系文件包含表 8-1 所示文件(包括但不限于)。

表 8-1　施工单位项目文档管理体系

序号	类别	文件名称	序号	类别	文件名称
1	规划	项目文档管理计划	16	作业文件 作业表格	内部文件分发单
2		电子文件管理计划	17		多媒体文件登记表
3		……	18		电子文件管理平台权限申请表
4	程序/规定	往来通讯文件管理程序	19		项目程序文件模板
5		典型管理文件管理程序	20		传真模板
6		施工文件管理程序	21		备忘录模板
7		项目主档案室管理规范	22		会议纪要模板
8		项目文件发布发送管理规定	23		会议签到表模板
9		项目信息安全管理规定	24		项目文件会签表
10		项目文件编制管理规定	25		文件借出/归还登记表
11		项目文件合规性检查规定	26		工程联络单
12		……	27		工作联系单
13	作业文件 作业表格	文件发布申请单	28		其他各类施工表格
14		文件传送单	29		……
15		文件发布审批单			

4　各阶段工作重点

在建设工程项目四个阶段，即启动阶段、规划阶段、执行阶段以及收尾阶段中，施工单位围绕后三个阶段开展工作。

在建设工程项目规划阶段，施工单位的主要工作为投标、合同签订、施工准备等；在建设工程项目执行阶段的主要工作为按照项目指定的标准(含国家标准、行业标准)、建设单位/EPC承包商要求规定等编制施工文件及报审，以及施工文件的收集、整理和预归档，对项目进展情况进行跟踪；在项目收尾阶段做好项目交工技术文件的编制、组卷及移交工作，以及项目文件的归档工作，同时还需配合工厂试运行及竣工验收。针对各阶段的工作重点，这里依然只阐述与文档管理相关的工作，配备资料员的单位/项目中，资料员承担的编制施工文件等施工技术工作，这里不做阐述。

4.1 项目规划阶段

项目规划阶段是施工单位针对建设项目施工工作进行投标、合同签订以及合同签订后，对施工工作进行策划的阶段。这一阶段文档管理主要工作包括：招标文件中文档管理要求分解及技术应答、合同谈判中文档管理相关事项的落实、确立文档管理目标及策略、中标后组建项目文档管理团队、编制项目文档管理体系文件等。

4.1.1 编制投标文件

项目文档控制经理或项目文档控制工程师通过研读招标文件，获取招标文件中的关键信息，如项目概况、招标范围、投标文件递交时间，以及招标文件中有关项目施工文档管理和交付的相关要求和责任，同时还应了解评标办法及打分标准，以便编写投标文件中与文档管理及文件交付相关章节时，严格响应招标文件中招标人提出的相关要求和内容，尤其是打分标准的响应。同时，在编制投标文件时，还应向招标人做出文档管理方面的相关承诺，如文档信息的安全保密、确保施工文件质量、与施工建设的同步性等。

根据招标人的一般要求，投标文件中有关文档管理的内容通常涵盖以下内容：施工单位根据项目特点建立的文档管理目标与策略；合同范围内项目文档管理工作的组织；工作职责；各阶段主要工作内容及项目文档管理流程(包括项目文件的产生、接收与查验、发布与发送、跟踪与控制、预归档与保存、交付与归档)；具体管理方法(文件编制的管理、发布发送的具体方法、硬拷贝及电子文件管理的方法等)；项目文档管理体系及管理特色、亮点；文件质量、进度、安全保证措施，以及招标人要求说明和响应的其他内容等。

4.1.2 技术澄清与合同签订

在研读招标文件后，如对其中文档管理相关内容有任何疑问，需要在招标人规定的时间内以书面形式及时向投标小组反馈，由投标小组将提出的问题发送招标方予以澄清。

在收到中标通知书后，进入合同准备及合同谈判阶段。文档管理的主要工作为与建设单位/EPC承包商共同协商、编制合同附件中相关篇章，其中应明确各类文件(主要为交工技术文件)交付范围、交付份数、交付时间、交付方式等内容，如需要也应要求发包人将文档管理的具体要求、标准、管理制度纳入该附件。

4.1.3 沟通对接

与建设单位/EPC承包商就项目文档管理的理念、目标、具体要求及不明确之处进行全方位对接与沟通，以便设定自身文档管理的目标，并搭建文档管理体系。

4.1.4 确立项目文档管理目标

工程项目的实施涉及许多组织机构、系统和界面，施工单位承担着项目的施工建设工作，应与全项目达成统一的文档管理理念，并按照建设单位/EPC承包商文档管理要求确立施工项目文档管理目标。具体目标一般包括：

- 确保合同范围内，项目文档管理目标的实现，即项目文件的真实性、统一性、规范性、完整性和时效性。
- 保证施工文件在项目范围内及时传递，确保相关项目信息的畅通、高效共享。
- 跟踪合同范围内施工文件编制质量及进度，确保其与施工建设同步，保证项目交工技术文件按时交付并顺利通过项目各项验收。
- 项目结束后，保证施工文件在施工单位的顺利归档。

4.1.5 制定项目文档管理策略

为确保既定项目文档管理目标的顺利达成，施工单位文档管理团队按照已经确立好的项目文档管理目标，制定施工项目文档管理策略。主要包含以下几方面：

- 搭建自身项目文档管理体系，即文档管理计划——各类文档管理程序——各类文档管理的作业表格、规范，应包括如何保证文档管理目标实现的各项措施和工作方法等。
- 加强电子文档管理，借助电子文档管理系统搭建项目信息管理平台，确保施工单位文件管理做到纵向版次管理，横向及时传递和共享。
- 加强项目文档过程管理，即从项目文件的形成、流转到预归档的全过程控制与监督，确保项目文档管理工作满足项目施工及交付要求。

4.1.6 搭建项目文档管理团队

施工单位应将文档管理工作的组织与管理纳入项目管理计划，根据文档管理团队职责，即除文档管理工作外，是否需要承担编制施工文件等职责，建立项目文档控制中心/小组并指定专人负责。一般来说，无需承担施工文件编制职责时，文档管理团队仅需配备中高级及初级文档控制工程师；承担施工文件编制职责的情况下，团队应配备高、中、初级资料员，有的单位/项目还会依据工作需要搭配一定数量的文档控制工程师。文档控制经理及文档控制工程师/资料员人员数量应根据项目的规模、特点、需要和项目的进展进行配备。

文档管理团队应明确工作职责并建立对内对外界面关系，包括与建设单位/EPC承包商的接口关系，以及与分包商的接口关系，积极配合建设单位/EPC承包商文档管理部门的工作。在此阶段，施工单位文档管理团队应依据施工工作开展计划，做好项目文档管理的人力计划，派遣人员需根据项目的进展情况，逐步增减人员。

4.1.7 搭建项目文档管理体系

坚持“依法治档”的原则，根据全项目文档管理目标和策略，以及施工单位文档管理的目标和要求，搭建项目文档管理体系，从工作制度和执行程序层面，理顺关系、明确职责、规范流程，使项目文档管理与工程管理相结合，使项目文档管理与档案管理相结合，发挥文件前端控制的作用。

项目文档管理体系文件的编制需要依据建设单位/EPC承包商指定的施工文件编制标准及其他相关规定和要求开展。

体系文件的具体内容见本章3.4“管理制度”。

4.2 项目执行阶段

项目执行阶段的主要工作为完成采购及施工建设工作，此阶段也是整个项目文档工作的重点和难点。跨度时间长，界面多、人员流动大，文件生成量大、时效要求高等是这一阶段的主要特征。保证施工文件编制质量及进度是对施工单位项目文档管理工作的主要要求。

4.2.1 执行阶段文件类型

施工单位在项目执行阶段产生的文件主要包括：施工管理文件、施工技术文件、进度造价文件、施工物资出厂质量证明及进厂检测文件、施工记录文件、施工试验记录及检测文件、施工质量验收文件、施工验收文件。加上来自建设单位/EPC承包商的设计文件、监理单位的监理文件，以及含建设单位在内其他单位的管理文件等，就形成了其在执行阶段主要文件管理范围。

(1) 施工单位形成的文件：

一般情况下，施工分包商形成的施工文件，视同于施工单位自己产生的文件。

1）施工管理文件。施工管理文件是建设工程施工管理工作中形成的文件。主要包括：工程概况表、施工现场质量管理检查记录、企业资质证书及相关专业人员岗位证书、分包单位资质报审表、建设单位质量事故勘察记录、建设工程质量事故报告书、施工检测计划、见证试验监测汇总表及施工日志等。

2）施工技术文件。施工技术文件包括工程技术文件报审表、施工组织设计及施工方案、危险性较大分部分项工程施工方案、技术交底记录、图纸会审记录及工程洽商记录等。

3）进度造价文件。进度造价文件是施工过程中施工单位形成的与工期、进度和工程款支付、索赔相关的文件，包括工程开工报审表、工程复工报审表、施工进度计划报审表、施工进度计划、人机料动态表、工程延期申请表、工程款支付申请表、工程变更费用报审表及费用索赔申请表等。

4）施工物资出厂质量证明及进场检测文件。施工物资出厂质量证明及进场检测文件是工程物资的质量证明和检测文件，包括出厂质量证明文件及进场检测报告、进场检验通用表格及进场复试报告等。

5）施工记录文件。施工记录文件是施工单位在施工过程中对施工工作的详细记录，包括隐蔽工程验收记录、施工检查记录、交接记录、工程定位测量记录、基槽验线记录、沉降观测记录、桩基支护测量放线记录、地基验槽记录、吊装记录及钢结构施工记录等。

6）施工试验记录及检测文件。施工试验记录及检测文件是施工各项试验和检测工作中产生的记录、报告等文件，包括通用表格及施工各专业表格，如建筑结构、给排水及供暖、建筑电气及通风空调等。

7）施工质量验收文件。施工质量验收文件是建设工程施工全过程中按照国家现行工程质量检验标准，对施工项目进行单位工程、分部工程、分项工程及检验批的划分，再由检验批、分项工程、分部工程、单位工程逐级对工程质量做出综合评定的工程质量验收资料。但是，由于各行业的专业特点不同，各类工程的检验评定均有相应的技术标准，工程质量验收文件的建立均应按相关的技术标准办理。主要包括：施工现场质量管理检查记录、单位(子单位)工程质量竣工验收记录、分部(子分部)工程质量验收记录、分项工程质量验收记录及检验批质量验收记录等。

8）施工验收文件。施工验收文件是施工结束后，对施工进行预验收、验收过程中形成的文件，含单位(子单位)工程竣工预验收报验表、单位(子单位)工程质量竣工验收记录及交工技术文件移交证书等。

9）项目管理及通讯类文件。含施工单位在项目管理过程中产生的管理及通讯类文件。

（2）外来文件：

1）详细工程设计文件、设计变更。详细工程设计文件是设计单位编制完成的工程设计文件，它与基础工程设计/初步设计文件不同，后者是对工程的初步设计和论证，详细工程设计文件是对工程各子项进行详细设计，是施工建设的依据。设计变更是设计单位编制的对设计文件的补充和修改，是详细工程设计文件的一部分。施工单位应在与建设单位/EPC承包商签订合同时，就确定好建设施工所需要的详细工程设计文件，含设计变更的份数，并在过程中对建设单位/EPC承包商提供的上述文件进行妥善保管，尤其应做好版次管理，以便施工时使用正确的设计方案。

2）管理文件。建设单位/EPC承包商、监理单位在工程建设管理工作中会产生大量文件，用于工程项目管理。其中针对全项目管理，如对项目各角色产生文件的管理要求，对项目质量、进度、费用管理的文件，以及施工工作相关的管理文件，均会发送到施工单位。

3）通讯类文件。建设单位/EPC承包商、监理单位及分包商在项目过程中发给施工单位的通讯类文件。

4.2.2 文档管理准备工作

1. 文档管理团队人力部署及调整

在整个执行阶段，施工单位应根据项目文档管理人力投入计划及实际需求变化，对文档管理人员进行动态调整、统筹安排。执行阶段是施工单位实际开展工作的阶段，项目文档管理工作是执行阶段的重要工作，应确保项目组在项目文档管理中的人力投入。人力投入不仅应依据人力投入计划，还应根据项目进展实际状况，尤其是施工进度的变化以及文档管理工作实际需要等因素进行调整。

2. 建立项目文档工作协调机制

（1）加入全项目文档管理网络　加入以建设单位文档控制管理中心为核心，以参建单位文档管理团队为控制点的管理网络。明确职责分工，保持网络人员的相对稳定。

（2）与建设单位/EPC承包商、监理单位进行文档工作对接　继续与建设单位/EPC承包商及监理单位进行沟通，对项目施工文件编制、组卷、交付的标准、范围和要求进行进一步确认，如文件编码要求、格式要求、签署要求，以及文件真实性、统一性等各项合规性要求，提出工作中遇到的问题，并对提出问题进行跟踪落实。

（3）培训工作　积极参加建设单位/EPC承包商组织的各类文档管理培训。定期组织项目内部及针对分包商的培训工作。包括：项目文件编码培训、项目文件使用标准与格式的培训及交工技术文件编制和组卷培训等。

3. 搭建项目电子文档管理平台

策划、搭建项目文档管理平台，使文件管理做到纵向版次管理，横向及时传递和共享，在确保项目电子文件安全性的同时，满足档案的及时有效收集及后续管理。其主要内容包括：

- 建立项目电子文档管理平台结构目录树，实现电子文件分类存储。
- 做好平台各级权限的管理，按照人员职责和工作范围设定权限，做好人员分组管理，并对不同岗位的人员群组赋予不同的查阅利用权限。
- 由项目文档管理团队通过项目文档管理平台正式发布的项目文件为项目正式文件，项目正式文件放置在项目受控文件夹内，供全项目查阅和共享。原则上提供查阅和利用的电子文件版本为带签字的 PDF 版本，项目成员依据各自的权限，查阅权限范围内的文件。

4.2.3 执行阶段各类文档管理

1. 明确施工文件编制所依据的标准

在施工文件编制之前，施工单位需与建设单位/EPC 承包商确定施工文件的编制标准，并对标准的可执行性向建设单位/EPC 承包商进行反馈。接受建设单位/EPC 承包商有关施工文件及交工技术文件编制的培训，并对提出问题进行跟踪落实，以便施工文件的顺利编制，避免因更换依据标准造成的后续返工。

2. 文件的处理流程

（1）外来文件管理：

1）施工单位外来文件主要来自建设单位/EPC 承包商、监理单位及供货商，具体文件类别为：往来通讯类文件，如传真、通知、信函、工作联系单等；设计类文件，如详细工程设计文件、设计变更等；供应商文件，如设备/材料质量证明文件，以及管理类文件等。

2）施工单位文档控制工程师/资料员接收上述文件。往来通讯类文件一般提供一份原件，也可为带签字的 PDF 电子文件；设计类文件按合同规定份数，一般为 3~5 份，提供施工蓝图；质量证明文件按采购合同规定份数提供，至少有一套原件；管理类文件一般发送带签字的 PDF 电子文件。

3）检查文件的名称、数量以及标题是否与合同、文件传送单中所列一致；检查电子文件格式是否符合要求；检查文件编号、版次、签字等是否正确完整，若无误，文件传送单应签字并返回来文单位。

4）文档控制工程师/资料员按文件分发矩阵，或填写“文件处理表”交项目经理/专业工程师批示，也可通过电子文档管理平台的工作流程取得项目经理对收文的批示，并对文件进行内部发布发送。

5）文档控制工程师/资料员对发布发送后的文件进行预归档，设计类文件：至少保留 1 套存档；设备/材料质量证明文件：至少保留 2 套存档(1 套为原件)；通讯类、管理类文件：一般情况下，仅需归档电子版。

（2）内部产生文件管理：

1）施工单位内部产生文件如前文所述，有施工管理文件、施工技术文件、进度造价文件、施工物资出厂质量证明及进厂检测文件、施工记录文件、施工试验记录及检测文件、工程施工质量验收文件。

2）编制人将编制完成并审批签署完毕的正式版文件交文档控制工程师/资料员查验。

3）文档控制工程师/资料员检查文件标题、格式、编号、版次、签字等是否符合项目要求。

4）文档控制工程师/资料员按编制人填写的发布发送要求对文件进行发布发送。如：报审文件，按规定份数(一般一式3~5份)将文件报EPC承包商(如有)及监理单位进行审批(质量证明、合格证明、进场材料试验报告等文件提交复印件，原件施工单位归档保存，完工后编入交工技术文件)。

5）报审文件审批完毕，电子版文件上传电子文档管理系统。文档控制工程师/资料员按文件类型进行预归档。

3. 施工文件报审报验

1）目前我国各大工程项目施工建设过程中产生的施工文件，绝大多数都需要进行报审报验，即施工单位准备好施工文件，含本章4.2.1“执行阶段文件类型”中8类施工文件，均需要附报审文件表，报送EPC承包商(如有)、监理及建设单位进行审批，由上述单位审批签署后的施工文件方可算流程闭合。闭合后的施工文件由施工单位进行预归档，其中大多数文件需组卷至交工技术文件中，在项目收尾阶段交付建设单位。

2）一般来说，施工文件的报审需附上《石油化工建设工程项目监理规范》SH/T 3903或者《建设工程监理规范》GB/T 50319中的报审表格送交上述单位进行报审报验。

3）施工单位应规范施工文件报审报验流程，确保文件流转及时高效。施工文件的报验、报审应有时效性要求。工程相关各单位宜在合同中约定报验、报审资料的申报期限及审批期限，并约定各方应承担的责任。当无约定时，施工资料的申报、审批期限不得影响正常施工进度。

4. 工程影像资料的收集与整理

工程影像资料由项目专职/兼职摄影人员或技术员进行拍摄，并注明拍摄时间、地点、事件(或施工工序/部位)等，定期/不定期归档到文档控制工程师/资料员处。

影像资料的收集应从项目进场初始状况开始，到工程完工后交付为止，包括召开第一次工地会议、工程开工、工程项目各施工工序的实施等。一般以事件及时间先后顺序，进行拍摄、整理、归档等。

每一组影像资料，均应编制目录及说明。

影像资料应包含下列内容：

(1) 工程进度：

1）进场时工程现场情况。

2）各单位工程、分部、子分部工程开工形象进度记录。

3）现场主要施工机械、设备配备情况。

4）工程基础、主体结构和竣工验收情况记录。

(2) 工程质量：

1）各分项工程检验批验收过程记录。

2）进场材料验收控制记录。

3）见证取样及施工试验记录。

4）测量验线控制记录。

5）质量问题、质量事故处理。

（3）安全、环保：

1）现场安全、环保预控措施记录。

2）重大安全隐患及其处理情况记录。

3）安全事故发生后的现场取证资料。

（4）信息、沟通管理：

1）各种重要会议。

2）重大事项记录。

5. 文件整理、预归档

1）文档控制工程师/资料员分类预归档所有发出和接收的施工等各类文件，归档纸版文件应为原件。分类以文件类别和文件编号为依据。

2）影像资料随工程进展同步拍摄，按单位工程的分部、分项工程施工资料的组卷顺序，分别收集整理预归档。

项目单位工程较多时，选取具有代表性的工程留置影像资料。

3）平时做好主档案室文件的日常维护、管理工作，确保预归档文件的安全保管和共享利用。

6. 为交工技术文件编制组卷做准备

执行阶段文档的管理，施工单位文档控制工程师/资料员除了应做好上述日常文件的处理和管理工作外，还应为交工技术文件的编制和组卷做好准备。

1）与建设单位/EPC承包商确定交工技术文件的收录范围、编制依据、编制要求、组卷要求，以及对收录文件的其他各项要求。

2）根据交工技术文件收录范围，收集各类内外部文件时，做好文件的保存工作。

3）按照交工技术文件编制标准的各项要求，做到文件质量的规范和查验。

4）为了保证交工技术文件的及时交付，应确保日常施工文件与施工建设的同步性。

5）上述交工技术文件收集、同步性、质量保证方面的要求和措施，应向分包商进行落实，以确保施工单位合同范围内交工技术文件工作的有序开展和圆满交付。

4.2.4 施工单位文件管理质量的保证

（1）施工单位文件管理自查：

1）文档管理整体评价：

a）施工单位是否建立文档管理体系及相关文件的管理程序和规定。

b）文件管理中是否执行了自己编制的文档管理体系文件。

c）是否建立文档管理团队，并在项目层面设立文档工作责任。

d）文档管理人员是否稳定，人力是否满足项目动态变化的工作负荷。

2）文件存储管理：

a）施工单位是否建立自己的主档案室，主档案室中存储的文件应分类存放、排列有序。

b）主档案室是否建立基本的安全防护，措施到位，责任到人。

c）主档案室内预归档文件是否建立台账，并完整记录文件的各项属性。

d）各类文件流转过程是否及时、规范、闭合，并留有痕迹。

3）检查文档编制及流转是否与工程建设同步：

a）工程报批、管理、试验、现场记录、评定、验收等文件是否及时形成并有效传递。

b）分部分项工程完工后文件是否及时归档。

4）检查文件的完整性：

a）对照建设单位/EPC 承包商制定的文件递交和交付范围，检查归档施工文件是否完整。

b）根据项目单位工程划分表(含分部、分项工程)，检查施工单位施工文件是否归档完整。

c）根据项目建设阶段及施工工序，检查各阶段、工序的资料是否归档完整。

d）根据购买设备的清单，检查各设备资料是否归档完整。

e）从文件的前后联系检查是否归档完整，如：请示与批复，正文与附件，原材料出厂证明与试验报告、台账、使用清单、进场报验单，监理通知与反馈；现场的口头变更是否落实为书面文件等。

5）检查文件的真实、有效：

a）归档的文件应为原件，原则上不得出现复印件、传真件、复写纸等(批文不直接下发施工单位的可以归档复印件；部分原材料从经销商处购买的，出厂证明文件复印后加盖经销商章视同原件；施工时急用的设计变更等文件如非原件，事后应及时补充原件；需多份原件的，应逐份打印或手工书写，不得用复写纸套写)。

b）签字盖章手续是否完备（不得出现代签或签字潦草现象）。

c）文件内容填写是否完整。

d）数据是否真实可靠，无随意涂改现象(有修改时应重新编制或当事人签字并加盖公司印章)。

6）检查文件格式及书写的统一性、规范性：

a）禁止用易褪色的书写材料，如红色墨水、纯蓝墨水、圆珠笔、铅笔等(发现后应要求其重新编制或及时复印，不得涂描)。

b）字迹清晰，图表整洁。

c）根据国家和行业标准，各专业各类文件编制格式，如施工表格的使用等，应做到文件标准化、规范化。

d）电子文件，包括录音、录像文件存储格式应符合国家标准要求，并保证其载体的有效性。

7）检查文件的时效性：

a）检查项目外来文件的版次管理，如设计单位提供的设计文件、建设单位及 EPC 承包商要求执行的项目管理文件，确保正在使用文件的版本为项目最新版本。

b）检查自身产生文件的时效性，确保发出文件及归档文件为最新版本。

8）检查交工技术文件的编制情况：

a）交工技术文件严格按照建设单位/EPC 承包商要求编制组卷，如已中交项目是否按照组卷策略进行预组卷，交工技术文件的封面、目录、卷内备考表是否按照项目要求编制，交工技术文件的装订是否符合项目要求等。

b）严格把控交工技术文件编制质量和进度，编制进度应满足文件交付的时间节点要求。

（2）配合建设单位/EPC 承包商对文件管理的各类检查　在整个执行阶段的施工过程中，施工单位不仅应对自身的文件管理进行自查，还应配合建设单位/EPC 承包商、监理单位对其文件管理开展各类检查工作。在一般工程项目中，建设单位/EPC 承包商、监理单位均会建立各类检查制度，如巡检、专项检查等。针对施工单位的文档管理工作进行检查，以确保施工文件管理的水平，其中施工文件的质量和编制、报审进度是重点检查内容，各检查项同上述自查项。

（3）对于施工分包商文件的检查和管理　对于有施工分包的项目，施工单位不仅应保证自身文件管理的质量，还应对其分包商的文件管理组织开展各类检查工作。施工分包商文件检查和管理可以参考施工单位文件管理自检内容进行。

4.2.5　典型施工文件流转流程

本节中典型施工文件流转流程为针对部分施工文件的较为复杂的流转流程，一般施工文件的流转流程见方法篇第 11 章 3“施工文件”。

1）施工技术文件流转流程见图 8-2。

2）施工物资(设备、材料)文件流转流程见图 8-3。

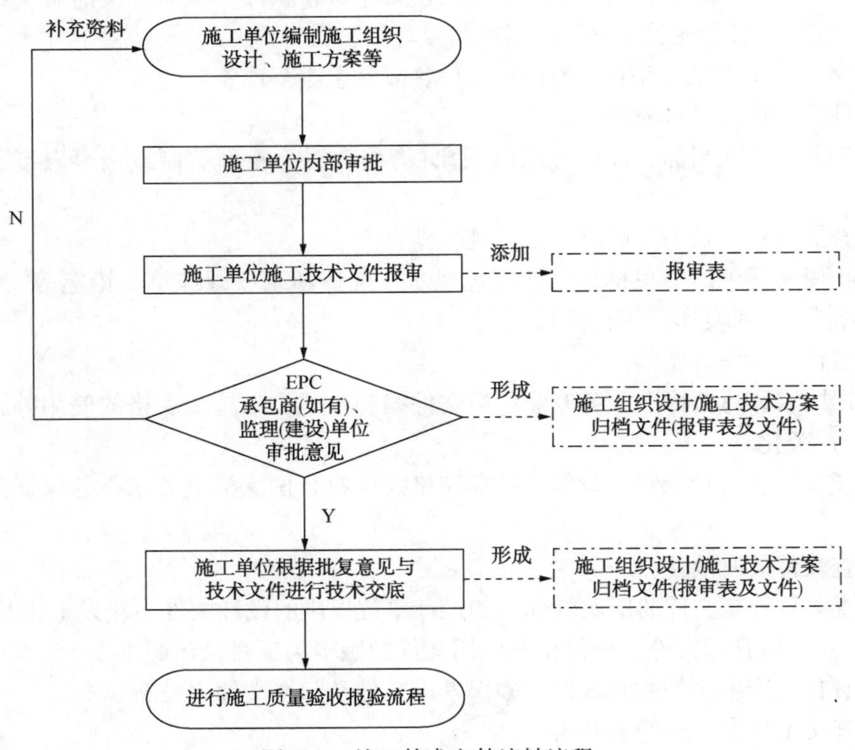

图 8-2　施工技术文件流转流程

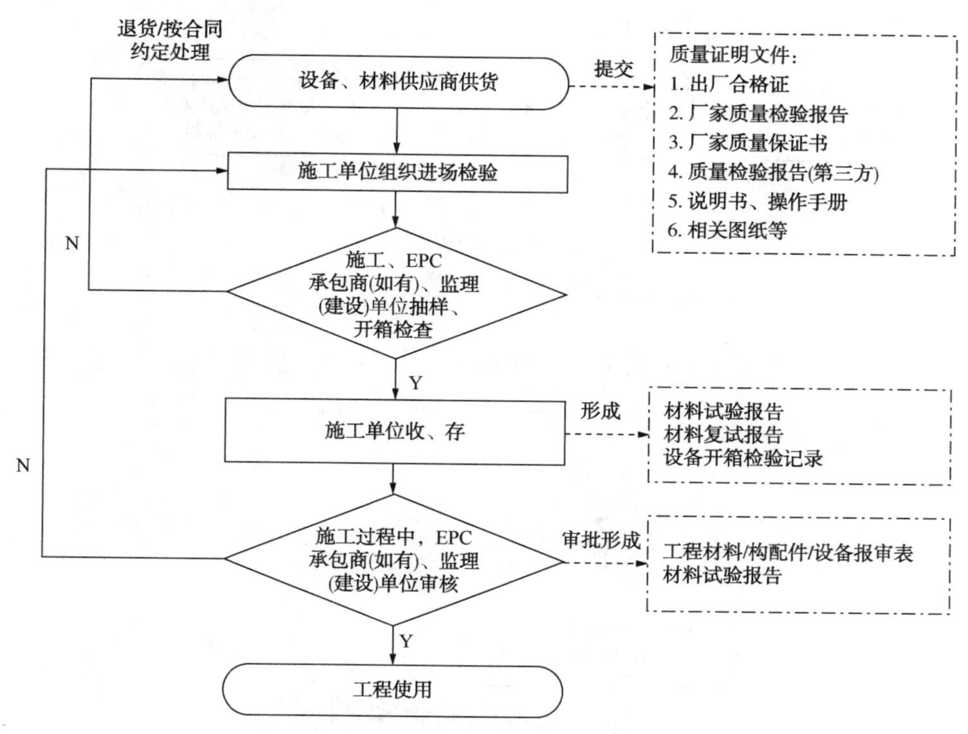

图 8-3 施工物资(设备、材料)文件流转流程

3）检验批质量验收流程见图 8-4。

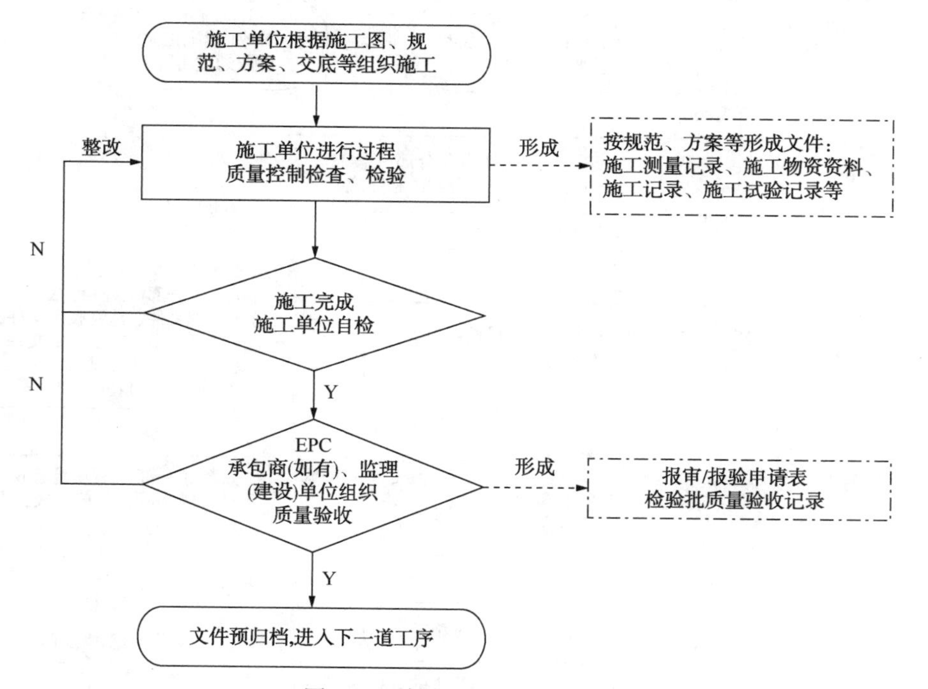

图 8-4 检验批质量验收流程

4）分项工程质量验收流程见图 8-5。

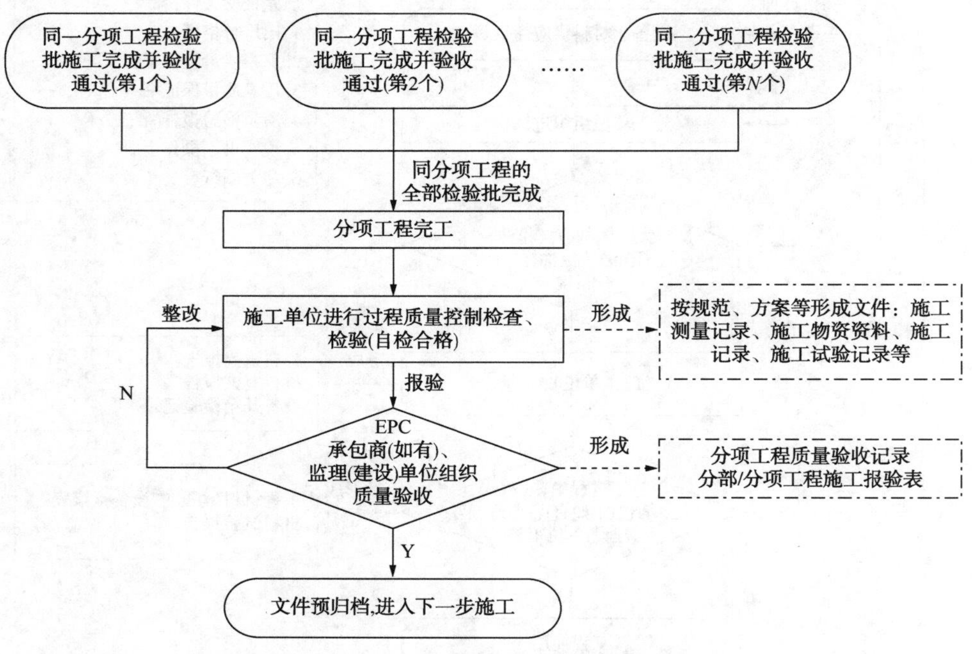

图 8-5　分项工程质量验收流程

5）分部工程质量验收流程见图 8-6。

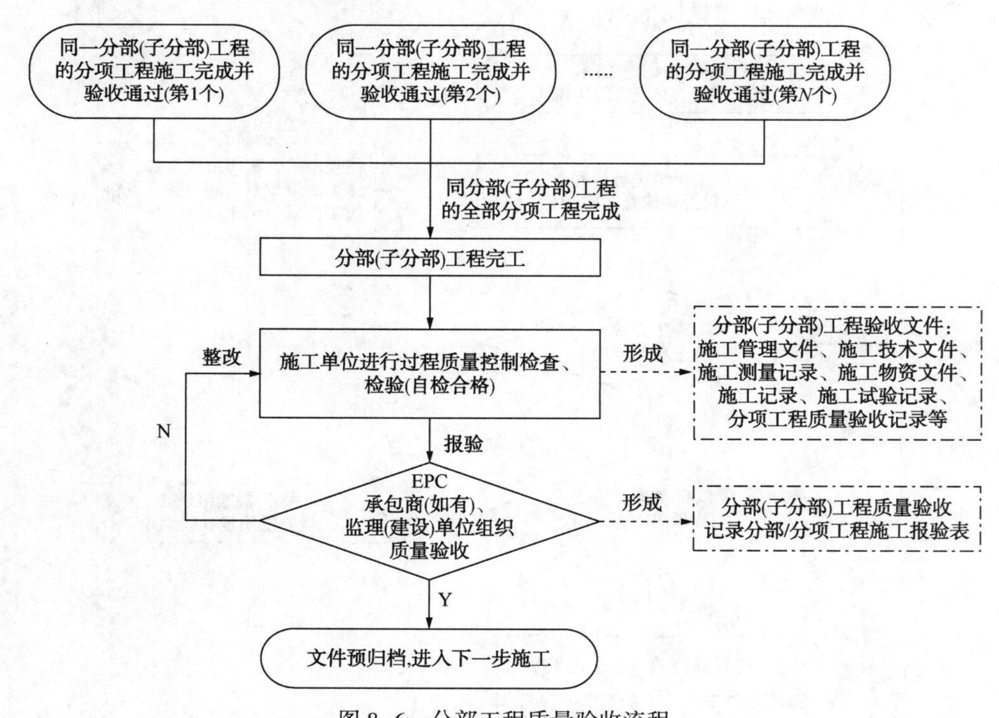

图 8-6　分部工程质量验收流程

6）单位（子单位）工程质量验收流程见图 8-7。

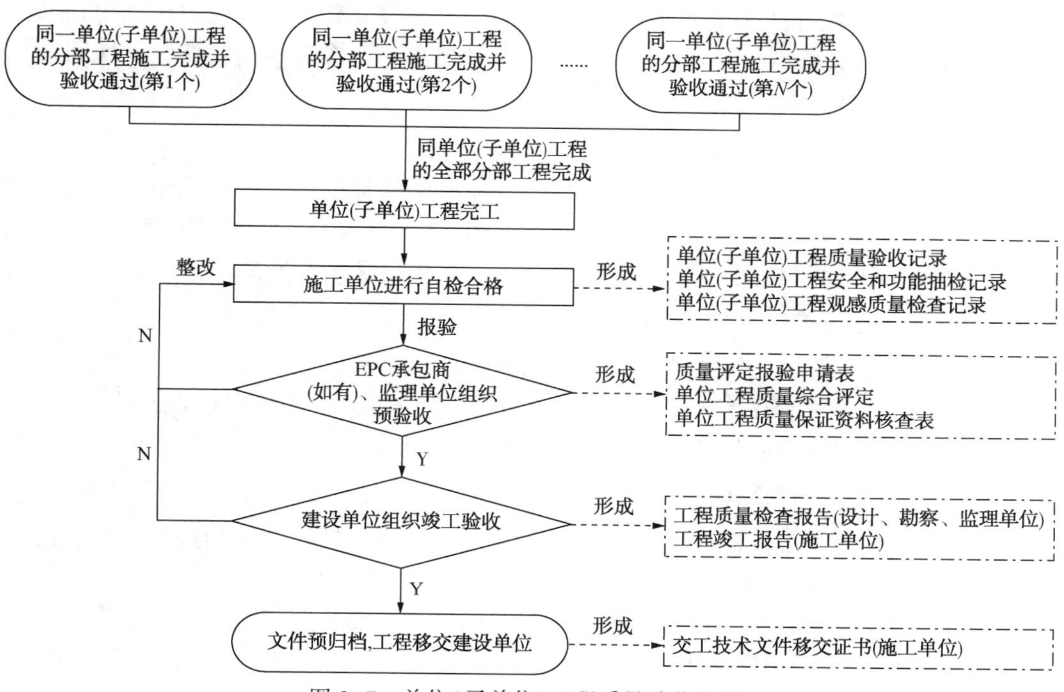

图 8-7　单位（子单位）工程质量验收流程

4.3　项目收尾阶段

项目交工技术文件编制、组卷与交付是项目收尾阶段的工作重点，施工单位文档管理团队的主要工作是交工技术文件组卷、自查、配合检查与整改、交付，并在竣工验收工作中配合建设单位档案专项验收等工作。另外，施工单位文档管理团队还需做好内部的文件归档工作。这一时期文件交付量大、类型多，是文档管理工作的高峰。

4.3.1　施工单位交工技术文件编制与组卷

施工单位按建设单位指定的国家标准、行业标准，及合同要求编制交工技术文件。交工技术文件中收录的施工文件应确保其真实性、统一性、规范性和时效性，交工技术文件还应具有完整性、系统性。

施工单位交工技术文件是全项目交工技术文件的一部分，应遵循建设单位组卷组册的统一要求，即按照建设单位/EPC 承包商分配的卷册号对合同范围内的交工技术文件成卷成册，针对范围内分包商（如有）可以采用将其文件收集起来统一进行组卷组册的工作，也可以为其分配册号，让其对自己范围内的文件单独组织成册。

施工单位交工技术文件还应按照建设单位交工技术文件的格式、装订等要求进行编制。

4.3.2　施工单位自检与配合检查

交工技术文件编制完成后需施工单位文档控制工程师自检，各专业工程师复检。收尾阶段施工单位自检的内容应侧重交工技术文件是否按照建设单位/EPC 承包商组卷策略进行组卷组册、交工技术文件内容的准确性，以及文件的真实性、统一性、规范性、完整性、时效性与系统性。

自查合格后根据审查程序向 EPC 承包商(如有)、监理、建设单位提出审查申请，并配合 EPC 承包商、监理、建设单位的各项审查，含巡检、专项检查等，检查中发现问题应积极配合整改。审查合格后，交付给建设单位档案管理部门。

4.3.3 交工技术文件的交付

交工技术文件交付时，将纸质文件和带签字的 PDF 文件一同交付建设单位，需提供详细的交工技术文件清单，同时还需提供卷内目录及交工技术文件清单的可编辑版。交付时，应办理交付手续，即填写“交工技术文件交付清单”，并经双方签署。

4.3.4 配合建设单位验收与整改

如施工单位文档管理人员被邀请成为档案验收陪检人员，应配合建设单位完成档案验收工作。在档案验收过程中，按时到达建设单位指定位置，负责解答验收组提出的问题。同时，施工单位还应针对验收过程中发现的问题进行整改。

4.3.5 项目文件的内部归档

施工单位应按照本单位档案管理部门的要求，针对项目过程中预归档的文件，筛选需要归档的文件进行正式归档，一般的归档范围参考《建设工程文件归档规范》GB/T 50328 中附录 A“建筑工程文件归档范围”施工单位应归档的文件范围；归档原则为电子文件的范围大于或等于纸质文件的归档范围，电子文件应尽量保存可编辑文件及带签字的 PDF 文件，以便后期利用。

5 项目文档控制关键控制点

5.1 尽早明确施工文件编制所应依据的标准

在施工工作开始之前，施工单位必须与建设单位/EPC 承包商确定施工文件所应依据的编制标准。以确保全厂施工文件的统一性、规范性，同时保证交工技术文件的统一性和规范性。石油化工项目中，土建及桩基的施工文件一般采用当地标准进行编制，或依据《建筑工程施工质量验收统一标准》GB 50300 编制；安装文件一般采用《石油化工建设工程项目交工技术文件规定》SH/T 3503 中的各专业施工表格进行编制，《石油化工建设工程项目施工过程技术文件规定》SH/T 3543 中的表格作为补充；分部分项的划分以及施工验收文件按照《石油化工安装工程施工质量验收统一标准》SH/T 3508 编制。

有时由于各种原因，建设单位迟迟不能发布有关施工文件的编制标准，在 EPC 模式中，施工单位应督促 EPC 承包商，并与 EPC 承包商一起督促建设单位尽快发布上述标准要求。在这里还应注意，针对依据标准的要求应为书面文件，即必须要让建设单位/EPC 承包商(如有)针对依据标准下达书面文件，以避免后续由于标准变化引起文件返工，造成进度延误和费用的损失。

5.2 确保施工文件与工程建设的同步性

在项目执行过程中，工程施工是构成工程实体最重要的环节，施工文件的编制和递交是否与工程建设同步，从某种意义上可以成为施工质量和进度的一项重要保证和体现，因此在施工过程中，施工文件同步性尤为关键。由于上述原因，建设单位/EPC 承包商对施工单位的项目文档管理工作也尤为重视，往往会将施工文件的同步性作为各项检查、考核的重点内容，甚至与工程进度款挂钩，故施工单位的项目文档管理工作在项目执行过程中，应实行“四纳入”制度，即将文件材料的形成、收集、整理、归档工作纳入施工单位计划管理工作；纳入其施工管理及考核范围；纳入项目领导和工程技术人员的岗位职责；纳入经济责任制，明确责任分工。

为确保文件与施工进度同步，应重点注意以下几方面：

● 编制项目施工文档的管理制度，除了在制度上落实各项文档管理责任、流程和要求，还应重点落实如何保障施工文档质量和编制、流转进度，同时应在实际工作中严格执行。

● 施工文件的编制及送交报审应具有时效性，做到实时记录、及时编写报告、事后立即报审等即时原则。

● 文件流转应做到发送及时、准确，流转全过程应严格把控、做到闭环管理，尤其应确保报审文件的时效性，避免报审过程中文件的遗失或流转周期过长。

● 收/发文台账记录准确、及时、完整、多元，满足工作查询和跟踪的需求。

● 各类文件应做到及时完整收集、认真查验、分类存储、及时安全存放主档案室。

● 项目现场建立主档案室用于文件的预归档，且有相应的安保措施确保预归档文件的安全性。

5.3　交工技术文件编制并顺利通过验收

根据《石油化工建设工程项目交工技术文件规定》SH/T 3503 施工单位负责施工部分交工技术文件的编制，包括各专业的工程材料质量证明文件、工程检测报告、工程设计变更一览表、工程联络单一览表的汇编。交工技术文件的编制、组卷和交付工作是工程项目中一项重要工作。

针对此项工作，施工单位首先应树立大局观，即按照建设单位/EPC 承包商的要求，完成项目交工技术文件中施工文件的编制、组卷和交付工作。施工单位应推动建设单位/EPC 承包商及时落实施工文件编制应依据的标准；施工单位应积极参加建设单位/EPC 承包商组织的各类相关培训和指导，在工作中发现问题、提出问题、配合建设单位/EPC 承包商解决问题；应按照交工技术文件的组卷策略，对于自己工作范围内的卷册，按要求开展组织编制、组卷的工作(含分包商)；施工单位还应在施工过程中保证各类施工文件的及时编制、报审、预归档；应做到已中交单项工程交工技术文件的及时预组卷、组卷；在整个施工期间积极开展自检自查工作，配合 EPC 承包商、监理单位、建设单位开展各类针对文件管理的检查和考核工作；施工单位还应及时完成通过检查交工技术文件的交付工作，并在后续验收工作中进行配合，完成整改工作。

参　考　文　献

[1] 建筑工程施工质量验收统一标准 GB 50300—2013

[2] 建设工程监理规范 GB/T 50319—2013
[3] 建设工程文件归档规范 GB/T 50328—2019
[4] 石油化工建设工程项目交工技术文件规定 SH/T 3503—2017
[5] 石油化工安装工程施工质量验收统一标准 SH/T 3508—2011
[6] 石油化工建设工程项目施工过程技术文件规定 SH/T 3543—2017
[7] 石油化工建设工程项目监理规范 SH/T 3903—2017

第9章　监理单位文档管理

工程监理单位是依法成立并取得国务院建设主管部门颁发的工程监理企业资质证书，从事建设工程监理活动的服务机构。工程监理是工程监理单位受建设单位委托，根据法律法规、工程建设标准、勘察设计文件及合同，在施工阶段对建设工程质量、进度、造价进行控制，对合同、信息进行管理，对工程建设相关方的关系进行协调，并履行建设工程安全生产管理法定职责的服务活动。监理单位在建设项目中对全项目文档工作负监督、检查、指导责任，确保项目文档使用统一标准，通过节点控制强化 EPC 承包商/施工单位文档管理，实现从项目文件形成、流转到交付、归档管理的全过程控制。

1　管理原则

监理单位文档管理工作是对其自身产生的文档进行全过程控制管理；对建设项目实施过程中相关参建单位，如 EPC 承包商、设计、采购、施工、总体院(如有)等单位产生文件的管理及最终交付归档进行监督的过程。在此过程中，监理单位约束、监督上述参建单位按照建设单位制定的全项目文档管理标准和要求进行文件的控制与管理，协助建设单位审查相关文件，对文件的质量和交付进度进行管控；并依据全项目文档管理标准和要求制定自身文档管理体系文件，在项目进展过程中对自身文档实施全方位管理，以实现其在文档管理中的目标。因此监理单位文档管理工作的原则为："统筹协调、监督到位、管控实施"。

监理单位的主要工作是在工程建设项目的规划、执行和收尾阶段实行监督、控制与管理。项目文档工作融入项目建设的整个过程中，与项目建设管理同步，故监理单位在文件方面首先需要按照全项目文档管理体系的要求，对自身产生的文件进行有效管理、交付和归档，并对各参建单位文件管理进行过程管控与监督，以交工技术文件按照项目节点通过审查、完成交付及归档，并顺利通过地方、上级主管部门验收为目标，以对项目重要文件进行审查并对交付、验收等重点管理环节进行监督、把控为手段，使全项目文件管理工作处于可控状态，保证全项目文件的真实性、统一性、规范性、完整性以及时效性。

2　管理思路

监理单位为实现全项目文件在项目建设的每个阶段、每个环节产生的文件都处于受控状态，使得工作过程及成果具有可追溯性，防止工程建设期间重要信息资源丢失、损坏，以保证项目建设重要信息、成果的有效查询和利用。其管理思路如下：

第一，协助建设单位，为全项目文档管理工作把关。

1）利用自身专业优势，协助建设单位搭建全项目文档管理体系，确保体系文件满足国家、行业、地方的要求，并在项目进展过程中，协助建设单位做好全项目文档管理体系的维护和更新工作，确保其满足工作的需要。

2）监理单位还需在实际工作中协助建设单位做好全项目文档管理工作。

第二，对EPC承包商、施工承包商、供货商等参建单位的文档管理工作进行有效监督，使其符合项目文档交付及管理要求。

1）按照建设单位与EPC承包商、施工承包商、供货商等参建单位签订合同的条款中明确文档管理与交付的责任和义务，将上述参建单位文档管理工作的质量、进度等目标纳入到监理单位项目文档管理体系中，以保证在项目进程中，对各承包商文件管理的监督和管控。

2）对参建单位文档管理、交付及归档进行有效管控，保证交付文件满足合同及建设单位的各项要求。建立考核机制，在合同款审批支付时，对参建单位文件资料的同步性、质量及归档情况进行确认，以合同款支付作为推动项目文档管理和归档的有效手段。

第三，监理单位做好自身文档管理工作，以符合项目管理、档案验收及监理单位公司档案管理的要求。

1）根据建设单位文档管理各项要求和全项目文档管理体系文件，建立自身文档管理体系以确保自身文件管理和交付质量。

2）按照自身搭建的项目文档管理体系实施项目文件的管理，做好项目文件的收集、交付及归档工作，按照建设单位要求对项目文件进行即时或阶段性交付，在规划、执行及收尾各阶段结束时，按照监理单位公司规定进行文件归档。

3　管理体系建设

3.1　机构设置

监理单位项目文档管理工作一般采用分散式管理，每个单项工程配备相应的文档管理人员；包含多个单项工程的大型工程，可设置独立的监理项目文档控制中心。

3.2　人员配备

3.2.1　人员资质

项目文档控制中心/小组按照工作需要，建立人员岗位层级，按照一定的比例（一般比例为20%、30%及50%）配备相应数量的高级、中级以及初级文档控制工程师。

各岗位职级的评定主要通过人员基本条件（包括工作年限、岗位年限、工作经验、职称/资质等）、岗位能力、领导能力、影响力等多方面确定。

3.2.2　人员配备

监理单位对于各项目人力配备一般依据项目规模确定，大型建设项目或中型多个单项工程项目，可根据单项工程的数量或项目规模，成立文档控制中心或人数小于文档控制中心的文档控制小组，完成项目文档管理工作。文档控制中心一般配备一名高级文档控制工程师任项目文档控制经理，对中心成员和项目文档管理的整体事务进行管理，同时配备一名或多名中、初级文档控制工程师完成各单项工程的文档管理工作。以大型建设工程项目的文档控制中心为例，组织机构示意图如图 9-1 所示。

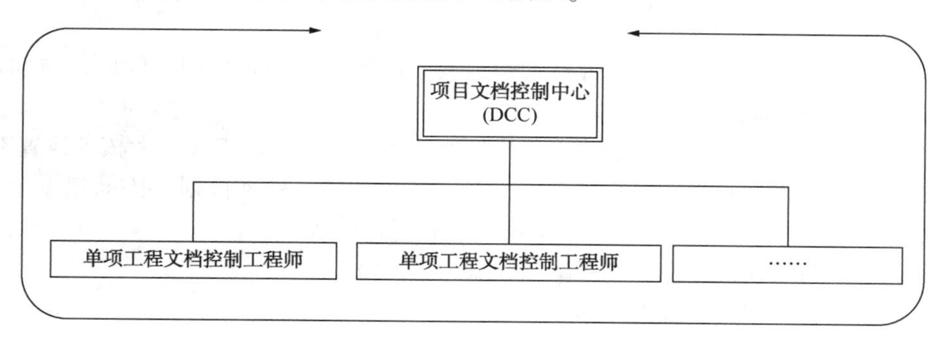

图 9-1　组织机构示意图

中小型项目，每个单项工程配备一名中/初级文档控制工程师。

3.3　职责分工

监理单位在项目中，应明确其在全项目文档管理工作中所担负的责任，再根据自身职责确定项目参与人员在项目文档管理方面的具体职责。

3.3.1　项目文档控制中心

负责协助建设单位，对合同范围内文件信息进行管理及监督，保证项目文档的真实性、统一性、规范性、完整性及时效性。具体职责如下：

（1）文档控制经理：

- 对项目总监负责，在项目内组织协调项目文档控制工作。
- 与其他参建单位文档管理工作负责人直接联系，就一切与文档质量、进度等相关的问题交换意见。
- 负责项目文档控制中心/小组的组织管理工作，协调与文件管理工作相关的界面关系。
- 负责监理单位项目文档控制管理体系文件的策划和搭建工作，制定范围内各类文档管理程序并适时维护与更新，经项目总监批准后用于项目执行，并送交监理单位公司档案管理部门备案。
- 负责策划、搭建、完善监理单位项目电子文档管理平台文档结构目录树和各级权限的定制策略。
- 与建设单位 DMCC 沟通协商，明确文档管理要求，以便组织编写投标文件或合同文本中相关部分。
- 组织 DCC 内部例会、部署任务，抓住关键点处理 DCC 相关日常事务。
- 负责协助建设单位 DMCC 与上级主管部门及地方相关管控机构进行沟通，明确全项目文档管理的标准要求，并协助建设单位制定全项目文档管理的各项具体规定和措施。
- 组织、参加全项目与文档管理相关的各类协调会或工程例会，协同讨论相关问题，并提出与文档管理相关问题的解决措施。

- 在文档控制中心内部组织各类业务培训。
- 不定期与建设单位 DMCC 沟通，协助建设单位在全项目范围内组织各类文档管理培训。
- 不定期与各类承包商沟通，针对工程进展中出现的文档管理相关问题，协助建设单位制定有效的解决措施。
- 根据项目要求和特点，协助建设单位做好全项目文档控制工作的考核、检查工作。
- 针对项目交工技术文件的交付工作，制定各项考核、检查计划，协助建设单位推动并确保此项工作的顺利开展，保证项目结束后顺利通过验收。
- 组织策划团队建设工作，增强团队凝聚力。
- 其他文档管理相关的各类工作。

（2）文档控制工程师：

- 向文档控制经理汇报工作，负责编制分管范围内项目各类文档控制程序。
- 按照项目文档控制程序及相关规定的要求，对分管范围的项目文档进行管理，保证其真实、统一、规范、完整、有序及时效性。
- 负责项目文档收集、查验、发布发送、预归档、交付及提供利用等环节的日常操作，动态跟踪项目文件的流转与交付，并及时记录跟踪结果。
- 对分管范围内的文件按照合同及相关规定中有关文件交付要求，如交付份数、交付地点、交付形式等进行文件交付。
- 定期产生或制作分管范围内各类文档状态、文档管理报表。
- 负责分管范围内电子文档管理平台受控文件夹各级权限的授权。
- 负责按照合同及建设单位要求审核 EPC 承包商/施工承包商的文档管理计划及程序。
- 不定期召开 DCC 会议，就新规定、新问题对 EPC 承包商/施工承包商进行讲解和宣贯。
- 审核承包商施工文件编制标准，向承包商提出项目施工文件的编制要求，并对工作中出现的问题，提供相关的咨询、指导。
- 负责完成自身交工技术文件(包括声像资料)的收集、编制、整理等工作，同时交付建设单位，接受验收及相关整改工作。
- 负责对 EPC 承包商/施工单位的文件管理工作，尤其是施工文件的编制、流转进度及质量进行检查、监督。

3.3.2 项目组其他成员

（1）项目总监　项目总监是项目文档控制工作的领导者，负责听取项目文档控制经理/文档控制工程师对于项目文档控制工作的汇报，共同制定项目文档控制工作的策略和实施方案，并对项目文档控制程序文件进行审批，有责任对合同范围内的交工技术文件中，与监理相关的设计、施工、监理文件承担组织审核及交付工作。

（2）控制经理：

- 在与建设单位进行合同签订之前，有责任与 DCC 就建设单位对文件交付的相关要求进行沟通确认。
- 负责按项目文档管理体系文件组织做好控制部相关文件的编制等工作。

(3) 质量经理：

• 负责按监理单位公司质量体系要求指导、监督、检查项目文档控制工作，并负责按项目文档管理体系文件组织做好质量部相关文件的编制等工作。

• 有责任与项目组 DCC 联合建设单位对 EPC 承包商/施工承包商的施工文件进行检查，以保证项目施工文件的质量及与施工建设的同步性。

• 有责任与 DCC 共同对本单位需交付的监理文件进行自检，并负责与 DCC 联合建设单位按照进度计划检查 EPC 承包商/施工承包商的交工技术文件(包括声像资料)的完成情况。

(4) 其他项目参与人员：

• 有责任按照项目文档控制程序文件，配合 DCC 完成相关文档控制工作。应按照项目发布的项目文件编制管理规定编制项目文件，并使用项目规定的文件模板/格式。

• 项目文件编制完成或修改、升版后，项目参与人员应跟踪文件的审批环节，并及时送交文档控制工程师，按照规定流程进行文件发布发送。

• 送交项目文档查验的文件，经查验后如需要修改，项目人员有责任按照文档控制工程师的要求配合完成。

• 项目参与人员对于 EPC 承包商或施工承包商递交的需要答复的文件，应在协调程序约定的时间内完成答复，并交由项目文档控制工程师及时发出。

• 项目各类工作完成后，项目参与人员应及时将需要交付和预归档的项目文件交由文档控制工程师。

3.4 管理制度

监理单位文档管理制度基于建设单位项目文档管理体系文件编制，为确保全项目文档管理目标的实现，监理单位体系文件的重点内容，主要包括项目各类文档管理程序及项目文档管理各环节流程及作业文件。

项目文档管理体系文件使得监理单位项目文档管理有据可依。项目文档管理体系文件依据项目实际情况建立，一般包括：文档管理计划——各类文档管理程序和规定——各类文档管理的作业文件和作业表格，通过建立金字塔形的项目文档控制依据，自下而上地形成完整的文档管理体系，确定各类文件的管理流程。

• 规划文件主要包括《项目文档管理计划》等，是监理单位项目文档控制工作的纲领性文件。

• 程序和规定是针对文件类型及管理流程编制各类文件的管理程序或相关规定，是规划类文件在具体工作中的延展和落实。这里的文件类型指监理文件的相关类型，管理程序既包括监理自身文件的管理流程，还应包含协助建设单位针对全项目施工文件及交工技术文件的监督和管控程序。

• 作业文件和作业表格主要为工作中的各类规范性作业文件和表格，是各类/各环节文件管理程序在具体工作中的支持文件。这部分内容灵活度比较高，应依据各单位各项目的实际情况进行编制。

一般来说，监理单位项目文档管理体系文件包含以下文件(包括但不限于)(表 9-1)。

表 9-1　监理单位项目文档管理体系文件

序号	类别	文件名称	序号	类别	文件名称
1	规划	项目文档管理计划	16	作业文件 作业表格	文件发布审批单
2		电子文件管理计划	17		内部文件分发单
3		……	18		多媒体文件登记表
4	程序/规定	往来通讯文件管理程序	19		电子文件管理平台权限申请表
5		典型管理文件管理程序	20		项目程序文件模板
6		监理文件管理程序	21		传真模板
7		项目主档案室管理规范	22		备忘录模板
8		项目文件发布发送管理规定	23		会议纪要模板
9		项目信息安全管理规定	24		会议签到表模板
10		项目文件编制管理规定	25		项目文件会签表
11		全项目施工文件监督管控程序	26		文件借出/归还登记表
12		全项目交工技术文件监督及管控程序	27		施工文件整改通知单
13		……	28		交工技术文件检查表
14	作业文件 作业表格	文件发布申请单	29		文件处理表
15		文件传送单	30		……

4　各阶段工作重点

在建设工程项目四个阶段，即启动阶段、规划阶段、执行阶段以及收尾阶段中，监理单位围绕后三个阶段开展工作。

在建设工程项目规划阶段，监理单位的主要工作为开展监理服务的投标工作及合同谈判，如监理合同服务范围包括勘察、设计工作的监理服务，则该阶段监理还将参与勘察设计工作的相关监理工作，如工程设计文件审查等。但在石油化工行业，目前监理服务往往仅指施工相关的监理服务，故此部分工作这里不做阐述。在建设工程项目执行阶段的主要工作为按照合同规定，在实施过程中督促检查并协调有关各方的工作，对项目进展情况进行跟踪，相关工作为施工监理服务、采购招标服务、设备监造监理服务等，采购招标服务取决于建设单位是否有自采买业务及监理合同范围；设备监造监理服务本书不做阐述；在项目收尾阶段则需协助建设单位组织试运行、竣工验收、工程结算和项目移交，以及项目文件资料的收集、归档等，同时还需要做好自身文件的归档等工作。针对工程保修阶段的服务，同样因为在石化行业一般不涉及此阶段的监理工作内容，故这里也不做阐述。

4.1　项目规划阶段

项目规划阶段是监理单位针对建设项目监理服务进行投标、合同签订以及合同签订后，对服务内容中文档相关工作进行策划。这一阶段文档管理主要工作包括：招标文件中文档管理要求分解及技术应答、确立文档管理目标及策略、中标后组建项目监理文档管理团队、编制监理单位项目文档管理体系文件等。

（1）编制投标文件 项目文档控制经理或项目文档控制工程师通过研读招标文件，获取招标文件中的关键信息，如项目概况、招标范围、投标期限等，以及招标文件中有关项目监理单位文档管理和交付的相关要求和责任，同时还应了解评标办法及打分标准，以便编写投标文件中与文档管理及文件交付相关章节时，严格响应招标文件中招标人提出的相关要求和内容，尤其是打分标准的响应。同时，在编制投标文件时，还应向招标人做出文档管理方面的相关承诺，如文档信息的安全保密等。

根据招标人的要求，投标文件通常涵盖以下内容：项目文档管理的目标与策略；项目文档管理工作的组织；工作职责；各阶段主要工作内容及项目文档管理流程（包括项目文件的产生、接收与查验、发布与发送、跟踪与控制、预归档与保存、交付与归档）；具体管理方法（包括内外部文件的收发流程、文件编制的管理、发布发送的具体流程及主要文件类型）；项目文档管理体系及管理特色、亮点；文件质量、进度、安全保证措施，其中最关键的是应说明作为监理单位，如何协助建设单位，对全项目文档管理工作实施把控和监督，以确保全项目文档管理目标的实现。除此之外，还应包括招标人要求说明和响应的其他内容。

（2）技术澄清与合同签订 在研读招标文件后，如对其中文档管理相关内容有不明确之处或疑问，需要在招标人规定的时间内以书面形式向投标小组反馈，由投标小组将提出的问题发送招标方予以澄清。

在收到中标通知书后，进入合同准备及合同谈判阶段。文档管理的主要工作为协助建设单位编制相关合同附件，其中应明确各类文件（主要包括监理管理文件等）交付范围、交付份数、交付时间、交付方式等内容，如需要也应将文档管理的具体要求、标准、管理制度纳入该附件。

（3）沟通对接 与建设单位、EPC 承包商等参建单位就全项目文档管理的理念、目标、要求及遇到问题进行全方位对接与沟通，同时对意见不统一之处和发现的问题与行业、地方管控机构进行对接，并结合上级机关指导性意见，与各参建单位在理念、目标及要求等方面达成共识。

此阶段监理单位项目文档管理团队应积极与建设单位进行项目文档管理目标、要求的沟通，监理单位应将以往在工程项目文档管理方面的成功经验与建设单位进行分享，在协助建设单位完善全项目文档管理理念和目标的同时，设定自身文档管理的目标。

（4）确立项目文档管理目标 工程项目的实施涉及许多组织机构、系统和界面，保证项目各参与方进行有效的文档交付及沟通是建设单位，也是监理单位面对的一项极大挑战。监理单位应首先按照建设单位文档管理目标确立自身文档管理目标，即监理单位文档管理团队在完成自身监理文件管理及交付任务的同时，也需将全项目文档管理的相关责任目标纳入自己的管理范畴，对承包单位交工技术文件及施工文件管理和交付进行有效的监督、控制。具体目标一般包括：

1）协助建设单位，确保合同范围内，全项目文档管理目标的实现，即项目文件的真实性、统一性、规范性、完整性和时效性。

2）协助建设单位，保证施工文件、监理文件等文件信息在项目范围内及时传递，确保相关项目信息的畅通、高效共享。

3）跟踪合同范围内施工文件编制质量及编制、递交进度，确保其与施工建设同步，保证项目交工技术文件按时交付并顺利通过项目各项验收。

4）保证监理文件按时交付，同时在项目结束后，保证监理文件在监理单位的归档。

（5）制定项目文档管理策略　为确保既定项目文档管理目标的顺利完成，监理单位文档管理团队按照已经确立的项目文档管理目标，制定监理单位项目文档管理策略。主要包含以下几方面：

1）协助建设单位建立健全全项目文档管理标准和制度，含施工文件及交工技术文件的编制标准，在执行阶段及收尾阶段及时协调处理全项目文档管理方面的问题和疑问。

2）搭建自身项目文档管理体系，即文档管理计划——各类文档管理程序——各类文档管理的作业表格、规范，其中应包括如何保证文档管理目标实现的各项措施和工作方法等。

3）加强电子文档管理，借助电子文档管理系统搭建项目信息管理平台，确保监理单位文件管理做到纵向版次管理，横向及时传递和共享。

4）加强全项目文档过程控制，制定全项目文档监督检查计划及措施，确保项目文档管理工作满足项目建设及交付要求。

5）前端控制与后续管理相结合，确保监理单位项目文档的顺利归档与后续利用。

（6）搭建项目文档管理团队　监理单位将文档管理工作的组织与管理纳入项目管理计划，建立项目文档控制中心/小组并指定专人负责，根据项目的规模、特点、需要和项目的进展配备文档控制经理及相应数量，且具有相应工作经验的文档控制工程师，确认工作职责并建立对内对外界面关系，同时协助建设单位文档管理部门，做好全项目文档管理的业务指导及监督检查。在此阶段，监理单位文档管理团队应做好项目文档管理的人力计划，派遣人员需根据项目的进展情况，逐步增减。

（7）搭建项目文档管理体系　坚持“依法治档”的原则，根据全项目文档管理目标和策略，以及监理单位文档管理的目标和要求，在协助建设单位建立健全全项目文档管理体系的基础上，搭建自身项目文档管理体系，从工作制度和执行程序层面，理顺关系、明确职责、规范流程，使项目文档管理与工程管理相结合，使项目文档管理与档案管理相结合，发挥文件前端控制的作用。

全项目文档管理体系文件的编制需要充分考虑国家、行业、地方的法律、法规、标准，监理单位应在此项工作中充分利用自己的工作经验，并积极协助建设单位与上级及地方管控机构进行沟通，确保全项目文档管理体系文件在符合法律法规的基础上，兼顾项目的特点。同时，监理单位还应以全项目文档管理体系文件为基础，搭建自身的文档管理体系，并将如何协助建设单位保证全项目文档管理目标实现的措施纳入自身体系，以全项目文档管理监督和管控为其体系文件的重点内容。

监理单位体系文件的具体内容见本章3.4“管理制度”。

（8）项目文档管理平台的搭建　为加强电子文件管理，使文件管理做到纵向版次管理，横向及时传递和共享，在确保项目电子文件安全性的同时，满足档案的及时有效收集及后续管理，监理单位应在项目组内部搭建项目文档管理平台，其主要内容包括：

1）建立项目电子文档管理平台结构目录树，实现电子文件分类存储。

2）做好平台各级权限的管理，按照人员职责和工作范围设定权限、做好人员分组管理，并对不同岗位的人员群组赋予不同的查阅利用权限。

3）由项目文档管理团队通过项目文档管理平台正式发布的项目文件为项目正式文件，项目正式文件放置在项目受控文件夹内，供全项目查阅和共享。原则上提供查阅利用的电子文件版本为带签字的PDF版本，项目成员依据各自的权限，查阅权限范围内的文件。

（9）其他工作 在规划阶段，如项目承包模式为E+P+C模式，即建设单位自己承担施工招标及施工管理工作，一般情况下，监理需协助建设单位完成施工招标工作，则监理单位应注意在此项工作中将对施工单位文档管理的相关要求落实在施工合同中；如建设单位还承担自采买的业务，且监理合同也涉及相关服务工作，则规划阶段，监理单位在长周期设备招标服务工作中，也应注意落实对供应商相关文档管理和交付的要求。

4.2 项目执行阶段

项目执行阶段主要工作为完成采购及施工建设工作，此阶段也是整个项目文档工作的重点和难点。跨度时间长、界面多、人员流动大、文件生成量大、时效要求高等是这一阶段的主要特征。保证项目文件真实规范统一，并能及时、准确、安全地收发，同时保证文件高效共享利用，是对全项目各参建单位项目文档管理工作，也是监理单位文档管理工作的挑战。

4.2.1 文档管理准备工作

（1）监理单位文档管理团队人力部署及调整 在整个执行阶段，监理单位应根据项目文档管理人力投入计划及实际需求变化，对文档管理人员进行动态调整、统筹安排。执行阶段是监理单位实际开始实施监理工作，包含项目文档管理工作的阶段，应确保项目组在项目文档管理中的人力投入。人力投入不仅应依据人力投入计划，还应充分考虑全项目的工程进展状况，尤其是施工进度的要求、项目参建单位，主要为EPC承包商、施工单位的界面数量及复杂程度、建设单位及EPC承包商的文档管理能力等。

（2）建立项目文档工作协调机制：

1）建立/加入项目文档管理网络。建立/加入以建设单位文档控制管理中心为核心，以参建单位文档管理团队为控制点的管理网络。明确职责分工，保持网络人员的相对稳定。协调建设单位、EPC承包商、施工单位、监理单位等之间的关系，指导、监督、检查参建单位项目文档，尤其是施工文件的过程控制及交工技术文件的交付、归档工作。

2）与建设、参建单位进行文档工作对接。继续与建设单位及参建单位进行沟通，要求参建单位配备合格、稳定的文档人员作为单点联系人，明确双方文档控制人员职责及文件传递方式，并对各单位文档管理人员的数量提出要求，以保证工作的正常开展。同时对项目施工文件编制、组卷、交付的标准、范围和要求进行进一步确认，如文件编码要求、格式要求、签署要求，以及文件真实性、统一性、规范性等各项合规性要求，积极了解参建单位在工作中遇到的问题，并对提出问题进行解决及跟踪落实。

3）培训工作。监理单位要做的另一项重点工作就是协助建设单位和EPC承包商进行全项目培训工作，这里的培训工作包括全项目施工文件编制使用标准和格式的培训、交工技术文件编制和组卷的培训等，还包括在工作中发现的问题、与参建单位对接后发现的问题等针对性培训。

4.2.2 EPC 承包模式下的组织检查工作

在执行阶段，针对 EPC 项目模式，为了保证参建单位文档的质量和与施工工作的同步性，即施工文件的编制、交工技术文件组卷进度和质量，监理单位应协助建设单位，组织检查各承包商施工现场的文档工作，检查其在施工现场文件的管理流程、人员的配备等整体管理状况是否符合其体系文件的要求；同时，还应对施工文件的编制进度及质量进行检查。监理单位文档管理团队应制定详细检查计划，以保证工作有序开展。对参建单位资料的检查工作主要分为巡检和专项检查两部分。检查过程中发现的问题以“不合格项通知单”（参见方法篇 11“作业文件和作业表格”）的形式下发参建单位，要求其进行整改，并以邮件及电话方式通知参建单位技术总工或项目经理，对整改进度进行督促。多次不改或整改不到位的参建单位，应以传真、工程联络单等形式，继续对其提出改进要求。

（1）巡检　监理单位应根据现场承包商的数量和各项目实际情况，拟定巡检计划，计划应包含检查周期、频次及检查内容等，并形成检查提纲。

项目执行阶段前期，监理文档管理团队宜每季度或每月联合建设单位文档管理部门，对主要承包商承揽的主装置资料进行巡检；到了项目执行阶段中后期，以月或周为周期进行巡查，制定出每月/周中每一天的巡查单位/装置计划，确保所有装置全面覆盖，并将计划落实到位。

（2）专项检查　相比起巡检，专项检查是有针对性地进行检查。在项目执行阶段初期，可每周对一到两家新进场的承包商进行专项检查，以保证其在施工现场的文档管理工作在组织形式、人员配备、管理场地及其他软硬件设施方面符合要求。在整个执行阶段，也可以对某些承包商负责的主装置，或者针对在巡检中发现问题比较多的承包商，以及工作中的重要环节，如需整改的内容等，进行有针对性的专项检查。

（3）监督检查内容。

1）文档管理整体评价：

a）参建单位是否建立文档管理体系及相关文件的管理程序和规定。

b）文件管理中是否执行了自己编制的文档管理体系文件。

c）是否建立文档管理团队，并在项目层面设立文档工作责任。

d）文档管理人员是否稳定，人力是否满足项目动态变化的工作负荷。

2）文件存储管理：

a）参建单位是否建立自己的主档案室，主档案室中存储的文件应分类存放、排列有序。

b）主档案室是否建立基本的安全防护，措施到位，责任到人。

c）主档案室内预归档文件是否建立台账，并完整记录文件的各项属性。

d）各类文件流转过程是否及时、规范、闭合，并留有痕迹。

3）检查文档编制及流转是否与工程建设同步：

a）工程报批、管理、试验、现场记录、评定、验收等文件是否及时形成并有效传递。

b）分部分项工程完工后文件是否及时归档。

4）检查文件的完整性：

a）对照建设单位制定的文件递交和交付范围，检查归档施工文件是否完整。

b）根据项目单位工程划分表(含分部、分项工程)，检查参建单位施工文件是否归档完整。

c）根据项目建设阶段及施工工序，检查各阶段、工序的资料是否归档完整。

d）根据购买设备的清单，检查各设备资料是否归档完整。

e）从文件的前后联系检查是否归档完整，如：请示与批复，正文与附件，原材料出厂证明与试验报告、台账、使用清单、进场报验单，监理通知与反馈；现场的口头变更是否落实为书面文件等。

5）检查文件的真实、有效：

a）归档的文件应为原件，原则上不得出现复印件、传真件、复写纸等(批文不直接下发参建单位的可以归档复印件；部分原材料从经销商处购买的，出厂证明文件复印后加盖经销商章视同原件；施工时急用的设计变更等文件如非原件，事后应及时补充原件；需多份原件的，应逐份打印或手工书写，不得用复写纸套写)。

b）签字盖章手续是否完备（不得出现代签或签字潦草现象）。

c）文件内容填写是否完整。

d）数据是否真实可靠，无随意涂改现象(有修改时应重新编制或当事人签字并加盖公司印章)。

6）检查文件格式及书写的统一性、规范性：

a）禁止用易褪色的书写材料，如红色墨水、纯蓝墨水、圆珠笔、铅笔等(发现后应要求其重新编制或及时复印，不得涂描)。

b）字迹清晰，图表整洁。

c）根据国家和行业标准，各专业各类文件编制格式，如施工表格的使用等，应做到文件标准化、规范化。

d）电子文件，包括录音、录像文件存储格式应符合国家标准要求，并保证其载体的有效性。

7）检查文件的时效性：

a）检查项目外来文件的版次管理，如设计单位提供的设计文件、建设单位要求执行的项目管理文件，确保正在使用文件的版本为项目最新版本。

b）检查自身产生文件的时效性，确保发出文件及归档文件为最新版本。

8）检查交工技术文件的编制情况：

a）交工技术文件严格按照建设单位要求编制组卷，如已中交项目是否按照组卷策略进行预组卷，交工技术文件的封面、目录、卷内备考表是否按照项目要求编制，交工技术文件的装订是否符合项目要求等。

b）严格把控交工技术文件编制质量和进度，编制进度应满足文件交付的时间节点要求。

4.2.3 E+P+C 模式下，组织编制及检查工作

针对 E+P+C 的项目承包模式，监理单位对施工文件的检查工作同上文 EPC 模式，但针对交工技术文件的编制和组卷工作，一般情况下监理单位需负责汇总编制项目施工部分交工技术文件综合卷，并组织项目各参建单位针对交工技术文件进行编制和组卷，含设计、

施工文件及设备出厂资料。针对上述职责及最终交付和验收目标，监理单位应首先与建设单位就全项目交工技术文件的组卷策略达成一致意见，并为全项目各参建单位分配相应的卷册编号，对交工技术文件编制、组卷到交付的整体工作进行全盘考虑和组织。在执行阶段，监理单位除了上述针对EPC承包商的巡检和专项检查外，针对建设单位签订合同的施工单位，监理单位应加大培训、指导和检查力度，确保其文件的质量和进度满足项目要求，以便收尾阶段的交付归档和通过验收。

4.2.4 执行阶段各类文档管理

（1）外来文件管理：

1）监理单位外来文件主要分为：建设单位下发文件及施工单位报审文件。

2）建设单位下发文件一般提供一份原件；施工单位报审文件应按规定份数(一般一式3~5份)提交原件。

3）检查文件的名称、数量以及标题是否与文件传送单中所列一致。

4）检查电子文件格式是否符合要求。

5）检查编号、版次、签字等是否正确完整，若无误，文件传送单应签字并返回来文单位。

6）DCC填写“文件处理表”信息，或以其他线上线下形式将收文交总监/专业工程师批示。

7）文件根据批示进行处理，完毕后：

a）建设单位下发文件：文件及批示一同归档。

b）施工单位报审文件：审批未通过，全部返回报审单位修改，重新提交，注意重新提交的文件应做升版处理；审批通过，留1份存档，剩余返回报审单位。

8）归档文件电子版应上传电子文档管理系统。

（2）内部产生文件管理：

1）监理内部产生文件主要有：监理规划、监理实施细则、监理周报/月报、监理通知单、监理工作联系单、工程暂停令等文件，以及声像文件。

2）编制人将编制完成，并完成审批签署的正式版文件交文档控制工程师查验，监理单位报审/指令文件应按项目规定份数(一般一式3份)，其他文件一般一式1份，均应提交原件。

3）文档控制工程师检查文件标题、格式、编号、版次、签字等是否符合项目要求。

4）电子版文件上传电子文档管理系统。

5）DCC按要求发送相关单位/部门。如：监理规划、监理实施细则报建设单位审批；监理周报/月报报建设单位审阅；监理通知单、监理工作联系单报总监/工程师审批后，发相关单位；工程暂停令报建设单位审阅，发施工单位执行。

6）DCC按要求进行归档或发送相关单位/部门。

7）DCC还应做好执行阶段声像文件的收集、整理及预归档工作。

（3）文件整理、预归档：

1）DCC分类预归档所有发出和接收的监理文件，归档纸版文件应为原件。分类以文件类别和文件编号为依据。

2）设立主档案室，做好文件的上架及台账登记。

3）平时做好主档案室文件的日常维护、管理工作，确保预归档文件的安全和可利用。

4.2.5　其他工作

在执行阶段，如建设单位承担自采买业务，且监理合同涉及相关采购的服务工作，则监理单位应注意将文档管理及交付的要求落实在采购合同中，以保证供应商交付文件符合项目要求。

4.3　项目收尾阶段

项目交工技术文件编制与交付是项目收尾阶段的工作重点，监理单位文档管理团队的主要工作是督促参建单位对交工技术文件进行组卷、交付与整改，并在竣工验收工作中配合档案专项验收等工作。另外，监理单位需组织内部文件的归档工作，含交工技术文件中监理单位文件的组卷及交付工作，以及自身文件的归档工作。这一时期文件交付量大、类型多，是文档管理工作的高峰。

4.3.1　监理单位交工技术文件编制与交付

监理单位按国家标准、行业标准、建设单位管理规定及合同要求编制交工技术文件。监理单位交工技术文件是全项目交工技术文件的一部分，应遵循建设单位组卷组册的统一要求，并按照建设单位交工技术文件的格式、装订等要求编制该文件。

交工技术文件编制完成后需文档控制工程师自检，各专业工程师复检，合格后根据审查程序向建设单位提出审查。如需要整改，按审查意见进行整改。经建设单位验收合格后，交付给建设单位档案管理部门。

交付时，将纸质文件和带签字的 PDF 文件一同交付建设单位，需提供详细的交工技术文件清单，同时还需提供卷内目录及交工技术文件清单的可编辑版。交付时，应办理交付手续，即填写“交工技术文件交付清单”，并经双方签署。

4.3.2　EPC 模式下，参建单位交工技术文件工作

在 EPC 模式下，收尾阶段监理单位依然需持续对 EPC 承包商及其施工分包商就施工文件及交工技术文件编制及预组卷、组卷的质量及进度，进行巡检和专项检查。

EPC 承包商交工技术文件编制组卷完成，并完成自检后，根据审查程序向监理单位提出申请，由监理单位进行最终审核。如需要整改，按审查意见进行整改。合格后报建设单位审查，经建设单位验收合格后，交付至建设单位档案管理部门。

4.3.3　E+P+C 模式下，参建单位交工技术文件工作

如监理单位服务的工程为 E+P+C 项目模式，因监理单位通常会负责汇总编制项目施工部分交工技术文件综合卷，同时组织项目各参建单位的交工技术文件工作，含设计、施工文件及设备出厂资料的编制和组卷。基于在执行阶段监理单位所做的各项有针对性的培训、指导、巡检和专项检查工作，在收尾阶段，监理单位应加大培训、指导和检查力度，确保其文件的质量和进度满足项目要求。各参建单位交工技术文件完成编制、组卷工作后，监理单位应进行初步检查；同时，针对交工技术文件中施工文件的综合卷，监理单位也应按要求完成编制、组卷工作，上述工作完成后，监理单位向建设单位提出交付申请，经建设

单位验收合格后，正式交付至建设单位档案管理部门。

4.3.4 项目文件的内部归档

监理单位项目文件按照本单位档案管理部门要求进行归档，通常归档原则为电子文件的范围应大于或等于纸质文件的归档范围，电子文件应尽量保存可编辑文件及带签字的PDF文件，以便后期利用。

5 项目文档控制关键控制点

5.1 全项目文档管理工作的协调者、组织者和监督者

监理单位文档控制中心不同于其他项目参建单位，只负责自己合同范围内的文档管理和交付，监理单位作为项目质量、进度、投资的监督和管控者，在文档管理方面也需肩负起全项目文档管理的协调、组织和监督责任。

首先监理单位初进入项目，就需要积极与建设单位进行沟通，达成项目文档管理理念，尤其是施工文件管理和交工技术文件管理理念的一致性，还需积极与行业、地方上级管控机构进行沟通，以确认相关要求和标准。同时，还需要与项目各参建单位联系沟通，起到协调、培训、指导和监控的作用，争取相关部门、单位的支持配合，这是做好大型建设项目文档工作的重要条件之一，也是最重要的工作。

在确定了基本理念、标准、要求和做法后，监理单位还需要在全项目范围内经常组织召开各种对接会与专题会，需保持与参建单位的沟通，了解标准要求的落地情况及其在工作中遇到的问题，并对问题进行汇总、跟踪落实，与建设单位及上级管控机构进行沟通，探寻解决问题的方法，并反馈至参建单位，必要时还需要进行适当的培训或者召开相关会议。

在实际工作中，监理单位应积极组织各种形式的培训、工作推进会议及工作检查，如巡检及专项检查，以及联合检查等，通过培训统一做法；通过会议推动质量和进度；通过检查发现问题、解决问题。另外，监理作为项目各项工作的监督者，如所有报验的文件都需要报送监理单位进行审核，监理单位以此来监督项目执行中的问题，在文件管理方面，其也充当了监督和管控的职责，以确保施工文件的质量及施工文件与工程建设的同步性，以及交工技术文件的质量及交付进度，确保项目交工技术文件最终顺利通过验收。

5.2 确保施工文件与工程建设的同步性

在项目执行过程中，可以说设计和采购都是为施工服务，施工才是工程建设最后的呈现。那么对于施工的管控就显得格外重要，这也是在实际工作中，监理单位的工作范围一般侧重在施工和收尾阶段，也就是我们常说的施工监理的原因。监理单位对施工工作监督管控的一个重要抓手就是对施工过程文件的监督和管控。施工文件的编制和递交是否与工程建设同步，从某种意义上可以成为检验施工质量和进度的一项指标，因此在施工过程中，监理单位均会将施工单位施工文件与工程建设的同步性作为检查的重要层面。在施工文件同步性的检查中，应关注以下几点：

1）是否编制了项目施工文档的管理制度，以及实际工作中对制度的执行情况。

2）台账是否完整、是否具备工作时效性的体现。

3）文件流转是否准确、到位，流转过程是否有时效性的把控。

4）工程报批、管理、试验、现场记录、评定、验收等文件是否及时编制、报批及闭合。

5）分部分项工程完工后文件归档是否及时。

6）现场是否建立主档案室用于文件的预归档，且有相应的安保措施确保预归档文件的安全性。

5.3 确保交工技术文件顺利通过验收

建设工程建设的结果是以是否通过国家、行业、地方的各项验收作为评判标准，其中有一项验收是针对项目交工技术文件的验收工作，是否顺利通过档案专项验收，是项目文档管理工作的一个验证，也关系到整体工程是否最终通过验收，以及整体工程质量的优劣。因此交工技术文件的编制、组卷和交付工作才会成为工程项目中一项非常重要的工作。前文已经阐述，监理单位在此项工作中担当着非常重要的职责，从协调到组织检查到监督，加上其自身文件的交付，以及在 E+P+C 模式中，其还需要身体力行地承担编制施工综合卷，以及组织施工单位开展编制、组卷工作等职责，可以说监理单位在此项工作中，发挥了不可取代的作用。正因为上述工作的开展、实施，监理单位才能最终协助建设单位顺利通过验收，取得最终的胜利。

档案专项验收中，监理单位重点工作在于配合建设单位开展验收准备工作，以及按照建设单位安排，做好迎检、陪检工作。验收结束后，监理单位还需组织资料的整改工作，直至最终协助建设单位通过验收。

参 考 文 献

[1] 建设工程监理规范 GB/T 50319—2013

方法篇

编著人员：第10章　渭　璟　张晓迎
第11章　渭　璟　张晓迎　王　蕊
王海涛　任　伟
第12章　杨　宇　渭　璟
第13章　渭　璟　任　伟　王海涛
附件3　王海涛　渭　璟　王　蕊

第 10 章　工程项目文档管理流程

介绍完了工程项目文档管理的理论以及工程项目中各角色在项目文档管理中的实践工作，我们来介绍工程项目文件管理的具体方法和流程。

在理论篇中已经介绍过了工程项目文件和转变成工程档案后二者的大体管理流程，即工程项目文件的产生、收集、查验、发布发送、交付、预归档、归档为前半部分，即文件的前端控制；而档案的收集、整理、鉴定、保管、统计、提供利用为文件归档后档案的后续管理环节。前端控制和后续管理构成了文件的全生命周期(图 10-1)。

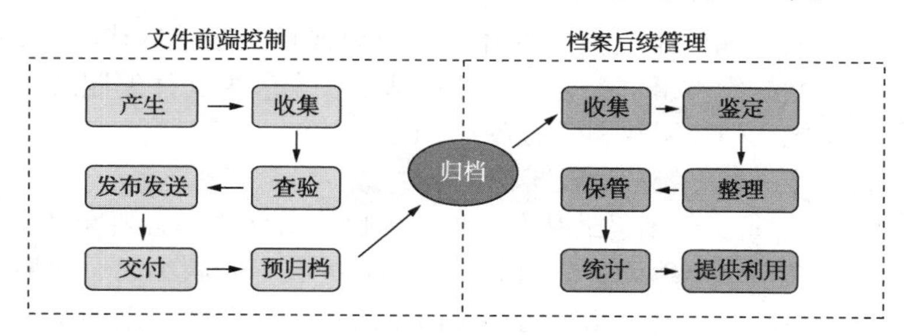

图 10-1　文件全生命周期管理流程

下面我们就具体介绍下各流程的管理方法。为了不产生歧义，工程项目文件管理流程我们将以 EPC 项目总承包商的角度为背景进行介绍，工程项目档案管理流程将以建设单位的角度为背景进行介绍。

1　工程项目文件管理流程

工程项目文件管理流程包括文件的产生、收集、查验、发布发送、交付、预归档、归档环节。

1.1　文件产生

工程项目的整个运行过程中，会产生大量的工程项目文件，包括但不限于管理文件、通讯类文件、设计文件、采购文件、供货商文件、施工文件等，文件产生，也就是编制时，应遵循项目文档管理体系中相关标准要求执行，以保证其真实性、统一性、规范性、完整性和时效性。这里所指的文件为正式文件，非个人用于工作的工作文件。

1.1.1　职责

(1) DCC：

1）负责制定项目文档管理体系中项目文件编制相关规定，含文件格式、编码、版本、签署等，并报送建设单位审批后，在项目内进行发布。

2）负责监督项目文件编制规定的执行情况。

3）负责就项目文件编制的相关规定对项目组成员及分包商进行宣贯工作。

4）负责按项目文件编制相关规定，对收发文件编制的合规性进行查验，对于不合规文件要求编制人进行修改。

（2）文件编制人：

1）文件编制人应严格执行项目文件编制的相关规定，并配合文档控制工程师对不合规文件进行整改。

2）文件编制人有责任跟踪完成文件的审批流程，将签署齐备的文件送交 DCC 查验。

3）在双轨制下，文件编制人应确保电子文件与硬拷贝文件内容的一致性。

（3）文件审批人　文件审批人应按照项目各类文件的审批流程严格履行文件的审批职能，确保签署真实、有效、可辨。

1.1.2　工程项目正式文件产生四要素

（1）编码　项目文件编码是捕捉并选择文件重要属性，赋予其代码并进行有序排列，使文件具有唯一识别性的代码组合，它是文件的基本要素。为文件编制编码，是为了对文件进行分类识别、实施文档控制和利用的必要手段。

文件编码应具有唯一性、统一性及辨识性。

1）唯一性。唯一性是文件编码最基本的特性，也是文件编码必须满足的特性。文件编码的唯一性是指一份文件一个编码，不同的文件必须拥有不同的编码。如果文件编码丧失了唯一性，就会导致不同文件因为相同的编号而导致检索失败和信息的覆盖。尤其是电子文件，在一个电子文件系统中，相同的文件编码，相同的版次，先放入的文件就会被后放入的文件所覆盖，这跟电脑储存文件是一个道理。

2）统一性。文件编码还需具有统一性，即全项目范围内，针对同一类型文件，应使用相同编码规则，以便信息传递共享，及后续的检索和利用。如果同一类型的文件，使用不同的编码规则，就会因为编码不易辨识，而降低文件传递使用的效率，并可能发生信息传递的错乱，同时也给项目结束后文件检索及利用带来麻烦。例如在一个 EPC 项目组，所有的设计文件都采用相同的编码规则进行编码，设计文件从文件编码便可快速辨别其主要要素，如装置、主项、专业、文件类型等，但如不对其分包商的编码规则做出相同的要求，就会导致分包商的文件编码脱离于该 EPC 项目编码体系，不易辨认，带来使用不便和查询不便。这就是项目文件出现三编码、双编码的原因。如果建设单位有统一的文件编码规则，对于 EPC 承包商来说，为了既满足建设单位文件编码统一的要求，又兼顾 EPC 承包商单位文件编码的统一规则，需要为文件编制两个编码，即双编码。而针对 EPC 承包商的分包商，分包商为了在兼顾建设单位、EPC 承包商文件编码要求的同时，保证自身编码的统一性，以便今后利用，则需要为文件编制三编码。

3）辨识性。文件编码还应具有辨识性，即从文件编码上就能大致获得文件的重要属性。文件的属性有很多种，比如文件类型、文件的发出方、接收方、文件适用的范围、文件的编制单位等，上述属性不可能在编码中一一加以体现，这就需要选择。那么如何选择呢？需要根据文件的类型、用途的不同，而有不同的选择。这里就需要带着文件分类的思想，以保证由这些属性所构成的文件编码具有可辨识性。为文件分类主要的目的就是检索利用，不同的文件有不同的分类方案，如设计文件，我们在分类检索的时候，主要是识别它的设计区域、设计专业等，以对文件进行分类，便于后续检索，有时候还可以对设计文件的大类如设计图纸、数据表、计算书等，和小类，如具体到某一专业所产生的图纸类型等加以区分，以便分类精准，更加便于利用。对于通讯类文件，我们往往首先需要辨识其具体是哪一类文件，是信函还是文件传送单，来自哪个单位，发往哪个单位等。对于管理类文件需要辨识具体是哪一种管理文件，是报告还是程序文件，是规定还是通知等，其次还需要辨识文件的适用范围以及是哪个单位或部门编制的文件，避免各部门文件编号重复。

这里就有一个容易出现的误区，就好比文件分类不能层次太多一样，过犹不及，反而容易因为层次过深不易查找。文件编码也是一样的，不可能将文件所有属性都放置其中，否则就会让编码过长不容易辨识及记忆，导致编制时产生错误。这也是对文件属性进行选择的意义。文件编码中只需按照文件的类型和用途，选择文件最重要的属性，便于文件的分类检索，切记过长过繁。

（2）版本　如前文所述，工程项目参与方多，其设计文件往往又出自多个设计专业，故会由于设计方案、设计条件等变化造成文件的修改和更新；针对规定、程序类文件也是一样的，被规范和约定的情况发生了变化，则程序也需要随之进行修改和更新。为了区分修改前后的文件，保证信息的时效性，就有了文件的版次。不是所有的工程文件都有版次，一般来说，设计文件、供货商文件、程序文件需要版次标识，通讯类文件则不能升版。判断文件是否需要升版的依据为：该文件是否允许由于条件发生变化而进行更新，并且旧版文件可以被新版文件完全代替。比如通讯类文件，我们给别人一封信，表达了一个意思，第二天情况变了，我们改变了想法，只能是通过再给别人写封信纠正上一封信的表达，而不是重新写一遍上一封信。这种情况还有一些文件也是这样，如设计变更单，一份变更单只能对原来的设计进行一次更改，如条件再次变化，应再发一份变更，说明上一次发的变更无效，而不能对变更进行升版，以免发生混乱。对于请购文件来说，采取升版的方式处理更利于请购文件的控制和管理，比如一份请购文件发出后，发现少买或者多买的情况，这个时候如果不对原来的请购文件进行升版，而是出一份新的请购，会造成从编号上无法更精确地对应出此次新出的请购与上一次请购的对应关系，造成信息传递的混乱。如果进行升版处理，就能查出旧版请购文件的相关信息，能更准确地看出前一版文件的情况，便于请购工作的控制。这些对于文件时效性的控制方法是笔者经过长期实践总结出来的，供读者借鉴，但读者也可以根据实际情况采用其他手段，只要能保证信息的高效准确传递即可。

文件的版本号一般从数字0开始，随着修改次数由0、1、2、3……递增。也就是初版文件为0版，第一次修改后的文件为1版。为了便于管理，这里的初版文件是指第一次发布的文件，第一次修改指第一次修改用于发布的文件。

文件的版本号也可以由两位字符表示，如第一位表示发布目的，第二位表示修改发布的次数。如某项目设计文件，其版本号第一位由一位英文字母表示文件的发布状态或目的，第二位由一位阿拉伯数字表示该阶段的修改发布次数，即“A”表示文件发布供内部审查；“B”表示发布供外部审查，“C”表示文件为批准文件。则版本号“A0”，表示文件供内部审查，为初次发布；“B1”表示文件供外部审查，为第一次修改后的文件。这种方法用于总体设计、基础工程设计文件居多。

文件的版本号也可以为双版本号，即如建设单位有版本要求，而EPC承包商公司也有自己对文件版次标识的规定，为了保证文件版本标识满足双方的共同要求，可采用双版本号。

（3）格式　为了保证项目文件的规范性和统一性，项目文件应使用规范的格式进行编制，尤其是设计文件，国家对工程设计文件的格式有明确规定，如《印刷、书写及绘图图纸幅面尺寸》GB/T 148、《技术制图　标题栏》GB/T 10609.1、《技术制图　图纸幅面和格式》GB/T 14689、《技术制图　图纸比例》GB/T 14690、《技术制图　图纸字体》GB/T 14691等。工程设计文件应首先按照国家的相关格式规定执行，以确保设计文件的规范性。另外，对于施工文件，各行业也有相关的标准文件格式，如《石油化工建设工程项目交工技术文件规定》SH/T 3503中，就制定了石油化工行业各类施工表格的标准模板，石化项目施工文件应按规定执行。

同时，文件格式在一定层面代表了公司形象，不论是对于建设单位、EPC承包商还是设计单位、供货商、施工单位，都应该在文件格式方面，在不违背国家、行业标准规定的前提下，有各公司自己的规定和要求。如制定各类模板供编制文件时使用，以保证各公司文件从格式上的统一性。规范统一的格式也从信息呈现规范统一、避免遗漏的角度确保了文件内容的规范性、完整性。

针对EPC承包商来说，公司对各类文件格式应有一个基本的规定，并制定各类文件模板，如各种规格图纸的图签模板及填写要求、基础工程设计文件模板及成册格式的要求等，以保证本公司文件格式的统一性。然而针对各项目来说，由于部分文件需要交付建设单位的缘故，往往需要在各项目交付文件的格式上考虑建设单位的要求，如添加项目名称、建设单位的LOGO和名称等，这就需要在格式统一化的基础上考虑各项目的个性。针对承担分包角色的单位来说也是一样的，不仅在格式上要注意本公司的统一性，还要在各项目中考虑建设单位及EPC承包单位的要求，考虑各项目的个性。

针对建设单位，应对自身产生文件的格式有统一要求和规范，同时应要求项目中所有交付文件格式在尊重各参建单位个性版权体现的基础上，保证一定的辨识度，即添加项目名称及建设单位LOGO、名称等。

一般情况下，各单位各公司文件标准模板及格式要求由公司质量管理部门编制，各项目模板和格式要求一般由项目DCC或质量工程师根据项目要求和特点，结合公司标准模板及格式要求编制，并交由公司质量管理部门审批备案。

（4）签署/签章　文件需要编制人和校审人员在履行职责后进行签署/签章，以确保文件的真实有效。文件的真实性是文件最重要最基本的特性。

国标《CAD文件管理 签署规则》GB/T 17825.7—1999规定了CAD文件签署的基本要求和签署人的基本责任。另外，各行业也均有相关规范。在石油化工行业，《工程设计文件签署规定》SHSG-046—2005就对石油化工行业各类设计文件的签署级别有详细明确规定。同时各公司应依据各自实际情况，参照上述国标行标，对含设计文件在内的工程项目文件的签署/签章做出明确具体要求。

具体说起来，对于工程项目文件的签署/签章，首先应注意签署级别。如设计文件，可参考行业规范明确签署级别。针对石油化工行业，一般设计文件应为设校审三级签署，但少量文件为两级或四级签署，文件编制人员应严格按照各公司的规定执行，并跟踪完成文件的签署/签章环节，确保文件真实有效。另外，文件签署/签章人还应执行各公司签署时的书写要求和注意事项，确保书写规范、可辨等，同时注意不可代签，但经项目正式授权委托的情况除外，这种情况应出具正式的签署或审批授权书。

另外，2004年《中华人民共和国电子签名法》颁布，这部05年开始实施的签名法被称为"中国首部真正意义上的信息化法律"，标志着电子签名与传统手写签名和盖章具有同等的法律效力。目前在工程界，电子签章技术也已经开始逐渐普及，2020年，笔者对石油化工行业一流工程公司进行调研，了解到电子签名技术在设计文件及内部管理文件中使用较为普及。其他文件，如合同、对外公文等目前各公司持观望态度，使用较为谨慎。另外，电子印章技术目前因国家及行业等认证部门未下发电子章，故各家公司均未应用于压力容器、压力管道的资质印章中。表10-1为调研具体情况，供大家参考决策。

表10-1 调研具体情况

类型	A公司	B公司	C公司
一、文件类型			
公司公文	未使用	√ （内部行文）	未使用
合同文本	未使用	未使用	未使用
设计文件	√ （设计成品文件）	√ （全部）	√ （设计成品文件）
项目通讯、程序等文件	未使用	√ （仅需提供电子版时）	未使用
二、印章类型			
出图章	√	√	√
公司资质章	未使用	未使用	√
个人资质章	未使用	未使用	√
压力容器、压力管道章	未使用	未使用	未使用

就上述电子签章的应用情况分析，笔者认为目前电子签章在对文件真实性的认证技术上虽然还存在颇多争议，但随着单轨制的到来，电子签章亦或是其他技术一定会在不久的未来代替传统手写签署和实体印章，这也是信息化社会发展道路上必须跨越的障碍。

1.2 文件收集

在文件收集环节将首先确定工程项目文件的收集范围，不论是建设单位、EPC承包商还是设计单位、施工单位等，都应建立各公司项目文件的收集范围，以确保文件的真实性、完整性。

1.2.1 职责

（1）DCC：

1）负责依据公司制定的项目文件归档范围，结合项目文件交付范围制定工程项目文件的收集范围。

2）根据各项目文件收集范围收集项目文件，以保证项目文件的交付及预归档的齐全完整。

（2）项目各部门　有责任配合项目 DCC，及时提交项目交付文件及需要预归档的文件。

1.2.2　文件收集办法

各公司在建立收集范围时，首先要遵循国家及行业对于工程项目文件的归档要求，国家标准《建设工程文件归档规范》GB/T 50328 及档案行业标准《建设项目档案管理规范》DA/T 28 中对“建筑工程文件归档范围”及“建设项目文件归档范围”有明确的归档范围要求，但各公司在遵守国家和行业规定的同时，还应结合公司自身的特点制定符合公司要求的归档范围。对于建设单位，除在遵守国家和行业文件归档规定的同时，还应考虑上级单位及地方档案管理机构对于项目文件的归档范围的具体要求确定其文件收集范围；针对 EPC 承包商来说，文件收集范围的确定在遵循国家和行业归档要求的同时，还应严格执行各项目建设单位对于工程项目文件交付范围的要求，除此之外 EPC 承包商还需从公司工程项目文件利用的角度出发，全面考虑哪类文件可用于公司未来项目或其他各项业务中，以此来确定文件的收集范围。对于分包角色的单位来说，文件收集范围的确定要在满足国家和行业归档范围的要求、建设单位交付范围的要求及 EPC 承包单位交付范围要求的基础上，同时结合公司自身特点进行确定。

还要强调一点，这里所指的文件收集范围与文件归档的范围是不一样的，此处的文件收集范围是在工程项目整个运行过程中，需要被项目使用及预归档的文件，而文件归档的范围是指项目结束后，具有参考利用价值的工程项目文件，也就是说在项目建设期间收集起来的项目文件并不都具有未来参考利用的价值，此处文件收集的范围，也就是项目文件预归档的范围，往往要大于文件归档的范围。

1.3　文件查验

如果说文件产生环节是制定项目文件编制相关规定（含文件格式、编码、版本、签署）的阶段，那么文件查验环节就是 DCC 按照上述文件编制相关规定去确认文件是否合规的检查阶段，文件查验环节是在文件正式发布前对其进行格式、编码、版本、签署等方面的检查，目的是确保项目正式文件真实性、统一性、规范性、完整性和时效性。

1.3.1　职责

（1）DCC：

1）是项目正式文件查验工作的实施者。

2）负责按照文件编制相关规定（含文件格式、编码、版本、签署）对项目正式文件进行检查，对于不合规的文件退回被查验人修改后重新提交。

（2）被查验人：

1）有责任按照文件编制相关规定（含文件格式、编码、版本、签署）去编制项目正式文件。

2）对于被 DCC 查验有误的项目正式文件配合进行修改，直至符合相关要求。

1.3.2 文件查验方法

（1）编码 项目文件编码是DCC查验的重要内容，对于不同的文件类型要根据其编码的构成特点进行检查。比如通讯类文件，要重点检查发出方和接收方的公司代码是否正确；比如管理文件，要检查编码中编制部门是否为编制文件的实际部门，管理文件的种类繁多，文件类型代码也要重点查验；对于设计文件，在某些项目中，存在双编码或者三编码的情况，针对分包商设计文件，作为EPC承包商来说，首先要查验建设单位及自身的编码，对于分包商的编码可不作为检查项；对于设计分包商来说除了查验自身的编码，还要重点查验编码是否按照建设单位和EPC承包商的文件编码规则编制；对于施工文件，因其种类繁多，在检查的过程中要重点检查文件类型代码这一构成要素。

（2）版本 DCC在查验文件版本时要根据文件发布情况进行检查，第一次正式发布文件的版本和因为条件变化进行修改后再次发布的文件版本一定是不同的，比如设计文件，有些专业因为条件变化修改升版的次数比较多，DCC在查验时要根据其是第几次修改进行检查确认。另外，对于有些EPC项目会出现双版本的情况，即建设单位的版本和EPC承包商的版本，这时DCC在查验时对两个版本都要进行检查。

（3）格式 DCC在查验文件格式时，首先要根据文件类型判断其使用的模板是否正确，其次要结合不同项目不同要求进行检查。比如说有些EPC项目，EPC承包商图纸图签中需要增加建设单位LOGO标识，有些项目分包商的图纸图签要增加建设单位LOGO和EPC承包商的LOGO标识等。另外，DCC在检查过程中也要根据不同文件类型的格式特点进行检查，比如基础工程设计文件是成卷册进行编制的，在查验时要对其卷册格式进行严格把控，查验成卷册文件是否按照卷册目录顺序进行排列，还要查验公司资质页、封皮页及封底页格式是否正确等。

（4）签署/签章 DCC在查验文件的签署/签章时，主要从以下几方面进行把关和检查：

1）签署人员必须是项目正式任命或委托的项目人员。在项目中，不论是哪一种类型的文件，其编制、校核人员必须为项目组正式任命的人员。对于有些文件，像通讯类文件原则上均由项目经理进行审批签署，如项目经理出具正式的委托，可替其代签。

2）要根据签署级别进行检查，在项目中，通讯类文件一般为一级签署，管理类文件视审批级别，一般为三级或者四级签署，设计文件一般为三级签署，但部分文件也有两级或四级签署。同时，很多设计文件还需要进行相关专业会签，以保证专业之间不会发生碰撞和矛盾，文控在查验过程中应按照文件类型把握签署齐全完整。

3）签署还应保证真实性，不可代签；同时签署的字迹应清晰可辨。

1.3.3 文件查验方式

目前，EPC承包商对于项目文件的查验，大多数文件采用DCC进行查验的方式，如通讯类文件、管理类文件、采购文件、施工文件均由项目文控进行查验。

对于设计文件，目前有两种查验方式，一种是项目文控从项目的角度进行查验，以满足建设单位的要求，同时档案管理员从EPC承包商公司的角度进行二次查验，此方法可以对设计文件进行双重把关，在满足建设单位要求的同时又满足EPC承包商公司的要求；另一种查验方式是不论是项目文控还是档案管理员对设计文件进行查验，均同时从项目和

EPC公司两种角度进行把关，不再进行第二个岗位的二次查验。此种方法要求查验人员全面了解来自项目和公司的标准要求。目前，这两种方式都是市场上工程公司常用的查验方式，各有利弊，选择哪种方式在于不同公司工作的划分和岗位职责的设定，两种方式都是可行的。

1.4 文件发布发送

文件发布环节是DCC作为项目文件管理部门，在项目内宣布文件具有有效性，为项目正式文件的一种方式。一般通过将文件放置到项目电子文档管理平台受控文件夹中或以邮件等形式通知具有查阅使用权限的项目组成员等方式来完成。文件发送环节可分为对内发送和对外发送，是通过邮件、硬拷贝文件传递等形式将文件发送给具有相应权限的用户。文件发布发送环节也是项目文档管理流程中重要的环节，是信息传递的手段，也是项目文件管理最直接、最重要的目的。

1.4.1 文件发布

(1) 职责：

DCC：

1）有责任搭建并维护项目电子文档管理平台受控文件夹结构目录树。

2）有责任将项目正式文件放置在项目电子文档管理平台受控文件夹内，宣布其有效性。

文件访问者：

有责任提交项目电子文档管理平台受控文件夹访问权限申请，获批后依据访问权限访问项目正式文件。

文件访问权限审批人：有责任对文件访问者的访问权限进行判断并审批。

(2) 文件发布权限　在工程项目中，只有DCC才能在项目内发布文件，宣布文件的合法性；DCC外的其他人员均没有权利对项目文件进行发布。

(3) 文件发布的方式：

1）项目电子文档管理平台受控文件夹方式。用项目电子文档管理平台作为项目正式文件的发布平台，将项目正式文件放入受控文件夹，以宣布其合法性的方式，是目前工程项目最常用的一种文件发布方式。

a. 电子文档管理平台。项目电子文档管理平台是项目电子文件收集、存储、管理，以及项目信息资源共享和利用的平台，只要在此平台上开辟一个项目受控文件夹，并由DCC将项目正式文件放入其中，进行统一管理，那么将受控文件放入其中的过程，就是向项目发布该文件为项目正式文件的方式。

b. 受控文件夹。将项目电子文档管理平台作为项目正式文件的发布平台，其受控文件夹的管理和权限设置就显得尤为重要。

针对项目电子文档管理平台结构目录树，尤其是受控文件夹结构目录树的搭建。各单位要充分考虑自身角色以及项目的规模、类型、阶段、文件种类，各公司文件管理分工职责、各自管理特点、习惯，甚至对外的文件交付和接收方式等进行文件夹层级的设置，针对项目电子文档管理平台结构目录树的设计这里不做详细介绍，具体说明见第13章“项目电子文档管理实务”。

受控文件夹权限设置的基本原则为：仅 DCC 拥有写入和迁出的权利，项目组成员的权限由 DCC 依据其提交的权限申请，并综合考虑其岗位等因素进行设置和授权，涉密项目或其他特殊情况需经项目组审批。有关项目电子文档管理平台权限设置的具体说明见第 13 章“项目电子文档管理实务”。

2）邮件等形式发送项目文件发布信息。在国内一些工程项目中，还有一种普遍使用的文件发布方式就是将项目正式文件发布信息以邮件等形式发送给项目相关人员，让他们知道哪些文件已经得到项目批准，成为项目正式文件。

在很多项目中，以上两种方式也会一同使用，即项目 DCC 将项目正式文件的发布信息发送至项目相关人员的同时，将发布文件放入项目电子文档管理平台的受控文件夹中，并同时为相关人员设置好发布文件的使用权限。

1.4.2　文件发送

（1）职责：

DCC：有责任对项目正式文件进行对内、对外及时准确分发，并保存分发记录。

文件接收人：有责任对接收到的项目正式文件进行签收，并返回签收记录。

（2）对内发送：

1）标准文件分发矩阵。对内发送文件是指在项目中向本单位项目组成员发送项目正式文件，对内发送文件可以是纸质版文件，也可以是电子版文件的发送。这里就有一个问题，那就是发送依据。标准文件分发矩阵是目前常用的一种文件分发依据，即在项目组成立初期就建立好经项目组批准的常用文件的固定分发依据。标准文件分发矩阵仅适用于标准发送范围的文件，并非适用于项目组所有文件的发送，比如项目程序文件，供项目各岗位执行，有其标准的项目收文对象；再比如项目月报等，也有着相对较为标准的收文范围。标准文件分发矩阵的收文对象一般为群组或岗位，故需要维护好项目收文群组或岗位的人员变化，当发生变化应及时更新及维护。针对项目中无法依据标准文件分发矩阵进行发送的文件，应根据项目领导确认的分发对象或范围进行发送。

2）接收文件凭证。项目文件发送和接收应保留信息传递和接收的凭证。文件发送时可建立签收单，单中标明发送文件的具体信息（编号、名称、版本、签收人、签收日期等），文件接收人应在收到文件后在签收单上进行签收，DCC 留存签收记录。该签收单可为电子文件，电子签名，也可以打印纸质签收单，手动签署；电子文件发送时，DCC 还可保存邮件回执或其他线上发送和接收痕迹，以作为文件的发送和接收凭证。

（3）对外发送　对外发送文件是指在工程项目中向本单位以外的外单位发送项目正式文件，包含纸质文件的发送及电子文件的发送。DCC 在对外发送文件（纸质版或电子版）时均需创建“文件传送单”作为文件发送的依据，文件传送单上应有文件的详细信息（文件编号、文件名称、版本、电子文件及纸质版文件的发送数量等）、接收方信息、发送方信息、发送缘由等，在外单位收到项目正式文件时需进行签字并返回签收记录（可为电子版）。“文件传送单”模板见本篇第 11 章“作业文件和作业表格”。

1.5　文件预归档

文件预归档区别于文件的正式归档，是项目在执行过程中，项目正式文件由项目文档中心/小组依据项目文件归档范围进行收集、管理和提供利用的过程。项目文件预归档原则上应遵循电子版大于纸质版(硬拷贝)的原则，如项目文件已经采用电子签章技术，可以按照各项目及各公司要求采用单轨制，即仅归档电子版；也可采用双轨制，即电子版加硬拷贝两种形式的文件预归档方式。另外，预归档文件的整理应考虑项目结束后正式归档的要求，避免重复工作，在文件分类、硬拷贝文件整理方式等方面，应尽量与档案管理的要求保持一致，比如文件的折叠方式、装具以及卷内目录、文件备考表等，应尽量满足最终归档的要求。

1.5.1 职责

(1) DCC　有责任对项目正式文件进行预归档，并对项目收集文件进行管理和保护。

(2) 项目各部门　有责任按照项目预归档文件的管理要求，配合项目文件的预归档工作，并进行项目文件的查阅、利用。

1.5.2 文件预归档管理

(1) 项目主档案室管理一般要求　项目主档案室是工程项目执行期间，项目文档中心/小组用来存放预归档文件的场所，项目主档案室一般存放的文件介质为硬拷贝文件，同时也会有光盘、硬盘等电子存储介质。各单位在建立项目主档案室时，要考虑项目的规模及项目文件的数量确保拥有足够的存放面积，对于大中型项目、项目文件量较多的情况，项目主档案室一般为独立的房间或区域，对于小型项目、项目文件量较少的情况，项目主档案室一般为DCC办公区域中的几组文件柜。

项目主档案室需依据文件管理的需求配备相应的文件管理装具，如防磁柜、文件柜、文件夹或文件盒等。各类装具的配置需要考虑文件管理需要，如项目文件的分类存放及对类别进行清晰标注等需求。

如设置了独立的房间或区域作为项目主档案室，其门前可贴置门禁标识——“非DCC人员，未经许可，请勿擅自进入”；如仅采用文件柜保管，应至少做到贴有“项目文档中心”等标识，并对文件柜钥匙进行妥善保管。

(2) 项目主档案室管理办法　项目主档案室的管理应根据实际情况建立好管理标准。至少应包括预归档文件的排架规则、文件有效版本的管理规定、项目文件利用管理规定等。DCC应按照管理标准做好预归档文件的管理工作。

项目主档案室并不是始终存在的，在项目文件交付及归档后，需关闭项目主档案室。

1）预归档硬拷贝文件管理。DCC在完成项目正式文件的发布后，应将预归档硬拷贝文件按照项目阶段、装置单元及文件类型等分类保存，各类文件按照顺序排放，放入档案盒、档案袋或文件夹中，按照主档案室规划的排架位置和次序存档，并在电子台账中进行登记。

如文件升版更新，DCC应替换主档案室中的废旧版本，在废旧版本上加盖“作废”章，并在台账中进行登记。作废文件应妥善保管，待项目结束后统一进行销毁。

项目各部门人员在借阅或查阅项目正式文件时需办理借阅审批手续，经项目领导审批后方可借阅或查阅。各单位在办理借阅或查阅时可参照以下原则：

a）原则上仅提供电子文件的借阅，通过开通项目电子文档管理平台权限实现；

b）经授权批准，被授权项目人员可以在项目主档案内查阅原版文件，但项目主档案室存放的原版硬拷贝禁止带离项目主档案室，特殊情况下，经授权许可，可借出加盖“原版拷贝”章的拷贝件；

c）所有硬拷贝文件的查阅和借出，均需查阅或借阅人办理借阅审批手续，原版拷贝件也需定期归还，归还时由项目主档案室管理人员检查并签字确认；

d）借阅者承担保密和保管责任，不得在文件上圈点、涂改，对文件进行剪裁、拆散和损坏，不得遗失或擅自转借他人或外单位。

2）预归档电子文件管理。在工程项目中，通过项目电子文档管理平台受控文件夹对预归档电子文件进行管理，是电子文件的主要管理方式。项目电子文档管理平台受控文件夹的结构目录树及权限的设置可参见本章“文件发布发送”章节及第13章“项目电子文档管理实务”。为保证预归档电子文件的安全，除将预归档电子文件存储在项目电子文档管理平台上，还应注意多重备份，如同时在电脑本地盘中保存或硬盘备份保存等。预归档电子文件的利用权限，一般分为仅查看、可下载等，项目群组对电子文件的利用权限取决于该群组对电子文件所在的项目受控文件夹的权限等级。

3）台账管理。文件管理台账，也可以叫作文件管理报表/清单，是反映项目预归档文件的所有重要信息属性的登记清单，主要功能是统计和检索。在工程项目文档管理工作中台账是必不可少的管理手段。在使用了电子文档管理系统的项目中，系统会对存储的文件，按要求自动提取相关属性生成所需要的统计报表；如没有软件系统，我们也可以手动生成台账，手动台账是通过手动录入文件信息属性，并通过以信息属性建立的报表来做到预归档文件的管理和检索。

1.6　文件交付

工程项目中文件交付是指将合同范围内的项目文件交付给建设单位/甲方的行为。在EPC项目中，项目的交付方为EPC承包商，EPC承包商交付文件给建设单位时，除了自身负责的需交付的项目文件，还需要按照项目合同要求收集分包商应交付的项目文件，一起交付建设单位。

1.6.1　职责

（1）DCC：

1）文件交付工作的第一接口人。

2）需与建设单位明确文件交付的各项要求，并在项目合同中加以落实，同时将合同要求分解和落实在项目文档管理体系文件中。

3）按照项目合同的要求实施交付工作。

4）按照项目合同及建设单位的要求对分包商交付文件提出具体要求，以保证分包商文件按照项目合同要求进行交付。

（2）项目组其他成员　按照项目文档管理体系文件的要求，履行与文件交付相关的各项职责，如按照项目文件编制要求编制文件、按照项目各类文件发文进度计划配合DCC完成项目文件的收集等。

（3）分包商　按照分包合同的要求，如文件交付时间、交付份数、交付形式等，履行并完成项目文件交付的相关工作。

(4) 建设单位　按照项目合同及协调程序中的规定，履行项目文件的审查及答复义务，以保证项目文件最终按进度交付。

1.6.2　文件交付范围

文件交付范围一般是指工程项目合同中文件交付清单，EPC 项目的文件交付范围包括但不限于如下内容：

1）由 EPC 承包商负责的设计过程审查文件；

2）合同范围内的设计文件，如详细工程设计文件、基础工程设计文件等；

3）EPC 承包商设计、发包人采购的询价文件以及 EPC 承包商采购、发包人审查的询价文件；

4）由 EPC 承包商负责的政府审查报批文件；

5）竣工资料(含竣工图)；

6）厂商随机资料(含开车备件清单)。

1.6.3　文件交付时间

文件交付时间一般分为阶段性交付和即时交付。阶段性交付是项目某一阶段结束后进行的文件交付，阶段性交付文件一般指终版的详细工程设计文件、交工技术文件(含竣工图)、报审报批的文件等。阶段性交付一般需要有一个具体的时间节点，交工技术文件的交付，一般为中交后 3 个月至半年内；如报审报批文件，一般也会由报审报批机构根据项目进度提前给定一个时间段。即时交付是随时进行文件的交付，一般是指分包商交付 EPC 承包商或 EPC 承包商交付建设单位的中间版详细工程设计文件、询价文件、厂商随机资料等。所谓即时交付，则不会有相对固定的时间点和时间段，是根据项目的进展，在工作完成后即时交付。

1.6.4　文件交付要求

(1) 份数要求　交付文件的份数是由建设单位依据地方政府、上级单位、项目(企业)对文件的现实需求及未来利用情况等因素考虑，与 EPC 承包商在合同中明确约定的交付要素之一。对于不同的建设单位，要求承包商交付的文件份数也是不一样的，比如详细工程设计文件要结合建设单位存档、生产准备及建设单位组织机构的设置进行考虑，比如交工技术文件(含竣工图)要充分考虑是否移交地方档案馆和上级单位的份数后再考虑自身存档的份数；比如报审报验资料，建设单位需结合当地政府相关要求去考虑份数。对于 EPC 承包商来说，在与建设单位沟通确认份数的时候，要首先考虑建设单位的要求，同时也要根据工作经验综合考虑建设单位要求的合理性，对于要求份数过多的情况，可详细了解建设单位需求，并根据以往经验建议建设单位减免一些不必要的需求，避免浪费；但对于份数少了的情况，也需要根据自身经验提醒建设单位，以免不满足需要。

(2) 硬拷贝文件要求　交付文件中硬拷贝/纸质文件是以原件和复印件相结合的方式，所有文件均应图幅清晰、签署齐全、签章清晰完备。其中，交工技术文件(竣工图除外)在交付建设单位时，必须交付一份原件，并在原件上加盖“正本”印章，其他份数可为复印件。详细工程设计文件、竣工图中 A2 以上的图纸均需晒制或复制成蓝图形式，A3、A4 文件则需复印成白纸形式。详细工程设计文件需在原件上加盖出图章或同等效力的图章，应确保文件复印后，其签章清晰；特殊的详细工程设计文件上还应按照要求在蓝图上加盖压力容器章、设计资质印章等；竣工图需要根据《建设项目档案管理规范》DA/T 28 的要求在蓝图上加盖竣工图审核章，报审报验资料则根据当地报审机构要求加盖相应印章。使用电子签章技术的文件应保证签章的合法性，并保证签章在硬拷贝文件中的清晰可辨。

（3）电子版文件要求　交付文件电子版首先应保证其可读性，要满足建设单位进行查阅、复制的要求，不允许设置密码，且不允许将多张图纸多个文件放在一个电子文件中，所有文件的文字、线条必须清晰可辨。一般情况下，交付的电子文件应为 PDF 格式，且电子版文件应采用与纸质版文件编号一一对应的文件命名方式，也可以在电子文件名中增加文件版次的标注，方便辨识文件的版本。使用电子签章技术的电子文件，应保证签章的合法性，并确保其在更换运行环境后签章依然真实有效。

1.6.5　文件交付地点

项目合同中应明确规定文件的交付地点，交付地点一般为建设单位工程项目现场。分包商文件的交付地点可以是建设单位工程项目现场，也可以是 EPC 承包商公司所在地，再由 EPC 承包商将交付文件汇集后一起交付建设单位。

1.6.6　文件交付形式

EPC 承包商就交付形式要与建设单位进行协商确认，按照建设单位要求的交付形式进行交付。一般来说，硬拷贝文件采用快递邮寄的形式进行交付；电子版文件以移动硬盘及刻录成光盘的形式进行邮寄，或者由建设单位开通项目电子文件交付平台的交付端口，由各承包商上传交付文件。

1.7　文件归档

文件归档是项目文档管理流程的最后一个环节，是项目结束或阶段性结束后将预归档在项目主档案室具有保存价值的项目文件正式归档到公司档案室的过程，项目文件在正式归档后成为工程档案，项目文件归档环节是项目文件管理和档案管理的接口。

1.7.1　职责

（1）DCC　对项目预归档文件中具有保存价值的文件按照所在单位档案收集范围等要求进行整理并归档到单位档案室。

（2）项目组其他成员　项目经理负责组织项目文件的归档工作，并对项目文件归档范围进行审核和确认。

（3）档案管理员　负责对项目组提交的各类归档文件按照公司档案管理要求进行收集及鉴定工作。

1.7.2　文件归档范围

项目文件归档范围不同于项目文件预归档的收集范围，前文已经说过，项目预归档文件是收集项目执行过程中需要保存利用的文件，而项目文件的归档则是在项目结束，或阶段性结束后，将仍具有保存价值的项目文件进行收集，成为工程项目档案的过程。两者的区别主要在于第一，前者是履行文件的现实使命，用于工程项目的实施，后者则是为了项目结束后为后续工作提供参考利用；第二，只有预归档文件中具有保存价值的部分才能成为归档后的档案。《建设工程文件归档规范》GB/T 50328 及《建设项目档案管理规范》DA/T 28 中对“建筑工程文件归档范围”及“建设项目文件归档范围”有明确的规定，建设单位、EPC 承包单位及分包单位可参考上述标准，结合公司及项目的实际情况，进一步明确项目文件的归档范围。

1.7.3 文件归档时间

项目文件归档分阶段性归档与项目结束后统一归档两种方式。阶段性归档指项目某阶段设计工作或项目阶段性结束后的归档，工程项目设计工作一般按照项目的规模或类型，分总体设计工作、基础工程设计工作、详细工程设计工作、竣工图设计工作等。针对不同的项目类型及承包方式，每个工程项目或承包商涉及的设计工作也是不同的。在全厂项目中，EPC 承包商如还承揽了总体设计及基础工程设计工作，就需要 EPC 承包商在每一个项目设计工作阶段结束后进行阶段性归档。在有些工程项目中，也有在项目结束后统一归档的情况。不论是阶段性归档还是项目结束后统一归档，都应在项目或阶段结束后的一至三个月内完成文件的归档工作。

1.7.4 文件归档要求

一般来说，归档的文件资料均需按照本单位档案室的归档要求进行归档，归档要求应包括文件的编号要求、格式要求、签署要求、份数要求及文件其他真实性、统一性、规范性、完整性、时效性质量要求等。

前文已经提及，项目文件的归档是项目文件与档案的接口，归档之前的管理是文件的前端控制，归档之后的管理为档案的后续管理。文档一体化的管理方式就是前端控制与后续管理有机结合，将档案管理的要求前置至项目文件的管理过程，让项目文档工程师提前了解到档案管理的需求，让文件和档案形成一个有机的统一体。在收集环节中，DCC 按照文件归档的要求对收集文件进行审查和把关；预归档环节中，DCC 在文件的整理中，充分考虑项目文件归档及档案管理的要求。如果说项目文件收集和预归档环节是文档一体化工作的重要环节，那么项目文件的归档环节就是文档一体化管理优势的体现，即因为文档一体化的管理方式，让我们的归档工作变得简单，文件不再需要按照归档要求重新进行整理，文件也不会因为不满足归档要求而被退回。因此，项目文件的归档要求应该被明确和落实在项目文件的收集环节，而不是到了项目文件归档环节才予以考虑，这既是项目文档管理的需要也是文档一体化管理的要求。

2 建设项目档案管理流程

对于工程项目文档管理工作来说，从狭义上讲，仅指项目建设期间的文档过程管理，即不包括文件被归档后的档案管理阶段。但从广义上讲，工程项目文档管理工作也包括文件完成了其现实使命，作为有价值的部分被归档后的档案管理阶段，因为正如理论篇中的阐述，文件管理和档案管理，现代档案管理称其为文档一体化管理，本来就是前后关联的有机整体。尤其是针对建设单位来说，在实务篇第五章“建设单位文档管理”中，已经较为清晰地介绍了其项目文档管理和档案管理并行的管理方式。故此节我们就以建设单位为例，来介绍工程档案管理的方法，项目其他角色档案管理可参考其开展。

如实务篇第五章“建设单位文档管理”所述，建设单位档案管理职能，在项目建设期间，应属于项目文档管理团队，即PAC职责的一部分，项目结束后，项目文档过程管理职能，即DCC完成使命，PAC部分成为建设单位组织机构中的常设机构，即档案管理部门或档案室。

这里也顺带介绍一下作为工程项目其他角色，如EPC承包商、设计单位、施工单位、供货商等，在项目结束对项目文件归档后，针对归档项目文件，就进入档案管理阶段。针对大型项目，或周期比较长的项目，也可在项目阶段性结束后进行归档，那么这部分档案就进入档案管理阶段。同时，针对设计文件，有些工程公司也采用即时归档的做法，即不等设计工作结束，或阶段性结束，只要设计文件完成后，一边由文档工程师对设计文件进行传递或交付，另一边设计文件原件即归档至公司档案管理部门。各种做法各有利弊，这里不做过多评判，各单位应根据部门职责分工、人力资源配置、设计人员稳定性等多角度多层面进行考虑，制定适合自己的管理方案。总的来说，建设单位建设项目档案管理与其他档案管理环节基本一致，包括收集、鉴定、整理、保管、统计、提供利用六大环节。国家档案局发布的行业标准《建设项目档案管理规范》(DA/T 28)，对建设项目档案管理的具体工作具有指导意义，需要仔细学习和借鉴。

2.1　收集

建设单位档案收集的主要内容为接收本单位及各参建单位在项目建设期间形成的，具有保存价值的文件材料。各单位或建设单位相关部门按照建设单位项目文档管理团队制定的交付和归档要求，将办理完毕的文件材料，经鉴定和整理后，进行归档，或经由建设单位文档管理团队DCC归档至项目文档管理团队PAC集中统一管理。

2.1.1　职责

(1) 文件形成单位/部门　文件形成单位或部门需保证归档文件的真实性、统一性、规范性、完整性及时效性，应按照交付或归档范围、形式、时间及其他各项要求，对归档文件进行整理，并按时交付或归档。

(2) 建设单位PAC/档案管理部门　建设单位项目文档管理团队PAC(以下简称PAC)/档案管理部门应建立建设项目文件材料归档制度和要求，并对文件形成单位或部门进行宣贯和指导。同时，按照文件归档范围及要求对文件形成单位或部门归档工作进行检查、督促，并接收鉴定其归档文件。

2.1.2　收集办法

建设单位PAC/档案管理部门应制定各项归档制度对建设项目文件材料归档工作提出要求，包括归档范围、归档形式、归档时间、归档手续以及其他相关要求，如文件质量要求和整理方式等。

(1) 归档范围　根据国档发[1991]20号《工业企业档案分类试行规则》将工业企业档案分成十个一级类目，即党群工作类、行政管理类、经营管理类、生产技术管理类、产品类、科学技术研究类、基本建设类、设备仪器类、会计档案类、干部职工档案类，中国石化办[2011]214号《中国石化档案分类规则》针对石油化工企业档案，设置十一个一级类目，即党群工作类、行政管理类、经营管理类、生产技术管理类、产品类、科学技术研究类、基本建设类、设备仪器类、会计档案类、干部职工档案类及油气田勘探开发类。可以看出，我国工业企业的档案分类可参照《工业企业档案分类试行规则》执行，即分成十个类别；针对石油勘探企业，比较起前一个划分，多出一个油气田勘探开发类，其他分类是一样的。

对于本文中石油化工工程建设项目中产生的档案，根据上述两个分类办法，针对工程公司，即工程设计或者EPC承包商，主要为产品类，针对承包商，在工程项目中产生的档案均属于其围绕着产品产生的档案，产品类下，可再根据档案的详细类别细分二级类目；针对施工企业和监理企业，可参考工程公司的分类进行划分；针对建设单位来说，主要类型为基本建设类、设备仪器类档案。但在工程建设期间，由于企业正在创立，各类档案会逐渐产生，应在建设工程档案的基础上建立完备的企业档案类型，如党群、行政、会计等，工厂建成后，还会出现经营管理、生产技术、产品、科学技术研究类。

在建立档案大类的基础上，二级类目的划分可依据工程项目文件归档范围及本公司实际需求设立。工程项目文件归档范围如前文所述，可参照《建设工程文件归档规范》(GB/T 50328)中"建设工程文件归档范围"，以及《建设项目档案管理规范》(DA/T 28)中"建设项目文件材料归档范围和保管期限表"，但由于工程项目的特殊性，针对特定的项目，需考虑上级单位及地方档案管理机构的具体要求，并结合行业特点、工程项目特点、管理模式等制定符合实际需求的归档范围和保管期限表。建设项目档案一般保管期限为永久或定期，定期一般为30年和10年。保管期限也需要根据工程项目特点和实际管理需要进行确定。建设项目文件归档范围区别于项目建设过程中文件的收集范围，是项目建设过程中收集的文件在项目结束或者阶段性结束后，经鉴定具有保存价值的文件，形成需归档的文件范围。也就是说档案的收集范围大于文件预归档的范围，这是由于档案的特性决定的，应注意区分。在项目启动阶段，建设单位档案管理部门，即PAC应制定项目归档的大体范围，为项目文件的收集提供依据，确保归档文件及时收集；工程公司、设计单位、施工单位、监理单位项目DCC应根据公司档案管理部门的要求划定各项目档案收集的范围。在项目文件归档阶段，对于不在启动阶段划定的归档范围内的文件，还应进行鉴定甄别，以确保有价值项目文件的应归尽归。如上文所述，建设单位PAC还应在收集建设项目工程技术档案的同时，注意在项目建设过程中收集其他类型的档案，或为收集做好准备。

(2) 归档形式　在归档形式上，目前建设项目档案归档实行双轨制，即纸质版和电子版同时归档，需确保纸质版与电子版一一对应，纸质档案应至少归档1份原件，如考虑档案利用或需要向上级单位、地方档案馆移交等需要，则还需要增加1~2份副本。随着档案管理从双轨制向单轨制的逐步发展，建设项目档案与其他档案一样，也将逐步趋向于电子版大于纸质版，并逐步发展为以电子版为主的归档和管理模式。同时，由于数字化工厂概念的驱动，数字化交付目前已经成为越来越多工程项目的交付和归档形式。数字化交付是以三维模型及数据库为主要内容，挂接二维的图纸、文件构成，其三维可视化的数字工厂模型，加上方便查询和利用的结构化数据，搭配以工厂对象为查询线索的二维图纸和文件，相比起传统交付和归档，仅有的二维图纸和文件及大量非结构化的数据，将极大地有利于工厂建设数据的查询和再利用。数字化交付必将成为未来工程项目交付和归档的主要形式。

另外随着建设工程管理的需要，除了纸质文件、电子文件，目前建设工程项目档案还有声像档案，它是以照片和影像记录工程项目的建设过程，是非常重要的档案资料，应注意进行收集和归档。

（3）归档时间　按照《建设项目档案管理规范》（DA/T 28）中的规定，项目文件在办理完毕后，各参建单位及建设单位相关部门应及时进行收集，并向档案管理部门进行归档。由于建设项目中项目文档管理职能的存在，DCC 直接参与文件办理流转过程，如文件的发布发送等工作，故在文件办理完毕之前，DCC 便已对文件进行收集，只需按照项目规定的归档范围、时间和要求进行归档。

对于具体归档时间，DA/T 28 中也有相关规定：前期文件在相关工作结束归档；管理型文件一般按年度归档，同一事由产生的跨年度文件应在办结年度归档；施工文件在项目完工验收后归档，建设周期长的项目可分阶段按单位工程、分部工程归档；科研项目文件应在结题验收归档；生产准备、试运行文件应在试运行结束时归档；竣工验收文件在验收通过时归档。各建设项目可参照上述归档时间，由 DCC 对收集的预归档文件进行归档。部分文件也可依据项目实际情况和职责划分，由相关单位和部门直接归档，建设单位 PAC 直接收集，归档时间也可以参考上述 DA/T 28 中的规定。

（4）归档流程：

1）归档前准备。文件在归档前，首先应保证其质量符合建设单位 PAC 对归档文件的要求。文件归档后，就成为了档案，故归档文件应首先保证真实性，这是档案的基本特性。为了保证其真实性，应要求归档文件签章齐全。其次作为工程档案，它还应具备统一性、规范性和完整性。因归档文件已完成其现实使命，是办毕的文件，故与工程项目文件相比起来，似乎不再需要具备时效性，但由于工程文件的特殊性，需保证归档文件为反应工程真实面貌的终版文件，故从某种意义上，归档文件也应要求其时效性。上述质量要求，归档方应首先确保归档文件符合要求。经 DCC 归档的文件，DCC 应在项目文件收集时就考虑到档案管理的要求，将文件的真实性作为首先考虑的因素；如由文件形成单位或部门直接归档，建设单位 PAC 在项目初期应就归档文件的要求进行传达和宣贯，以确保归档文件符合要求。

建设项目的文件材料在归档前，应由参建单位 DCC 及建设单位 DCC 或相关部门进行初步整理。建设单位 PAC 应对文件材料归档前的整理方式形成书面要求。具体整理方式可参照 DA/T 28、GB/T 11822、SH/T 3503、SH/T 3543 等标准制定。经整理完成的归档文件在正式交付归档前，还应经过针对其质量的检查确认，一般来说，检查工作应经过参建单位自查、EPC 承包商检查及建设单位组织的联合检查，经检查无误，方可正式交付归档。

2）一次鉴定。建设方 PAC 接受归档文件后，应首先进行一次鉴定，即对文件质量进行鉴定，是否符合归档文件的要求。对于归档文件的质量要求前文已经提及，应首先满足真实性的要求，其次还应满足统一性、规范性、完整性和时效性，其他质量要求还应符合《建设项目档案管理规范》（DA/T 28）7.1、7.2 的相关规定。对不符合要求的归档文件应退回归档方予以整改。

除对文件质量进行鉴定，建设单位 PAC 还应对文件的保管期限进行鉴定，除依据 DA/T 28 中的归档文件保管期限表外，还可与文件相关部门进行沟通确定。

另外，前文提及的对归档文件范围的确定，也属于一次鉴定的范畴。对于不在项目初期划定的归档范围内的文件，也应由 DCC 提请，经由 PAC、项目经理等相关部门的协商确定是否需要归档。

(5) 办理归档手续　经建设单位 PAC 一次鉴定后，符合归档要求的文件材料，需办理归档手续，正式向 PAC 归档移交。归档单位或部门按 PAC 的要求编制交接清单(含交接手续、档案数量、案卷目录)，双方清点无误后归档交接。

(6) 保障措施　为确保档案资源的有效收集，建设单位 PAC 应制定归档制度及归档前整理工作的宣传、指导、监督，全面检查归档文件的质量、加强平时文件收集工作等措施，但最重要最有效果的一项工作是加强文件前端控制，参与项目文档管理工作，与 DCC 一起做好各项项目文档管理工作的策划、日常管理及各类检查，在文件形成时就把好质量关，并确保文件的同步性，这样才能做到事前控制，这就是我们前文所说将文档一体化工作落到实处。

2.2　鉴定

鉴定工作是档案管理中一个十分重要的环节，即判定档案真伪、质量和价值的工作。档案鉴定工作包括了档案的一次鉴定及二次鉴定。针对建设工程档案，一次鉴定是在向建设单位 PAC 归档前及归档时完成的，档案归档前，建设单位 PAC 联合 DCC 及项目质量部对参建单位及建设单位各部门归档的档案质量进行巡检及专项检查；档案归档时，建设单位 PAC 对归档档案进行最后的查验和确认，根据档案价值为其确定保管期限，上述工作是对档案真伪、质量及价值的第一次鉴定。二次鉴定是库存档案到保管期限前，建设单位档案管理部门牵头成立鉴定小组，对档案价值再次进行鉴定，确定是否按其原来确定的保管期限进行作废销毁，亦或是延长保管期限的工作。

2.2.1　职责

(1) 建设单位 PAC/档案管理部门　负责组织建设工程档案的一次鉴定及二次鉴定工作。

(2) 建设单位 DCC、质量部　参与建设工程档案的一次鉴定工作。

(3) 建设单位二次鉴定小组成员　建设单位主管技术的领导、相关专业技术人员、质量管理部门参与到期档案鉴定工作，形成鉴定报告。

2.2.2　鉴定程序

(1) 一次鉴定　一次鉴定是对档案的真伪、质量及价值做出的判定，是在向建设单位 PAC 归档前及归档时完成的。档案归档前，建设单位 PAC 组织建设单位 DCC 及项目质量部对参建单位归档的档案质量进行巡检及专项检查，在实务篇中我们详细讲解过此部分内容，这里就不再赘述。档案归档时，建设单位 PAC 对装订好的归档档案进行最后的查验和确认，并根据档案价值，参考《建设项目档案管理规范》(DA/T 28)中“建设项目文件材料归档范围和保管期限表”，确定档案保管期限。

(2) 二次鉴定　建设项目档案与其他档案一样，除需永久保管的档案外，其他有固定保管年限的档案在到达保管期限前，需对其进行鉴定确定其去留，也就是档案的二次鉴定。基本程序如下：

1）对于已到保管期限需要进行二次鉴定的技术档案，由档案管理员在保管期限已满的3个月内组织鉴定工作。

2）在进行鉴定时，档案管理部门档案管理员为鉴定小组的发起人，组织成立鉴定小组，鉴定小组的人员应包含建设单位负责技术的领导、相关专业技术的负责人、质量部门人员等。档案管理员将需要鉴定的技术档案文件目录发送鉴定小组成员，鉴定小组成员应在规定时间内反馈鉴定意见。

3）档案管理员根据鉴定小组成员意见，必要时召集鉴定小组成员会议，完成鉴定结论，进行下一步工作。

4）二次鉴定技术档案主要从档案内容入手，由鉴定小组成员重新确定其保管期限。对失去保存价值的档案由档案管理员进行登记造册后做销毁处理。

5）档案管理员根据技术档案文件目录的处理结果填写“档案鉴定卡”，应包括如下信息：卡片编号、案卷名称、档案号、项目名称、归档时间、原定保管期限、文件页数等基本信息。“档案鉴定卡”可按照处理意见实行相同意见一卡制填写原则，即同一处理结果的档案只需填写一张鉴定卡，鉴定卡中注明鉴定结果及处理意见，全部鉴定小组成员确认并签署处理意见，文件目录可作为鉴定卡附件。“档案鉴定卡”签署完毕后应由档案管理部门保存备查。

6）经鉴定后如需继续保存的档案需要重新划定保管期限，并对案卷进行及时调整，如在需要的情况下对保管的案卷进行重新组织、调整库房档案的排架等。

7）当技术档案鉴定结果为销毁时，档案管理员组织填写“档案（文件）销毁清册”，经批准后，由档案人员连同建设单位办公室或行政机关共同负责销毁工作。销毁工作流程如下：

a. 由档案管理员根据“档案鉴定卡”的处理结果，填写“档案（文件）销毁清册”，销毁清册的封面需标注全宗号、销毁档案的名称、鉴定小组负责人的签字及时间、批准人的签字及时间、两个监销人的签字及销毁时间等，由档案管理部门保存备查。

b. 销毁方法应视其情况而定。一般少量的档案由建设单位自行销毁；大量的技术档案由建设单位办公室或行政机关联系具备保密条件的造纸厂进行处理。在处理过程中须由档案管理员和办公室或行政机关人员共同押运监销，严防泄密。

c. 档案销毁后，参与销毁的人员应在销毁清册中签署姓名和日期，档案管理员应及时修改台账中的条目，备注“已销毁”。

8）案卷内文件有部分销毁的，应对案卷进行重新组合。

9）如有必要，还将编制档案的鉴定报告，其内容包括：鉴定工作的目的和要求；鉴定档案的范围；鉴定小组成员名单及有关情况；鉴定的原则、具体方法与过程；鉴定中调整保管期限和销毁档案的数量；鉴定工作取得的成果和存在的问题等。

10）鉴定卡应按其编号排列装订成册，与鉴定工作中形成的其他文件，包括鉴定计划、鉴定报告、销毁清册等一起组成鉴定工作卷，并做好归档留存。

2.3　整理

档案资料需经过有序地整理，才能使其承载的信息成为真正可利用的资源。整理工作含分类、排列和编目。

2.3.1 职责

(1) 建设单位PAC/档案管理部门　负责结合国家规定、行业特点和项目实际情况制定档案分类方案，同时制定出全项目档案的组织策略和方案，编制档案号，并为参建单位分配卷册号。对已归档全部项目档案进行进一步汇总整理和排列上架。其主要原则为保持文件之间的历史联系，充分利用原有的整理基础，并便于档案的保管和利用。

(2) 文件形成单位DCC　有责任配合建设单位PAC制定全项目档案的分类方案和组卷策略，并按照制定好的组卷策略、整理要求和分配的档案编号，对范围内的文件进行分类、组织、整理和编号。

(3) 建设单位文件形成部门　对于未被建设单位DCC收集的文件材料，建设单位文件形成部门有责任按照PAC的要求，在文件归档前对归档文件进行初步整理。

2.3.2 整理办法

(1) 确定分类方案和组卷策略　建设单位PAC应根据国家规定、行业特点，并结合项目实际情况编制全项目档案分类方案。DA/T 28要求，档案分类方案应符合逻辑性、实用性、可扩展性的原则并保持相对稳定。一般建设项目档案按照文件大类、小类(二级类目)、形成阶段、专业、内容(事由)等特征进行分类。

分类方案确定后，应以卷为单位对工程项目文件进行组织整理，也就是组卷。组卷需充分考虑项目文件形成规律和成套性的特点，保持卷内文件有机联系，便于保管和利用。一般情况下，前期文件、管理文件按照事由进行组卷；设备文件按专业、系统、台套组卷；监理文件按照监理合同标段、事由结合文种组卷；生产准备、试运行、竣工验收文件按工程阶段、事由结合时间顺序组卷；交工技术文件的组卷较为复杂，应考虑建设项目的规模、工程中单项工程、单位工程的划分，以及工程的承包模式、参建单位的数量等，建设单位应与EPC承包商和参建单位一起协商，确定组卷策略。

建设单位还应协同参建单位，为组织好的卷册编制、分配相应的档案号，或确立档案号编制原则。在整个分类方案和组卷策略的制定过程中，建设单位PAC应积极与参建单位进行沟通，尤其是EPC承包商，以保证全项目档案分类方案和组卷策略的合理性。

(2) 参建单位/建设单位相关部门初步整理　参建单位及建设单位归档部门应按照建设单位PAC就待归档文件的整理要求，含分类方案、组卷策略，在归档前对文件进行分类、组卷、排列、编目及装订。

各参建单位应首先对范围内文件按照建设单位的分类要求进行分类，如划分为项目前期文件、项目管理文件、勘察设计文件、交工技术文件、信息系统开发文件、设备文件、监理文件、生产准备、试运行、竣工验收文件等，针对每一大类，再按照相应的组卷策略进行组卷，并对案卷及卷内文件进行排列，编写卷内文件页号，编制案卷封面、案卷背脊、卷内目录、卷内备考表、案卷目录等。

一般竣工图不装订，其他文件材料采取三孔一线的装订方式。建设单位档案管理部门提前确定档案盒样式、规格及材质要求，统一定制提供或由各参建单位根据确定的装具要求自行购置，文件材料按照卷内目录装入档案盒。对于其他载体档案的整理，建设单位档案管理部门可参照相关标准制定具体要求，如纸质照片的整理一般按照GB/T 11821的规定执行；数码照片的整理一般参照 DA/T 50 的规定执行；录音带、录像带等的整理符合 DA/T 15 的规定；实物档案依据分类方案按件进行整理。

施工文件组卷整理完毕后编制单位应进行自查工作，实行 EPC 承包模式的项目，应首先由 EPC 承包单位进行审查，再依次由监理单位及建设单位各相关部门包括档案管理部门进行审查。每个审查环节均应形成记录和整改闭环；建设单位各相关部门形成的文件组卷整理完毕后需经部门负责人审查。具体要求可参照《建设项目档案管理规范》(DA/T 28)执行，或制定符合本单位情况的具体要求。

(3) 汇总整理　参见单位及建设单位相关部门归档的文件资料交付建设单位 PAC 后，PAC 应依据以上分类方案对全项目档案再进行统一的汇总整理，如有些建设单位会觉得提前编制分配档案号，有可能因为事先规划不周引起后续的汇总整理时的被动返工，故会让参建单位只是为自己的归档文件资料编写一个大概的流水号，或用铅笔等易修改方式书写其提前分配的档案号，以便归档后汇总整理时，对档案号进行重新梳理编制。同时，由于档案号的编制与档案资料的分类息息相关，故在做分类和档案号编制时，除了应尽量考虑周全外，还应注意为每个号段留有一定空间，以防此分类号段出现没有预计到的情况，造成文件无法编号。汇总整理结束后，应按照档案分类和档案号排列，对全项目档案进行排列上架。

(4) 档案编目　档案管理的目的就是为了利用，建设单位 PAC 应在编制案卷目录的基础上，编制档案总目录、档案分类目录等。档案目录是重要的检索工具，是档案利用中必不可少的手段，只有通过层级清晰、内容准确的档案目录，才能快速检索到所需档案。虽然现在计算机检索逐渐成为使用率最高的检索手段，但层级清晰、内容准确定位的档案目录依然不可被取代，是对档案进行日常管理和利用时必不可少的工具和手段。

2.4　保管

建设单位 PAC 将整理好的档案按照一定的管理制度和方法进行集中统一管理，以保证档案的完整与安全。建设单位建设项目档案的保管与其他企业档案的保管方式基本一致，属于档案管理的日常业务，是档案管理的重要内容，主要包括档案的排架管理、档案库房管理，及档案的出入库管理等。

2.4.1　职责

建设单位 PAC/档案管理部门：应做好档案整理完毕后的科学排架，并建立库房管理制度，按照制度做到库存档案的日常维护，对档案的入库、借出、归还、再入库进行循环管理，并采取必要的保护措施最大限度地延长档案寿命。

2.4.2　保管方法

(1) 档案排架　整理完毕的档案要实现妥善保管，首先要进行科学排架，即按照一定顺序将档案放入档案柜/架，妥善保存在档案库房内。这里最关键的是排架顺序，一般应按照分类体系和案卷的顺序号来决定放置和排列的顺序，以保证案卷之间的联系。分类体系在整理环节中讲过，每一种档案的分类方法不同，对于科技档案，尤其是建设工程档案，一般是按照文件大类、小类(二级类目)、形成阶段、专业、内容(事由)来进行分类。可参照“建设项目文件材料归档范围和保管期限表”的分类体系。

对于不同载体的档案我们在整理环节中提及需要分别保管，也就是需分别排架，并在案卷目录中有所交代，指明存放地点，与纸质档案保持应有的联系。

按照上文方法，并根据库房区域面积确定档案的大致放置区域后，我们还应遵循从下到上、从左到右的排列方式，将档案放入档案柜/架中。一般为了便于取放，档案的存放采用竖放的方式。档案柜架上要用标签注明该柜架所存档案的类别和保管顺序号。

这里还要强调一下，上文已经讲到，建设工程项目的档案是按照单项工程或单位工程完工先后或分建设阶段陆续归档的，为了保证档案总体排架科学，需要为同一类型或隶属于同一单项工程或同一阶段的档案留有存放空间，以保证排架的科学，避免来回倒架。

（2）库房管理：

1）库房建设。建设项目档案保管首先要建设档案库房，库房建设需注意档案库房的选址与建筑设计要求，确定库房面积满足档案保管需求。按照档案库房的选址和建筑要求，档案库房要远离易燃、易爆、空气污染区；一般情况下档案库房不应选择地下位置，宜建在二楼以上；楼板承重应达到楼面均布活荷载 $5kN/m^2$ 以上；采用密集架的，不应小于 $12kN/m^2$；在建设中也应考虑防盗、防水、防火、防潮、防尘、防鼠、防虫、防高温、防强光、防泄密等要求。同时还需依据地域和地理位置等实际情况，综合考虑建设中应特别注意的问题，如南方就应特别考虑库房的防水防潮问题。对于存放磁介质的档案库房，如服务器、硬盘、光盘还应考虑其特殊的建设要求。档案库房在设计建造时，可参考国家档案局编制发布的《档案馆建筑设计规范》JGJ 25 及《档案馆建设标准》建标 103。

档案库房应配备相应的设备设施，包括温湿度调节和检测仪器设备、防火防盗安全装置、应急照明设备以及档案保护和修复设备等。档案装具需要满足档案保管的基本需要，主要包括存放档案的档案架、档案柜、档案盒以及卷皮卷夹等。建设项目档案的保管以使用活动式密集架为宜，能有效提高库房面积的利用率，其封闭性也有利于档案的保护，但要充分考虑各种档案柜/架所需承重荷载。档案柜架排列方向应与窗户垂直，以防阳光的直射。柜架之间的通道要合理、实用，一般在 1m 左右。对于电子档案的存放，还应考虑专门的装具，如防磁柜等。

2）库房管理。建设单位应建立档案库房管理制度，确定库房管理的原则、要求、日常管理办法、安全保密措施、档案出入库管理办法、库房设备管理、库房管理人员日常管理职责等方面的内容。

建设单位如有若干个档案库房，需要给库房编一个总的顺序号或者按照库房位置等特征进行编号，以方便管理。

档案库房在日常管理中，要注意温湿度的控制，落实上文提及的“十防”（防盗、防水、防火、防潮、防尘、防鼠、防虫、防高温、防强光、防泄密）措施，对库房进行每日巡查，记录温湿度，同时还需进行定期和不定期的库房检查。

对于电子档案的保管，因其载体和内容的分离性，应注意多重备份，重要档案应注意多地和多形式备份。还要密切关注计算机技术的发展方向，不断对历年来电子档案使用的软件进行升级，对更新情况进行记录、保存，适时对电子档案的格式进行转换。

3）流动档案管理。在日常的管理工作中，档案在借阅、归还等工作中，档案管理人员应建立好档案动态管理的制度，并在日常工作中按照制度要求做好出入库管理等工作，确保档案的安全完整及出入一致。

（3）档案修复　档案在保存和利用过程中，由于内因和外因的综合作用和影响，久而久之，便会导致脏污、破裂、纸质腐朽及字迹褪色等种种损伤。因而便有了档案文件的修复问题。

档案修复方法很多，大体有两个方面，一是修复文件载体，如加膜、修裱、去污、增塑等；二是恢复载体所记录的信息，例如显示褪色字迹的照相法，以及录音、录像档案的修复方法等。对各种不同的修复方法，档案工作者应特别注意优化选择，否则就可能事与愿违，“修复”后不仅没有恢复档案原貌，反而破坏了档案。

对于电子档案，一经损坏其修复的难度较大，需要专业的软件和手段，故我们在日常管理中，鉴于电子档案的特性，应做到多重备份，以避免这种情况的发生。

2.5 统计

建设项目档案的统计工作主要包括对档案管理基本情况的统计、档案数量的统计、档案利用及其效果的统计等，一般以表册、数字的形式进行登记和记录，要做到准确和可靠。档案统计是描述和分析档案工作的各种现象、状态和趋势，是了解、认识和掌握档案工作总体情况的重要手段。

2.5.1 职责

建设单位PAC/档案管理部门：负责对档案接收、保管、利用等情况进行统计并建立统计台账；应配合建设单位相关部门提供档案统计数据。

2.5.2 统计内容和形式

档案统计的内容和形式，根据不同目的和作用，可分为两大类。

（1）综合性统计　主要是上级机关为了掌握管理范围内档案工作基本情况而发起的统计，最常见是定期统计报表。如档案工作基本情况年度统计报表，其主要统计指标有：建设单位现有专职档案人员的人数、年龄、文化程度、档案专业程度、业务职称，档案专职教育情况，档案事业经费，保存档案的种类、数量和保管期限，档案库房建设与面积，档案提供利用人次、调卷数量，整理编目，档案资料编辑出版等统计指标。

（2）专项情况和数量的统计　建设单位档案管理部门结合具体业务工作进行的各项原始记录和统计台账。它具有基础统计和检索工具的双重作用，是统计调查的基础。通常的项目有：

1）卷内文件目录和案卷目录；

2）档案收进、移出登记簿；

3）档案目录登记簿；

4）档案利用与效果登记簿等。

2.5.3 统计方法

一般建设单位工程项目档案通过卷内目录来统计单份文件的数量，案卷目录统计案卷的数量。另外，也可以根据建设单位上级机关及相关部门的需求建立不同维度的统计方式。

随着信息化发展，利用计算机技术开展的电子化统计发挥出其在统计效率和统计质量方面的优势，比如利用档案管理系统，自定义统计目标和范围，便可自动生成统计报表，这在很大程度上节省档案管理部门的工作时间，提交了统计工作的效率。

2.5.4 档案统计应用

档案管理部门将统计调查得到的数字进行分组、整理、系统化，再根据不同需要把这些资料加以分析、对比，计算出各种统计指数，一方面可以为建设单位生产和管理工作提供助力，另一方面还可以为档案的基础管理工作提供依据，如为开发利用工作提供检索依据；同时还可以通过统计数据了解档案管理工作发展的现状、速度，预测发展趋势，掌握发展规律，实现对档案的科学管理。

2.6 档案开发利用

档案的开发利用就是以利用者为服务对象，以库存档案为服务手段，采取多种形式和科学有效方法，开发和直接提供档案，服务于企业各项业务工作、社会各种活动，满足各种利用需求的一项档案业务工作，是档案管理的目的。

2.6.1 职责

（1）建设单位PAC/档案管理部门　对库存档案进行开发，并建立档案利用制度，以多种形式和方法提供档案的利用。

（2）档案利用人员　按照规定履行档案利用需办理的手续，妥善保管或保护档案。

2.6.2 档案开发

档案开发，就是对档案信息资源的开发，是档案管理部门根据单位和社会需要采用专业方法和现代化技术，发掘、采集、加工、存储、传输所收藏档案中的有用信息，方便利用者利用，以实现档案的价值和作用。检索是档案开发的重要手段，即查找档案中的有用信息的过程。

（1）著录标引　著录标引是对档案的内容和形式特征进行分析选择和记录，以便于准确分析和判断档案的相关特征，保证了检索工具编制的规范化。著录标引方法按照GB 3792.5执行。

（2）编制检索工具　档案经过著录标引后，就可以编制检索工具。所谓检索工具就是对每件(卷)档案著录标引后形成的条目进行系统排列，手工检索就是我们常看到的卡片式或书本式的目录，计算机检索就是将上述条目输入计算机，建立数据库。常见的检索工具有各级目录、索引、指南和目录数据库等。一般在建设单位档案馆(室)常用的检索工具就是案卷目录、卷内文件目录和目录数据库等。

2.6.3 档案利用

档案管理部门建立档案利用制度，包括利用的原则、对象、方式、范围、形式、时间、审批手续及其他要求等。传统的档案利用方式，包括查阅、借出、复用以及编研。当本单位或外单位人员需利用时，应按照档案管理部门制定的相关制度办理相关审批手续。在当今信息化时代，电子档案的利用也发生了革命性的变革，其利用方式包括网上查阅及下载等。

如有必要，可要求利用人员反馈档案的利用效果。

（1）查阅、借出　档案管理部门可以按照利用制度、依据查阅权限为利用者提供在档案馆(室)内的查阅，如有复制件，需履行相关审批程序后提供外借。但如只有一份档案的情况下，为保证档案不被遗失，一般情况下不允许外借。外借的档案需注意按照制度在期限内归还，并保证外借档案的安全，不得擅自转借、摘抄、损坏和遗失。对于电子档案，查阅和借阅也可以通过网络方式实现，即通过网络线上进行查阅和以电子文件形式进行借阅。电子档案查阅借阅需以信息化手段控制好在线权限，并确保无法复制和下载查阅内容；借阅的电子档案也需加密设置，如文件不能脱离本公司环境、借阅到期后，文件将无法进行正常阅览等。

（2）复用　为了工作的需要，档案管理部门可以为利用者按照制度提供档案的复制件，尤其是对于工程建设档案，经常会因为设备维修、工程改扩建需要对原来的档案进行复制。需要复制档案时，应由利用者按照制度履行相关审批手续，并说明复制的份数和要求，档案管理部门按照审批结果和利用者的要求提供复制件。从档案的角度来说，复制件与原件的效力是等同的，故利用者应同样注意维护复制件的安全。电子档案的复用，档案管理部门通常采用打印带签字的PDF文件的方式实现，如需复用可编辑文件，则应加大审批力度，以进一步防患泄密风险。

（3）下载　对于电子档案来说，除了上述两种利用方式外，还可以采用下载电子档案的利用方式。即如工作中需要利用档案的电子版，利用者同样需要经过相关审批程序，方可依据权限对需要的电子档案进行下载利用。

（4）编研　编研是档案利用的一种高级方式，即以馆(室)藏档案为对象，在研究档案内容的基础上，对档案进行收集、筛选、加工，形成不同形式的出版物，以供利用的一项专门工作。针对建设工程档案，一般的编研成果是根据建设工程相关的技术领域进行选题后，通过对库存档案的选材、加工编写形成的汇编、图集、科研专题概要等。

（5）档案的其他利用服务方式　在信息化手段日益发展的今天，档案利用服务除上述方式外，还涌现出一些其他的利用方式，更加彰显和发挥出档案的作用。如档案的推送，即档案管理部门会依据公司各项业务的需要，直接通过线上系统进行相关档案信息的推送，比如公司承接了某项业务，相关业务人员需要了解公司历史上与此项业务有关的参考数据，档案管理部门就可以通过检索搜索到相关档案信息，运用档案管理软件直接完成线上的推送工作。在大数据技术之下，甚至还可以实现自动推送服务，即将工作平台与档案管理平台相关联，当系统识别到其工作任务中的关键字时，就会自动推送公司相关的档案数据和信息，为其工作提供助力。

档案信息推送使档案的价值发挥出更大效力，让企业能最大限度地体验到档案保存、管理的意义。实现推送工作并不是一件容易的事，需要档案管理部门联合业务部门协同作业，通过制定策划方案共同商讨细节，比如档案管理部门如何对公司各项业务有一定的掌握，比如软件工具方面的选择，以及通过软件功能可以实现的效果；比如各业务部门通过哪种方式更快捷地实现需求共享等。档案的推送是档案管理部门化被动为主动，变保管主导为服务主导，是将信息资源共享最大化的一种服务方式，也是档案利用工作发展的一个必然趋势。相信在大数据技术的不断应用下，档案推送方式必将发挥出更大的作用，使档案价值得到更充分的发挥。

参 考 文 献

[1] 工业企业档案分类试行规则 国档发[1991]20号
[2] 中国石化档案分类规则 中国石化办[2011]214号
[3] 建设工程文件归档规范 GB/T 50328
[4] 建设项目档案管理规范 DA/T 28
[5] 王英玮，陈智为，刘越男. 档案管理学. 北京：中国人民大学出版社，2015.

第 11 章　建设工程项目中主要文件类型及管理方法

在方法篇第 10 章中，我们已经详细阐述了建设工程项目文件及建设工程项目归档档案的管理流程和方法，本章将从工程项目建设期间产生的各种类型文件入手，详细说明其的管理方法。为了方便起见，本章以 EPC 承包商为例进行介绍(监理文件除外)。

1　设计文件

EPC 承包项目设计文件包括设计成品文件和设计过程文件及在项目过程中收集的与设计相关的外来技术资料。设计成品文件包括项目前期文件、总体设计文件、工艺包文件、基础工程设计文件、详细工程设计文件(含设计变更)、竣工图等需交付给建设单位的文件。

设计过程文件是在设计工作中，为了完成成品文件而形成的中间过程文件，包括设计条件、计算书、校审记录、会签纪要、专业统一规定、各级评审纪要等。

EPC 承包商对设计文件的管理，主要应划分岗位职责、明确管理方法及工作流程。设计文件的一般管理职责、方法及流程如下文，EPC 承包商可根据实际情况，如组织机构划分、部门岗位职责等进行调整。

项目过程中收集的与设计相关的外来技术资料主要包括环评、安评、岩土地质报告、可行性研究报告、项目建议书等，设计工作所应依据的技术文件。

1.1　职责

1.1.1　项目经理

1）负责项目设计文件相关管理程序、规定的审批。

2）负责组织编制设计文件总目录。

3）依据建设单位与当地政府确认的项目各类报审，如施工图审查、消防报审等的相关要求，组织完成项目相关设计文件报审工作。

1.1.2　设计经理

1）对设计文件的准确性、真实性、统一性、规范性、完整性和时效性负责。

2）负责组织编制设计文件装置和/或系统单元目录及主项分区目录。

3）负责在设计文件入库前，通过线上或线下方式对设计文件入库进行审批。

4）负责组织项目各专业负责人在规定时间内进行设计过程文件的归档工作。

1.1.3　采购经理

负责在采购合同签订时，邀请 DCC 参加谈判，将提供给供应商的设计文件份数等要求落实在采购合同中。

1.1.4 控制经理

负责在施工合同签订时，邀请 DCC 参加谈判，将提供给施工承包商的设计文件份数等要求落实在施工合同中。

1.1.5 各专业负责人

1)对本专业文件的准确性、真实性、统一性、规范性、完整性和时效性负责。

2) 负责组织编制设计文件专业目录。

3) 在终版设计成品文件入库前，需按照公司质量管理部门的要求提交相关设计过程文件。

4) 负责将设计文件和经设计经理确认的设计文件入库所需的相关表格、文件材料，按照各公司设计文件入库程序，送交项目质量工程师、文档控制工程师、档案管理员接受查验、签署和最终验收。

5) 负责协助文档控制工程师就项目设计文件编制的相关要求和规范，对设计人员进行指导和培训。

1.1.6 各专业设计人员

1) 负责按照公司、项目相关规定编制设计文件。

2) 负责按照计划进度和项目要求提交文件。

3) 负责编制设计文件专业图纸目录。

4) 当文档控制工程师或档案管理员在查验设计文件过程中提出修改要求时，积极配合修改工作。

1.1.7 项目质量工程师

负责对设计文件的质量进行检查确认。

1.1.8 文档控制工程师

1) 负责在设计文件发布前，按照公司、项目标准对设计文件进行查验。

2) 负责项目设计文件在电子文档管理平台上的发布，并对内对外准确、及时分发，同时保存分发记录。

3) 负责将预归档设计文件送交档案管理员进行正式归档。

4) 对出版完成的设计文件的质量和份数进行核查；对外发送时，准备“文件传送单”(详见本章11“作业文件和作业表格”)，并接收回执。

5) 对内发送时，填写内部文件分发单，并接收回执。

1.1.9 档案管理员

1) 负责设计文件归档前的查验和鉴定。

2) 负责对归档后的设计文件开展整理及保管等管理工作。

1.1.10 信息管理部门

负责电子文档管理系统的维护和技术支持工作。

1.2 管理方法

建设工程项目中，设计工作是整个项目建设的关键环节，设计文件作为整个工程项目施工工作开展的依据性文件，其重要性不言自明。下面就对项目过程中产生的设计正式文件的管理方法进行详细阐述。

1.2.1 文件产生

（1）文件产生前：

1）确定项目设计文件的编制要求。在项目设计文件产生前，设计文件编制要求，含文件格式、图签、编码、版本、签署等编制/填写要求的设定/确认，是项目 DCC 重点考虑的工作之一，上述文件编制要求还应包含针对分包商设计文件的要求。项目 DCC 需与建设单位进行充分的沟通，最终形成既符合建设单位要求又遵循 EPC 承包商公司要求的项目设计文件编制规定。

2）对设计文件编制、交付要求进行宣贯。确定好了项目设计文件的编制要求后，DCC 首先应对 EPC 项目组内部进行上述要求的宣贯。其次，对于 EPC 承包商来说，项目组 DCC 除了对 EPC 承包商自身产生的项目设计文件进行控制，也要对分包商的设计文件进行管理，在项目设计文件产生前，项目组 DCC 要着手对分包商设计文件编制、交付要求进行宣贯，为后续分包商编制、交付设计文件做好准备。

3）设计依据的上传发布。文档控制工程师将接收的设计依据性文件，如环评、安评、岩土地质报告、可行性研究报告、项目建议书等在项目文档管理平台进行发布，并确保对上述外部文件在项目主档案室预归档保存。

（2）文件产生时：

1）设计成品文件。设计成品文件在编制时，除了应注意使用项目统一的模板、图签，并按照各参建单位的签署规定，分级别完成设计文件签署外，还应注意：使用项目认可的编码体系为设计文件编码，当设计单位有自己的编码体系时，为了满足建设单位的编码要求，通常使用双编码，即一份设计文件使用两个编码，一个建设单位的项目编码，一个设计单位自己的编码；当设计单位作为设计分包商时，为了满足建设单位及 EPC 总承包商的编码要求，也会出现使用三编码的情况，即一份设计文件使用三个编码，一个建设单位的项目编码，一个 EPC 总承包商的编码，一个设计单位自己的编码。另外设计文件还需要特别注意文件的版次更替，也就是文件的时效性。

a. 项目规划阶段产生的设计文件，如可行性研究报告、总体设计、基础工程设计、详细工程设计文件等，由设计人员按照与建设单位确认的编制要求、规范编制设计文件。

b. 可行性研究报告、总体设计、基础工程设计由设计主导专业编制成册（需同时附上所需资质证书等），并办理线上线下入库审批手续交由文档控制工程师查验。

c. 详细工程设计文件由各专业设计负责人根据文件交付计划即时或按阶段向文档控制工程师提交设计文件，并办理线上线下入库审批手续，文档控制工程师接收设计文件进行查验。

d. 上述设计文件电子版，包含与硬拷贝文件一致的可编辑版和带签字的 PDF 版，也需按要求命名后放置到电子文档管理平台相应位置，或用邮件传递至文档控制工程师。

e. 针对设计变更，由设计人员按照各公司设计变更格式和要求进行编制，设计变更需由设计人员跟踪完成所有审批流程，交由文档控制工程师进行查验。

f. 项目收尾阶段产生的竣工图由各专业设计负责人根据竣工图交付节点计划，向文档控制工程师提交竣工图，并办理线上线下入库审批手续，文档控制工程师接收竣工图进行查验。与硬拷贝文件一致的可编辑文件及带签字的 PDF 版文件按要求命名后，放置到电子文档管理平台相应位置。要特别注意竣工图版次的表示方法，应提前与建设单位进行确认。

2）设计过程文件。设计过程文件在文件产生环节一般有两种情形产生：

第一是当设计过程文件无须提交建设单位，其在编制时，一般只需使用、遵循 EPC 承包商公司统一的模板、格式，并按照公司的签署规定，完成签署。

第二是当部分设计过程文件需要提交建设单位，需按照项目要求的模板、格式、编码进行编制，如界区条件、项目统一规定等，必要时应使用双编号。并按照公司签署规定，完成签署。

设计过程文件也需要特别注意文件的版次更替，也就是文件的时效性，如设计条件等。

1.2.2 文件接收和查验

设计成品文件编制完成后，文档控制工程师接收设计文件，按照项目文件编制相关规定(含文件格式、图签填写、编码、版本、签署)查验项目设计文件，对于不符合要求的文件，退回设计人员令其修改。

针对设计过程文件，在一些工程公司或设计单位，由设计专业自己来管理各自产生的过程文件，此类文件并不属于项目文档控制工程师管理范畴，但项目质量工程师需从质量验证角度对其以逐份查验或抽查的形式进行检查和把关，由设计人员在设计工作完成后，连同相应的设计成品文件一起存档至公司档案管理部门；但也有些公司所有设计过程文件均需文档控制工程师查验、传递和管理，项目结束后统一归档至公司档案管理部门。

1.2.3 文件发布

项目组 DCC 将经过查验的设计文件带签字的 PDF 版放置在电子文档管理平台受控文件夹中相应位置，以说明该文件的合法有效性。

1.2.4 文件发送

(1) 文件正式发送前：

1）在项目合同中明确提交建设单位中间设计文件的发送要求。在签订项目合同时，DCC 除了应在合同中明确项目交付文件的要求外，还应明确提交建设单位中间版设计文件的发送要求。

2）根据施工承包商工作范围提前确定相应设计文件的分发份数。对于 EPC 承包商来说，项目 DCC 要在设计文件正式发送前，提前确定用于现场施工的文件份数。

在施工分包合同签订时，项目组 DCC 应与项目控制经理/合同工程师共同就提交设计文件的份数在合同中予以明确，同时控制经理/合同工程师应施工承包商合同涉及的工作范围等信息提供给项目组 DCC，为项目组 DCC 提供设计文件发送依据。DCC 也应给予项目控制经理/合同工程师适当提醒和意见，尽量避免出现一套图纸分包给多家施工承包商的情况，如无法避免，需提前就此问题制定预案，在设计文件复制过程中考虑足够的份数，以满足施工现场的需要。

3）提供给供货商设计文件的分发管理。对于 EPC 承包商来说，设备专业的部分图纸将提供给供货商用于设备的制造。在采购合同签订时，项目组 DCC 应与采购经理进行沟通，明确供货商合同中需提供给供货商设计文件的范围及份数。

4）出图章管理。对于EPC承包商来说，所有发往现场用于施工的设计文件均需在原稿上加盖“出图章”或其他证明设计单位出图的印章。在我国部分省市，如上海、安徽等地方出台了关于“出图章”的相关管理规定，对于印章样式、有效时间等有明确规定。一般情况下，由勘察设计协会负责“工程勘察设计出图章”管理的省市，要求各单位申请统一样式的“出图章”，并由协会刻制后下发各单位；由住建局负责“出图章”管理的地方，要求各单位申请统一样式的“出图章”，由各单位选择信用良好的刻章单位进行出图章的刻制后，并前往住建局审核备案。目前，北京对于“出图章”没有具体的管理要求，各设计单位的印章为自行刻制，同时对于“出图章”的名称也并不统一，有些单位为“归档章”等，其作用均为设计单位出图的证明。各EPC承包商应依据自己所处的地区及当地的规定灵活操作。

（2）文件发送时：

1）设计成品文件。对于确认无误的设计成品文件，由项目组DCC按照项目确定的“标准文件分发矩阵/文件发布申请单”（详见本章11“作业文件和作业表格”）和项目经理的其他文字性依据进行发送。需要加盖压力容器/压力管道设计资格印章、注册建筑师及注册结构工程师职业章以及图纸报审专用章的设计文件，由设计人员完成审批手续后，由公司相关部门人员在发送前加盖相关印章。

对外发送：发送建设单位、分包商的设计文件按照合同规定的类型和份数通过“文件传送单”（详见本章11“作业文件和作业表格”）的形式发送，接收人需回传签收回执。

对内发送：硬拷贝文件需加附“内部文件分发单”（详见本章11“作业文件和作业表格”），接收人签字确认；发送电子版文件也需留存签收记录。用于厂商制造的设计文件需按照合同规定的范围和份数发送项目采购部。

项目组DCC在发送文件的同时，应抄送项目计划工程师，以让其了解设计文件发图和递交的进度。

2）设计过程文件。对于需要对内发送的设计过程文件，如设计条件，以及需要对外发送的设计过程文件，如界区条件、项目统一规定等，应按照发送范围对内对外进行及时发送。对外发送应附上“文件传送单”（详见本章11“作业文件和作业表格”），对内发送也需要留下相应凭证。

在大多数工程公司或设计单位，因设计条件属于各设计专业之间的设计内部文件，故由各专业自行传递，并保留收发痕迹，文档控制工程师不参与管理。具有设计协同系统或者专业文档管理系统作为工具时，可以由系统协同传递并自动存档各版次条件，同时记录和保留收发痕迹。

1.2.5 文件预归档

（1）设计成品文件：

1）在大多数工程公司或设计单位，为了加强对设计成品文件质量及出图进度的把控，设计成品文件采用经由项目文档控制工程师查验后直接入库归档的方式，也就是即时发送并归档。

2）有一些公司鉴于设计文件的频繁版次更替，为了避免设计成品档案入库后还需进行版次管理，针对详细工程设计文件可预归档至项目主档案室，待设计工作结束后对终版文件进行归档；另外，由于设计变更应与详细工程设计文件一同归档和存放，故其也应与后者一起先进行预归档。

3）预归档的项目设计文件按照项目、装置、主项、专业、文件类型、流水顺序号分类整理；电子版文件的归类整理应与硬拷贝文件保持一致。

4）项目组DCC预归档在项目主档案室的项目设计文件必须是原件(外来文件可为复印件)。

5）设计文件升版后，文档控制工程师需替换归档的废旧版本，过往版本文件应加盖"作废"章，同时要确保电子文档管理平台上的设计文件为最新版，保证设计文件的时效性。

6）设计成品文件需登记台账，台账中应注明文件编号、版本、名称、发送时间、发送方等信息。

（2）设计过程文件：

1）对于设计过程文件，有些工程公司/设计单位由文档控制工程师在项目结束或者设计工作结束后，统一归档到档案管理部门。此种情况下，设计过程文件需预归档在文档控制工程师处，并按照项目、装置、主项、专业分类整理，确保设计过程文件的完整齐全。

2）有些公司，设计过程文件由设计人员自行归档至档案管理部门，这种情况下则无须进行预归档，需由设计人员对上述文件妥善进行保管，以保证文件在归档前不被遗失。

1.2.6 文件交付

（1）文件交付前：

1）报审设计文件的管理。建设工程项目中，设计文件的审查，如消防审查、施工图审查是项目中不可或缺的工作，在此类文件正式交付建设单位前，项目DCC有责任提醒建设单位，提前与项目建设地设计审查验收主管部门进行沟通、落实当地设计审查的具体要求，如资质印章、出图章等印章的加盖需求及份数要求。项目组DCC应做好相关审查设计文件的收集、组织印制、整理、发送等工作。

2）明确项目设计文件交付要求。早在项目合同签订时，文档控制工程师应就设计文件交付要求与建设单位进行沟通、明确，如交付份数、交付形式、交付时间及交付地点等，并将交付要求形成项目合同的附件，作为项目设计文件的交付依据。

（2）文件交付时　EPC项目组设计文件交付按照合同及建设单位相关要求执行，除合同有特殊约定外，设计成品文件电子版仅交付带签字的PDF版。

1）阶段性交付。前期工作、总体设计、基础工程设计、报审(如消防报审、第三方审图等)的详细工程设计文件，竣工图均采用阶段性交付，即文件经文档控制工程师查验后，统一出版交付建设单位。

对于报审的图纸需按审查单位的要求加盖资质章等相关印章后进行交付。

2）即时交付。除了阶段性交付，EPC承包商交付建设单位的其他设计文件都采用即时交付的方式，如详细工程设计文件。

1.2.7 文件归档

（1）设计成品文件：

1）设计文件在公司档案管理部门归档时，应通过线上或线下方式完成项目相关设计文件入库审批手续，如项目经理/设计经理审批等。

2）前期工作、总体设计、基础工程设计文件属于阶段性归档，即文件在交付建设单位之前，经档案管理员验收后即归档入库。详细工程设计文件可采取即时归档的方式，即每一版设计文件在发图前均需正式归档；也可在设计工作完成后，统一归档详细工程设计文件终版文件。设计变更亦然，一般在项目结束后由文档控制工程师归档到档案管理部门，也可以采取即时归档的方式，设计变更需与被变更的详细工程设计成品文件保持一定关联，硬拷贝应放置在一处，电子版应建立关联。

（2）设计过程文件：

1）对于由设计专业自行管理设计过程文件的公司，一般采用由设计人员将设计过程文件与相关设计成品文件同步进行归档的方式，这种情况下，多采用即时归档的方式，也可以进行阶段性归档。

2）采用经由项目文档控制工程师进行传递、管理、预归档方式的公司，在项目结束后，由文档控制工程师统一归档至公司档案部门。

1.2.8 流程图

1）前期工作设计、总体设计、基础工程设计文件管理流程图见图 11-1。

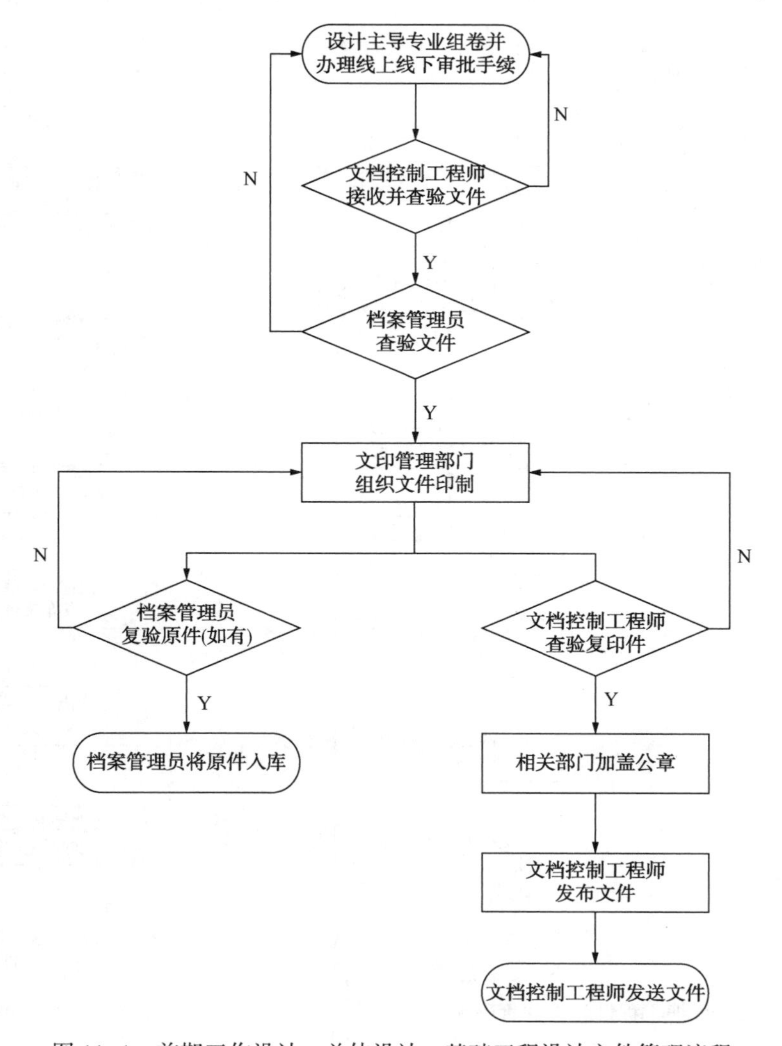

图 11-1 前期工作设计、总体设计、基础工程设计文件管理流程

2）详细工程设计文件管理流程见图 11-2。

3）设计变更管理流程见图 11-3。

4）竣工图管理流程见图 11-4（见 203 页）。

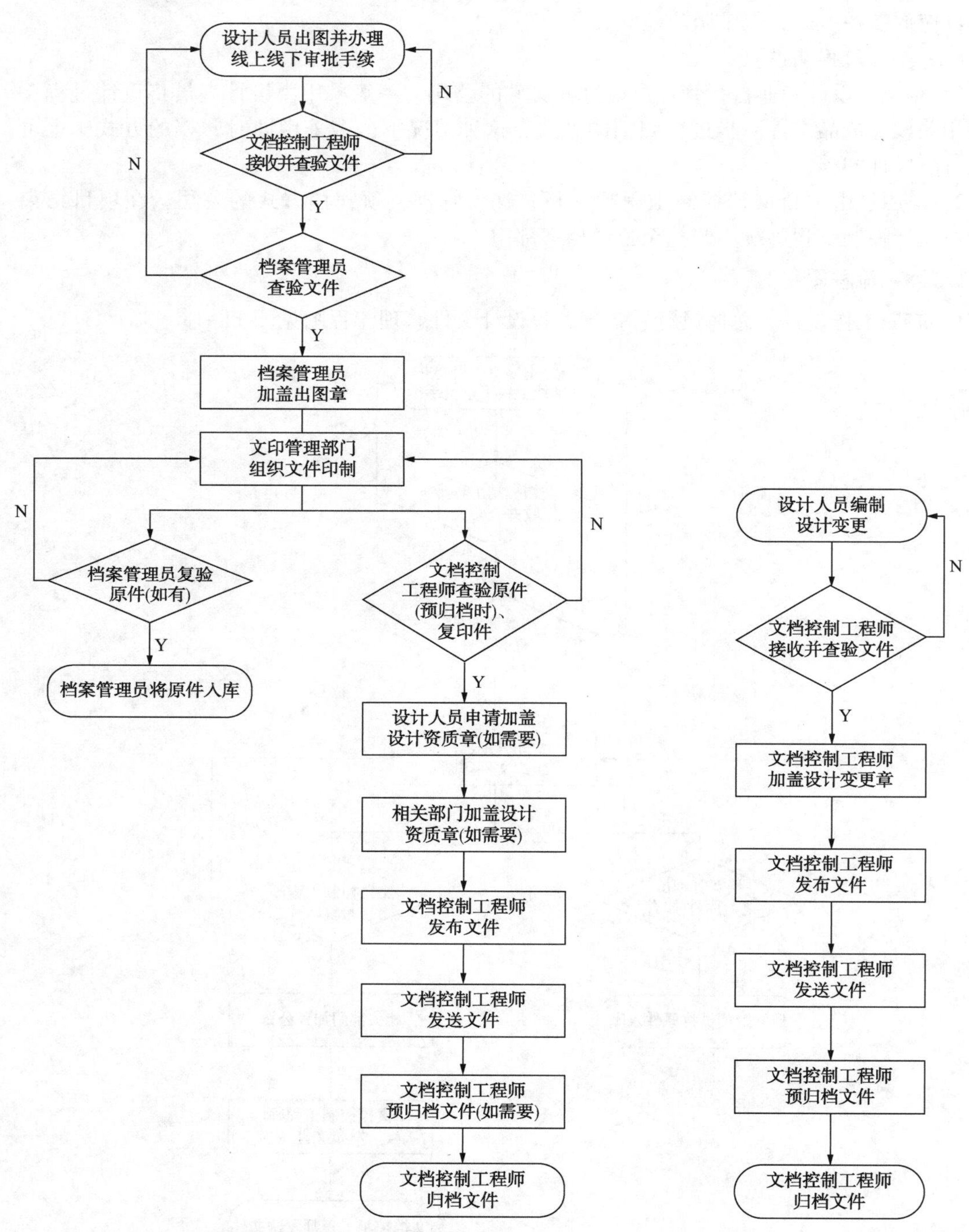

图 11-2　详细工程设计文件管理流程

图 11-3　设计变更管理流程

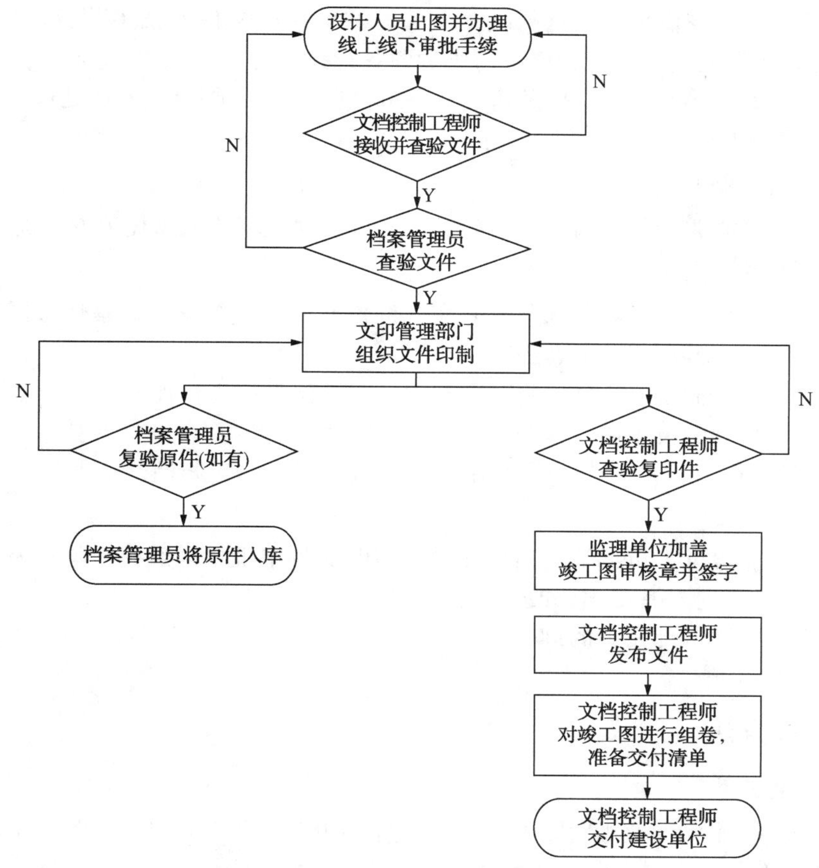

图 11-4　竣工图管理流程

2　采购文件

本书中 EPC 承包商项目采购文件是狭义的概念，并非所有跟采购相关的文件。而是单指请购文件、询价文件、技术附件、采购合同/订单等相关文件。

本文依然以 EPC 承包商角度进行阐述，其他单位(建设单位、分包商等)参照执行。

2.1　职责

2.1.1　项目经理

1）负责项目采购文件相关管理程序、规定的审批。

2）负责完成请购文件审批单的最终审批。

2.1.2　设计经理

负责完成请购文件审批单中设计组的审批。

2.1.3　设计人员

1）负责待采购设备/材料规格书的编制，形成请购文件，并跟踪其审批流程(请购文件审批单见附表 11-1)；

2）设计部门负责与供货厂商进行技术交流，并就投标文件的技术部分提出评审意见，要求供货商对技术疑问给予澄清，最终与供货商签订技术协议；

3）负责将签署完善的请购文件及请购文件审批单提交至项目组 DCC 处进行检查，对于 DCC 查验中发现的不合格之处做出修改；

2.1.4 项目控制人员

有责任对设计部门形成的请购文件就项目计划、材料管理、涉及费用等方面提出相关意见；

2.1.5 项目采购人员

1）负责编制询价文件中商务部分，并完成询价文件的整体编制、整理，同时对供货商发出询价文件，并提交项目组 DCC 进行发布、预归档；

2）负责接收供货商报价文件，将其中技术部分交由设计进行评审；

3）将中标供货商的技术协议作为采购合同的技术附件，其余供货商技术协议按各公司相关要求决定是否保留，将采购合同交由项目组 DCC 发布、预归档。

2.1.6 项目组 DCC

1）有责任查验设计人员编写的请购文件及请购文件审批单的编码、格式及签署等是否符合项目规定，并及时对其提出修改意见；

2）有责任对于采购部完善的询价文件和最终签订的合同进行发布、预归档(应注意采购合同商务部分的保密)。

2.2 管理方法

2.2.1 文件产生

（1）请购文件　设计部将编写完成并签署完善的请购文件及其审批单交由项目组 DCC 查验。

（2）询价文件　采购部将设计部编写完成的请购文件作为询价文件的技术部分，并编制商务部分，整理形成完整的询价文件。

（3）技术协议/技术附件　潜在供货商提交的技术协议暂由采购部自行保存，只有中标供货商的技术协议作为合同的技术附件，由采购部交由项目组 DCC 预归档保存。未中标供货商的技术协议按照各公司相关规定决定是否保存。

（4）采购合同　采购员在采购合同签署后 3 日内将合同正本、技术附件、采购计划审批单、合同审批单、订货依据及询比价(如有)等过程资料整理好，交由项目组 DCC 进行预归档。

2.2.2 DCC 查验

项目组 DCC 根据文档管理相关程序文件对设计部提交的请购文件，以及采购归档的询价文件、合同、技术附件、合同审批单等文件进行查验，如发现不符合项目文件要求，应退回其修改。

2.2.3 文件发布

项目组 DCC 将设计部提交的请购文件、采购部形成的正式询价文件及合同等文件在项目电子文档管理平台上发布，并设置好各部门人员群组的使用权限，尤其是针对合同中的商务部分，应注意其发布范围。

2.2.4 文件传递及发送

设计部形成的请购文件由编制人自行跟踪审批流程，并传递至采购部(也可由 DCC 传递至采购部)；询价文件及合同等采购文件由于其特殊性，可由采购部自行对外发送，也可通过 DCC 进行发送。对内发送时，项目组 DCC 应根据“标准文件分发矩阵”(详见本章 11“作业文件和作业表格”)或采购部归档人员填写的“文件发布申请单”(详见本章 11“作业文件和作业表格”)进行发送，发送时需做好签收记录。

2.2.5 文件预归档

请购文件及审批单、正式的询价文件以及合同等采购文件由项目组 DCC 按项目、文件类别进行分类存储、预归档。

项目组 DCC 在预归档采购文件时，应注意合同文档中商务部分的保密，硬拷贝单独存放，电子版在文件发布时设置好查阅权限。

2.2.6 文件交付

本节的采购文件为狭义上的采购文件，一般情况下，无须交付建设单位。

2.2.7 文件归档

采购文件最终由项目组 DCC 统一整理归档到公司档案管理部门。

2.3 流程图

采购文件管理流程见图 11-5。

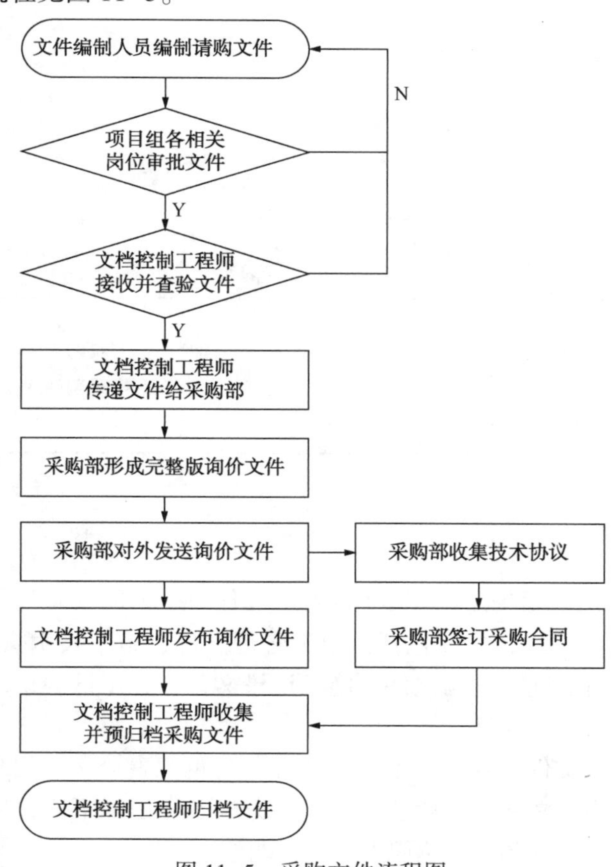

图 11-5 采购文件流程图

2.4 附表

请购文件审批单标准式样见表 11-1，各公司可根据自身工作需要添加说明及其他要求。

表 11-1 请购文件审批单

<table>
<tr><td>公司名称</td><td colspan="2">请购文件审批单</td><td>请购文件编号：
版次： 项目号：</td></tr>
<tr><td colspan="2">项目名称：</td><td>装置名称及代号：</td><td>专业：</td></tr>
<tr><td colspan="4">请购内容名称及位号：</td></tr>
<tr><td colspan="4">请购内容简述：

请购人： 日期： 设计经理： 日期：</td></tr>
<tr><td colspan="2">项目控制：
材料控制工程师： 日期：
计划控制工程师： 日期：
费用控制工程师： 日期：</td><td>项目经理： 日期：</td><td>采购：
采购人： 日期：
采购经理： 日期：</td></tr>
</table>

3 施工文件

这里的施工文件是广义的概念，指项目施工过程中形成的反映项目建筑、安装情况及施工管理过程中形成的文件，主要包括：施工管理文件、施工技术文件、进度造价文件、施工物资出厂质量证明及进场检测文件、施工记录文件、施工试验记录及检测文件、施工质量验收文件、施工验收文件等。

EPC 承包商对施工文件的管理，主要应明确各角色职责分工、划分岗位职责、明确管理方法及工作流程。施工文件的一般管理职责、方法及流程如下文，EPC 承包商可根据实际情况，如组织机构划分、部门岗位职责等进行调整。

3.1 职责

3.1.1 文件编制部门/起草人

1）有责任按照建设单位/EPC 承包商 DCC 的要求使用正确的文件格式、编号及相关其他要求编制文件。

2）有责任将电子文件，含可编辑版本及带签字的 PDF 版放置到项目电子文档管理平台相应的存放位置或提交项目文档控制工程师。

3）有责任将文件递交项目经理/施工经理(或其授权人)审批签发。

4）有责任在文件不满足发布要求的情况下，对其做相应修改。

5）如有必要保存硬拷贝文件，需将签发文件原件递交项目文档控制工程师，如需要，同时按要求填写“文件发布申请单”(详见本章 11“作业文件和作业表格”)。

6）有责任对施工单位递交审核的施工文件及时进行审批及答复。

3.1.2 文件审批人

有责任在确认施工文件内容无误后，在指定位置进行审批签署。文件审批人一般应为项目经理/施工经理(或其授权人)。

3.1.3 施工分包商

有责任按照建设单位及 EPC 承包商发布的文件编制要求编制需交付的施工文件，并在递交硬拷贝文件时，同时提供签字的 PDF 文件。

3.1.4 文档控制工程师

1）有责任按照项目文件编制的相关要求查验项目组及施工分包商提交文件的质量，在发现文件不符合项目编制要求时，有责任将文件返还提交人，并提出修改意见。

2）有责任在电子文档管理平台上按照项目“标准文件分发矩阵”(详见本章 11“作业文件和作业表格”)或文件递交人填写的“文件发布申请单”正式发布检查完毕的项目文件。

3）有责任保证项目电子文档管理平台上受控文件夹中正式发布的施工文件始终是最新版。

3.1.5 监理/建设单位

有责任按照项目协调程序约定的时间，答复审批 EPC 承包商递交的施工文件，并保证发送 EPC 承包商的答复文件符合全项目文件编制要求。

3.2 管理方法

建设工程项目中，施工文件作为施工过程的记录，始终贯穿项目施工工作，其重要性不言而喻。项目施工过程中产生的施工过程记录文件一般以施工文件的形式发布、发送。

3.2.1 施工文件的一般要求

1）一般情况下，项目施工工作开始初期会制定项目施工文件管理程序，项目施工过程中所产生的所有正式施工文件均应按此程序执行。各类施工文件应严格按照项目文件编制相关要求进行编制，如格式应使用项目发布的正规模板等。

2）报审报验类文件，如：施工物资出厂质量证明及进场检测文件、施工试验记录及检测文件、施工质量验收文件、施工验收文件等，需逐级审批，一般顺序为：施工单位—EPC承包商单位—监理单位—建设单位。

3）因部分施工文件各参建方均需归档，并将收录至项目交工技术文件中，故需要多份原件，但具体份数由各项目自行核定。这些施工文件包括施工组织设计报审、单位工程开/复工报审、工程签证单、单位工程划分报审、工程联络单等。

3.2.2 施工文件全生命周期管理

（1）文件产生：

1）发出的施工文件。文件起草人按照项目正式规定的施工文件格式起草文件，按照项目编码要求为文件编号，如需要可向EPC项目组文档控制工程师申请流水号。

文件起草人将电子文件可编辑版及带签字的PDF版放入项目电子文档管理平台相应的文件夹，或提交给项目文档控制工程师。

2）接收的施工文件。施工单位按建设单位/EPC承包商发布的全项目文件编制规定准备文件[如工程联络单(原件一般为一式4份)、报验类施工文件(原件一般为一式6份)]并提交至EPC承包商DCC。

（2）文件接收与查验：

1）发出的施工文件。文件起草人将项目经理/施工经理(或其授权人)审批签署后的文件和填写好的“文件发布申请单”，一同交由项目文档控制工程师查验。

如果文件内有保密信息，起草人应在“文件发布申请单”中注明。

项目文档控制工程师依据项目文件编制的各项要求，从文件格式、文件编号、填写方式、签署等方面，对文件进行查验。

2）接收的施工文件。项目文档控制工程师依据项目文件编制的各项要求，从文件格式、文件编号、填写方式、签署等方面，对文件进行查验。

项目文档控制工程师接收施工文件，应在其“文件传送单”上签收并返给发送单位。

（3）文件发送与发布：

1）发出的施工文件。项目文档控制工程师将文件放置到项目电子文档管理平台受控文件夹的相应位置。

施工文件发送时应加附“文件传送单”，收件人应在“文件传送单”上签收并返回发件人。

施工文件如需硬拷贝传递，应为原件。

施工文件应根据文件起草人填写的“文件发布申请单”或其他发布发送依据进行发布发送。

2）接收的施工文件。对于未闭环的施工文件，项目文档控制工程师按照项目要求逐级发送监理/建设单位审批；对于已经闭环的施工文件，项目文档控制工程师按照项目经理/施工经理(或其授权人)的批示在项目电子文档管理平台上发布文件。

施工文件如需硬拷贝传递，应为原件。

对于保密文件，应根据文件密级加设相应的保密权限。

注：① 涉及设计内容变化的工程联络单，闭合后应及时转化为设计变更，以便最终体

现在施工/竣工图中。

② 工程签证单及其他涉及费用变化的文件，除了应在项目 DCC 处保存外，一般应发布发送至费控工程师处，费控工程师应建立台账，以便项目结束时工程款的结算。

(4) 文件预归档　项目文档控制工程师对接收的施工文件应进行分类、整理、预归档，归档的文件如需硬拷贝，一般应为原件。分类整理原则以文件类别为依据。

施工文件经正式发布、发送、预归档后，应登记台账。

台账中应列明文件编号、名称/主题、责任单位、发送/接收份数、EPC 承包商接收人、发送/接收日期、监理单位/建设单位接收人、接收日期、返回日期、返回份数、返回施工单位接收人、返回日期、返回份数、退回修改日期、重报日期、文件状态(如闭合或未闭合)等。

(5) 文件交付　施工文件中根据项目确定的标准及要求，应纳入至交工技术文件的部分，在项目中交后，由文档控制工程师交付至建设单位。

(6) 文件归档　施工文件最终由项目文档控制工程师统一移交 EPC 承包商公司档案管理部门进行分类归档。已作为交工技术文件进行归档的施工文件，不再重复归档。

3.3　流程图

(1) 发出施工文件的一般管理流程见图 11-6。

(2) 报审报验类施工文件管理流程见图 11-7(见 210 页)。

(3) 接收的施工文件管理流程见图 11-8(见 211 页)。

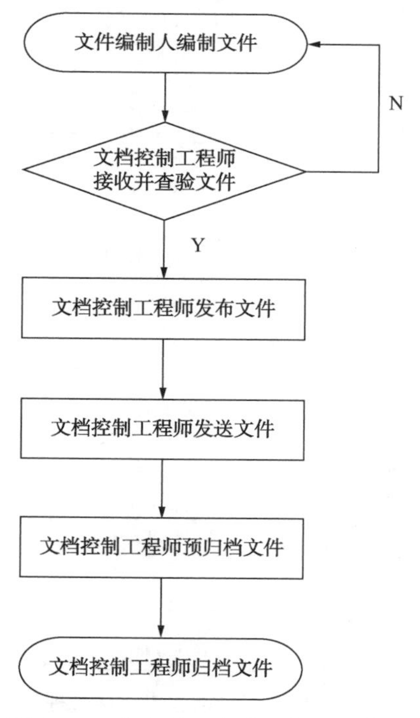

图 11-6　发出施工文件一般管理流程

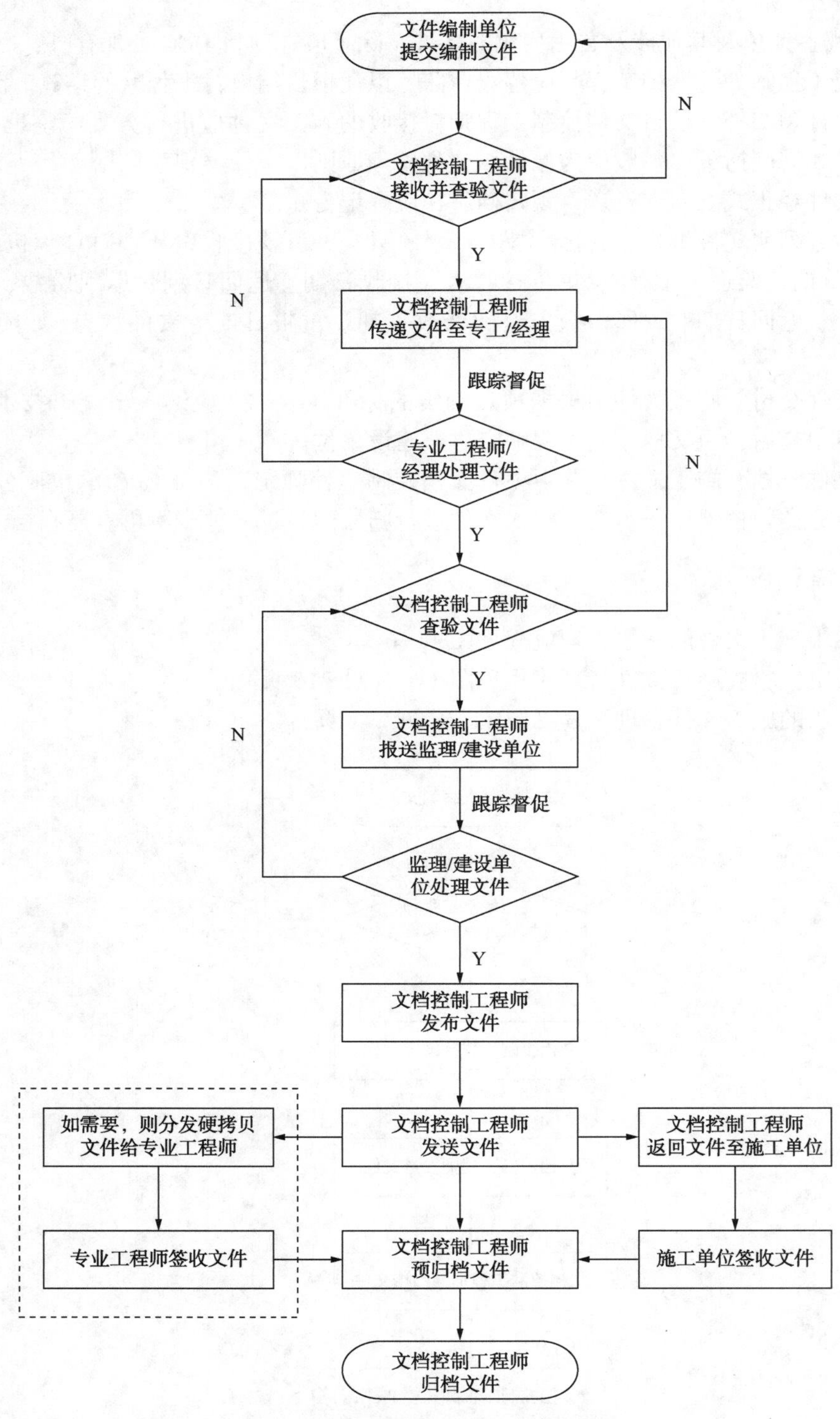

图 11-7　报审报验类施工文件管理流程

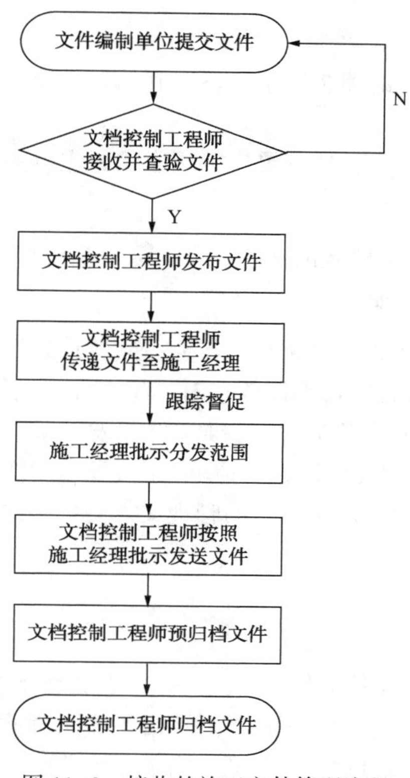

图 11-8　接收的施工文件管理流程

4　管理文件

项目管理文件是指在建设项目管理工作过程中产生的文件，一般情况下，我们认为供全项目执行的工作计划、程序、规范、规定、报告等为项目典型管理文件，除典型管理文件以外的为其他管理文件，如部门级的管理文件，包括部门工作计划、记录等。

EPC 承包商对项目管理文件的管理，主要应划分清楚岗位职责、明确管理方法及工作流程。各 EPC 承包商可根据实际情况，如组织机构划分、部门岗位职责等进行调整。

4.1　职责

4.1.1　文件编制部门/起草人

1）对正式提交 DCC 管理文件的质量负责，保证文件格式、编码、版本、签署等符合项目文件编制要求。

2）组织跟踪项目相关部门对需要项目组其他部门会签的文件进行会签。

3）有责任将可编辑版及其签字版 PDF 文件放置到电子文档管理平台相应的存放位置或提交 DCC。

4）如有必要保存硬拷贝文件，需将签字齐全的硬拷贝文件递交 DCC；如需要，按要求填写“文件发布申请单”（详见本章 11“作业文件和作业表格”）。

5）有责任按照 DCC 提出的修改意见对文件做相应修改。

4.1.2 项目质量管理人员

1）监督项目典型管理文件的编制质量、发布和执行的全过程，并对发现的问题及时提出整改意见。

2）审批项目典型管理文件，并在签署栏中相应位置进行签署。

4.1.3 项目各职能部门

在规定时间内对相关管理文件做出会签。

4.1.4 项目文档控制工程师

1）按照项目文件编码、格式及签署(含会签)等项目文件编制管理程序/规定查验接收的管理文件，在发现文件不符合项目编制要求时，将文件返还递交人，并提出修改意见。

2）在电子文档管理平台上按照项目“标准文件分发矩阵”(详见本章11“作业文件和作业表格”)或文件递交人填写的“文件发布申请单”正式发布发送项目管理文件。

3）保证项目电子文档管理平台中发布的管理文件始终是最新版。

4.2 管理方法

4.2.1 文件产生

文件起草人负责按照项目文件编码、格式等项目文件编制管理程序/规定起草项目管理文件。如该管理文件的执行需其他部门配合，需相关部门对此文件进行会签。会签时需加附“项目文件会签表”(详见本章11“作业文件和作业表格”)。当文件升版时，编制人需在管理文件中增加“前言”部分对文件的修改进行说明，以便使用/执行人了解文件的修改变化。

4.2.2 文件会签及审批

1）如文件需要相关部门会签，则文件起草人将文件提交其审查、会签，各部门审查意见填写在“项目文件会签表”中，文件起草人按照审查意见修改文件。

2）文件修改完毕后，文件起草人将文件送至相关领导审批，管理文件要求编制人、审查人、质量监督人(如需要)、项目经理或其授权人批准和签署。

3）项目典型管理文件如需建设单位审批，则应正式发送其审批签署后，由EPC承包商DCC在项目内正式发布发送，供项目执行。

4.2.3 文件接收及查验

1）审批完成后，起草人将文件可编辑版及其签字版PDF文件提交项目DCC，如需保存硬拷贝文件，则同时将签署齐全的硬拷贝文件送至DCC。如有必要，填写“文件发布申请单”或其他发布发送依据。

2）DCC按照项目文件编码、格式等项目文件编制管理程序/规定及本文中相关要求查验文件，对于不符合编制要求的文件，退回编制人员，要求其进行修改；符合规定的文件由DCC进行发布发送。

4.2.4 文件发布

DCC根据项目电子文档管理平台文件结构目录树，在受控文件夹的相应位置放入签字版PDF文件，供全项目使用。

4.2.5　文件发送

管理文件需对外发送时，应附上“文件传送单”（详见本章11“作业文件和作业表格”）；对内原则上要发给各个部门执行。具体分发范围按照项目组编制的“标准文件分发矩阵”，或以文件发布时文件起草人填写的“文件发布申请单”为准。

4.2.6　文件预归档

1）DCC分类预归档硬拷贝文件及电子文件。

2）管理文件升版或取消时DCC在旧版本封面加盖“作废”章，在电子文档管理平台内删除废旧文件，并将升版的电子文件放至项目电子文档管理平台受控文件夹中相应位置。同时DCC正式发送升版文件或按取消文件的原文件发布范围发送取消说明，如有必要，附上加盖“作废”章的取消文件，通知各部门做好版本的替换工作，使项目各部门使用的管理文件始终是有效版本。管理文件取消时，其编号不可再次使用。

4.2.7　文件交付

EPC承包商在项目中交后，将属于交工技术文件范围内的管理文件，按照建设单位要求整理并交付。

4.2.8　文件归档

项目管理文件在项目结束后，由项目DCC统一整理归档到公司档案管理部门。

4.3　流程图

项目典型管理文件管理流程见图11-9。

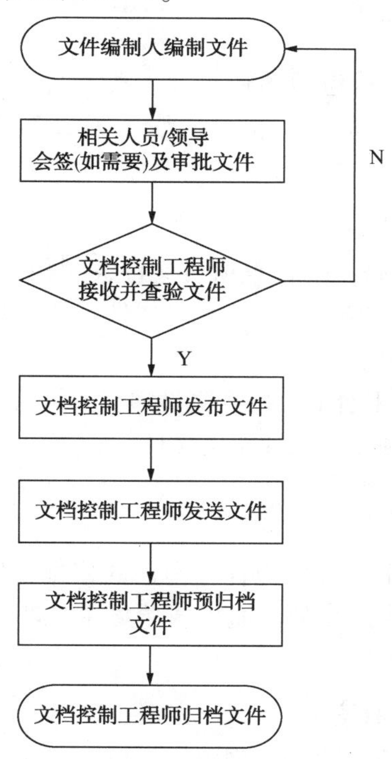

图11-9　项目典型管理文件管理流程

5 往来通讯文件

EPC承包项目往来通讯文件指项目组与建设单位、供货商及分包商之间的传真/信函、文件传送单等通讯类文件。由于管理的相似性，会议纪要与备忘录也被纳入此类。

其他单位(如建设单位、监理单位、分包商等)参照执行。

5.1 职责

5.1.1 文件编制部门/起草人

1）有责任按照建设单位/EPC承包商要求的文件格式、编号等要素编制文件。

2）有责任说明文件的发布范围。

3）有责任将可编辑版放置到项目电子文档管理平台相应位置或提交项目文档控制工程师。

4）有责任将文件交予项目经理或其授权人审批签发。

5）有责任在文件不满足发布要求的情况下，对其做相应修改。

6）如有必要保存硬拷贝文件，需将签发文件原件递交项目文档控制工程师，如需要，同时按要求填写“文件发布申请单”(详见本章11“作业文件和作业表格”)，或提交其他文字性发布发送依据。

5.1.2 文件审批人(一般为项目经理或其授权人)

有责任在确认往来通讯文件内容无误后，在指定位置签署。

5.1.3 分包商

分包商发送建设单位/EPC承包商的往来通讯类文件，应按照建设单位/EPC承包商发布的文件编制规定，或被认可的文件格式、编号等要素进行编制，并提供签字版PDF文件。

5.1.4 文档控制工程师

1）有责任按照项目文件编码、格式等项目文件编制相关管理程序/规定查验提交文件的质量，包括文件编码、格式、签署等，在发现文件不符合项目编制要求时，有责任将文件返还提交人，并提出修改意见。

2）有责任在电子文档管理平台上，按照文件递交人填写的“文件发布申请单”或其他文件发送范围的说明，正式发布项目往来通讯类文件。

5.2 管理方法

建设工程项目中，往来通讯文件作为各方沟通的依据，始终贯穿整个项目周期，其重要性不言而喻。项目进行过程中产生的沟通协调类文件一般均以往来通讯文件的形式发布、发送。

5.2.1 往来通讯文件的一般要求

1）主文件统一采用A4规格，附件可采用其他幅面。

2）文件应包括文件编号、文件名称（主题）、文件内容、项目经理（或其授权人）签署、加盖印章（如需要）等要素。

3）会议纪要需与会双方共同签字确认，多方会议各方均应进行签署。

4）一般情况下，项目初期合同的甲乙双方会制定项目协调程序，并在程序中约定往来通讯文件的单位代码、文件格式、单点联系人、联系方式、文件编号等。

5.2.2 往来通讯文件全生命周期管理

（1）文件产生：

1）发出的通讯文件。文件起草人按照项目正式的通讯文件格式起草文件，按照建设单位/EPC承包商的要求为文件编号。

文件编码规则一般为：

项目号—装置号—发送单位—接收单位—文件类型（如必要，可依据会议类型增设小类号，以对会议纪要进行分类）—流水号

注：① 对于小型项目来说，装置号可以忽略不计。

② 接收单位为多方时，一般采用"Multiple"表示。

往来通讯文件记录和传递的是即时信息，故文件无版次号，如需更新，需重新起草一份新的文件，并编制新的文件编号。

文件起草人将电子文件可编辑版放入项目电子文档管理平台相应的文件夹，或提交给项目文档控制工程师。

2）接收的通讯文件。外部单位准备文件，发送至EPC项目组项目经理处，同时抄送EPC项目单点联系人文档控制工程师；也可按照项目协调程序执行。

（2）文件查验：

1）发出的通讯文件。文件起草人将项目经理（或其授权人）签署（会议纪要/备忘录由双方/多方签署）后的文件和填写好的"文件发布申请单"，或其他发布发送依据，一同交由项目文档控制工程师查验。

如果文件内有保密信息，起草人须在"文件发布申请单"中注明。

项目文档控制工程师依据建设单位/EPC承包商的要求，从文件格式、文件编号、填写方式及签署等方面，对文件进行查验，如需修改应返回编制人。

2）接收的通讯文件。项目文档控制工程师接收文件，并查验文件编号是否连贯，签署是否齐全。如正确无误，将回执返回给发送方，或按照发送单位要求进行签收确认。

（3）文件发布及发送：

1）发出的通讯文件。项目文档控制工程师将可编辑及带签字的PDF文件放置到电子文档管理平台受控文件夹的相应位置。

往来通讯类文件可不加附"文件传送单"（详见本章11"作业文件和作业表格"）直接发送，收件人可在文件上直接签收并扫描回传或以其他方式确认签收，对内发送时，应保留发送凭证。

往来通讯文件如需要传递硬拷贝文件，应为原件；硬拷贝文件内部分发时，需附带"内部文件分发单"（详见本章11"作业文件和作业表格"），根据文件起草人填写的"文件发布申请单"，或其他发布发送依据发送文件。

保密文件应根据文件起草人填写的“文件发布申请单”或其他发布发送依据中的保密级别设置查阅权限，并严格按照发送范围进行发送。

2）接收的通讯文件。项目文档控制工程师按照项目经理的批示在项目电子文档管理平台上发布发送文件。

对于保密文件，严格按照密级及发送范围进行发布发送。

（4）文件回复：

1）如需对接收的通讯文件做出回复，需在项目规定的时间内回复，回复期限一般应在项目协调程序中进行明确规定，一般情况下应为5个工作日以内。

2）项目文档控制工程师收到回复的通讯文件或其他形式的回复文件后，按照此类文件的发布发送方法处理回复文件。

（5）文件预归档：

1）项目文档控制工程师分类预归档所有的发出和接收的通讯文件。分类原则以文件类别为依据。

2）应对往来通讯文件进行整理、登记台账。

3）台账中应列明文件编号、名称/主题、发送/接收日期、份数、电子版/硬拷贝、页数、发布原因、分发人员、电子版/硬拷贝位置、文件处理人姓名(一般为项目文档控制工程师)等。

注：如通讯文件有回复文件，也应在台账中列明，便于管理。

（6）文件交付　一般情况下，往来通讯文件无需向建设单位做最终交付，但如某些会议纪要由于涉及重要事项，需纳入交工技术文件，则在项目中交后，由文档控制工程师根据项目要求将文件收录进交工技术文件，并进行交付。

（7）文件归档　往来通讯文件最终由项目文档控制工程师在项目结束后，统一移交公司档案管理部门进行分类归档。

5.3　流程图

1）发出的通讯文件管理流程见图11-10。

2）接收的通讯文件管理流程见图11-11。

6　供货商文件

供货商文件指供货商/供应商就供货设备、仪器、材料等提交给EPC承包商的设计、说明、质量控制等，供其进行审查及最终交付的文件资料，如中间设计文件、设备出厂资料等。

建设单位如自行采购，可参照本程序执行。

6.1　职责

6.1.1　供货商/供应商

1）负责向EPC承包商提交供货商文件交付计划，并按照计划进度和项目要求编制、传递、整理和交付项目供货商文件，含中间设计文件及终版出厂资料。

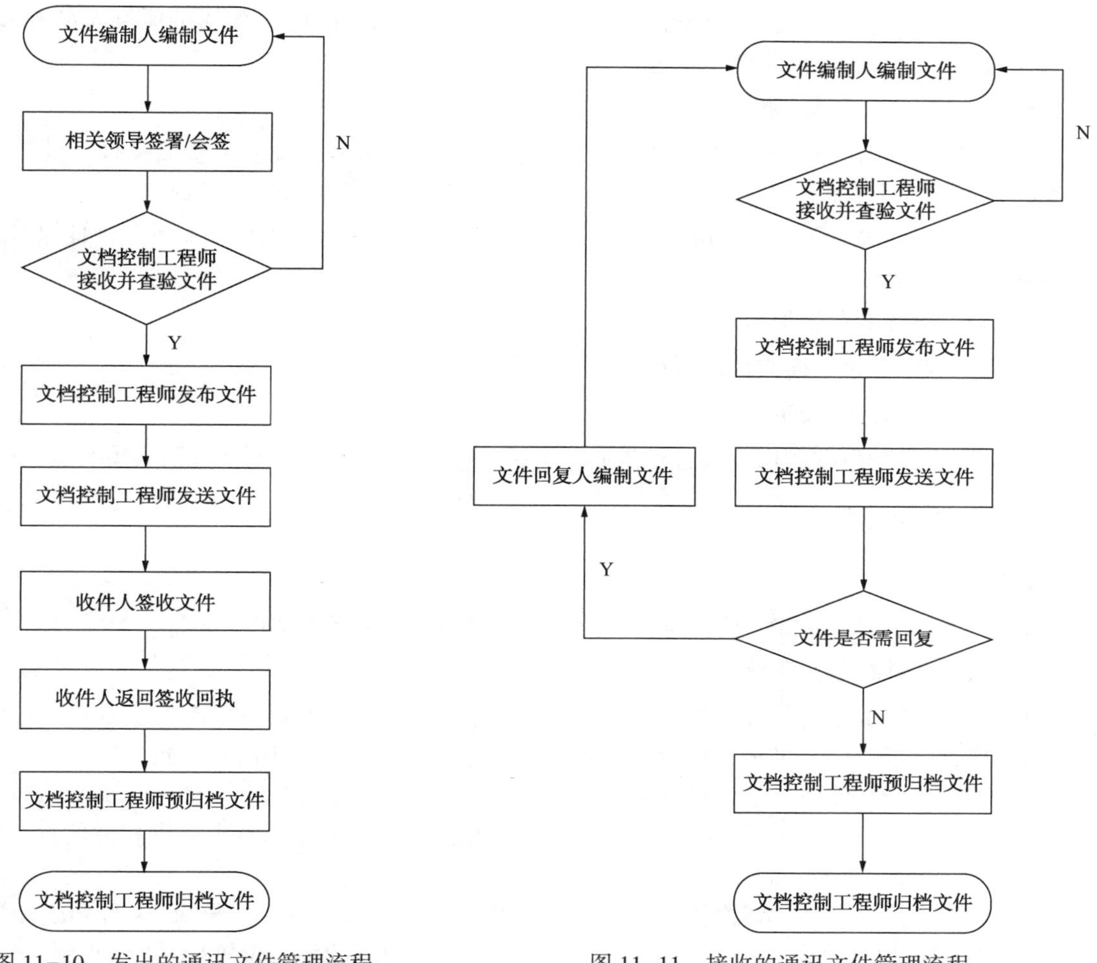

图 11-10 发出的通讯文件管理流程

图 11-11 接收的通讯文件管理流程

2）负责按照 EPC 承包商的审查意见修改供货商文件，保证项目供货商文件的真实性、准确性、统一性、规范性、完整性、时效性和有序性，保证供货商提交的文件(包括硬拷贝及电子版)符合建设单位/EPC 承包商的要求。

6.1.2 文档控制工程师

1）负责在签订订单时，将供货商文件的编制、管理要求，含硬拷贝文件的份数、装订要求以及文件来往传递规则等，落实在采购合同中。

2）负责依据“文件传送单”(详见本章 11“作业文件和作业表格”)核对供货商文件是否齐全，并按照项目文件编制要求对提交文件进行查验，包括文件的格式、名称、编号、版本及签署等。

3）负责供货商文件在项目电子文档管理平台上的发布，并准确、及时分发，同时保存分发记录。

4）负责将 EPC 承包商设计部的审查意见及时返回供货商，并做好往来文件的版次管理，保证文件收发、存储的有序管理，确保文件的时效性。

5）有责任对供货商文件的硬拷贝及电子版进行预归档，以便保存及供项目人员查阅。项目结束后，有责任对供货商文件进行归档。

6.1.3 责任工程师/责任人

1）责任工程师/责任人由设计的牵头专业派出，组织审查、批复供货商文件，其工作包括指定需参与审查的人员、根据需要控制审查进程并收集各相关专业审查意见。

2）对正式提交 DCC 文件的质量负责，保证文件格式、编码、版本、签署等符合项目文件发布要求。

6.1.4 设计专业工程师

负责对本专业供货商文件进行审查并给出审查意见。

6.1.5 采购部催交员

就合同中各种事项和供货商进行沟通，包括 EPC 承包商对供货商文件的各项要求。

6.2 管理方法

6.2.1 文件产生

供货商按照合同及 EPC 承包商各项相关要求编制项目供货商文件。

6.2.2 文件接收及查验

EPC 承包商 DCC 对接收的供货商文件进行查验，一般应检查如下方面：

1）检查电子文件的名称、数量以及标题是否与“文件传送单”中所列一致。

2）检查电子文件格式是否符合项目要求。

3）检查供货商是否按照合同要求制定供货商文件图签，并在图签中提供相关信息，如设备位号、文件版本号、版本状态和签字等。

4）如有硬拷贝文件，则检查硬拷贝文件包装、外观是否完好；并核对“文件传送单”，查看文件是否遗失；如缺文件，在“文件传送单”上文件列表的相应位置标注“未收到”，并及时通知责任工程师和采购催交员；同时检查硬拷贝和电子版的一致性。

5）当硬拷贝文件和电子版文件均确认无误时，DCC 在“文件传送单”上签收并回传供货商；如不符合以上要求，E-mail 通知供货商，说明原因，并同时通知催交员，或由采购催交员通知供货商。

6）如未对供货商文件提前做出编码方面的要求，DCC 需对接收的供货商文件按需求进行重新编号。

7）针对中间过程版文件，如文件确认无误，根据责任工程师所列明的标准分发名单分发各专业负责人。

如是终版出厂资料，部分终版文件，如设备竣工图等由供货商直接发送 DCC；设备随机资料应由 EPC 项目组采购管理部门、DCC 和质量管理部门人员参与设备开箱和接收；DCC 人员还应及时通知设计专业工程师，请设计专业工程师对照合同核对上述提供资料的完整性和准确性。

6.2.3 文件发布发送

（1）供货商中间版过程文件：

1）上传电子文档管理平台。首先确认文件是否第一次递交，如果文件是第一次递交，则为该文件分配一个供货商文件版次号，如未要求供货商为文件编制项目认可的编号，则DCC还应为文件编制文件编码；如果文件属于再次递交，则供货商文件号相同，版次进行升版。

2）将供货商文件上传至电子文档管理平台，并备注相关属性：

a. 文件名称；

b. 文件类型；

c. 文件收到日期；

d. 供应商名称；

e. 合同号；

f. 设备位号；

g. 供货商文件传送单号。

3）准备“供应商文件审查循环表”（见附表11-2）。

4）DCC将供货商文件的原件、供货商“文件传送单”以及“供货商文件审查循环表”一起传递至责任工程师。

5）责任工程师负责供货商文件的审核过程，在文件完成审查后，连同汇总的审查意见一起返回给DCC。

（2）终版出厂资料　将电子版文件放置在电子文档管理平台的受控文件夹，并按照项目初期制定的“文件分发矩阵”（详见本章11“作业文件和作业表格”）分发文件。

6.2.4　文件预归档

1）针对中间过程文件，DCC需预归档各版次文件，或仅预归档带有责任工程师审查意见的文件，中间版供货商文件应按照合同/订单号分类管理。

2）针对终版出厂资料，EPC承包商DCC按照项目号、装置、专业对文件进行分类整理，收存的项目出厂资料必须是原件，以便项目结束编制交工技术文件移交建设单位。

6.2.5　文件答复(信息反馈)

1）DCC收到责任工程师返回带修改意见的供货商文件及填写完整的“供货商文件审查循环表”，检查信息是否完整。扫描文件并上传电子文档管理平台，此版修改文件应为原文件的升版文件。DCC应添加或修改文件状态信息：

a. 责任工程师标注的文件状态；

b. 文件递交责任工程师和从责任工程师处返回的时间；

c. 文件返回供货商时间；

d. 责任工程师确认的设备位号。

2）填写发供货商文件传送单。

3）将反馈文件按责任工程师要求，发送至“供货商文件审查循环表”中所列人员和供货商。

6.2.6　特殊处理

1）取消或替代的文件编号不可再次使用。

2）发送被取消或替代的文件，与过去发送范围一致，发送前在原始文件封面上加盖“作废”章，被替代的文件还应在封面列出替代文件的名称和编号。被取消或替代的文件只发送文件首页/首次及目录页。收件人有责任对取消或替代的文件做作废处理。

3）如果文件被取消或被替代，针对电子文件都必须在文档管理平台中或文件台账中备注“作废”或“取消”，同时应注明替代此文件的文件编码。

6.2.7　文件交付

EPC承包商DCC还应将供货商终版文件，即设备出厂资料，经统一整理，作为项目交工技术文件的一部分交付给建设单位档案管理部门。

6.2.8　文件归档

EPC承包商范围内的供货商文件最终由DCC统一整理归档到公司档案管理部门。

6.3　流程图(图11-12)

EPC承包商供货商文件管理流程见图11-12。

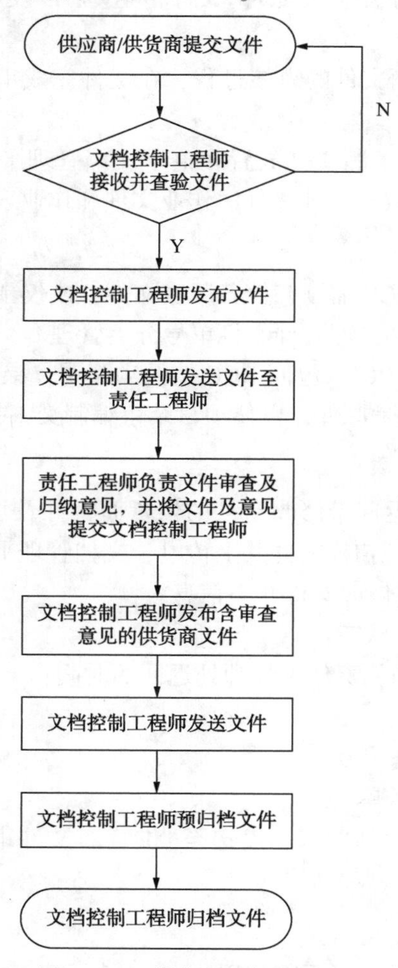

图11-12　供货商文件管理流程

6.4 附表

表 11-2 供货商文件审查循环表

<table>
<tr><td colspan="2">文件审查单号：</td><td colspan="2">责任工程师：</td><td>采购订单号：</td></tr>
<tr><td colspan="3">DCC 收文日期：</td><td colspan="2">DCC 发责任工程师日期：</td></tr>
<tr><td colspan="3">责任工程师将文件分发清单返回 DCC 日期：</td><td colspan="2">要求完成审查并将文件返回 DCC 日期：</td></tr>
<tr><td colspan="3">实际审查结果由责任工程师返回 DCC 日期：</td><td colspan="2">DCC 将审查完的文件发回供应商日期：</td></tr>
<tr><td rowspan="2">专业</td><td rowspan="2">责任人</td><td colspan="2">是否有意见</td><td rowspan="2">签名/日期</td></tr>
<tr><td>是</td><td>否</td></tr>
<tr><td></td><td></td><td></td><td></td><td></td></tr>
<tr><td></td><td></td><td></td><td></td><td></td></tr>
<tr><td></td><td></td><td></td><td></td><td></td></tr>
<tr><td></td><td></td><td></td><td></td><td></td></tr>
<tr><td></td><td></td><td></td><td></td><td></td></tr>
<tr><td></td><td></td><td></td><td></td><td></td></tr>
<tr><td></td><td></td><td></td><td></td><td></td></tr>
<tr><td></td><td></td><td></td><td></td><td></td></tr>
<tr><td></td><td></td><td></td><td></td><td></td></tr>
<tr><td></td><td></td><td></td><td></td><td></td></tr>
<tr><td></td><td></td><td></td><td></td><td></td></tr>
<tr><td></td><td></td><td></td><td></td><td></td></tr>
<tr><td></td><td></td><td></td><td></td><td></td></tr>
<tr><td colspan="5">注释：</td></tr>
</table>

7 监理文件

监理文件是指工程监理单位在履行建设工程监理合同过程中形成或获取的，以一定形式记录、保存的文件。监理文件包括施工监理文件及设备监造文件，本文仅介绍施工监理文件的管理方法。施工监理文件包括：监理规划，监理实施细则，工程暂停令，监理工作联系单及其回复单，监理周/月报，监理备忘录，工程联络单，取样、见证人员授权书等。

由于监理单位与 EPC 承包商并无合同关系，故本节从建设单位角度进行阐述。

7.1 职责

7.1.1 监理单位

监理单位应按照建设单位发布的全项目文档管理体系文件编制监理文件，确保文件的真实性、统一性、规范性、完整性及时效性。

7.1.2 文档控制工程师

建设单位文档控制工程师有责任查验来自监理单位的各类文件，使其编号、版次正确、格式满足项目要求、签署齐全。

有责任对收到的监理文件进行内部分发和传递。

7.1.3 施工管理部门及项目经理

负责在项目协调程序约定的时间内对需要审批的监理文件进行审批。

7.2 管理方法

7.2.1 文件的产生

监理文件由监理单位编制，监理单位应按照项目文件编码、格式、签署等要求编制文件。确保提交建设单位文件的质量。

（1）监理规划、监理实施细则　监理规划是监理提交的整体规划文件；监理实施细则是在监理规划指导下，在落实了各专业的监理责任后，由专业监理工程师针对项目的具体情况制定的更具有实施性和可操作性的业务文件。上述文件监理应提交建设单位一式2份。

（2）工程暂停令　工程暂停令是监理单位针对承包商因违反有关规定，而编制的暂时停工的文件。此类文件监理应提交1份至建设单位，其余文件直接发送相关承包商。

（3）监理工作联系单及其回复单　监理工作联系单及其回复单是监理单位提交建设单位，为管理好承包商而互相联系的文件。此类文件监理应提交一式3份。

（4）监理周报/月报　监理周报/月报是监理每周/月末提交的，反映工地现场施工情况的文件。

（5）监理备忘录　监理备忘录是监理根据现场情况编制的记录文件。此类文件监理与相关方各1份。

（6）取样、见证人员授权书　取样、见证人员授权书是监理提交的各类单位、人员的相关证书和授权书。此类文件监理应提交一式2份至质量监督机构，审查通过后，发送相关承包商。

7.2.2 文件的查验

项目文档控制工程师应查验接收的监理文件，主要查验文件的编号、版次、签署、格式等，尤其是签署，应确保各类文件签署齐全、清晰可辨。如发现接收文件有误，应退回监理修改，重新递交。

7.2.3 文件的发布、发送及预归档

各类文件查验完毕后，文档控制工程师应分别将其发送给对应的人员进行审批处理，如施工经理/项目经理等，然后按照审批结果，在项目电子文档管理平台上对文件进行发布发送。也可以通过事先建立的“标准文件分发矩阵”（详见本章11“作业文件和作业表格”）进行发布发送。同时要注意对答复文件的跟踪，并按照项目对外发出文件的要求和流程，对答复文件进行发布发送。

发布发送后的文件，应进行预归档。

（1）监理规划、监理实施细则　应将文件交由施工经理/项目经理进行审批，如果签字批准，则留1份预归档，另1份返给监理；如果未能经过批准，则返给监理修改重新提交，再次提交的文件应注意升版处理。

（2）工程暂停令　交给施工经理签字，待施工经理签字后，留 1 份预归档，其余返给监理。

（3）监理工作联系单及其回复单　依据“标准文件分发矩阵”，直接交给相关专业工程师审查，待工程师写好回复意见后，再交给施工经理签字，施工经理签字后，留 1 份预归档，其余返给监理。

（4）监理周报/月报，监理备忘录，取样、见证人员授权书　应按照“标准文件分发矩阵”发布发送至项目相关人员，如项目经理/施工经理及项目组工程师。应留 1 份预归档，1 份进行发送。

7.2.4　文件的交付

监理单位应在项目中交后，将属于交工技术文件范围内的监理文件，按照建设单位要求进行编制、整理及交付。

7.2.5　文件的归档

项目收尾阶段，文档控制工程师应对预归档的监理文件进行整理，并按照建设单位的归档要求进行正式归档。

7.3　流程图(图 11-13)

监理文件管理流程见图 11-13。

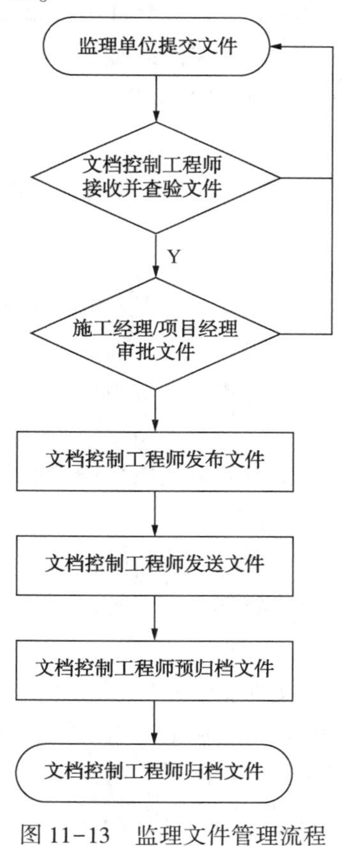

图 11-13　监理文件管理流程

8　交工技术文件

交工技术文件指EPC承包商或设计、采购、施工、检测等承包单位，在建设工程项目实施过程中形成并在工程交工时移交建设单位的，工程实现过程、使用功能符合要求的证据及竣工图等技术文件的统称，是建设工程文件归档的组成部分。

EPC承包商对交工技术文件的管理，主要应统一并明确文件编制所应依据的标准、文件的归档要求与整理方法，划分清楚范围内交工技术文件的编制、组卷工作分工及职责，确保项目完工后交工技术文件规范、完整。交工技术文件的一般管理职责、方法及流程如下文，EPC承包商可根据实际情况，如组织机构划分、各相关单位/角色分工等进行调整。

8.1　职责

8.1.1　项目经理

1）是交工技术文件管理工作的第一责任人。负责组织范围内交工技术文件的编制、整理、交付、整改和归档工作，对文件质量和交付进度负责。

2）负责在与分包商签订合同时，明确其对交工技术文件的各项职责，含编制、整理、交付等。

3）负责范围内交工技术文件的最终批准、确认。

4）提请建设单位对所承揽工程的交工技术文件进行组织验收。

5）负责跟踪落实建设单位对交工技术文件的接收及验收工作，取得建设单位签字认可的“交工技术文件移交证书”（SH/T 3505-J108A/B）。

8.1.2　设计经理

1）设计经理对交工技术文件中设计文件的真实性、准确性、统一性、规范性、完整性、时效性和系统性负责。

2）负责组织项目分管范围内竣工图的编制。

3）负责组织协调竣工图加盖监理审核章，配合项目文档控制工程师完成竣工图的整理、组卷和交付工作。

4）负责在签订采购合同时，明确设备出厂资料中安装、操作维护部分的技术要求，以及厂商竣工图内容编制的相关要求。

5）负责在签订设计分包合同时，与项目文档控制工程师一同将竣工图的编制要求和管理责任落实在合同中。

8.1.3　采购经理

1）采购经理对采购交工技术文件的真实性、准确的统一性、规范性、完整性、时效性和系统性负责。

2）负责组织项目采购交工技术文件，含材料、设备的质量证明文件、产品防腐、设备出厂资料等采购交工技术文件的整理、组卷和交付工作。

3）负责在与材料、设备供应商签订合同时，与项目文档控制工程师一同将交工技术文件采购部分的各项要求和管理责任，如装订要求等，落实在采购合同中。

8.1.4 施工经理

1）施工经理对施工交工技术文件的真实性、准确性、统一性、规范性、完整性、时效性和系统性负责。

2）负责在与施工分包商签订合同时，与项目文档控制工程师一同将交工技术文件的要求和管理责任落实在施工分包合同中。

3）组织施工交工技术文件编制质量、进度的审查工作。

4）组织项目施工交工技术文件的整体验收、组卷和交付工作。

8.1.5 质量经理

1）负责组织项目交工技术文件中与质量相关部分的编制、整理工作，并确保与工程进度同步进行。

2）组织 EPC 承包商自己编制部分交工技术文件的质量审核、验证、检查等工作。

3）组织对施工分包商及供货商提交交工技术文件的质量审核和确认工作。不符合要求的交工技术文件，向施工分包商提出整改要求并按期落实整改。

8.1.6 文档控制工程师

1）文档控制工程师对交工技术文件工作负有管理、协调、查验等责任。

2）负责与建设单位档案管理部门进行充分沟通，确定交工技术文件编制标准、组卷方案及交付办法。

3）负责组织项目交工技术文件的组卷、整理、装订和交付工作。

4）负责向项目交工技术文件管理工作主管领导定期汇报此项工作进展及问题。

5）负责协同项目采购经理、施工经理及设计经理，将交工技术文件的各项要求落实在采购合同及施工、设计分包合同中。

6）配合项目经理取得建设单位对交工技术文件验收和接收的正式签署文件。

8.1.7 分包商/供货商

1）分包商/供货商对项目分包/供货范围内的交工技术文件的真实性、准确性、统一性、规范性、完整性、时效性和系统性负责。

2）严格执行合同、建设单位及 EPC 承包商发布的管理程序中有关交工技术文件的要求和标准。

3）负责所承担分包/供货合同范围内交工技术文件的编制、整理、组卷及装订工作。

4）针对施工分包商，负责所承担分包/供货合同范围内施工过程文件的真实性、准确性、统一性、规范性、完整性、时效性和系统性，并确保与施工进度同步。

5）负责按照合同工期的约定，按时完成合同范围内的交工技术文件，并交付 EPC 承包商审核、确认。

6）配合项目资料验收，完成交工技术文件的整改、完善工作，直至交付工作完成。

8.1.8 监理单位

1）负责协助建设单位，积极与地方及上级管控机构沟通，制定交工技术文件的相关标准、要求，含编制标准、组卷、整理、装订等要求。

2）负责在合同范围内，协助建设单位落实解答、解决参建单位有关交工技术文件的疑问和存在问题。

3）负责在设计单位编制完成的竣工图上加盖监理审核章，并进行签署。

4）负责督促、推进各承包商交工技术文件编制、组卷、整理、交付以及后续的整改等工作。

5）负责对各承包商所编制交工技术文件的真实性、准确性、统一性、规范性、完整性、时效性及系统性进行审查、验收，对已达到验收标准的交工技术文件进行确认，监理审查合格后向建设单位提出预验收申请。

6）负责协助建设单位配合上级主管单位对项目交工技术文件的验收工作。

8.1.9　建设单位

1）负责与地方及上级管控机构沟通，制定交工技术文件的各项标准及要求，含编制、组卷、整理、装订等要求。

2）负责针对交工技术文件工作在全项目范围内开展培训及指导。

3）负责落实解答、解决参建单位有关交工技术文件的疑问和存在问题。

4）负责检查、督促各承包商交工技术文件的编制及交付工作。

5）负责在各承包商/监理提出预验收申请时组织联合检查小组对承包商编制的交工技术文件进行审查验收。

6）负责参与对EPC承包商、施工承包单位、监理单位交工技术文件的联合审查工作，对交工技术文件真实性、准确性、统一性、规范性、完整性、时效性和系统性进行审查、把关和确认。

7）负责配合上级单位对项目交工技术文件的验收工作。

8）负责组织后续整改等工作。

8.2　管理方法

8.2.1　各参建单位针对交工技术文件工作的责任分工

表11-3　交工技术文件工作责任分工

序号	交工技术文件工作	责任单位
1	施工部分编制、盖章和交付	施工单位
2	竣工图编制、盖章和交付	设计单位、监理单位
3	锅炉、起重机械、塔、容器、反应器、冷换设备、动设备、成套设备等具有特定设备位号设备出厂资料的编制和交付	采购单位
4	无损检测报告和其他检测报告的编制，交由被检测工程的施工单位汇入相关工程卷	检测单位、施工单位
5	组织各分包单位交工技术文件的编制和交付	EPC承包商
6	组织、监督、推进范围内各承包商交工技术文件编制质量和进度的检查工作	监理单位
7	交工技术文件编制标准、要求的制定；培训、指导；文件接收；组织验收工作	建设单位

注：建设工程项目中，EPC承包商/承包商与分包商/供货商签订合同时，应根据自身对建设单位就交工技术文件所承担的责任和建设单位对该项工作的要求，明确对交工技术文件的编制要求和管理责任。

8.2.2　交工技术文件的内容

建设工程项目交工技术文件的归档范围可参照《建设项目档案整理规范》DA/T 28 附录

B(规范性附录)“建设项目文件归档范围和保管期限表”。

针对石油化工项目，其交工技术文件包括内容可具体按照《石油化工建设工程项目交工技术文件规定》SH/T 3503(以下简称 SH/T 3503)、当地质量监督部门及建设单位的相关要求确定。

SH/T 3503 对交工技术文件的内容规定如下：

a. 施工图会审记录。

b. 工程施工开工、工程中间交接、工程交工验收等工程文件。

c. 土建、安装工程施工质量检验、检测、质量验收文件；特种设备安全监察机构和特种设备安装监督检验机构等监督检验文件。

d. 设备、材料质量证明文件及材料的检测、复验报告。

e. 工程联络单、设计变更文件。

f. 竣工图。

8.2.3 交工技术文件的份数

交工技术文件份数依据合同和项目的具体要求确定。一般情况下，可参照以下份数执行：

纸质文件：2份(1份正本，1份副本)。

电子文件：3份(以 CD/DVD 光盘、U 盘等形式提交)。

说明：

① 建设单位：纸质版2份；电子版2份。

② EPC 承包商：电子版1份。

③ 地方城建档案馆(如需要，另加)：纸质版1份，电子版1份(列入国家档案管理范围的项目应向国家档案馆移交)。

8.2.4 交工技术文件的编制

在石化行业，交工技术文件的编制主要依照 SH/T 3503 执行，如遇建设单位有特殊要求的，按照建设单位要求执行。

1）建设工程项目开工前，建设单位应按《建筑工程施工质量验收统一标准》GB 50300 和《石油化工安装工程施工质量验收统一标准》SH/T 3508 组织划定建设工程项目的单项工程、单位(子单位)工程，作为参建单位编制交工技术文件的指导性文件。

2）建设工程项目开工前，EPC 承包商根据项目的具体情况及建设单位交工技术文件编制方案(如程序文件：交工技术文件验收、归档办法、交工技术文件编制指南等)，制定交工技术文件编制细则，具体指导参建单位编制交工技术文件，一般包括交工技术文件范围、编制所应依据的标准、内容、份数、组卷方式、责任单位、装订要求、质量要求等。

3）建设工程项目的参建单位应与工程进度同步形成、积累、编制交工技术文件。

8.2.5 交工技术文件的整理

交工技术文件的整理主要依照 SH/T 3503 执行，如遇建设单位有特殊要求的，按照建设单位要求执行。

交工技术文件的整理包括分类组卷、编目等环节，各卷内一般应有案卷封面(外封面)、卷内目录、交工技术文件封面(内封面)和交工技术文件说明，并加入备考表。

(1) 纸质文件整理：

1）组卷要求。交工技术文件应根据 SH/T 3503 要求进行组卷整理。组卷要遵循项目文件的形成规律和成套性特点，保持卷内文件的有机联系。

a. 管理类文件按问题组卷，如：施工组织(设计)方案、会议纪要等。

b. 施工文件可设单项工程综合卷，并按专业分类组卷，各专业文件较多时，可按单位/单元工程等组卷。

c. 竣工图宜按设计文件目录结构及顺序组卷，即按照项目目录—装置目录—主项目录—专业目录—文件的逻辑顺序进行组织。

d. 材料质量证明文件按材料类别、品种、规格组卷。

e. 设备出厂资料按单台/成套设备组卷。

2）案卷构成。交工技术文件由责任单位按单项工程编制；按设计、采购、施工分类组卷，构成及顺序一般为综合卷、土建工程施工卷、设备安装工程施工卷、管道安装工程施工卷、电气安装工程施工卷、仪表安装工程施工卷、材料质量证明卷、竣工图卷、设备出厂资料卷和声像资料卷(如需要)(详见表 11-4)。

表 11-4　交工技术文件案卷构成及顺序

序号	组卷	组册	卷内文件 (包括但不限于下列内容)	责任单位	具体职责	备注
1	综合卷		1）项目经理任命、项目印章授权； 2）开工报告； 3）工程中间交接证书； 4）重大质量事故处理报告(发生时)； 5）工作总结； 6）其他文件	1）实行工程总承包的，由 EPC 承包商编制； 2）未实行工程总承包的： ① 多家施工单位参建的由监理单位编制； ② 一家施工单位参建的由施工单位编制	编制、收集、整理、组卷、装订、交付	EPC 承包商文档控制工程师负责检查施工分包商提交的交工技术文件用表格式、签章等的真实性、统一性、规范性、完整性和时效性，以及卷内文件排序、组卷是否按照项目要求
2	土建工程施工卷	专业综合册	1）工程施工开工报告； 2）单位工程质量验收记录(分部工程和分项工程质量验收记录编入专业工程综合卷)； 3）焊工、无损检测人员登记表； 4）工程设计变更一览表及设计变更单； 5）工程联络单一览表及工程联络单； 6）工程中间交接证书； 7）其他文件	各施工分包商	编制、收集、整理、组卷、装订、交付	
		专业施工册	1）施工记录； 2）检测报告； 3）实验报告； 4）安装记录等			

续表

序号	组卷	组册	卷内文件（包括但不限于下列内容）	责任单位	具体职责	备注
3	设备安装工程施工卷	专业综合册	参考“土建工程施工卷”部分			
		专业施工册				
4	管道安装工程施工卷	专业综合册				
		专业施工册				
5	电气安装工程施工卷	专业综合册				
		专业施工册				
6	仪表安装工程施工卷	专业综合册				
		专业施工册				
7	材料质量证明卷	综合册	1）重大质量事故处理报告（发生时）； 2）其他文件。 注：因综合册内容较少，通常合并在质量证明册第一册中	项目采购部（甲供材料由建设单位采购部完成，乙供材料由EPC承包商/采购承包商完成）	编制、收集、整理、组卷、装订、交付	EPC承包商文档控制工程师或建设单位项目采购部DCC（甲供部分）完成材料、设备质量证明文件的整理、组卷、装订、交付
		质量证明册	1）材料、设备质量证明文件一览表及材料、设备质量证明文件； 2）开箱检验记录； 3）检测、复验报告			
8	竣工图卷	综合册	1）设计变更汇总表及设计变更； 2）重大质量事故处理报告（发生时）； 3）其他文件。 注：因综合册内容较少，通常合并在竣工图册第一册中	设计单位/EPC承包商 监理单位	编制、收集、整理、组卷、装订、交付	EPC承包商/设计承包商文档控制工程师完成竣工图的整理、组卷、装订、交付。 监理单位需负责加盖监理审核章并进行审批签署
		竣工图册	竣工图			
9	设备出厂资料卷	综合册	1）交工技术文件说明； 2）设备清单汇总表； 3）其他文件	供货商 项目采购部（甲供设备由建设单位采购部完成，乙供设备由EPC承包商/采购承包商完成）	编制、收集、整理、组卷、装订、交付	如未对供货商做出相关要求，则由项目采购组DCC完成设备出厂资料的整理、组卷、装订、交付
		设备资料册	1）设备出厂质量证明文件、设备使用维护说明书、图纸等技术资料应归档原件，且应按设备开箱检验记录、设备出厂质量证明文件、设备使用维护说明书、图纸的顺序排列，归档组卷时可不做拆分或合并装订； 2）设备存在质量问题在施工现场进行整改的，相关整改及验收文件应一并编入（如需要）			

续表

序号	组卷	组册	卷内文件（包括但不限于下列内容）	责任单位	具体职责	备注
10	声像资料卷		项目进展过程中重要照片、录像、录音	EPC承包商/各施工分包商	编制、收集、整理、组卷、装订、交付	依据建设单位要求确定是否编制

注：1. 此组卷方式为按照石化标准的一般组卷方式，如遇建设单位有特殊要求的，按建设单位要求组卷。

2. 建设工程项目中有关铁路、公路、港口码头、电信、电站、35kV以上送变电工程和油气田、长输管道等工程宜划分为独立的单项工程，交工技术文件组卷工作应按国家相关行业标准规定执行。

3. 土建工程中的钢结构、房屋建筑工程及其附属建筑电气、暖通、建筑智能化等交工技术文件组卷应执行建设工程项目所在地建设行政主管部门的规定，设备基础、构筑物等工程交工技术文件内容执行SH/T 3503标准。

4. 消防、环保、职业卫生、电信等设施安装宜划分为独立的单位工程，其交工技术文件单独组卷。

5. 锅炉、压力容器、压力管道、起重机械、电梯等特种设备安装工程的交工技术文件应单独组卷，组卷除执行SH/T 3503标准外，还应执行特种设备安全技术监察机构的规定。

6. 工程交工验收证书、交工技术文件移交证书按《石油化工建设工程项目竣工验收规定》SH/T 3904规定签署，单独办理。视建设单位要求是否放入综合卷。

7. 材料质量证明卷：在EPC项目组内部，如施工分包商承担部分材料的采购工作，则该部分材料的质量证明卷应由施工分包商进行组卷。

3）卷内文件排列：

a. 卷内文件一般文字在前，图样在后；译文在前，原文在后；正件在前，附件在后。

b. 交工技术文件综合卷/册文字资料按管理性文件、依据性文件、评定、验收记录等顺序排列，管理性文件按问题结合时间(阶段)或重要程度排列。

c. 土建/安装工程施工卷可按设计文件规定的单元工程或按建设工程项目划分的单位工程组册，也可设立分册。第一册宜为专业综合册。

d. 同一单位工程材料质量证明文件按品种规格、材质类别顺序排列。

e. 竣工图排列方式如下：

ⅰ）竣工图经设计/EPC承包商编制、监理盖章签署后，设计/EPC承包商应根据SH/T 3503或建设单位要求对竣工图进行整理、组卷。

ⅱ）一般情况下，同一项目竣工图按装置/系统单元名称排列，同一装置/系统单元名称下按专业排列，同专业图纸按图号顺序排列。

ⅲ）竣工图整理方式需与建设单位协商确定，一般情况下，竣工图应按专业分类装盒，如果一个专业的图纸数量较少，可以将几个不同专业的图纸放在一个档案盒里。同一卷/册内文件采用连续编码的方式编写“卷内目录”。

ⅳ）项目文档控制工程师核对竣工图的份数、图纸的张数及次序。

ⅴ）竣工图图纸排列次序需与图纸目录次序一一对应。

ⅵ）图纸张数需与图纸目录张数保持一致。避免缺页的情况。

ⅶ）竣工图组卷示意图见图11-14。

f. 设备出厂文件按设备位号顺序排列。

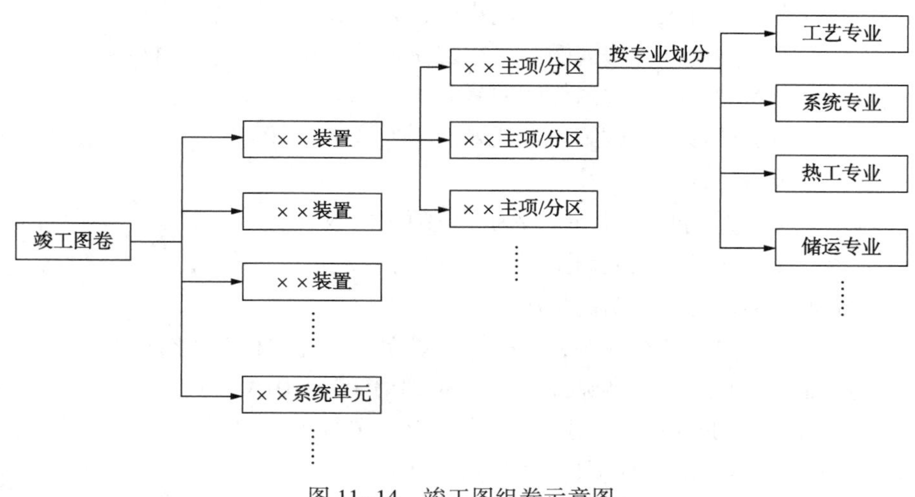

图 11-14　竣工图组卷示意图

4）案卷编目：

a. 页号：

以卷装订的案卷，页号用小写阿拉伯数字从“1”开始顺序编号，应采用打码机打印；

归档文件均应按顺序编写页号；一般情况下，案卷封面、卷内目录、卷内备考表不编写页号(建设单位有特殊要求的，以建设单位要求为准)；

页号编写位置：单面书写文件在右下角；双面书写文件，正面在右下角，背面在左下角；各卷之间不连续编写页号。

印刷成册的文件材料，独立成卷的，一般不重新编写页号。

b. 案卷封面[科技档案封面，即外封面，详见《科学技术档案案卷构成的一般要求》GB/T 11822(以下简称 GB/T 11822)附图 A. 1]。

案卷题名：应简明、准确地揭示卷内文件的内容，主要包括项目名称、代字、代号及结构、部件、阶段的代号和名称等。归档外文资料的题名应译成中文。

立卷单位：应填写负责组卷的部门或单位。

起止日期：应填写卷内文件形成的最早和最晚的时间，日期一般为 8 位阿拉伯数字。

保管期限：应填写组卷时依照《建设项目档案管理规范》DA/T 28 划定的保管期限；同一卷内有不同保管期限的文件，该卷保管期限从长。

密级：由建设单位自行编制。

档号：一般由建设单位自行编制，或按照建设单位分配的档号进行编写。

正副本章：加盖在案卷封面右上角。

c. 案卷脊背(详见 GB/T 11822 附图 A. 2)：

案卷脊背，填写档号、案卷题名和保管期限。

案卷题名、保管期限、档号同 4) b。

正副本章：加盖在脊背下方。

d. 卷内目录(详见 GB/T 11822 附图 A. 3)：

每一案卷必须有卷内目录，卷内目录应排列在卷内文件首页之前。

序号：应依次标注卷内文件排列顺序，用阿拉伯数字从“1”起依次标注。

文件编号：应填写文件文号或图样的图号等。

责任者：应填写文件形成者或第一责任者。

文件题名：应填写文件全称。

日期：应填写文件形成的时间，一般为8位阿拉伯数字。

页数：应填写每份文件总页数(也可根据实际需要，填写页次)。

备注：可根据实际填写需注明的情况。

档号：一般由建设单位自行编制，或按照建设单位分配的档号进行编写。

e. 案卷内封面(交工技术文件封面，详见SH/T 3503-J101A/B)：

SH/T 3503-J101A、B用作交工技术文件封面。实行工程总承包的工程项目，填写表J101B；未实行工程总承包的工程项目，填写表J101A。

f. 交工技术文件目录(详见SH/T 3503 J103)：

序号：应依次标注卷内文件排列顺序，用阿拉伯数字从“1”起依次标注。

文件编号：应填写文件文号或图样的图号等。

文件名称：应填写文件全称。

页次：应填写每份文件第一页在卷内的页号。

g. 交工技术文件说明(详见SH/T 3503 J104)：

说明交工技术文件编制依据、文件主要内容与相关内容所在卷，以及需要特别说明的事项。

h. 卷内备考表(详见GB/T 11822附图A.4)：

每一案卷必须有卷内备考表，卷内备考表应排列在卷内全部文件之后。

卷内备考表应标明案卷内全部文件总件数、总页数以及在组卷和案卷提供使用过程中需要说明的问题。

立卷人：应由立卷责任者签名。

立卷日期：应填写完成立卷的时间，一般为8位阿拉伯数字。

检查人：应由案卷质量审核者签名，一般为项目经理。

检查日期：应填写案卷质量审核的时间，一般为8位阿拉伯数字。

互见号：应填写反映同一内容不同载体档案的档号，并注明其载体类型。

档号：一般由建设单位自行编制，或按照建设单位分配的档号进行编写。

i. 案卷排列示意图见图11-15。

(2) 电子文件整理：

1) 电子文件目前多采用U盘、硬盘(含移动硬盘)的方式进行存贮，也可采用只读CD或DVD光盘进行存贮，并装入光盘盒/袋交付。电子文件归档载体的标签应注明项目、装置、专业、内容、编制单位、存入日期、保管期限等信息。标签样式见图11-16。一般情况下，标签应放置在U盘、硬盘(含移动硬盘)、光盘盒/袋中，禁止将标签粘贴于载体上。

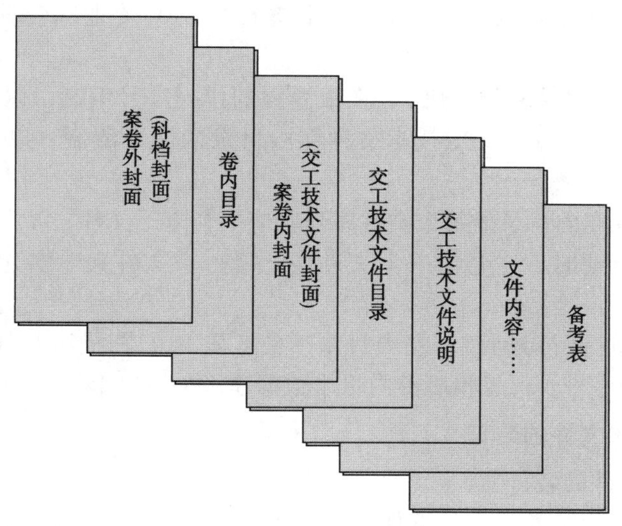

图 11-15　案卷排列示意图

序号：××原盘(或备份盘)
名称：××项目
　　　××装置
编制单位：××××
存入日期：20××年××月
保管期限：永久/30年/10年

图 11-16　电子文件载体标签

注：① 一般情况下，标签上的字体字号等没有严格要求，清晰美观即可。同一项目自行统一。
　　② 如遇建设单位有特殊要求，以建设单位要求为准。

2）电子文件目录设置及文件命名要求：

目录设置：工程名称\流水号+卷名\流水号+册名\流水号+文件名称（详见表 11-5 电子文件目录设置）。

表 11-5　电子文件目录设置

一级目录	二级目录	三级目录	文　件
××××装置/项目	01　××××卷	01　××××册	01　开工报告
			02　图纸会审记录
		02　××××册	01　××××记录
			02　××××记录
	02　××××卷	01　××××册	01　××××记录
			02　××××记录
		02　××××册	01　××××记录
			02　××××记录
	N　××××卷	……	……

注：三级目录中，当一册中放置文件较多，需放置分册时，可在本级目录内设立分册，不再设立下级目录。

例：××××项目300万吨/年乙烯装置\02土建工程卷\01专业综合册\03开工报告

说明：

① 卷(册)名前流水号按照卷(册)名在案卷内的排列序号编制，以两位表示，如：01、02……。文件名前流水号按照交工技术文件卷内目录的序号编制，以两位表示，如：01、02……。

② 交工技术文件卷内目录的每个文件序号对应一个电子文件。

③ 电子文件在整理时，一卷为一个文件夹，每一个文件夹中需包含对应文件的卷内目录。

④ 科技档案封面(装订封面)、卷内目录、备考表PDF扫描版文件应放入相应文件夹内，文件名前不添加序号，可编辑版卷内目录根据建设单位要求确定是否放入。

8.2.6　交工技术文件的装订

(1) 交工技术文件的装订

1) 文字材料可采用按卷装订与按件装订两种形式，且沿着A4纸长边进行装订。遇有表(文)头沿长边布局的，应将表(文)头的一边置左侧竖向进行装订。

2) 案卷内不应有金属物。

3) 一般情况下，卷内目录和备考表不装订，但案卷内封面(即交工技术文件封面)需装订。

4) 交工技术文件文字材料应采用线绳三孔一线左侧装订法装订；一般情况下，竣工图(含其中的文字部分)不装订，组卷装盒即可，但具体执行方式应由建设单位确定。

5) 装订应整齐、牢固，不得有压字、脱页现象。

6) 外文资料应保持案卷原始样貌，即文件排列顺序、文号及装订形式维持案卷原貌。

(2) 交工技术文件的装盒

1) 装订完毕的文字材料应进行装盒，针对交工技术文件中的图纸，应折叠后放入档案盒。不同幅面的工程图纸按照《技术制图、复制图的折叠方法》GB/T 10609.3的要求统一折叠成手风琴式A4幅面，图签栏应外露。具体折叠方式需建设单位确认。

2) 交工技术文件所使用档案盒外表规格应为310mm×220mm，厚度分别为10mm、20mm、30mm、40mm、50mm、60mm，宜采用220g以上的单层无酸牛皮纸板双裱压制。档案盒标准根据《科学技术档案案卷构成的一般要求》GB/T 11822相关章节要求执行。

3) 案卷封面、脊背标签应采用牛皮纸制作，脊背尺寸为310mm×10(20、30、40、50、60)mm。

4) 案卷封面、卷内目录、备考表的规格统一为A4幅面，宜采用70g以上白色书写纸制作。

8.2.7　交工技术文件的交付

1) 应在建设项目中交后，按合同约定时间(一般为6个月至一年内)，将经整理、组卷、编目后所形成的项目交工技术文件按合同的要求，向建设单位进行交付。

2) 交工技术文件经审查验收合格后，建设单位应签署“交工技术文件移交证书”SH/T 3503-J108A/B，办理交付手续，明确档案交付的内容、案卷数、图纸张数等，附“交工技术文件交付清单”一式两份，交接双方应签字。交付时，还应同时交付可编辑版“交工技术文件交付清单”和“卷内目录”。

8.2.8 交工技术文件的归档

1）应在建设项目完成后，将经整理、编目后所形成的项目文件按EPC承包商公司相关规定向档案管理部门归档。

2）归档文件应真实、统一、规范、完整、成套、系统，且具有时效性，即为反映工程真实面貌的终版文件。

3）外文资料应将题名、卷内章节目录译成中文；经翻译人、审校人签署的译文稿与原文应一起归档。

8.2.9 交工技术文件的质量要求

交工技术文件应满足项目文件编制要求，做到准确、真实、统一、规范、完整且具有时效性。

（1）纸质文件质量要求：

1）数据真实准确。

2）字迹清楚，图样清晰，图表整洁，签章完整，签署认可手续完备合规。

3）签署应采用碳素墨水、蓝黑墨水等耐久性强的书写材料，不可采用红色墨水、纯蓝墨水、圆珠笔、复写纸、铅笔等易褪色的书写材料；不允许使用签名章。

4）交工技术文件应采用能长期保存的韧力大、耐久性强的纸张，文字资料用纸规格应为A4，SH/T 3503的附录A～H所列表格中表头左侧栏内的字号为标准黑体五号字；表头中部表格名称为宋体加粗三号字；其他各栏文字为标准宋体五号字；录入文字为五号楷体（如建设单位有要求，可按照建设单位要求执行）；页边距按下列规定设置：

a. 竖排版的文件左边距25mm、上边距20mm、右边距20mm、下边距20mm，装订线位置在左侧。

b. 横排版的文件左边距20mm、上边距25mm、右边距20mm、下边距20mm，装订线位置在上部。

5）竣工图页边距应执行《技术制图图纸幅面和格式》GB/T 14689的规定。

6）纸版案卷需标识正、副本。正本中所有文件应为原件，副本可为复制件；合格证、出厂证明等质量证明文件，因客观原因没有原件的，需有供应商在质量证明文件复印件上加盖的文件有效证明章（红章），并注明原件存放地点。

7）外文资料应将题名、卷内章节目录译成中文。

（2）电子文件质量要求：

1）电子文件应与其对应的纸质文件一致，其归档格式应符合《建设工程文件归档规范》GB/T 50328要求，如表11-6所示。

2）电子文件应以纸质文件卷内目录中的序号为编制单元，一个序号的文件为一个电子文件，且无须标注版次，一卷为一个文件夹，文件夹名称与对应纸质文件案卷“卷名”相同。

3）电子文件需注明可读环境、标注可编辑或不可编辑，并保证载体的有效性与可读性。电子文件应与纸质文件一一对应。扫描形成的电子文件格式为彩色PDF。用光盘/U盘存储时需用不可擦除/修改型载体。

表 11-6 电子文件存储格式

序号	文件类别	格　式	序号	文件类别	格　式
1	文本(表格)文件	Word、Excel、PDF	4	影像文件	MPEG、AVI
2	图纸文件	DWG、PDF	5	声音文件	MP3、WAV
3	图像文件	JPG/JPEG、TIFF			

9 声像文件

声像文件指记录工程建设活动，具有保存价值的，用照片、影片、录音带、录像带、光盘、硬盘等记载的声音、图片和影像等历史记录。

建设工程项目中，声像文件作为项目文件中一种重要文件形式，记载项目中重要工作、活动的主要过程和现状，是具有重要保存价值的，以各种声像载体记录的声像资料，应收集齐全，妥善保管。

建设工程项目中具有保存价值的声像文件主要包括以下内容：

项目开工前的原址、原貌；

开工典礼仪式；

施工过程中主要部位施工状况(以关键工序控制点、隐蔽工程、质量事故为重点)；

采用新材料、新技术、新工艺的施工情况；

竣工验收的验收会及现场检查情况；

竣工后的新貌；

工程建设过程中的重要会议、主要领导讲话及其他重要活动的照片、录像、录音等。

9.1 职责

9.1.1 文件编制人/收集人

1）有责任按照建设单位/EPC 承包商的要求使用正确的文件格式、编号及相关其他要求编制、整理文件(格式参见《照片档案管理规范》GB/T 11821)。

2）有责任将源文件放置到项目电子文档管理平台相应的存放位置或提交项目文档控制工程师。

9.1.2 分包商

分包商有责任按照建设单位/EPC 承包商发布的文件管理规定编制、收集、整理声像文件，并提供源文件。

9.1.3 文档控制工程师

1）有责任检查接收文件的质量，包括文件格式、编码、说明及声像文件的播放质量及影像质量等是否符合项目相关要求。

2）文件审查过程中，发现不符合项目要求时，有责任将文件返还提交人，并提出修改意见。

9.2　管理方法

9.2.1　文件产生、收集、整理

1）文件编制人/收集人按照项目相关规定，以“装置/单项工程”为单位编制/收集、整理声像文件，形式可以为照片、录音、影像。

2）按照建设单位/EPC承包商的要求为声像文件编号。

3）在声像文件收集和整理过程中应注意质和量的控制，同一活动或事件的声像文件应放在同一个文件夹内。

4）声像文件需根据《照片档案管理规范》GB/T 11821、《数码照片归档与管理规范》DA/T 50和《录音录像档案管理规范》DA/T 78整理。

5）声像文件整理时，应为文件编制题名，并附简要说明文字，包含事由、时间、地点、人物、作者等内容。

6）声像文件在整理时，可按建设工程项目划分的单元/单位工程组卷/册，也可设立分册。

7）文件编制人/收集人将源文件放入项目电子文档管理平台相应的文件夹，或提交给项目文档控制工程师。

9.2.2　文件查验

项目文档控制工程师依据建设单位/EPC承包商的要求，从文件格式、文件编号、说明编制方式、声像文件的播放质量及影像质量等是否符合项目相关要求等方面，对文件进行查验。

9.2.3　文件发布、发送

项目文档控制工程师将收集的声像文件放置在项目电子文档管理平台中指定位置，以对其进行发布。

一般情况下，声像文件无需发送，但如需由EPC承包商收集分包商声像文件统一进行组卷、交付，则需由各分包商将声像文件发送EPC承包商DCC。这种情况下，各分包商需按EPC承包商要求对其声像文件进行整理后发送。

9.2.4　文件预归档

1）项目文档控制工程师分类整理预归档所有具有保存价值的声像文件源文件。分类整理原则以时间/活动或事件为依据。

2）预归档后的声像文件应建立台账。

3）台账中应列明文件编号、名称/主题、拍摄日期、摄制人、源文件格式、电子版位置、文件处理人姓名(一般为项目文档控制工程师)等。

9.2.5　文件归档、交付

1）声像文件最终由项目文档控制工程师统一归档至EPC承包商公司档案管理部门进行分类归档。

2）一般情况下，项目中交后，施工过程中所产生的具有保存价值的声像文件应整理组

成交工技术文件中的声像资料卷，可按建设工程项目划分的单元/单位工程组卷/册，也可设立分册，交付建设单位。

9.3 流程图

声像文件管理流程见图 11-17。

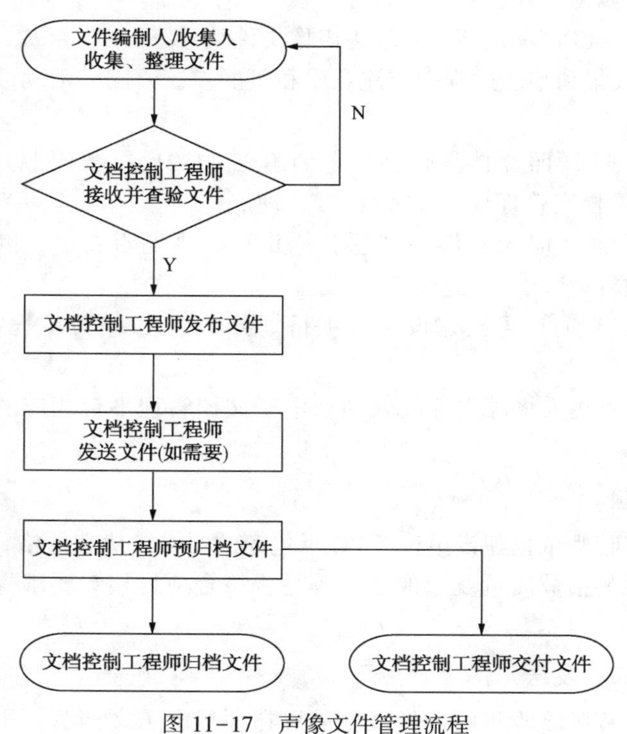

图 11-17 声像文件管理流程

10 分包商文件

EPC 承包商需对建设项目分包商交付文件的质量和流程提出要求。项目分包商是指从事分包业务的单位，承包商(尤其是 EPC 承包商)将承包合同的一部分依法发包给具有相应资质的分包单位，分包商包括 EPC 分包商、设计分包商、施工分包商等。

分包商文件是其在项目建设过程中产生的各类文件，本节主要指其需要提交或交付 EPC 承包商/建设单位的文件。

10.1 职责

10.1.1 分包商

1）根据 EPC 承包商对文件交付、管理的要求，在项目初期编制项目文档管理计划，提交 EPC 承包商项目组备案、审核，并在项目执行过程中，按照该计划组织开展自己的文档管理工作。

2）根据合同中项目文件交付范围和要求，在项目初期编制文件交付计划，此计划包含最终交付文件以及各类中间审核文件，提交EPC承包商备案、审核，并在项目执行过程中，按照交付计划交付各类文件。

3）设立专门的DCC单点联系人，以保证双方来往文件信息的准确通畅。

4）参加建设单位及EPC承包商举办的各项培训工作，含交工技术文件编制、组卷、整理和交付的指导工作，并有责任及时提出工作中发现的问题，以便EPC承包商和建设单位给予技术支持和信息反馈。

5）各分包商对所提交文件的真实性、统一性、规范性、完整性、时效性和系统性负责，具体说来，包括编号是否符合项目文件编码规则，文件签署、盖章是否齐全，文件版本是否符合时效性要求，文件格式是否是建设单位/EPC承包商项目组认可的格式等。

6）发往EPC承包商项目组的文件需要在提交文件硬拷贝的同时提交文件的电子版，同时附上“文件传送单”（详见本章11“作业文件和作业表格”）。

7）采取预防性和校正性的管理措施做好文件管理工作的自检，配合完成建设单位、监理及EPC承包商项目组组织的相应检查工作。

8）根据国家和行业标准以及项目要求编制、组卷、整理和交付管理范围内的项目交工技术文件。

9）有责任在建设单位、监理及EPC承包商对交工技术文件提出整改要求后，配合整改。

10.1.2　EPC承包商DCC

1）参与分包合同的签订工作，对分包商文件交付及管理提出具体要求。

2）将建设单位和EPC承包商文件管理的各项要求和相关程序文件传达、提供给分包商，并对其提出的疑问给予澄清解答。

3）审核各分包商交付的文档管理计划和文件交付计划，并在项目执行过程中，始终以其为依据，对各分包商的文档管理工作和文件交付情况进行跟踪、监督。

4）督促各分包商设立DCC单点联系人，保证双方文件信息传递的准确与通畅。

5）项目执行过程中，EPC承包商DCC需对分包商交付范围内的文件是否符合国家、行业和地方标准以及建设单位和EPC承包商的要求进行审查、监督和指导。

6）组织与文档管理工作相关的培训、指导活动，宣贯并落实项目各项文档管理规定。

7）对分包商在项目进展中提出的问题进行及时答复及反馈，有责任将分包商提出的有可能涉及全项目范围的问题及时提交至建设单位，并将建设单位反馈的解决方案及时传达给范围内的所有分包商，以便工作的统一开展。

8）按照项目协调程序，督促EPC承包商各部门在规定时间内对分包商提交的文件进行答复。

9）根据国家、行业和地方标准以及建设单位要求，对分包商交工技术文件的编制、组卷、整理和交付工作的质量和进度进行审查、督促和指导，如发现问题，责令其在限期内整改。

10）有责任制定出相应的措施，以确保分包商尤其是施工分包商交工技术文件提交的进度与施工工作同步，如在合同中设定进度款的发放与文件交付进度相关联等措施。

11）按照“分包商文件管理审查提纲”（参见附表1）对分包商文件的管理进行检查，如发现有与合同要求、EPC承包商要求及其自身制定的项目文档管理计划和程序不符合的情况，责令分包商限期改正。

12）有责任与合同及施工管理部门协商，确保设计文件对施工分包商的准确发放，避免浪费，同时也要兼顾到设计文件的分发满足施工的需要。

10.1.3 EPC 承包商项目组各部门

1）项目经理及合同控制工程师有责任在分包合同签订前，充分考虑分包策略及项目对各类分包商文档管理及文件交付的基本要求，与 EPC 承包商 DCC 进行充分沟通，或邀请 DCC 参与合同谈判，将对分包商文件管理、交付的要求，及设计文件对施工分包商发放的份数等细节在合同中予以体现。

2）项目质量工程师有责任对分包商交付文件的格式，如图签样式等进行确认；有责任对施工文件编制标准，如施工表格等提出相关要求和意见；在项目执行过程中，与 DCC 共同对项目交工技术文件管理工作承担相应组织、检查及监督责任。

3）项目组各部门负责审查分包商提交的文件，并汇总相关职能/专业的答复意见，按照项目协调程序，在规定的期限内返回项目组 DCC，以对分包商文件给予答复。

10.2 管理方法

10.2.1 分包工作与文档管理

EPC 承包商工作需要进行分包时，应充分考虑项目文档管理工作的相关要求。EPC 承包商项目经理及合同管理工程师需与 DCC 充分沟通，DCC 积极配合项目组提出项目文件的提交和交付要求，如详细工程设计文件、施工文件、交工技术文件(包括竣工图)等的份数、格式、交付时间和交付方式等，并在合同中予以体现。

EPC 承包商项目组在制定分包策略时，应尽量避免同一装置/系统单元同一专业的同一套设计图纸内容，分包给两家以上施工分包商的情况，如无法避免此类情况，则项目经理、施工经理及合同控制工程师需及时向项目组 DCC 进行说明及告知，以保证 DCC 设计文件分发工作准确及时，如增加印制相应份数的详细工程设计文件，保证文件及时分发至相应的施工分包商，以及每个施工分包商接收的文件份数满足施工工作的需要。

10.2.2 文件产生

各分包商的文件需要交付 EPC 承包商项目组或建设单位时，在文件编制和交付方式上，必须按照合同要求、EPC 承包商项目组及建设单位发布的程序文件执行。如不需要向 EPC 承包商项目组或建设单位交付时，可依照分包商各自公司的惯例和程序，对其工作范围内的文件进行编制、管理。其中，分包商设计文件图签样式需提前发送 EPC 承包商，经 EPC 承包商项目组 DCC 及项目质量工程师确认后提交建设单位审核，分包商按照审核确认的图签样式编制设计文件。项目文件编码、格式及其他编制要求也应按照 EPC 承包商项目组或建设单位发布的管理程序执行。

10.2.3 文件提交

所有分包商需要正式提交或交付 EPC 承包商项目组的文件，在提交硬拷贝的同时将电子文件提交 EPC 承包商 DCC，并加附“文件传送单”。

硬拷贝文件的递交份数按照合同规定或项目各类文件的管理程序执行(如设计文件管理

程序、竣工图管理程序、施工文件管理程序、交工技术文件编制与交付程序等)。电子文件的提交方式按照电子文件管理办法执行，可通过项目电子文档管理平台提交，也可以邮件传递或者以光盘/U 盘的形式提交。

10.2.4　文件接收及查验

EPC 承包商 DCC 接收分包商提交的文件，按照发布的项目文件编码及编制程序等相关要求，以及所附“文件传送单”检查核对文件的格式、名称、编号、版本及签署、文件页数以及文件份数，对于不符合上述要求的文件退回分包商 DCC 令其修改，如确认无误，则在“文件传送单”上签字确认并传回分包商。

10.2.5　文件发布

EPC 承包商 DCC 将查验合格的文件加附“文件发布审批单”(详见本章 11“作业文件和作业表格”)，传往项目经理处，项目经理在“文件发布审批单”上填写处理意见和分发要求，或由项目经理提供其他线上或文字性批示意见。

DCC 按照批示意见在电子文档管理平台受控文件夹内发布文件。具体流程可按照项目发布的项目文件发布发送管理程序及各类文件的管理程序执行。

10.2.6　文件发送

分包商文件需对外发送时，应附上“文件传送单”；对内应发给相关部门执行。具体分发范围按照项目组编制的“标准文件分发矩阵”(详见本章 11“作业文件和作业表格”)，或以文件发布时项目经理填写的“文件发布审批单”等为准，内外发送时都应留有收文者接收凭证。

10.2.7　文件审核和答复

(1) 一般文件审批流程　分包商提交的文件如需要审批和答复，EPC 承包商的文件交办人应在项目协调程序规定的时间内，整理汇总内部意见并将其形成项目组的答复文件，按照项目文件编制要求编制文件，并按照 EPC 承包商文件发布发送流程及要求，提交 DCC 正式发送分包商。

(2) 设计变更、请购及施工文件审批流程。

设计变更：如为 EPC 分包，由分包商自身原因引起的内部原因变更，一般由其按照内部流程进行审批，无须经过 EPC 承包商或建设单位的审批；由 EPC 承包商、建设单位或国家、地方性法规及标准变化等非本单位原因引起的外部原因变更，经分包商内部审批后，EPC 承包商、建设单位需在项目协调程序约定的时间内对此变更引起的进度、费用等影响进行审查并返回所有意见，各方签署确认后即完成其审批流程。如为设计分包，则不论是否内部原因引起的变更，均需递交 EPC 承包商进行费用、进度等影响的确认；但内部原因无须递交建设单位，外部原因则需递交建设单位进行审批。

请购文件：如为 EPC 分包，则分包商范围内的非关键设备等的采购，其请购文件无须报送 EPC 承包商或建设单位；属于分包商范围内的关键设备采购，或不属于分包商范围的采购，其请购文件需 EPC 承包商及建设单位审批；一般情况下分包商完成内部审批后，EPC 承包商及建设单位需在项目协调程序约定的时间内对此请购文件进行审查并返回所有意见，各方确认后即完成审批流程。如为设计分包，设计单位需依据设计方案提出请购文件，经 EPC 承包商审批，关键设备还需递交建设单位进行审批。经审批后的请购文件，由

EPC 承包商采购部进行后续询价及采购工作。

施工文件：分包商提交需 EPC 承包商、监理或建设单位审批的施工文件，一般情况下分包商完成内部审批后，EPC 承包商、监理或建设单位需在项目协调程序约定时间内按照 EPC 承包商项目组或建设单位发布的项目施工文件管理程序（可参照本章 3“施工文件”）审查并返回意见，各方确认后完成审批流程。

完成审批流程的以上文件按照各类文件管理办法进行发布、发送、预归档、交付及归档等工作。

10.2.8　文件预归档

EPC 承包商 DCC 对接收的分包商文件按照各类文件管理程序分类预归档。

其中，分包商的设计成品文件如基础工程设计文件或详细工程设计文件（施工蓝图）等，按照项目阶段、装置/系统单元、专业等进行整理并预归档。分包商交付设计文件的新版本后，EPC 承包商 DCC 需替换预归档的旧版本，如有必要，在旧版本上加盖“作废”章。

10.2.9　文件交付和归档

分包商文件按照项目合同、EPC 承包商和建设单位相关要求向 EPC 承包商进行即时或阶段性交付。分包商设计文件或交工技术文件，交付 EPC 承包商 DCC，经其检查确认后，向建设单位进行交付。对于检查中发现不符合要求的文件，分包商需配合完成修改。

EPC 项目结束后，EPC 承包商 DCC 应对分包商交付文件进行归档。归档前，EPC 承包商 DCC 将旧版本或取消、作废文件进行销毁。需要归档的分包商文件按照 EPC 承包商公司要求，由项目组 DCC 整理后完成归档工作。

10.2.10　其他管理要求

（1）项目信息安全要求。

1）分包商有义务维护项目关键技术信息数据以及管理和商业方面的敏感数据机密。

2）分包商应具备安全的 IT 设备环境，包括服务器、存储系统、集线器、交换机和路由器等，确保项目信息的安全性。

3）分包商负责保证外部通信设施的容量和可靠性能满足其通信需要。

4）项目信息安全管理的其他要求可参见 EPC 承包商或建设单位发布的电子文件管理规定或程序。

（2）分包商文件交付管理要求。

1）按照合同要求，交付范围内需要建设单位及 EPC 承包商审查和答复的文件。

2）在项目执行及收尾阶段按照 EPC 承包商的要求，在合同约定时间内，完成各自范围内交工技术文件的编制、组卷、整理和交付。EPC 承包商 DCC 负责监督、检查此过程，分包商有责任确保施工文件与工程同步，并根据要求对文件进行补充和修改，最终交付经各方审查合格、装订成册的交工技术文件。

3）分包商提供的文件不完整或不准确等原因导致工程在验收阶段未能通过档案验收，分包商必须无条件进行及时、必要的改进或调整，并重新提交完整准确的文件。

（3）分包商文件存储管理要求。

1）分包商应设立单独的文件存储库房，并建立库房管理制度，对文件实施安全、统一管理，可参考EPC承包商或建设单位发布的相关管理程序或规定。

2）文件库房需依据文件管理的便利性，配备相应的文件柜（文件陈列柜、档案密集柜等）。项目文件按照分类存放于文件柜内，每一文件柜应清晰标注所放置文件的类别。

3）文件库房内禁止吸烟，不得堆放杂物或与档案无关的物品，并保持清洁卫生。

10.3 流程图

分包商文件管理流程见图11-18。

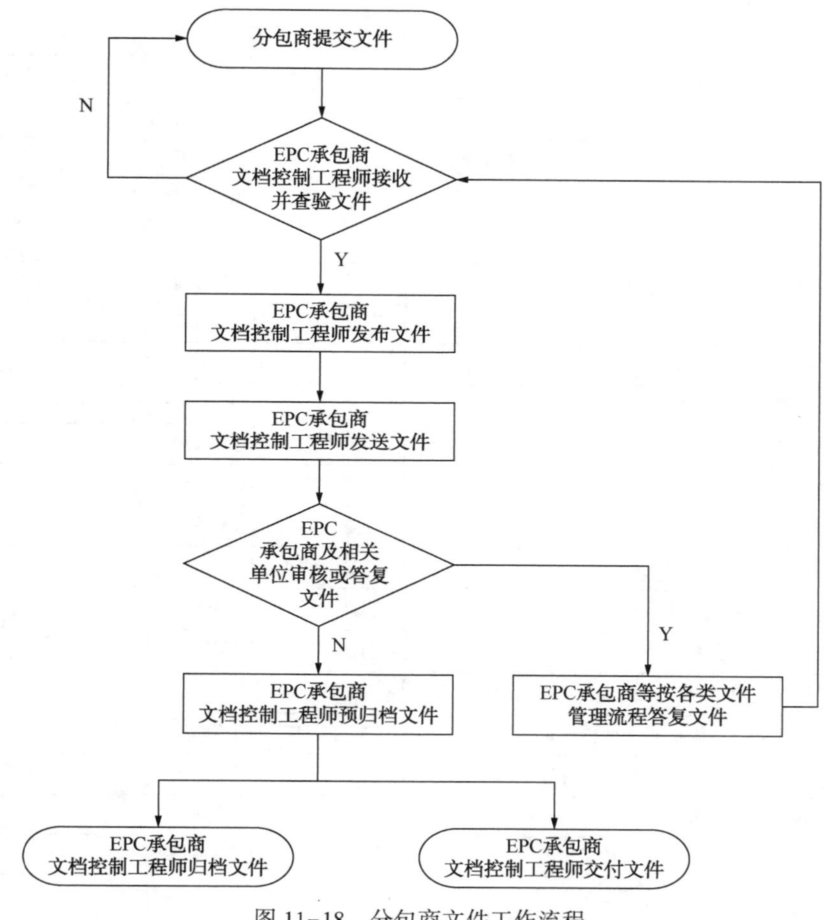

图11-18 分包商文件工作流程

10.4 分包商文件管理审查提纲（表11-7）

表11-7 分包商文件管理审查提纲

分包商名称： 地点： 日期：

序号	项　　目	情　　况	说明/备注
一	总则		
1	人员配置/单点联系人	□是　□否　□不适用	

续表

序号	项　目	情　况	说明/备注
2	文档管理计划		
	(1) 是否交 EPC 承包商备案、审核	□是　□否　□不适用	
	(2) 是否按此执行	□是　□否　□不适用	
	(3) 是否与 EPC 承包商要求一致，是否明确了解 EPC 承包商要求及对 EPC 承包商体系文件的了解和执行	□是　□否　□不适用	
3	文件交付计划		
	(1) 是否按此执行	□是　□否　□不适用	
	(2) 是否提交 EPC 承包商备案、审核	□是　□否　□不适用	
4	是否执行协调程序(××××协调程序 Rev. ×)	□是　□否　□不适用	
5	培训计划	□是　□否　□不适用	
6	工作自检	□是　□否　□不适用	
7	配合 EPC 承包商检查工作	□是　□否　□不适用	
8	配合整改	□是　□否　□不适用	
二	硬拷贝文件		
1	根据要求编制文件		
	(1) 编号连续性	□是　□否　□不适用	
	(2) 签署盖章齐全	□是　□否　□不适用	
	(3) 版本正确	□是　□否　□不适用	
	(4) 格式是否得到认可	□是　□否　□不适用	
	(5) 了解交工文件编制要求	□是　□否　□不适用	
2	文件份数符合要求	□是　□否　□不适用	
3	文件传送单		
	(1) 发送文件附上了文件传送单	□是　□否　□不适用	
	(2) 接收到的文件传送单及时签字回传	□是　□否　□不适用	
4	资料齐全且闭合	□是　□否　□不适用	
5	资料是否与施工同步，日期相符	□是　□否　□不适用	
6	已完成工程的预组卷工作同步性	□是　□否　□不适用	
7	交工资料交付进度及时性情况	□是　□否　□不适用	
8	是否有纸质版台账	□是　□否　□不适用	
9	新/旧版文件管理	□是　□否　□不适用	
10	安全的保管环境、专门的存储库房	□是　□否　□不适用	
11	配置相应文件柜，分类存放并清晰标注	□是　□否　□不适用	
三	电子版文件		
1	电子版文件管理方法及平台(包括权限设置)	□是　□否　□不适用	
2	及时在电子平台发布	□是　□否　□不适用	

续表

序号	项　　目	情　　况	说明/备注
3	正确的分发矩阵/分发方式	□是　□否　□不适用	
4	提供硬拷贝的同时提供电子文件	□是　□否　□不适用	
5	安全的 IT 环境	□是　□否　□不适用	
6	通信设施容量足够并安全可靠	□是　□否　□不适用	
7	维护机密文件	□是　□否　□不适用	
8	文件台账	□是　□否　□不适用	
9	电子文件与硬拷贝文件是否同步	□是　□否　□不适用	
分包商提出的问题： 1. 问题： 2. 答复：			
EPC 承包商提出的建议及要求： 1. 建议： 2. 要求：			

11　作业文件和作业表格

作业文件和作业表格主要为工作中常用的各类规范性作业文件和表格，是各类文件管理程序在具体工作中的支持文件。一般来说包括以下类型，见表 11-8。

表 11-8　作业文件和作业表格

序号	文件名称	各类型文件管理中应用情况或其他应用场景
1	文件发布申请单	设计文件、采购文件、施工文件、往来通讯文件、管理文件
2	标准文件分发矩阵	设计文件、施工文件、供货商文件、监理文件、采购文件、管理文件、分包商文件
3	文件传送单	设计文件、采购文件、施工文件、管理文件、供货商文件、分包商文件
4	内部文件分发单	设计文件、采购文件、往来通讯文件
5	文件发布审批单	分包商文件
6	项目文件会签表	管理文件
7	不合格项通知单	建设单位/监理单位/EPC 承包商在对参建单位文档管理检查中就不合格项发出的作业表格

以上作业文件和作业表格见本章附表：

附表 1　文件发布申请单

附表 2　标准文件分发矩阵

附表 3　文件传送单

附表 4　内部文件分发单

附表 5　文件发布审批单

附表 6　项目文件会签表

附表 7　不合格项通知单

注：上述作业文件和作业表格均未体现项目 LOGO 和项目名称，各项目可根据实际情况在表格适当处添加。

参 考 文 献

[1] 科学技术档案案卷构成的一般要求 GB/T 11822—2008

[2] 电子文件归档与电子档案管理规范 GB/T 18894—2016

[3] 建筑工程施工质量验收统一标准 GB 50300—2013

[4] 建设工程文件归档规范 GB 50328—2019

[5] 照片档案管理规范 GB/T 11821—2002

[6] 归档文件整理规则 DA/T 22—2015

[7] 建设项目档案整理规范 DA/T 28—2018

[8] 数码照片归档与管理规范 DA/T 50—2014

[9] 录音录像档案管理规范 DA/T 78—2019

[10] 建设项目(工程)档案验收办法 档发[1992]8 号

[11] 石油化工建设工程项目交工技术文件规定 SH/T 3503—2017

[12] 石油化工安装工程施工质量验收统一标准 SH/T 3508—2011

[13] 石油化工建设工程项目施工过程技术文件规定 SH/T 3543—2017

[14] 石油化工建设工程项目竣工验收规定 SH/T 3904—2014

附表1 文件发布申请单

No.

责任人/发件人姓名：	部门：	电话：
文件类型： □硬拷贝文件 □电子文件	项目 DCC： 发布日期：	

共享平台中的文件位置（文件夹号）：

分发原因（请选择）		此处是此次文件分发的原因/目的
□供参考	□供执行	□供批准
□供审查	□提意见	

意见：□要求 □不要求

意见返回给：______________ 截止日期：______________

文件密级：□绝密 □机密 □秘密

如有重要信息须在分发时提及写出：

文件分发形式：电子文件（E）硬拷贝文件（H）（默认分发形式为E）

文件分发要求：主送（T） 抄送（C）

建设单位	E+H/T	姓名	E/C	姓名	E/C	姓名	E/C	姓名
	E/C	姓名	E/C	姓名	E/C	姓名	E/C	姓名
总体院								
分包商								
专利商								
公司人员								
其他								

以下文档控制中心填写

传送单编号：	完成□	备注：

文件编号	版次	版次状态	文件存放位置/发送详情

附表2 标准文件分发矩阵

EPC阶段			项目组/装置名称																																	
			内部																											外部				
			项目经理	设计经理	采购经理	施工经理	进度控制经理	费用控制经理	概算经理	合同经理	文档控制经理	财务经理	质量经理	安全经理	IT经理	项目工程师	项目秘书	进度控制工程师	费用控制工程师	概算工程师	合同控制工程师	材料控制工程师	质量工程师	设计专业负责人	现场采购经理	现场进度控制经理	现场文档控制经理	现场质量控制经理	现场HSE经理	现场专业工程师	现场设计代表	业主	监理	E、EP、EPC分包	施工单位	备注
管理文件	任命表及任务单		T	T	T	T	T	T	T	T	T	T	T	T	T	T	T	T	T	T	T	T	T	T	T	T	T	T	T	T	T					
	通讯录		T	T	T	T	T	T	T	T	T	T	T	T	T	T	T	T	T	T	T	T	T	T	T	T	T	T	T	T	T	T	T	T	T	
	报告	开工报告	C	C	C	C	C	C	C	C	C	C	C	C	C	C	C	C	C	C	C	C	C	C			C									
		装置周报	T	T	T	T	T	T	T	T	T	T	T	T	T	C		C	T	T	T	C	T	T			T									
		采购周报	C		C											C		C																		
		施工周报	C			C										C		C								C										
		装置月报	T	T	T	T	T	T	T	T	T	T	T	T	T	C		C	T	T	T	C	T	T			T									
		质量月报	C													C		C																		
		其他报告	C													C		C																		
	程序	DCC	C	C	T	T					C					C	T	T	T	T	T	T	T	T	T	T	C	T	T	T	T			T	T	
		HSE	C			C										C									T	T		T	T	T	T			T	T	
		IT	C	C	T	T										C	T	T	T	T	T	T	T	T	T	T		T	T	T	T			T	T	
		财务	C	C	T	T										C	T	T	T	T	T	T	T	T	T	T		T	T	T	T			T	T	
		采购	C		C											C		T				T			T									T		
		行政	C	C	T	T										C		T	T	T	T	T	T													
		控制	C													C																		T	T	
		设计	C													C																		T		
		施工	C													C																		T	T	
		质量	C								C					C											C							T	T	
	合同		T	C												C																		T		
	综合设计文件	设计统一规定	T	C												C		C						T												
		详细设计条件表	T	C												C		C																		
	项目前期文件		T	T												C		C																		

续表

EPC阶段			项目组/装置名称																																	
			内部																													外部				
			项目经理	设计经理	采购经理	施工经理	进度控制经理	费用控制经理	概算经理	合同经理	文档控制经理	财务经理	质量经理	安全经理	IT经理	项目工程师	项目秘书	进度控制工程师	费用控制工程师	概算工程师	合同控制工程师	材料控制工程师	质量工程师	设计专业负责人	现场采购经理	现场进度控制经理	现场文档控制经理	现场质量控制经理	现场HSE经理	现场专业工程师	现场设计代表	业主	监理	E、EP、EPC分包	施工单位	备注
通讯文件	传送单	发送	C	C												C		C														T		T	T	
通讯文件	传送单	接收	C	C												C		C																		
通讯文件	传真/信函	发送	T	C												C		C														T		T	T	
通讯文件	传真/信函	接收	T	C												C		C																		
通讯文件	会议纪要		T	C												C		C																		
通讯文件	备忘录		T	C												C		C														T		T	T	
设计文件	设计文件		C	C	T	C										C		C	C			C		C							C	H			H	
设计文件	设计变更单		C	C	T	C										C		C	C			C		C							C	H			H	
采购文件	请购文件		C	C	T													C				C		C	T						C					
采购文件	询价文件		C																																	
采购文件	采购合同		C																																	
施工文件	一般施工报验文件		C			T										C		C				C				C	C	C	C	C	C	H			H	
施工文件	总包施工周报/月报		C			T										C		C	T							C	C			T	T	H	H			
施工文件	施工分包商施工周报/月报		C			T										C		C	T							C	C			T	T					
施工文件	工程联络单	总包-施工单位	C			T										C		C								C	C			T	T				H	
施工文件	工程联络单	总包-监理/业主	C			T										C		C								C	C			T	T	H				
施工文件	工作联系单		C			T										C		C								C	C			T	T	H	H	H	H	
施工文件	总包进度付款		C																T							C	C									
监理文件																C		C				C				C	C	C	C	C	C					

注：1. 本表格仅为各项目提供填写示例，各项目根据自己的分发范围建立符合项目使用的标准文件分发矩阵。

2. 各项目需根据实际情况确认内部岗位设置、外部工作界面、文件类型、文件份数等完成各自项目的文件分发矩阵。

3. T：主送；C：抄送；E：电子版；H：硬拷贝(当分发份数较多时，可写成1H、2H等)。

附表3　文件传送单

项目号：	传送单编号：
发件方：	收件方：
发件人：	收件人：
发件地址：	收件地址：
联系电话：	联系电话：

文件类型	H：硬拷贝文件	C：CD/DVD/U盘/硬盘等载体
	E：电子版文件	T：其他文件
文件用途	□供审查	□供参考
	□供批准	□供执行
	□供施工	□供存档

项目组 DCC：________

日期：________

签收人：________

日期：________

序号	文件编号	文件名称	版本	文表页数	图纸张数	份数	备注
1	（当文件较多时，可填写在第二页）						
2							
3							
4							
5							
6							
7							
8							
9							
10							
11							
12							
13							
14							
15							
16							
17							
18							
19							
20							
21							
22							
23							
24							

附表4　内部文件分发单

装置/分区代码：________　　项目号：________

专业：________　　分发单编号：________

发送日期：________　　项目 DCC：________

序号	文件编号	标题	版次	页数	份数	接收部门	签收人	签收日期	备注
1									
2									
3									
4									
5									
6									
7									
8									
9									
10									
11									
12									
13									
14									
15									

附表5 文件发布审批单

No.

文件编号：	版次：	标题：
文件接收日期：	文件送审日期：	项目DCC：

分发原因（请选择）					
供参考		供执行		供批准	
供审查		提意见			
文件密级：□绝密 □机密 □秘密					

文件分发形式：电子文件(E)硬拷贝文件(H)(默认分发形式为E)
文件分发要求：主送(T)抄送(C)

（项目管理组各职能部门）								
（设计各专业）								

批示	

附表6　项目文件会签表

No.

文件编号:		标题:	
提交部门:		责任人:	提交日期:
序号	会签部门	会签建议	签字/日期

附表7 不合格项通知单

<table>
<tr><td colspan="2" rowspan="2">不合格项通知单</td><td colspan="2">质量检查记录</td></tr>
<tr><td>编　　号</td><td></td></tr>
<tr><td>工程名称</td><td></td><td>受检查单位</td><td></td></tr>
<tr><td colspan="4">不合格事项描述：

检查人员代表：　　　　　　　　　　　　日期：
受检查单位代表：　　　　　　　　　　　日期：</td></tr>
<tr><td colspan="4">整改意见

检查人员代表：　　　　　　　　　　　　日期：</td></tr>
<tr><td>接收单位</td><td colspan="3"></td></tr>
<tr><td>抄送单位</td><td colspan="3"></td></tr>
</table>

备注：1. 不合格项内容较多时可添加附表；
2. 此表一式两份：检查单位、受检查单位。

不合格项通知单(附表)		编号:		
序号	不合格事项	整改意见	完成日期	整改情况
1				
2				
3				
4				
5				
6				
7				
8				
9				
10				
11				
12				
13				
14				
15				
16				
17				
18				
19				
20				
21				
22				
23				
24				
25				
26				
27				

第 12 章　数字化交付

1　数字化交付

1.1　何为数字化交付

数字化工厂是汇集工程设计、采购、施工、建造、安装全生命周期的信息，形成企业静态数字化资产，并在此基础上整合产品生产、运维数据，集成生产控制的自动化系统、制造采用的 MES 系统、生产管理的 ERP 系统以及设备状态监测工具，在计算机虚拟环境中搭建可同步运转的数字虚拟工厂，实现对历史数据的回溯、实时数据的管理和未来趋势的预测。数字化工厂是实现智能工厂的必经之路。近年来，数字化交付作为建设数字化工厂以及智能工厂的前提条件，在各工程行业进行了摸索和实践。2016 年以来，国家陆续出台了数字化交付的相关标准规范。如 2016 年，电力行业发布了《发电工程数据移交》GB/T 32575—2016，2018 年石油化工行业发布了《石油化工工程数字化交付标准》GB/T 51296—2018，对数字化、数字化工厂以及数字化交付有明确的定义。规范中定义数字化交付区别于传统的以非结构化数据为核心的文件交付体系，是以工厂对象为核心，对工程项目建设阶段产生的静态信息进行数字化创建直至移交的工作过程。涵盖信息交付策略制定、信息交付基础制定、信息整合与校验、信息移交和信息验收。具体来说，数字化交付是以研发和设计为源头，将工程设计、采购、施工、制造、安装等阶段产生的数据进行结构化处理，建立以“工厂对象”为核心的网状关系数据库，存储于工程数据中心，并基于统一的数据接口完成数据交付，为建设单位提供可靠的工程基础数据，从而构建数字化工厂的企业静态数据资产，实现信息化与生产过程、经营管理、物资管理、检维修管理的深度融合。在数字化工厂的基础上继续延伸构建智能工厂，使新时代的智能工厂具备高度自动化、数字化、可视化、模型化、集成化、全方位优化的特征(图 12-1)。

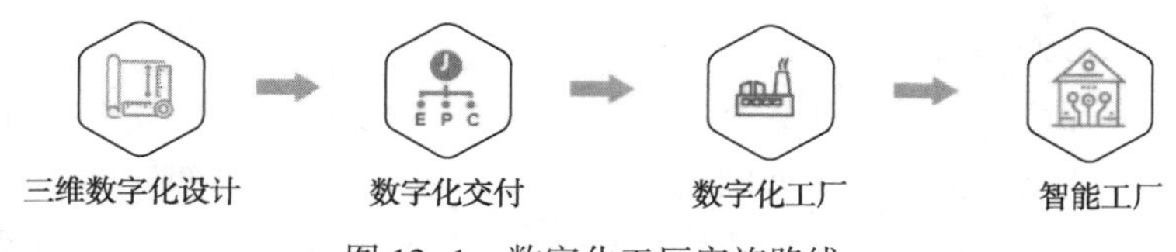

图 12-1　数字化工厂实施路线

1.2　数字化交付的内容

工厂数字化交付的内容主要包括数据、文档、三维模型及其关联关系。

数据交付：数据可以划分为结构化数据和非结构化数据，结构化数据也称作行数据，是由二维表结构来逻辑表达和实现的数据，严格地遵循数据格式与长度规范，主要通过关系型数据库进行存储和管理。与结构化数据相对的是不适于由数据库二维表来表现的非结构化数据，包括所有格式的办公文档、XML、HTML、各类报表、图片和音频、视频信息等。数字化交付数据应以结构化数据为主，非结构化数据必要时应转化为结构化数据进行交付，包含工厂对象的属性值、计量单位、工艺数据表模板、设备数据表模板、仪表数据表、电缆库、安装图等信息。交付的数据应按类库的要求进行组织，工厂对象的数据内容需涵盖设计、采购、施工等各个阶段的基本信息。

文档交付：采用统一格式的电子文档，电子文档需与原版文档一致，且能够满足建设单位对文档质量的要求。文档交付同时要包含各类协同工作的规定、手册、修改单等。

三维模型交付：三维模型信息需与交付的数据、文档中的信息一致，且能够在交付平台中正确地读取和显示。交付的三维模型应使用统一的原点和坐标系，应包含必要的可视化碰撞空间。

除了上述三方面内容，数字化交付中还应交付和处理数据、三维模型、文档以及工厂对象之间的关联关系。

工厂数字化交付实施过程中，涉及工程公司与建设单位之间的多次数据交互，因此在交付过程中要从完整性、准确性和一致性三个方面对信息质量进行控制。

交付信息宜采用数字化交付平台进行组织与存储，数字化交付平台一般由建设单位作为接收方进行采购，建设单位委托数字化交付总体院对数字化交付平台进行策划、维护与管理。

建设单位作为接收方应提供数字化交付策略和交付基础，协调和管理工程数字化交付工作，验收交付方所交付的信息；交付方应按照交付基础的要求收集、整合并移交交付信息。接收方和交付方共同负责最终交付信息的完整性、准确性和一致性。

1.3 数字化交付的要点

1.3.1 交付总体院

目前国内采用数字化交付的工程项目，建设单位都会选择一家能够进行数字化策略和交付基础制定，同时具备对交付信息中间过程及最终成品的完整性、准确性和一致性进行校验的工程公司作为数字化交付的总体院或拿总院。近几年国内建设的大型炼化一体化项目及煤化工项目均选择了一家国内知名工程公司作为数字化交付总体院。

1.3.2 数字化交付平台

数字化交付平台是用于承载和管理数字化交付信息的信息管理系统，可与多种工程软件集成，并兼容多种文件格式。目前国内工程界数字化交付平台主要以国外软件平台为主，Smart Plant Foundation 及 Aveva. NET 在国内工程公司应用案例比较多，涵盖其执行的国内外项目。

1.3.3 工厂对象

工厂对象是数字化交付的主线，工厂对象是构成石油化工工厂的设备、管道、仪表、电气和建(构)筑物等具有编号可独立识别的工程实体。数字化交付以工厂对象作为核心，结构化数据以及非结构化数据都是以工厂对象作为核心进行分类、组织以及相互关联的。数字化交付种子文件[种子文件是指建设单位或数字化交付总体院提供的数字化工厂基础模板及各设计软件配套基础数据库，用于开展数字化集成设计工作，如Non-TEF(非结构化数据)中位号元数据索引表、文档索引表(包括文档与位号关联关系)及TEF(结构化数据)中SPID种子文件、S3D/PDS/PDMS种子文件等]。中的引用表格主要针对工厂对象进行填写，工厂对象也是数据以及电子文档上传及调用的主体。

1.3.4　交付信息的完整性、准确性和一致性

交付信息的完整性、准确性和一致性是目前数字化交付实施过程中的重点和难点。信息完整性是指交付信息涵盖工程建设过程中产生且用于运行维护的所有相关内容的完整，包括设计信息、采购信息和施工信息以及其他相关信息。信息准确性是指工厂对象属性的值及计量单位准确，文档内容正确，以及各种关联关系正确。信息一致性是指交付信息在特定的工厂或装置中具有唯一性，与实体工厂信息一致。如何保证交付信息的完整性、准确性和一致性是目前项目普遍选择大型工程公司作为数字化交付总体院，辅助建设单位进行管理的主要原因。

2　数字化工作的分工

2.1　建设单位工作范围

1）负责建立和完善数字化交付的管理体系，在企业现有组织架构和专业分工的基础上，增加相关部门和人员对数字化交付工作的管理与协调，并明确各方责任。

2）负责明确数字化交付具体要求，组织相关部门提出工程建设期、生产运营期的数据信息需求，编制或委托数字化交付总体院编制项目数字化交付规范。

3）为保证数字化交付过程中各个承包商交付内容编码的一致性，同时确保交付内容可以高效整合，建设单位在总体设计或基础设计阶段需明确相关编码规则，主要包括工厂分解结构和装置编码、工厂对象编码规则、项目文档编码规则等。

4）负责搭建或委托数字化交付总体院协助搭建数字化交付所需的数据接收平台，用以接收和承载各个承包商按要求和规范交付的数据信息。

5）负责审核和确认各个承包商提交的中间成果，包括工厂对象分类等。

2.2　数字化交付总体院工作范围

1）对指定的交付内容和要求，负责对各承包商宣贯、澄清、交底，并负责过程中答疑、解决问题。

2）负责定制初始类库和各软件的种子文件。

3）数字化交付项目管理。

4）制定数字化交付总体计划。

5）制定交付内容以及针对交付内容的各项交付标准和具体交付要求。

6）数字化交付过程中针对各承包商提出的问题，负责与建设单位及相关单位进行沟通。

7）将交付的三维模型导入到数字化交付平台，并进行后期的优化处理。

8）将交付的文档关联到工厂对象上。

9）负责工程建设期模型、数据、图档的接收确认工作。

10）负责交付平台的部署、配置工作。

11）对导入到数字化交付平台中的所有信息进行整合和校验。

12）生成质量校验报告并及时通知各承包商。

13）将完整的数字化交付平台交付给建设单位。

14）组织对参建各方的培训工作。

15）配合建设单位完成数字化交付成果的验收。

2.3 EPC承包商工作范围

1）根据项目实际情况及建设单位对数字化交付内容和标准的各项要求，制定数字化交付策略和计划，完善装置命名规定，制定本项目交付清单。

2）负责承包范围内所交付数据内容和格式等满足交付规定中的要求。

3）负责承包范围内装置的数字化设计。

4）保证所移交信息的准确性、完整性和一致性，所有信息以竣工版为准，交付内容包括文件、模型和数据及关联关系。

5）负责承包范围内工厂对象设计、采购、施工信息在工具软件和元数据表中的数据录入，负责数字化交付范围内所有文件的数字化交付。

6）负责对承包范围内设计、施工分包商及供货商提出数字化交付的相关要求。

7）配合建设单位及数字化交付总体院进行里程碑审查和最终验收审查。

2.4 设计、施工承包商及供货商工作范围

1）设计承包商分工参照EPC承包商E部分执行。

2）施工承包商分工参照EPC承包商C部分执行。

3）供货商应按照建设单位及EPC承包商针对采购物资的相关交付要求完成交付工作。

3 数字化交付的过程及标准规定

3.1 一般交付过程

数字化交付一般过程(图12-2)如下：

总体院对承包商的交付提出详细的要求和规定，并提交给建设单位，由建设单位发布给承包商执行。

承包商按照数字化交付的要求和规定进行数字化工程设计和成品交付。

总体院将承包商交付的数据、文档和模型导入数字化交付平台，并进行校验和整合。

总体院将整合后的数字化交付平台交付给建设单位。

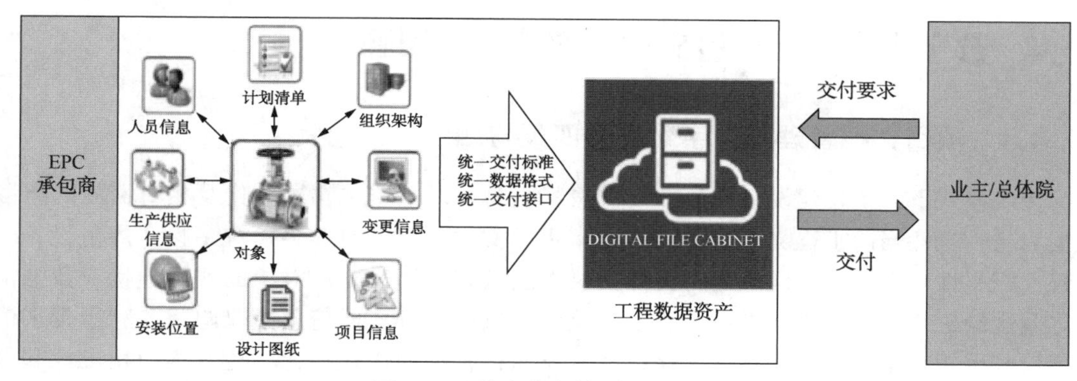

图 12-2 数字化交付原理及过程

3.2 数字化交付标准规定

数字化交付标准规定一般有以下内容：

数字化交付策略：明确数字化交付项目的总体策略，作为编制后续标准规定的基础和指导原则。

数字化交付总体执行计划：包括项目的建设目标、组织机构、工作范围、工作流程、交付内容等总体要求，用来指导本项目的具体实施工作。

工厂对象分类及属性移交规范：定义工厂对象的类、属性、项目文档类型以及类、属性、文档、计量单位间的关联关系的信息集合。保证不同承包商、不同系统间信息一致，提供了统一的信息交换基础。

项目文档编码规定：定义工程项目中文档的编码编制规则。

设备编码和命名规范：定义设备、管道、特殊件、仪表、电气和建(构)筑物的编码规则。

三维模型设计内容及建模规定：统一定义三维模型的内容和深度，明确各承包商在三维模型设计和交付时所应达到的标准。

智能 P&ID 设计内容及应用规定：统一定义智能 P&ID 的内容和深度，明确各承包商在智能 P&ID 设计和交付时所应达到的标准。

项目文档交付内容规定：统一定义交付文档的内容及格式要求。

供应商数字化交付规定：明确 EPC 承包商及供应商开展数字化交付工作的管理标准和要求。

项目采购信息交付内容规定：统一采购交付物的范围、内容和标准。

项目施工信息交付内容规定：统一施工交付物的范围、内容和标准。

项目数据交付管理程序：规定交付的模型、数据和文档的总体要求，定义数据交付模板。

项目数字化交付管理规定：规定了数字化交付物的交付及管理流程和要求。

数字化交付质量审核方案：明确数字化交付质量管理规定和数字化交付物的审核、反馈工作流程和详细要求。

数字化交付验收方案：规定数字化交付项目完工验收的工作内容和执行流程。

4 数字化交付对项目文档管理产生的影响

4.1 项目文档管理与数字化交付匹配与融合

传统模式下，工程建设参与各方交付内容主要是以纸质化、离散化及相对滞后的离散数据为主，虽然当前工程文档管理已经非常重视文件交付的真实性、统一性、规范性、时效性、完整性和系统性，但单纯的文件交付无法做到与真实工厂对象的实际连接，数据信息之间也缺乏相应的关联，给项目建设以及后期生产运行数据信息提取调用及利用带来诸多不便和困扰，不利于工程管理优化以及生产运行管理的优化执行。随着集约化设计和数字化交付的普及，工程项目文档管理必将与数字化交付以及与其相应的文档管理相匹配与融合，逐步脱离纸质文件、离散文件的交付和管理模式，以数据驱动替代文档驱动；以相关联的工程实体数据为核心替代零散、孤立的文档为核心；变逆向工程实施为正向数字化工厂建设。将全生命周期文档管理理念与数字工厂全生命周期管理结合起来，才能真正发挥出工程文档、工程信息、工程数据的巨大生命力。

4.2 数字化交付模式下的工程文档管理特点

针对流程工业尤其是石化行业工程项目的复杂性，参与界面多、设计专业多、工程耗时长的特点，文档一体化管理模式下的文档管理虽然已经解决了传统文件管理中诸多问题，如文件的真实性、统一性、规范性、时效性、完整性及系统性，但数字化工厂、智能工厂还需要交付和储存的文件信息数据化，以及多专业、多界面间的标准化、集成化、协同化和智能化。

4.2.1 管理内容

非数字化文档管理模式管理内容为纸质文件或电子文件，数字化模式下不仅需要管理文件还需要管理数据和模型以及几者之间的关联关系。

4.2.2 管理方式

非数字化文档管理模式下，管理过程中需要手工重复输入管理信息，或者无法从根本上避免信息的重复多次录入，而数字化模式能够实现信息共享；数字化交付平台及新型文档管理平台能够实现不同软件间的数据自动传递。

非数字化文档模式下，文档是分散管理，版本更新不易控制；数字化模式能够实现文档集中管理，数据实时同步更新。

4.2.3 管理人员

以文档交付为前提的非数字化模式中，文档管理人员主要需具备文件、档案管理的业务素养，并对工程管理有初步了解，而数字化交付模式下，文档管理人员还需要具有数据管理、信息管理以及工程设计、采购、施工等工程方面较为深入的知识储备。

4.2.4 资源配置

非数字化模式资源消耗大，需要大量纸张、档案盒、档案柜，场地要求高；而数字化交付下的管理模式更加节能、安全、环保。

4.2.5 管理效果

非数字化模式下文件信息无法发挥出其真正的力量，数字化模式下，以工厂对象为核心的数据、文档和模型形成了相互关联的数据信息网，可以使其在整个工厂建设期和运行过程中发挥出强大生命力。

4.3 数字化交付对新型文档管理人员的要求

数字化交付过程中，数字化交付接收方可以运用信息技术手段以及基于数字化交付平台的二次开发程序，通过数字化交付标准对工厂对象、文件编号等的规范以及设计、采购、施工各方对种子文件中引用表格的填写和完善，实现所有电子文档、数据以及三维模型的自动抓取和上传，能够有效降低文档管理人员的重复工作，提升工作质量、优化工作流程，但是对文档管理人员的能力以及其对文档管理的认识有着新的要求。

数字化交付过程中，文档管理人员的工作对象范围从传统的纸质文件、电子文档、电子签名延伸到项目全生命周期所有数据信息，如设计三维模型、设计数据、施工过程电子数据、供应商三维模型及数据等。

数字化交付过程中，文档管理人员要逐步从归档者或接收者向信息数据的发布者和传递者转变，真正实现数据信息由逆向传递转变为正向传递。

数字化交付过程中，文档管理人员要成为数字化交付团队中的一员，担当起数字化交付的职责，充分利用和适应数字化交付平台，根据不同项目的特点以及自身角色(承包商或建设单位/总体院)特点，按照数字化交付管理规范的分工要求，针对数字化交付的难点和特点，对交付信息的完整性、准确性和一致性进行审查与管理，真正实现向数字化文档管理人员的转变。

参考文献

[1] 发电工程数据移交 GB/T 32575—2016
[2] 石油化工工程数字化交付标准 GB/T 51296—2018

第13章 项目电子文档管理实务

随着信息技术的深入应用，建设工程项目各参建单位在全项目实施过程中将产生大量的电子文件，电子文件的管理同传统纸质文件管理一样，在文件管理双轨制模式下，是各参建单位项目文档管理工作的重要内容及对象。建设工程项目电子文件是指工程项目在建设过程中通过计算机等电子设备产生的文字、图表、图像、音频、视频等不同形式的信息记录。以下我们从项目电子文件全生命周期管理以及信息安全风险控制等层面，进行详细阐述。

1 管理原则

电子文件相比起纸质文件，在工作效率的提高、长期保存以及共享利用等方面表现出了巨大优势，是时代发展的必然产物。当前文件管理模式为双轨制，或称为双套制管理，随着当今社会信息化的不断深入，电子文件单套制必将成为将来社会文件信息管理的发展趋势。在当前双轨制管理模式下，各参建单位为确保项目文档管理的目标，其电子文件管理原则为：

1）保证工程项目电子文件的质量，确保其内容的真实性、统一性、规范性、完整性、时效性，以及其信息的易用性和安全性；同时还应注重其外在质量，即载体质量的管控。

电子文件的质量不仅决定了电子文件是否能履行其现实使命，还是其归档后具有凭证作用必须满足的条件。电子文件的质量除了应与硬拷贝文件一样，具有内容上的真实性、统一性、规范性、完整性和时效性外，由于电子文件自身的形成特点，还必须具备易用性和安全性。

易用性，电子文件对系统的依赖性对其易用性提出了要求，即电子文件应保证其在后续使用中易于读取使用，这就要求我们在对其预归档和归档时应格外注重其阅读软件环境、系统的归档，以确保其易用性。

安全性，电子文件载体与信息的分离性，使得电子文件在共享利用中可能造成电子文件的易逝性，即容易在载体完好的情况下，出现内容信息的损坏及删除；同时还容易发生信息泄露，故电子文件的安全性是其在保管和利用过程中应关注的重点问题。

正是由于电子文件形成的特点，即载体和信息既可分离，同时又相互依赖，故我们在确保电子文件质量的时候，还应关注其载体的质量，不仅应妥善选择载体的保存环境，还应确保载体不被病毒感染，外在质量的保证也确保了内在质量的实现。

2）项目电子文件更应注重文档一体化管理，对其从产生到归档利用或销毁的全生命周期进行全过程管理。

为了确保电子文件的质量，我们必须对其实施科学管控。总的来说，就是要对电子文件实施全流程的管理，即从前端控制至后续管理的全流程管理。尤其是前端控制，除了与硬拷贝文件一样，应做好工程项目初期文件管理的各项规划，如电子文件编制必须符合项目管理需要，以及公司归档的要求等；同时，针对电子文件管理系统，在其设计中融入电子文件质量和全流程控制理念，也是体现对电子文件前端控制的重要环节；在项目实施过程中，除了与硬拷贝文件一样，做好各项控制管理工作，还应从电子文件的特殊性出发，做好电子文件质量的把关，如项目文件在查验时，对电子文件易用性、安全性以及载体可靠性进行把关等，同时避免文件管理与档案管理流程和环节上的重复，优化管理流程，将过去线型管理流程优化为并行的流程，提高管理效率和质量，如在文件预归档时的整理工作中纳入正式归档后的整理要求等。

到了后续管理阶段，电子文件除了应在正式归档及档案管理中注重文件本身在产生、流转过程中的各种特点，还要做好电子文件元数据的收集、电子文件质量的鉴定，以及其他管理流程中电子化特点的把控，如保管过程中电子文件特殊的存放环境，如开发利用过程中电子文件的灵活性及由此带来的安全风险的防控等。

3）发挥电子文件信息存储的优势，为工程项目电子文件提供高效、便捷的共享利用。

电子文件信息与载体之间的可分离性、信息存储的高密度性等特点，改变了传统硬拷贝文件利用的诸多局限性，使得其信息利用具有多样性、便于传输性、开放性、经济环保性等多种优势，为信息共享利用开辟了新的天地，因此我们应有效地利用这一特点，在电子信息时代，让文件、档案发挥出其应有的生命力。

2　管理职责

各参建单位应确保项目电子文件在全生命周期过程中的有效管理，针对项目电子文件的管理职责一般如下。

2.1　建设单位项目文档控制管理中心（DMCC）

负责制定全项目电子文档管理办法，包含电子文件命名方法、日常电子文件传递方法、电子文件交付方式、交付电子文件的组织整理方式等，包含建设单位内部电子文件及电子档案的管理办法。

2.2　各参建单位项目文档控制中心

负责在全项目电子文件管理办法之下，制定参建单位内部项目电子文件管理办法，按照制定的办法对项目组内部的电子文件进行接收、查验、发布、发送、预归档、交付、归档及提供利用。

2.3　电子文件形成人员

对形成的电子文件的真实性、统一性、规范性、完整性、时效性、易用性和安全性负责，保证硬拷贝文件和电子文件在内容上的一致。

2.4　IT 部门

负责对电子文档管理平台/系统进行技术支持及日常维护，负责项目组电子文件应用软件程序的技术支持、维护，及电子文件安全性的技术保障。

3 电子文件格式及要求

工程项目电子文件是文件形成人员在建设项目执行过程中为了工作需要和目的，借助于一定的软硬件工具生成的电子文件。电子文件产生的工具，一般包括计算机、数码相机、扫描仪等硬件工具，还包括文字处理软件、绘图软件、图像处理软件等软件工具。根据其产生的不同途径，电子文件一般包括直接在数字技术环境中产生的电子文件以及经过扫描、转换等数字化加工产生的电子文件。工程项目电子文件的格式应符合国家标准或能够转换成国家标准要求的文件格式，以便于信息共享和长期保存。

3.1 电子文件类型

3.1.1 文本(表格)文件

文本(表格)文件是指文字处理软件生成的，由字、词、数字或符号表达的文件，常用的文件格式为 WPS、DOC、XLS、PDF、TXT 等，这里的文本文件区别于 TXT 纯文本文件格式。

(1) 源文件(可编辑版)：

1) 传统的源文件不带签字签章，但使用电子签章技术后，可以在源文件中直接进行电子签章。

2) 这里说的源文件，即可编辑版文件，包含项目实施过程中正式发布的各类项目文件，比如项目管理文件、项目往来通讯文件、项目设计成品文件以及各类临时记录、非正式草稿类文件。其中除正式发布的项目文件外，其他文件无须归档。

3) 可编辑文件的格式主要包含：纯文本文件(*. txt)及办公软件(Microsoft Office 系列软件)产生的各类文件格式等。

(2) PDF 文件：

1) 本文中的 PDF 文件是由文件起草人/DCC 扫描签字版硬拷贝文件形成的项目正式文件，是项目归档文件的重要组成，也是交付建设单位电子文件的主要版本，更是通常情况下提供项目人员共享利用的版本。使用电子签章技术，可在直接转换的 PDF 版本中使用电子签章，无须签字后扫描生成 PDF 文件。

2) 硬拷贝扫描文件的格式首选 PDF 格式。扫描文件的分辨率不小于 300dpi。

3.1.2 图形图像文件

1) 图形文件是项目中采用计算机辅助设计或绘图获得的静态图形文件，建设项目设计图纸均为图形文件，该类文件具有设备依赖性、易修改性等问题，一般情况下其归档文件不可作为凭证，但可在后续设计工作中复用此类文件。

2) 图像文件主要指由数码相机拍摄，反映项目重要活动、施工过程重要节点及重要部位等的静态图像记录。属于项目文件的归档范围。

3) 图像文件应具备主题鲜明、影像清晰、画面完整、未加修饰剪裁等特点。

4) 图像文件首选 JPEG 格式。

3.1.3 多媒体文件

多媒体文件包含音频、视频及虚拟现实/3D 图像文件等。

其运用图、文、声、像等形式记录事务或事件全貌，更加真实生动地展现当时的情景，在项目中多用于对项目重要活动(如：工程开工、领导视察、大件吊装等)的记录。多媒体文件依据项目需要进行归档，其常用格式见本章 3.2“电子文件归档格式”表 13-1。

3.1.4 数据文件

数据文件包括数据库文件、地理信息数据文件、由上述文件衍生出的相关文件以及辅助设计软件生成的计算书等，视需要归档。其常用格式见本章 3.2“电子文件归档格式”表 13-1。

3.2 电子文件归档格式(表 13-1)

表 13-1 工程电子文件归档格式表(GB/T 50328)

文件类别	格　　式
文本(表格)文件	OFD、DOC、DOCX、XLS、XLSX、PDF/A、XML、TXT、RTF
图像文件	JPEG、TIFF
图形文件	DWG、PDF/A、SVG
视频文件	AVS、AVI、MPEG2、MPEG4
音频文件	AVS、WAV、ATF、MID、MP3
数据库文件	SOL、DDL、DBF、MDB、ORA
虚拟现实/3D 图像文件	WRL、3DS、VRML、X3D、IFC、RVT、DGN
地理信息数据文件	DXF、SHP、SDB

注：项目正式交付文件及归档文件一般为 PDF 或 PDF/A 格式。

3.3 电子文件质量要求

前文已经详细讲述了工程项目电子文件除了应遵循硬拷贝文件的真实性、统一性、规范性、完整性、时效性外，其电子文件的特性还需要其具备易用性和安全性。除此之外，还应注意：

1）电子文件应包含元数据，保证文件的完整性和有效性。

2）电子文件所载内容应真实可靠、文件应签章齐全，如采用电子签章，应确保签章的合法性。

3）电子文件内容应与相对应的纸质文件一致，组卷、整理与排序也应与纸质文件一致。

4）一个文件编号应对应一个电子文件，避免多个编号的文件或多张图纸放在一个电子文件中。

5）如是扫描生成的文件，应注意扫描文件的分辨率大于 300dpi，同时应注意扫描文件图面不可歪斜。

6）视频电子文件宜采用200万以上像素拍摄(建议500万以上像素)。

7）CAD文件应注意字库的规范，避免因字库原因造成的文件乱码和文字缺失。

8）所有电子文件应保证文件/图纸正向放置，避免文件方向颠倒。

4 管理方式

这里所说的管理方式，主要为项目电子文件从产生到归档利用或销毁的全生命周期管理的具体管理办法。

4.1 电子文件管理

4.1.1 电子文件的产生

根据产生的不同途径，电子文件一般包括直接在数字技术环境中产生的电子文件以及经过扫描、转换等数字化加工产生的电子文件，建设项目中产生的电子文件格式在本章3“电子文件格式与要求”中已进行具体介绍。

(1) 电子文件编制　电子文件的编制首先应该遵从硬拷贝文件编制的各项要求，如所使用的模板格式必须符合工程项目统一规范和要求，文件编码应按照项目文件编码规定执行；正式归档的电子文件应签章齐全，故其签署签章应遵守项目相关规定、要求，以保证归档文件的真实性；同时电子文件还要遵循项目文件版本版次的管理规定等。除此之外，由于电子文件的特性，我们还应特别注意在使用电子文件编制软件时，应采用项目统一要求的软件版本，避免因使用不同版本软件而造成的文件不兼容等问题；同时还应避免在本章3“电子文件格式与要求”中提及的电子文件质量的相关问题，以保证电子文件符合项目交付和公司归档的要求。

(2) 电子文件的命名　如前文所述，电子文件类型包括文字处理软件生成的文本文件、绘图软件生成的图形文件，以及图像处理软件生成的图像文件等。为便于电子文件日后的保管和利用，应对建设项目电子文件制定较为固定的命名方式，便于识别和查找。这里的电子文件命名方式区别于项目文件编码，是在项目文件编码的基础上添加了文件的其他要素形成的，一般建设项目电子文件命名，包括项目号(如文件编码中已包含，则无须重复)、文件编码、版本号以及文件名称(文件描述)，为了便于查看，我们在这几个要素间会增加“空格”或“-”，为保持一致，应对空格的个数和具体符号名称加以说明。

1）项目建设过程中产生的文件：

a. 需归档的项目文本(表格)文件、图形文件。

需归档的项目文本(表格)文件及图形文件，含直接在工程设计、采购、施工和各项管理工作中生成的可编辑文件及由可编辑文件转化而来的PDF文件或扫描生成的PDF文件，其电子文件名应为文件编号加上文件描述，为了方便辨别文件版本，还应加上版本号，即此类文件的电子文件名应包含：项目号(如文件编码中已包含，则无须重复)、文件编码、版次、文件名称，要素间应由空格或“-”连接。其中，文件编码和文件名称应与硬拷贝文件保持一致。对于部分执行双编码的项目，交付建设单位的电子文件名需根据项目的实际情况按照建设单位要求的编码方式命名。往来通讯类文件(如传真、会议纪要等)由于没有版本号，其命名中则不需包含版本号。

b. 图像文件、音频文件、多媒体文件。

以上文件若为其他文件一部分或附属文件的，其电子文件名是在主文件编码后增加附件号，附件号用A、B、C……表示，如××××××. A。图像、音频、多媒体文件如不是其他文件的一部分或附属文件，其命名方式可使用项目号加文件类别号(如可用P表示图像、Y代表音频、M代表多媒体)、日期(8位数字，如：20120405)及流水号编制，并在其后添加对应硬拷贝文件的编码(如有)，例如：2021年9月22日召开的某项目开工会会议纪要编号为XXX-YYY-ZZZ-MOM-0001(其中：XXX为项目号，YYY为会议纪要起草方代码，ZZZ为参会方代码，MOM为会议纪要文件类型代码，0001为该会议纪要流水号)，则该开工会照片文件命名方式为XXX-P-20210922-0001(XXX-YYY-ZZZ-MOM-0001)。如没有相对应的硬拷贝文件，则无须添加。

2) 项目交工技术文件。交工技术文件的电子文件命名方式一般有两种，一是按照硬拷贝图号或文件编码命名；二是按照“卷内目录”的序号命名。一般情况下，用第一种情况命名的方式较为常见。各项目需根据自己的实际情况及建设单位要求，选定一种命名方式。但不管采用哪种方式，均要求一文一名，即每一个电子文件/图纸对应一个文件编号或图号。

4.1.2 电子文件的收集与查验

(1) 电子文件收集范围　工程项目从立项审批、招投标、勘察、设计、采购、施工、监理到竣工验收全过程中形成的文字、图表、照片、录像、录音等的电子版文件均应进行收集，只是不同角色收集的范围有所不同。也就是说项目电子文件的收集范围同传统硬拷贝文件一致，这是目前双轨制下的要求。但随着电子化程度及电子化安全程度的加强，在目前实际工作中，电子版文件的归档范围已经逐渐大于硬拷贝文件。电子化的办公环境，促使一般的文件现在都先有电子文件，再将电子文件打印生成硬拷贝文件，在工程行业，除了纸质图纸更方便查看的需求外，打印纸质文件主要是为了在文件上留下签名印章，而添加了签名和印章的硬拷贝文件，还需要扫描成电子文件进行保存和使用。目前有些使用电子签章生成的电子文件，硬拷贝文件就失去了存在的必要性，故在很多公司已经不再对电子文件打印生成硬拷贝文件进行归档。

(2) 电子文件的收集内容　电子文件除了应收集与硬拷贝一致的文件本身外，还应收集其支持软件。电子文件具有软硬件依赖性，对于采用专有格式编制的电子文件，应归档电子文件的支持软件及与软件相关的文档资料。

除了文件本身、软件及与软件相关的文档外，还应该收集其元数据。所谓元数据即电子文件在形成过程中的重要数据，如作者、标题、时间、存储格式、编号、类别、储存位置等，应该予以实时捕获、集中管理。

(3) 电子文件收集与查验办法　在电子文件的收集与查验中，应该重视其与硬拷贝文件信息储存方式不同所带来的差异，也就是我们不仅要鉴定、查验其内容信息的真实、统一、规范、完整和时效性，还应注重其文件载体性能的检测。

1) 项目建设过程中，各角色内部产生的文件。项目建设过程中，各角色内部产生的文件应由其DCC收集硬拷贝文件的同时，收集电子文件。DCC按照相关公司标准或项目程序文件对收集电子文件进行查验，对于电子文件的查验方法除了应按照硬拷贝文件的查验要素进行查验外(硬拷贝文件的查验方法详见：方法篇第10章1.3“文件查验”及2.1“收集”相关内容)，还应重点查验电子文件的易用性和安全性及其载体的质量，以确保今后电子文件的利用效果。

2）项目建设过程中，各外部角色产生文件。项目实施过程中需要提交的用于审查、沟通、交付的所有文件在提供指定数量硬拷贝文件的同时，均需要按要求向建设单位或EPC承包商提供电子版文件。所有需要提交的电子文件的命名方式、格式、交付方式均需要按照建设项目/EPC承包商相关规定执行。建设单位/EPC承包商DCC按照项目相关要求查验电子文件，同时还应确保交付电子文件的易用性和安全性，及载体的质量。

3）项目交工技术文件。交工技术电子文件目前主要以纸质版形式收集整理后，通过扫描的方式形成，电子文件与纸质文件需一一对应。交工技术文件电子版查验方法也同于硬拷贝文件的要求，其命名方式应按前文的要求进行命名，DCC还应该确保电子文件的清晰度，以保证后续利用。但随着信息化水平的发展，电子签章技术的逐步应用，相信很快交工技术文件电子版将在日常工作中直接形成并收集。

4.1.3 电子文件的发布与发送

严格来讲，项目正式文件的发布是指电子文件的发布，传统硬拷贝文件是不存在发布这个概念的。所谓发布前文明确讲过，就是宣布项目正式文件在项目的合法性，以保证项目各角色各部门对文件正确版本的使用。具体做法是DCC收集的项目电子文件，无论内部文件还是外部文件，经DCC查验后，均应上传到项目电子文档管理平台受控文件夹，作为项目正式文件供全项目执行和使用，这个过程就是电子文件的发布。发布文件时还应依据项目各角色和各岗位的职责，设定好发布文件的使用权限，以保证文件在高效共享的同时，兼顾其安全性，这部分内容将在本章5“管理平台”详细介绍。

DCC还应根据“文件分发矩阵”、文件编制人员填写的“文件发布申请单”或项目经理其他文字性批示依据，对收集的项目电子文件进行正式对内对外发送。原则上项目组所有需要对内对外发送的文件均需发送电子文件，如没有项目电子文档管理平台，无法自动生成发送清单，还应在对外发送文件(传真、会议纪要除外)时附上“文件传送单”；对内发送文件时，加附“内部文件分发单”，在分发单中，应注明发送文件的形式，一般用“E”代表电子文件，用“H”代表硬拷贝文件，还应同时保留发送记录或签收凭证，以确保对方收到文件。也可以设定和保留邮件发送回执确保电子文件的发送。上述作业文件的模板参见第11章“作业文件和作业表格”。

4.1.4 电子文件的预归档管理

与硬拷贝文件一样，项目正式文件的电子版经DCC完成上述工作后，也需要在DCC处预归档，直至正式归档。

(1) 电子文件的分类和存储　项目电子文件的分类与项目主档案室中硬拷贝文件的分类一致，原则上按项目阶段、装置/系统单元、文件类型、专业等进行分类存储，当然如果有些文件是各装置通用的文件，也可以先按照文件类型进行分类。具体分类方式在本章5“项目文件目录结构的创建”中将做详细介绍。在项目实施过程中，预归档的电子文件除应存储于电子文档管理平台受控文件夹，还应做好备份，如保存在DCC电脑本地盘中或其他硬盘中，备份文件的结构目录与电子文档管理平台中结构目录树保持一致。

（2）电子文件的台账管理　预归档的项目电子文件也应建立相应台账，但由于其与硬拷贝文件信息基本一致，无须单独建立台账，一般情况下我们可以通过项目电子文档管理平台自动生成相应台账。台账作为项目运行过程中所产生的各类文件清单，应清晰标注管理文件、通讯文件、设计文件、采购文件、施工文件等各类文件的文件编码、版本、名称、发送/接收时间、发送/接收范围、份数、传送单编号、发布原因，发送人等，还需在特定的栏目中，如发送栏，注明发送形式"E"(电子版)或"H"(硬拷贝)，以及相关联文件之间的关联关系等信息/属性。

（3）电子文件的共享利用　建设工程项目因多角色多专业参与其中、相互配合工作的特点，故要求项目电子文件信息在项目执行过程中高速共享，供项目组内或全项目范围相关人员执行、使用，如设计人员查阅设计依据文件、费用控制人员查阅结算所需文件、项目参建单位查阅建设单位发布的各项程序及规定等。项目电子文件的利用主要采取电子文档管理平台文件信息依据权限共享的方式，电子文档管理平台受控文件夹内的文件是项目统一发布的供全项目查阅使用的正式文件，原则上提供查阅和利用的电子文件为带签字的PDF版，项目各角色及岗位依据不同职责，分配不同的利用权限。一般情况下，利用权限为仅查看、可下载等。项目成员依据各自的权限，利用权限范围内的文件，具体权限分配及权限设置的方法等详见本章5"管理平台"。另外，如果项目没有电子文档管理平台时，也可采用其他方式提供项目文件的共享利用，具体方法详见本章5"管理平台"。

4.1.5　电子文件的交付

电子文件的交付按照项目合同执行，交付格式形式、交付时间、交付方式等应在合同中明确规定。一般情况下交付的电子文件应为带签字的PDF文件，交付时间应晚于硬拷贝文件，以便未采用电子签章的参建单位有时间对硬拷贝文件进行扫描处理。交付形式一般为U盘、光盘或硬盘的方式。其他交付要求与硬拷贝文件一致。

4.1.6　电子文件的归档

应按照各公司档案管理部门制定的归档范围对项目具有保存价值的电子文件进行归档，一般情况下电子文件的归档范围同硬拷贝文件一致，但随着电子化应用的深化，部分电子文件的归档范围已大于硬拷贝文件。在项目电子文档管理平台中，应设置好一键归档的功能，项目/项目阶段性结束后，确保需归档的项目电子文件妥善、便捷地进行归档，如没有电子文档管理平台，则采用硬盘或光盘的形式进行正式归档。

4.2　电子档案管理

项目电子文件归档后形成电子档案。电子档案管理同纸质档案管理一样，包括收集、鉴定、整理、保管、统计、利用六大环节。项目电子档案的管理应符合《电子文件归档与电子档案管理规范》GB/T 18894、《建设项目电子文件归档和电子档案管理暂行办法》档发[2016]11号、《数码照片归档与管理规范》DA/T 50等标准。

在项目建设过程中，不同角色的参建单位会形成不同类型的档案，如建设单位，其形成种类为：文书(公文、人事、合同等)、科技(产品、基建、设备仪器)、专门(会计、审计等)档案，针对 EPC 承包商及其他参建单位，则主要是科技类档案。

电子档案的管理方式应充分考虑其特殊性，但也应与纸质档案在总体管理思路和管理流程上保持一致。

4.2.1 收集

各单位档案管理部门应确定项目电子档案的归档范围、归档时间，以及其他各项归档要求，由相关责任单位、本单位相关责任部门或人员及时收集并进行归档。

(1) 归档范围　各单位应根据纸质档案的归档范围，结合项目实际情况确定项目电子档案的归档范围，同时可根据电子档案的利用价值适当放宽其归档范围。在归档电子档案的同时归档其支持软件及元数据。

(2) 归档时间　原则上，应要求项目电子档案与纸质档案同时进行归档，特殊情况下，电子档案可略晚于纸质档案。

(3) 归档要求　项目电子档案在形成过程中，应确保其真实性，项目电子档案的形成单位/部门或项目 DCC 在项目电子文件办理完毕后，应按照归档范围和要求及时收集，并按照档案分类方案进行整理，对电子文件就其内容是否真实、完整，格式是否符合要求，文件是否为终版文件等进行检查后按照档案管理部门制定的归档时间进行归档，通过纸质文件数字化的电子文件应符合《纸质档案数字化规范》DA/T 31 的要求。

归档时，电子文件一般采用在线归档或离线归档方式，电子文件形成单位/部门或项目 DCC 以及档案管理部门，可基于业务系统或电子档案管理系统完成电子文件及其元数据的归档，或将电子文件拷贝在耐性较好的存储介质上，如光盘、磁盘、硬磁盘等，然后对存储介质进行归档保存，光盘存储应符合《档案级可录类光盘 CD-R、DVD-R、DVD+R 技术要求和应用规范》DA/T 38。归档时，电子档案应同纸质档案归档一样，档案管理部门对其进行一次鉴定，鉴定内容主要包括其是否属于归档范围，是否符合归档文件质量要求(主要针对电子文件的真实性、完整性、统一性、规范性、时效性和易用性、安全性等方面)，以及其保管期限的确认，鉴定完毕的电子档案应办理归档手续。

4.2.2 整理

上文提到，项目电子文件的形成单位/部门或项目 DCC 应按照档案分类方案对电子文件进行整理，项目电子文件归档后，在档案管理系统中应建立相应的文件结构目录，如按照年份、项目名称、装置、主项、专业、案卷等进行设置。对电子档案编制档号，档号编制规则可参考《档号编制规则》DA/T 13。

在收集环节中我们提到，电子文件归档分为在线归档和离线归档两种方式，离线存储的电子档案，应按照纸质文件分类、排列等整理方式进行整理。

4.2.3 鉴定

同纸质档案一样，项目电子档案的鉴定工作包括一次鉴定及二次鉴定。电子档案的鉴定程序与纸质档案基本相同，根据电子档案的特性，仅在二次鉴定后对电子档案的处理有别于纸质档案。

(1) 一次鉴定　前文已经讲过，在电子文件归档时，就应该对电子档案进行一次鉴定，鉴定内容主要包括其是否属于归档范围，以及对归档文件质量、保管期限的确认，一般其保管期限与纸质档案一致。

（2）二次鉴定 二次鉴定在项目电子档案保管期满后开展，其鉴定程序与纸质档案一致，经鉴定小组审核批准后，确定继续保管或进行销毁。继续保管的应重新确定其保管期限；确定销毁的电子档案应从在线存储及异地备份设备/系统中彻底删除，电子档案管理系统应对其进行记录，电子档案离线存储的，其介质应实施破坏性销毁。

4.2.4 保管

档案管理部门需对在线存储和离线存储的项目电子档案进行保管，对电子档案及其元数据进行安全存储。各公司应配备符合规定的计算机机房、硬件设备、信息系统和网络设置，来配合档案管理部门实现对电子档案的有效管理。

档案管理部门需对保存的项目电子档案定期进行检查，包括人工抽检和机读检测。对离线保存的电子档案，应根据不同存储媒体的寿命进行人工抽检，对系统中运转的在线数据，应定期进行机读检测。检查过程中发现问题应及时采取补救措施。

电子档案存储介质媒体，应符合以下规定：单片、单个存储介质媒体应装在盒、盘等包装中，包装应清洁无尘，并竖立存放，避免挤压；存放地点应做到防盗、防水、防火、防潮、防尘、防鼠、防虫、防高温、防强光、防泄密、防外来磁场、防机械振动和防有害气体。离线存储的电子档案，按移动硬盘、U 盘、光盘、磁盘等顺序优先选择载体。

同时应该对电子档案及其元数据、电子档案管理系统及其配置数据、日志数据等进行备份管理。

4.2.5 统计

按照各公司实际需要，对各类项目电子档案的情况进行统计。如按照项目、装置/系统单元、专业、图幅等要素，对电子档案的数量进行统计等。按照借阅、下载等要素，对电子档案的利用情况进行统计等。如果有电子档案管理系统，可借助电子档案管理系统完成各项统计；如果没有电子档案系统则借助电子档案清单或台账进行统计。

4.2.6 利用

为充分实现对工程项目电子档案的管理，并充分发挥电子档案的利用价值，各单位宜建立项目电子档案管理系统，电子档案管理系统的搭建要充分考虑各单位实际情况，可参考《电子文件管理系统建设指南》GB/T 31914，有关建立电子档案管理系统的详细情况将在本章 5“管理平台”进行介绍。电子档案的利用应建立相应的程序及审批手续，经审批授权后方可进行借阅、下载。

4.2.7 转换与迁移

工程项目电子档案的转换与迁移与各单位其他档案转换与迁移一样，应在确保电子档案真实、完整、可用和安全的基础上进行，具体可参照《电子文件归档与电子档案管理规范》GB/T 18894 及《信息和文献 · 数字记录转换和迁移过程》ISO 13008—2012 等标准执行。

5 管理平台

为保证项目电子文件的有效管理，尤其是保证信息资源共享及项目文件的安全管理，现在普遍采用搭建项目电子文档管理平台来进行管理。项目电子文档管理平台一般采取项目电子文档管理系统或使用公用盘的方式进行搭建。电子文档管理系统可以更有效地对文件的全生命周期进行控制，信息化技术手段使得管理安全、联动高效，从而大大保证了信息安全，同时节约管理环节的人力成本。但这种方式需要前期的资金投入，同时信息在输入等环节也需要一定的时间和人力投入，这种方式一般适用于大型工程项目；而公用盘一般仅可实现项目内的信息共享，很难在共享的同时兼顾安全管理，同时后期管理中需耗费大量人力，如文件元数据的收集、文件发布发送、整理预归档等环节，但这种方式不需要大量资金投入，而且操作简单快捷，易于实现，适合短、频、快的小型项目。

按照文档一体化，即文件全生命周期的管理理念，电子文件和档案管理应在同一平台内建立起全流程的管理模式，但目前市场上项目文档管理和公司档案管理往往采用不同的平台进行管理，平台间建立接口，以保证数据信息的迁移和调用。下面我们就这两套平台分别进行介绍。

5.1 项目电子文档管理平台

5.1.1 项目电子文档管理系统

针对大型工程项目，项目过程中形成的各类纸质文件和电子文件种类繁多、数量庞大，加上项目建设周期长，角色众多，如管理不当，文件就会混乱不堪，甚至得不到完整收集。尤其是电子文件，由于其易逝性等特点，如没有有效手段进行收集，则更加难以管理。因此，项目电子文件信息化管理就成为了必要的管理手段。

电子文档管理系统是建立在现代信息技术的普遍应用基础上，利用数字化手段，以高度有序的数据信息资源为处理核心，通过高速宽带通信网络设施相连接和提供利用，实现资源共享的数字信息系统。工程项目文档管理系统一般是对建设工程项目过程中产生的文件按照文件全生命周期管理流程为线索，对各种类型的预归档文件进行有效组织、管理、利用，最终实现文档数据的价值。

具体说来可实现对各类项目电子文档的如下管控：

- 工程项目文件全生命周期管理及文件规范化、统一化管理。
- 对海量文件实现多版本的版次化管理，保证项目组成员使用的文件版本为有效版本。
- 满足项目电子文档的集中管理、异地存储、实时共享和查询。
- 在满足共享利用的同时，实现电子文件权限管理，保证文件安全保密性。
- 实现电子文档按计划收发、交付，并保留文件的流转记录，对其进行跟踪管理。

（1）项目文件结构目录的创建　项目组依据项目合同、任务单、任命表等文件向电子文档管理平台的管理部门提供项目基本信息（一般包括项目号、项目名称、项目类型、阶段、项目经理、文档控制工程师等）。电子文档管理平台管理部门依据上述信息，在电子文档管理平台创建项目。

DCC应根据项目的实际情况，如规模、阶段、角色等特点创建项目文件结构目录树。文件结构目录树也就是项目文件的分类，电子文件分类同硬拷贝文件。作为EPC承包单位，分多阶段实施的项目，首先按照项目阶段进行划分；多装置大型项目，阶段下按照项目组或装置划分，如有总体组或各装置通用文件，也可以单独分出总体组或通用文件夹；三级目录按照文件类型，如管理文件、通讯文件、设计文件、采购文件、施工文件、监理文件等创建；四级类目中管理文件包括程序、报告、计划等，通讯类文件包括信函、传真、会议纪要、传送单等，设计文件包括设计图纸及变更单等，采购文件应至少包括请购单、询价文件、技术附件、采购订单等，施工文件应包括施工管理文件、施工技术文件、进度造价文件、施工物资出厂质量证明及进场检测文件、施工记录文件、施工试验记录及检测文件、施工质量验收文件、施工验收文件等；四级目录下还可设置五级目录，如通讯文件中的信函可再按照接收和发送创建目录；设计文件按照主项或者专业往下细分，项目文件结构目录树模板见附表1。项目文件结构目录树的设定需根据项目实际情况，与项目经理、使用平台的各方人员进行沟通、确定。

（2）电子文档管理平台文件利用权限设置。

1）项目人员权限列表的创建。DCC根据项目任命表和项目组织机构将项目各岗位人员划分成不同的小组，并建立项目人员权限列表，该列表需经过项目经理批准后执行。列表中的岗位涵盖了项目组织机构中涉及的各岗位，包括项目经理、项目进度控制、项目费用控制、项目合同控制、项目材料控制、项目采购管理、项目施工管理、项目QHSE管理、项目财务管理以及各专业设计人员等，需根据其职责及文件的保密级别区分不同的权限。另外，如若平台的覆盖范围为全项目，该权限列表还可以依据情况包含项目中各角色，如以EPC承包商的项目管理平台为例，则可包括建设单位、分包商等。

文件的使用权限一般分为：读、写、下载、删除等，一般情况下权限的设置是针对文件夹设定的，即各岗位人员对于该文件夹的使用权限。而针对同一文件夹内的文件，有些情况下使用权限不尽相同，如文件夹内包含可编辑文件及PDF文件，就需要针对文件进行授权。

- 项目群组权限开通：

DCC将项目人员按照岗位、从事专业分成不同的群组。

各岗位提交本岗位在工作中需要利用的文件清单，并注明对文件的利用权限。

DCC根据各部门提交的文件利用清单完成项目人员权限列表，并交项目经理审批。

- 项目组人员特殊权限开通：

项目组人员在权限列表范围外想要获得额外权限，需通过线上或线下的方式提出申请。一般申请中应包括：姓名、专业、岗位、联系方式、所申请的权限类别以及缘由，并经部门负责人以及项目经理审批通过，方可开通。电子文档管理平台权限申请表见附表2。

特殊审批的权限也需一并列入权限列表中，以便对全项目人员的权限进行统一管理。

项目人员权限列表模板见附表3。

2）权限设置。DCC/电子文档管理平台管理部门依据项目批准的本项目权限列表，在项目电子文档管理平台上为项目各岗位分配不同的文件利用权限。

这里要说一下，有些电子文档管理软件对于权限的管理比较薄弱，无法在保证共享的前提下，细分各级权限以保证项目文件安全性，因此在选择电子文档管理软件时要特别注意这一点。

（3）电子文档管理平台维护与管理。

1）电子文档管理平台结构目录树的维护。项目初期建立的电子文档结构目录树并不是一经建立便不能修改的，而应随着项目需要进行维护。由于每个工程项目都有其特殊性，故项目文件类型可能发生或多或少的变化，如建设单位的要求、项目进展过程中发生的某些变化从而产生的文件种类等；同时各项目文件利用也存在一些个性化的需要，如项目人员查阅文件的习惯、项目管理中对某些文件的特殊需求和关注等，也会导致项目电子文档管理平台结构目录树产生变化，项目 DCC 应积极与相关角色、部门和人员沟通，针对上述变化及时调整项目初期建立的文档结构目录树，以保证目录树满足项目的需要。

2）电子文档管理平台人员权限的维护。项目电子文档管理平台中涉及的文件利用权限随着项目的进展需要不断进行维护和修改。这主要是由于工程项目历时较长，项目中的人员岗位、职责和文件利用需求，甚至项目人员都是在不断更新和发生变化的，故为了让平台发挥它应有的作用，DCC 需对项目人员群组及各组的权限进行时时地关注和维护。

5.1.2 公用盘

在没有电子文档管理平台或系统作为工具进行项目电子文件管理时，公用盘是一种基础的信息共享管理方式。所谓公用盘就是利用局域网在网内建立共享文件夹，并进行较简单的权限设置，如可读、可写的权限。其结构目录的建立和权限的管理可参照电子文档管理平台的管理方式，但由于公用盘只能借助计算机基本的文件夹管理工具进行简单的权限设置，很难在保证文件信息共享利用的前提下兼顾其安全保密性。同时，也无法实现电子文档管理平台的一些其他功能，如自动生成台账以及统计功能等。故这种模式仅适用于项目周期短、保密要求不高的小型项目。

不论是电子文档管理系统还是公用盘都是电子文件管理的工具，在现实工作中，有些公司/项目往往会本末倒置，过多地夸大了电子文件管理系统在工作中的作用，认为没有系统就无法完成管理工作。这种想法是片面且错误的，就像借助公用盘一样能实现对电子文件的存储、共享及管理一样，我们应该认识到在电子文件管理中重要的是电子文件全生命周期管理的理念，在工程项目电子文件管理中，重要的是依据项目不同角色对文件管理的目标和任务，以及依据电子文件特点而形成的针对各类文件的管理策略。电子文档管理系统正是依据这样的理念和策略而形成的管理工具，因此在工作中我们应正确看待上述电子文件管理工具的作用，这样才能让工具发挥出其应有的价值，助力电子文件管理工作。

同时，我们还应明确一个问题，即对电子文档管理系统的搭建就是电子文件前端控制的一个重要工作内容，也是对电子文件进行前端控制的体现，因此在系统搭建的时候，应该从文件全生命周期及前端控制的理念和作用出发，让电子文档管理系统在电子文件全程管理，尤其是后续的档案管理中发挥出其真正的价值。

5.2 电子档案管理系统

5.2.1 电子档案管理系统的功能

电子档案管理系统是为企事业单位的档案现代化管理提供完整解决方案的系统。电子档案管理系统既可以自成系统，为用户提供完整的电子档案管理和网络查询功能，也可以与本单位的 OA 办公自动化和 DPM 设计过程管理，或者与 MIS 信息管理系统相结合，形成更加完善的现代化信息管理网络。相比起项目电子文档管理系统以一个个项目为管理单元，电子档案管理系统面向的是一个企事业单位或机关团体，通常以档案类型为管理单元。针对档案的类型，建设单位和承包商的档案类型在同一个工程项目中不尽相同。如建设单位，在一个工程项目中可以产生各类档案，从文书到财务到人事，再到产品、基建、设备仪器档案，门类很全；而对于承包商来说，在一个工程项目中产生的档案一般为产品档案、设备仪器档案等，那么在档案管理系统中，就应该以上述档案类型作为档案管理的单元。其次，项目文档管理系统是对文件全生命周期中，归档以前的文件进行管理的过程控制，以文件前端控制为辅，以项目管理的需要为主；而档案管理系统则是对归档以后的档案进行管理控制，重在档案本身的管理和利用。

国家市场监督管理总局、国家标准化管理委员会联合发布了《电子档案管理系统通用功能要求》GB/T 39784，要求电子档案管理系统要具备：系统结构开放性、功能扩散性、配置灵活性、安全可靠性、电子档案分库管理、多类电子档案管理、实体档案辅助管理的通用功能，从而实现档案管理系统对电子档案的收集、鉴定、整理、保管、统计及利用，以便能够对项目电子档案进行有效控制，保障其真实、完整和安全。

5.2.2　电子档案管理系统的建立

电子档案管理系统首先应按照档案的类型对企事业单位/机关团体的档案进行管理，管理流程的设置应该满足档案收集、鉴定、整理、保管、统计、开发利用六大管理环节的需要。

电子档案管理系统不仅应当起到档案收集、存储、管理的作用，还应用信息化的手段凸显出电子档案开发利用的优势。现在市场上很多软件都已经可以做到收集档案的自动著录与标引，同时以大数据的手段将档案主动推送功能与工作场景相关联，让用户在工作中能体验到相关档案信息的主动推送，让档案信息不再是被动利用，而是让其发挥出前所未有的生命力，主动去创造价值。

5.2.3　与项目文档管理系统间的接口关系

前文已经讲到项目文档管理系统和档案管理系统侧重的管理目标不同，但都肩负着文件全生命周期管理的任务，故两个系统不应该是毫无关系、独立的系统，首先，在配置系统的时候就要从文档一体化管理的角度去考虑，避免出现系统中文件档案管理相矛盾的地方，同时更不能出现重复的工作环节，导致资源浪费。其次就是要做好系统接口，做到数据便捷迁移，也可以称为一键归档，让信息化管理手段真正成为管理的助力，而不是累赘。

6　电子文件的保密安全管理

相比起硬拷贝文件，电子文件的内容与载体分离性更容易导致其泄密，加上其易逝性，这就对安全管理提出了高度要求。首先各公司应制定电子文件保密安全制度，并落实责任，项目文档及公司档案管理人员应在整个工作流程中防止出现信息泄露的情况；利用预归档、归档文件档案信息需经过审批授权，同时利用者需严格遵守保密法规和制度，在使用和利用文件/档案过程中不得向外透露、传播文件信息内容。另外，各公司各项目也应建立起文件档案信息保密安全的管理屏障，从物理环境和软件系统上杜绝泄密情况的发生。涉及公司知识产权的电子文件应通过信息技术手段进行加密后放置于电子文档管理平台，并按照权限进行共享利用。对于保密的电子文件更应采取严格的加密手段，并严格按照保密等级进行审批方能提供利用。如果是保密项目，项目还应依据保密等级及软硬件条件制定出符合项目特点的保密措施，如硬隔离，即搭建项目物理安全屏障，设置保密区域，同时进入人员一律不许携带手机等通讯设施，对保密区域内信息进行阻断隔离。

除了上述保密安全措施外，还应在文件预归档、保管和项目内共享利用及档案正式归档、保管、利用等各环节做好保密安全工作。

1）所有存放在光盘、磁盘、硬盘中的电子文件需进行妥善的保管，需将光盘、磁盘、硬盘等存放在主档案室防磁柜中，并上锁管理，防止丢失。存储在服务器中的电子文件应做到定期备份，并加强平时的安全管理。

2）DCC 需建立办公区域的安全管理措施，加强本地电脑中存放的项目电子文件安全性管理，进行严格把控，防止信息泄露；严格按照项目文件分发矩阵、文件编制人提交的文件发布申请单或项目经理的其他文字性依据进行电子文件分发。

3）对于提供利用的电子文件也应做好安全防泄密管理，如脱离公司环境文件无法正常打开、借阅期满后文件不可阅读等。

参 考 文 献

[1] 建设工程文件归档规范 GB/T 50328—2019
[2] 王英玮，陈智为，刘越男编著. 档案管理学. 第四版. 北京：中国人民大学出版社，2015.
[3] 电子文件归档与电子档案管理规范 GB/T 18894—2016
[4] 建设项目电子文件归档和电子档案管理暂行办法 档发[2016]11 号
[5] 数码照片归档与管理规范 DA/T 50—2014
[6] 档案级可录类光盘 CD-R、DVD-R、DVD+R 技术要求和应用规范 DA/T 38—2021
[7] 档号编制规则 DA/T 13—2022
[8] 电子文件管理系统建设指南 GB/T 31914—2015
[9] 信息和文献・数字记录转换和迁移过程 ISO 13008—2012

附表1 项目文件结构目录树

1级目录	2级目录	3级目录	4级目录	5级目录
基础工程设计	……	……	……	
详细工程设计				
	总体组			
		1.0 管理文件		
			1.1 程序	(可按照部门划分)
			1.2 报告	(可按照报告类别划分)
			1.3 计划	(可按照计划类别划分)
			……	
		2.0 通讯文件		(可按照发送/接收划分)
			2.1 信函	
			2.2 传真	
			2.3 会议纪要	
			2.4 传送单	
			……	
		3.0 设计文件		(可按照专业/主项划分)
			3.1 设计图纸	
			3.2 设计变更	
			……	
		4.0 采购文件		(可按照专业划分)
			4.1 请购文件	
			4.2 询价文件	
			4.3 技术附件	
			4.4 采购订单	
			……	
		5.0 施工文件		(可按照施工单位划分)
			5.1 施工管理文件	
			5.2 施工技术文件	
			5.3 进度造价文件	
			5.4 施工物资出厂质量证明及进场检测文件	
			5.5 施工记录文件	
			5.6 施工试验记录及检测文件	
			5.7 施工质量验收文件	
			5.8 施工验收文件	
			……	

续表

1级目录	2级目录	3级目录	4级目录	5级目录
		6.0 监理文件		（可按照文件类型划分）
			6.1 监理依据文件	
			6.2 监理策划文件	
			6.3 监理记录文件	
			6.4 监理指令文件	
			6.5 监理审批文件	
			6.6 HSE 监理专项资料	
			……	
	XXXX 装置	……	……	
	YYYY 装置	……	……	

附表2　电子文档管理平台权限申请表

××××××××××××项目

电子文档管理平台权限申请表

No.

姓名	（当申请人员较多，写不下时，请使用第二页人员清单。）	联系电话	
专业		岗位	
批准	设计/职能经理		
	项目经理		
	项目主任（如有）		
权限	标准权限（见项目权限列表）	□	
	特殊权限（请在备注中详细注明）	□	

备注：

××××××××××××项目

电子文档管理平台申请人名单

序号	姓名	职位/专业	电话

附表3 项目人员权限列表

1级目录	2级目录	3级目录	4级目录	5级目录	项目管理	采购	施工	财务	HSE	进度控制	费用控制	合同控制	质量	IT	DCC	秘书	XX项目组项目经理及专业负责人	XX项目组专业设计人员
详细工程设计																		
	总体组																	
		1.0 管理文件																
			1.1 程序	（可按照部门划分）	R	R	R	R	R	R	R	R	R	R	C	R	R	R
			1.2 报告	（可按照报告类别划分）	R	R	R	R	R	R	R	R	R	R	C	N	R	R
			1.3 计划	（可按照计划类别划分）	R	R	R	R	R	R	R	R	R	R	C	N	R	R
			……															

权限说明

序号	权限类型	权限代码	序号	权限类型	权限代码
1	无权限	N	5	可下载	L
2	仅查看	R	6	完全控制	C
3	可写入	W	……		
4	可删除	D			

注：1. 以上以项目各岗位人员在项目电子文档管理平台中详细工程设计总体组管理文件所分配的权限为例。

2. 各项目人员岗位需根据项目实际情况列出，其他项目阶段、装置/系统单元、文件类别等按照项目文件结构目录列出后，标明各岗位权限。

3. 各项目根据实际需要确定权限种类划分并分配权限。

附件 1　与文件管理有关的管理规定

1. 国家标准

GB/T 9705—2008	《文书档案案卷格式》
GB/T 10609.3—2009	《技术制图 复制图的折叠方法》
GB/T 11821—2002	《照片档案管理规范》
GB/T 11822—2008	《科学技术档案案卷构成的一般要求》
GB/T 13967—2008	《全宗单》
GB/T 15418—2009	《档案分类标引规则》
GB/T 18894—2016	《电子文件归档与电子档案管理规范》
GB 50252—2018	《工业安装工程施工质量验收统一标准》
GB 50300—2013	《建筑工程施工质量验收统一标准》
GB/T 50326—2017	《建设工程项目管理规范》
GB/T 50328—2019	《建设工程文件归档整理规范》
GB/T 51296—2018	《石油化工工程数字化交付标准》
CJJ/T 117—2017	《建设电子文件与电子档案管理规范》
JGJ/T 185—2009	《建筑工程资料管理规程》
JGJ 25—2010	《档案馆建筑设计规范》
建标 103—2008	《档案馆建设标准》

省、市相关地方档案管理规定等。

2. 档案行业标准

DA/T 1—2000	《档案工作基本术语》
DA/T 12—2012	《全宗卷规范》
DA/T 14—2012	《全宗指南编制规范》
DA/T 22—2015	《归档文件整理规则》
DA/T 24—2000	《无酸档案卷皮卷盒用纸及纸板》
DA/T 28—2018	《建设项目档案管理规范》
DA/T 31—2017	《纸质档案数字化规范》
DA/T 35—2017	《档案虫霉防治一般规则》
DA/T 38—2021	《档案级可录类光盘 CD-R、DVD-R、DVD+R 技术要求和应用规范》
DA/T 39—2008	《会计档案案卷格式》

DA/T 42—2009 《企业档案工作规范》
DA/T 50—2014 《数码照片归档与管理规范》
DA/T 52—2014 《档案数字化光盘标识规范》
DA/T 69—2018 《纸质归档文件装订规范》
DA/T 78—2019 《录音录像档案管理规范》
DA/T 84—2019 《档案馆应急管理规范》
JGJ/T 185—2009 《建筑工程资料管理规程》
国档发[2006]2 号 《重大建设项目档案验收办法》
档发字[2002]5 号 《企业档案管理规定》
档发[2012]7 号 《电子档案移交和接收办法》
档办发[2015]4 号 《企业电子文件归档和电子档案管指南》
《档案工作突发事件应急处置管理办法》(国家档案局 中央档案馆 2008027 发布)

3. 石化行业标准

SH/T 3503—2017 《石油化工建设工程项目交工技术文件规定》
SH/T 3508—2011 《石油化工安装工程施工质量验收统一标准》
SH 3514—2017 《石油化工设备安装工程质量检验评定标准》
SH/T 3543—2017 《石油化工建设工程项目施工过程技术文件规定》
SH/T 3903—2017 《石油化工建设工程项目监理规范》
SH/T 3904—2014 《石油化工建设工程项目竣工验收规定》
Q/SH0704—2016 《建设工程项目档案管理规范》
中国石化办[2011]213 号 中国石化档案管理办法
中国石化办[2011]214 号 中国石化档案分类规则
中国石化办[2011]215 号 中国石化档案工作评价规定
中国石化办[2013]407 号 中国石化物资采购招标档案管理办法
中国石化办[2013]592 号 中国石化档案数字化规范
中国石化综[2020]177 号 关于印发《中国石化建设项目档案验收细则》的通知

4. 水运码头工程标准

JTJ 216—2000 《水运工程施工监理规范》
JTS 257—2008 《水运工程质量检验标准》
交办发[1992]121 号 交通部关于印发《交通档案管理和交通文件材料立卷归档统一表格式样的通知》
交办发[2005]431 号 《交通档案管理办法》
交办发[2007]436 号 《交通档案进馆办法》的通知
交办发[2009]225 号 《水运建设项目文件材料立卷归档管理办法》
交通部令 2005 年第 2 号 《港口工程竣工验收办法》
交通部令 2007 年第 5 号 《港口建设管理规定》

交通部令 2007 年第 3 号 《航道建设管理规定》
交通部令 2008 年第 1 号 《航道工程竣工验收管理办法》
关于印发《交通建设项目档案管理登记办法》
《交通建设项目档案专项验收办法》

5. 铁路工程标准

TB 10402—2019 《铁路建设工程监理规范》
TB 10413—2018 《铁路轨道工程施工质量验收标准》
TB 10420—2018 《铁路电力工程施工质量验收标准》
TB 10443—2010 《铁路建设项目资料管理规程》
铁档史[2011]110 号 《铁路建设项目档案验收办法》
铁建设[2001]117 号 《铁路建设项目竣工文件编制移交办法》
铁建设[2007]136 号 《关于发布铁路建设工程监理规范的通知》
铁建设[2008]23 号 《铁路建设项目竣工验收交接办法》
铁建设[2010]4 号 《关于发布铁路建设项目资料管理规程的通知》
办档[2002]8 号 《铁路建设项目竣工文件编制移交办法》
铁办字 53 号 《铁路科学技术档案管理规则》
《铁路科学技术档案管理规则》

6. 电力工程标准

DL/T 1108—2018 《电力工程项目编号及产品文件管理规定》
DL/T 5161—2018 《电气装置安装工程质量检验及评定规程》
DL/T 5210—2012 《电力建设施工质量验收及评定规程》
DL/T 5229—2016 《电力工程竣工图文件编制规定》
DL/T 5434—2012 《电力建设工程监理规范》
DL/T 241—2012 《火电建设项目文件收集及档案整理规范》
国家电力公司 总文[2002]29 号文 《火电企业档案分类表(6-9 大类)》
火电施工质量检验及评定标准

附件 2　文件归档范围和保管期限

"建设项目文件归档范围和保管期限表"(表附件 2-1)及"建筑工程文件归档范围"(表附件 2-2)为项目文档工作者在工作中经常需要使用和查阅的表格，分别引自《建设项目档案管理规范》DA/T 28 及《建设工程文件归档规范》GB/T 50328。为了方便读者查阅使用，将 DA/T 28 附录 B 及 GB/T 50328 附录 A 全文节选如下。

表附件 2-1　建设项目文件归档范围和保管期限表

序号	归档文件	保管期限
1	立项文件	
1.1	项目策划、筹备文件	永久
1.2	项目建议书、预可行性研究报告、可行性研究报告、初步设计及投资概算审批文件	永久
1.3	项目咨询、评估、论证文件	永久
1.4	项目审批、核准、备案申请报告及批复、补充文件、项目变更调整文件	永久
1.5	项目规划选址、环境影响、水土保持、职业安全卫生、节能、消防、建设用地用海、文物、地震安全性评价、压覆矿产资源、林地、水资源等专项报审和批复文件	永久
1.6	水、暖、电、气、通信、排水等审批、配套协议	永久
1.7	大宗原材料、燃料供应等协议	永久
2	招标投标、合同协议文件	
2.1	招标计划及审批文件，招标公告、招标书、招标修改文件、答疑文件、招标委托合同、资格预审文件	30 年
2.2	中标的投标书、澄清、修正补充文件	永久
2.3	未中标的投标文件(或作资料保存)	10 年(或项目审计完成)
2.4	开标记录、评标人员签字表、评标纪律、评标办法、评标细则、打分表、汇总表、评审意见	30 年
2.5	评标报告、定标文件、中标通知书	永久
2.6	市场调研、技术经济论证采购活动记录、谈判文件、询价通知书、响应文件，供应商的推荐、评审、确定文件，政府采购、竞争性谈判、单一来源采购协商记录、质疑答复	30 年
2.7	合同准备、谈判、审批文件，合同书、协议书，合同执行、合同变更、合同索赔、合同了结文件、合同台账	永久
3	勘察、设计文件	
3.1	工程选址报告，地质、水文勘察报告，地质图，地形图，化验、试验报告，重要土、岩样及说明	永久
3.2	地形、地貌、控制点、建筑物、构筑物及重要设备安装测量定位、观测监测记录	永久
3.3	气象、地震等其他设计基础资料	永久

续表

序号	归档文件	保管期限
3.4	总体规划论证、审批文件	永久
3.5	方案论证、设计及审批文件	永久
3.6	技术设计审查文件、招标设计报告及审查文件	永久
3.7	施工图设计审查文件、供图计划	永久
3.8	施工图、施工技术要求、设计通知、设计月报	30年
3.9	技术秘密、专利文件	永久
3.10	特种设备设计计算书	30年
3.11	关键技术设计、试验文件、设计接口及设备接口文件	永久
3.12	设计评价、鉴定	永久
4	征地、拆迁、移民文件	
4.1	建设用地评估报告、用地申请审批文件，征用土地协议、土地划拨、置换批准文件，建设征地规划设计报告及审查意见，建设规划用地许可证、国有土地使用证、海域(海岛)使用证、林权证、不动产权证等	永久
4.2	拆迁方案、拆迁评估、拆迁补偿、拆迁实施验收文件	永久
4.3	淹没实物指标调查材料，移民安置规划、方案及审批，移民补偿计划，移民安置合同协议，项目建设的招投标、合同、安置实施、项目验收文件，实物补偿、资金补偿、决算、审计等移民资金管理文件，移民监理文件，移民安置验收文件	永久
4.4	建设前原始地貌、征地拆迁、移民安置音像材料	永久
5	项目管理文件	
5.1	项目建设管理组织机构成立、调整文件	永久
5.2	项目管理人员任免文件	永久
5.3	项目各项管理的管理制度、业务规范、工作程序以及质保体系文件	永久
5.4	投资、质量、进度、安全、环保等计划、实施、调整、总结文件，重大设计变更申请、审核及批复文件	永久
5.5	贷款融资、工程概算、预算、差价管理、标底、合同价、竣工结算、竣工决算文件，审计文件	永久
5.6	合同中间结算审核及批准文件，财务计划及执行、年度计划及执行、年度投资报告	30年
5.7	交付使用的固定资产、流动资产、无形资产、递延资产清册	永久
5.8	质量、安全、环保、文明施工等专项检查考核文件，履约评价文件，质量监督、安全监督文件	30年
5.9	重要领导视察、重要活动及宣传报道材料	永久
5.10	项目管理重要会议文件、年度工作总结	永久
5.11	监管部门制发的重要工作依据性文件，涉及法律事务文件	永久
5.12	组织法律法规、标准规范、制度程序宣贯培训文件，信息化工作文件	10年
5.13	通知、通报等日常管理性文件，一般性来往函件	30年
5.14	获得奖项、荣誉以及先进人物等材料	永久
6	施工文件	
6.1	建筑施工文件	

续表

序号	归档文件	保管期限
6.1.1	施工项目部组建、印章启用、人员任命文件，进场人员资质报审文件，施工设备仪器进场报审文件，设备仪器校验及率定文件，开工报告、项目划分、工程技术要求、技术(安全)交底、图纸会审文件	永久
6.1.2	施工组织设计、施工方案及报审文件，施工计划、施工技术及安全措施、施工工艺及报审文件	永久
6.1.3	工地实验室成立、资质、授权文件，外委试验协议、资质文件，原材料及构配件出厂证明、质量鉴定、复试报告及报审文件，试验检验台账	30年
6.1.4	见证取样记录、砂浆、混凝土试验记录及报告，钢筋连接接头试验报告，工艺试验方案、试验成果报告，锚杆检测报告、地基承载力检测记录及报告、压实度检测记录及报告，桩身及桩基检测报告，防水渗漏试验检查记录，节能保温测试记录、室内环境检测等技术试验检测记录和报告，成品及半成品试验检验台账等	永久
6.1.5	设计变更通知、变更洽商单、材料代用核定审批、技术核定单、工程联系单、备忘录、工程变更台账	永久
6.1.6	交桩记录、施工定位、测量放线记录及报审文件	永久
6.1.7	施工勘察报告、岩土试验报告、地基验槽记录、工程地基处理记录等	永久
6.1.8	各类工程记录及测试、监测记录、报告	永久
6.1.9	质量检查、评定文件，事故处理报告、缺陷处理记录及台账	永久
6.1.10	隐蔽工程检查验收记录、交工验收记录、验收评定、验收评定台账	永久
6.1.11	竣工图及竣工图编制说明	永久
6.1.12	施工日志、月报、年报，大事记	30年
6.1.13	施工总结、完工报告、交工报告、验收证书、遗留问题清单	永久
6.1.14	施工音像材料	永久
6.2	设备及管线安装施工文件	
6.2.1	施工项目部组建、印章启用、人员任命文件，进场人员资质报审文件，施工设备仪器进场报审文件，设备仪器校验及率定文件，开工报告、项目划分、工程技术要求、技术(安全)交底、图纸会审文件	永久
6.2.2	施工组织设计、施工方案及报审文件，施工计划、施工技术及安全措施、施工工艺及报审文件	永久
6.2.3	工地实验室成立、资质、授权文件，外委试验协议、资质文件，原材料及构配件出厂证明、质量鉴定、复试报告及报审文件，试验检验台账	30年
6.2.4	设计变更通知、变更洽商单、材料、零部件、设备代用审批、技术核定单、工程联系单、备忘录、工程变更台账	永久
6.2.5	焊接工艺评定报告，焊接试验记录、报告，施工检验记录、报告，探伤检测、测试记录、报告，管道单线图(管段图)	永久
6.2.6	强度、密闭性等试验检测记录、报告，联动试车方案、记录、报告	30年
6.2.7	隐蔽工程检查验收记录、交工验收记录、验收评定、验收评定台账	永久
6.2.8	管线标高、位置、坡度测量记录	永久
6.2.9	管线清洗、试压、通水、通气、消毒等记录	30年
6.2.10	安装记录、安装质量检查、评定，事故处理报告、缺陷处理记录及台账	永久

续表

序号	归档文件	保管期限
6.2.11	竣工图及竣工图编制说明	永久
6.2.12	施工日志、月报、年报，大事记	30年
6.2.13	施工总结、完工报告、交工报告、验收证书、遗留问题清单	永久
6.2.14	施工音像材料	永久
6.3	电气、仪表安装施工文件	
6.3.1	施工项目部组建、印章启用、人员任命文件，进场人员资质报审文件，施工设备仪器进场报审文件、设备仪器校验及率定文件，开工报告、项目划分、工程技术要求、技术(安全)交底、图纸会审文件	永久
6.3.2	施工组织设计、施工方案及报审文件，施工计划、施工技术及安全措施、施工工艺及报审文件	永久
6.3.3	工地实验室成立、资质、授权文件，外委试验协议、资质文件，原材料及构配件出厂证明、质量鉴定、复试报告及报审文件，试验检验台账	30年
6.3.4	设计变更通知、变更洽商单、材料、零部件、设备代用审批、技术核定单、工程联系单、备忘录、工程变更台账	永久
6.3.5	绝缘、接地电阻等性能测试、校核	30年
6.3.6	材料、设备明细表及检验记录、施工安装记录、质量检查评定、电气试验检验台账	永久
6.3.7	系统调试方案、记录、报告，电气装置交接记录	30年
6.3.8	交工验收记录、质量评定、验收评定台账、事故处理报告、缺陷处理记录及台账	永久
6.3.9	竣工图及竣工图编制说明	永久
6.3.10	施工日志、月报、年报，大事记	30年
6.3.11	施工总结、完工报告、交工报告、验收证书、遗留问题清单	永久
6.3.12	施工音像材料	永久
7	信息系统开发文件	
7.1	设计开发文件	
7.1.1	需求调研计划、需求分析、需求规格说明书、需求评审	30年
7.1.2	设计开发方案、概要设计及评审、详细设计及评审文件	30年
7.1.3	数据库结构设计、编码计划、代码编写规范、模块开发文件信息资源规划、数据库设计、应用支撑平台、应用系统设计、网络设计、处理和存储系统设计、安全系统设计、终端、备份、运维系统设计文件	30年
7.1.4	信息系统标准规范	10年
7.2	实施文件	
7.2.1	实施计划、方案及批复文件，源代码及说明、代码修改文件、网络系统、二次开发支持文件、接口设计说明书	30年
7.2.2	程序员开发手册、用户使用手册、系统维护手册	30年
7.2.3	安装文件、系统上线保障方案，测试方案及评审意见、测试记录、报告，试运行方案、报告	30年

续表

序号	归档文件	保管期限
7.3	信息安全评估、系统开发总结、验收交接清单、验收证书	30年
8	设备文件	
8.1	工艺设计、说明、规程、试验、技术报告	永久
8.2	自制专用设备任务书、设计、检测、鉴定	永久
8.3	设备设计文件、出厂验收、商检、海关文件	永久
8.4	设备、材料装箱单、开箱记录、工具单、备品备件单	30年
8.5	设备台账、备品备件目录、设备图纸，设备制造检验检测、出厂试验报告、产品质量合格证明、安装及使用说明、维护保养手册	永久
8.6	设备制造探伤、检测、测试、鉴定的记录、报告	永久
8.7	设备变更、索赔文件	永久
8.8	设备质保书、验收、移交文件	永久
8.9	特种设备生产安装维修许可、监督检验证明、安全监察文件	永久
8.10	设备运行使用、检修维护文件	永久
9	监理文件	
9.1	监理(监造)项目部组建、印章启用、监理人员资质，总监任命、监理人员变更文件	永久
9.2	施工监理文件	
9.2.1	监理大纲、监理规划、监理实施细则	永久
9.2.2	施工单位资质报审，施工管理人员、特种作业人员报审，施工设备仪器报审	永久
9.2.3	施工组织设计施工方案、专项措施报审，施工计划进度、延长工期报审，开工、复工报审，开工令、暂停令、复工令	永久
9.2.4	原材料、构配件、设备报验	30年
9.2.5	单元工程检查及开工签证、分部分项工程质量验收，混凝土开盘鉴定(开仓签证)、混凝土浇灌申请批复	30年
9.2.6	监理检查、复检、实验记录、报告	30年
9.2.7	旁站记录、见证取样、平行检验、抽检文件，质量缺陷、事故处理、安全事故报告	永久
9.2.8	测量控制成果报验及复核文件，质量、施工文件等检查报验，质量检查评估报告、阶段验收、竣工验收监理文件	永久
9.2.9	工程计划、实施、分析统计、完成报表	30年
9.2.10	工程计量、支付审批、工程变更审查、索赔文件	永久
9.2.11	监理通知单、回复单、工作联系单，来往函件	永久
9.2.12	监理例会、专题会等会议纪要、备忘录	永久
9.2.13	监理日志、月报、年报	30年
9.2.14	监理工作总结、质量评估报告、专题报告	永久
9.3	设备监造文件	
9.3.1	监理大纲、监理规划、监理实施细则	永久

续表

序号	归档文件	保管期限
9.3.2	设备制造单位质量管理体系报审，设备制造的计划、延长工期报审，开工、复工报审，工艺方案、控制节点、检验计划报审	30年
9.3.3	原材料、外购件等质量证明文件报审，分包单位资格报审文件，试验、检验记录及报告	30年
9.3.4	开工令、暂停令、复工令	永久
9.3.5	监造通知单、回复单、工作联系单，来往函件	永久
9.3.6	变更报审	永久
9.3.7	关键工序、零部件旁站记录、见证取样、平行检验、独立抽检文件	30年
9.3.8	质量缺陷、事故处理、安全事故报告	永久
9.3.9	设备制造支付、造价调整、结算审核、索赔文件	永久
9.3.10	监造例会、专题会会议纪要、备忘录，来往文件、报告	永久
9.3.11	设备出厂验收、交接文件	永久
9.3.12	监造日志、月报、年报	永久
9.3.13	设备监造工作总结、专题报告	永久
9.4	监理(监造)工作音像材料	永久
10	科研项目文件	
10.1	科研项目(技术咨询服务)立项文件，科研项目计划、批准文件	永久
10.2	科研项目(技术咨询服务)合同、协议、任务书	永久
10.3	研究方案、计划、调查研究、开题报告	永久
10.4	试验方案、记录、图表、数据、照片、音像	永久
10.5	实验计算、分析报告、阶段报告	永久
10.6	实验装置及特殊设备图纸、工艺技术规范说明书	30年
10.7	实验操作规程、事故分析报告	30年
10.8	技术评审、考察报告、研究报告、结题验收报告，会议文件	永久
10.9	成果申报、鉴定、获奖及推广应用材料	永久
10.10	获得的专利、著作权等知识产权文件	永久
11	生产技术准备、试运行文件	
11.1	技术准备计划、方案及审批文件	永久
11.2	试生产、试运行管理、技术规程规范	30年
11.3	试生产、试运行方案、操作规程、作业指导书、运行手册、应急预案	30年
11.4	试车、验收、运行、维护记录	30年
11.5	试生产产品质量鉴定报告	30年
11.6	缺陷处理、事故分析记录、报告	永久
11.7	试生产工作总结、试运行考核报告	永久
11.8	技术培训材料	10年
11.9	产品技术参数、性能、图纸	永久
11.10	环保、水保、消防、职业安全卫生等运行检测监测记录、报告	10年

续表

序号	归档文件	保管期限
12	竣工验收文件	
12.1	项目各项管理工作总结	永久
12.2	设计工作报告、监理工作报告、施工管理报告、采购工作报告、总承包管理报告、建设管理报告、运行管理报告	永久
12.3	项目安全鉴定报告、质量检测评审鉴定文件、质量监督报告	永久
12.4	同行评估报告、阶段验收文件	永久
12.5	环境保护、水土保持、消防、职业安全卫生、档案、移民安置、规划、人防、防雷等专项验收申请及批复文件，决算审计报告	永久
12.6	竣工验收大纲、验收申请、验收报告	永久
12.7	验收组织机构、验收会议文件、签字表，验收意见、备忘录、验收证书	永久
12.8	验收备案文件、运行申请、批复文件、运行许可证书	永久
12.9	项目评优报奖申报材料、批准文件及证书	永久
12.10	项目后评价文件	永久
12.11	项目专题片、验收工作音像材料	永久

表附件 2-2　建筑工程文件归档范围

类别	归档文件	保存单位				
		建设单位	设计单位	施工单位	监理单位	城建档案馆
	工程准备阶段文件（A类）					
A1	立项文件					
1	项目建议书批复文件及项目建议书	▲				▲
2	可行性研究报告批复文件及可行性研究报告	▲				▲
3	专家论证意见、项目评估文件	▲				▲
4	有关立项的会议纪要、领导批示	▲				▲
A2	建设用地、拆迁文件					
1	选址申请及选址规划意见通知书	▲				▲
2	建设用地批准书	▲				▲
3	拆迁安置意见、协议、方案等	▲				△
4	建设用地规划许可证及其附件	▲				▲
5	土地使用证明文件及其附件	▲				▲
6	建设用地钉桩通知单	▲				▲
A3	勘察、设计文件					
1	工程地质勘察报告	▲	▲			▲
2	水文地质勘察报告	▲	▲			▲

续表

类别	归档文件	保存单位				
		建设单位	设计单位	施工单位	监理单位	城建档案馆
3	初步设计文件(说明书)	▲	▲			
4	设计方案审查意见	▲	▲			▲
5	人防、环保、消防等有关主管部门(对设计方案)审查意见	▲	▲			▲
6	设计计算书	▲	▲			△
7	施工图设计文件审查意见	▲	▲			▲
8	节能设计备案文件	▲				▲
A4	招投标文件					
1	勘察、设计招投标文件	▲	▲			
2	勘察、设计合同	▲	▲			▲
3	施工招投标文件	▲		▲	△	
4	施工合同	▲		▲	△	▲
5	工程监理招投标文件	▲			▲	
6	监理合同	▲			▲	▲
A5	开工审批文件					
1	建设工程规划许可证及其附件	▲		△	△	▲
2	建设工程施工许可证	▲		▲	▲	▲
A6	工程造价文件					
1	工程投资估算材料	▲				
2	工程设计概算材料	▲				
3	招标控制价格文件	▲				
4	合同价格文件	▲		▲		△
5	结算价格文件	▲		▲		△
A7	工程建设基本信息					
1	工程概况信息表	▲		△		▲
2	建设单位工程项目负责人及现场管理人员名册	▲				▲
3	监理单位工程项目总监及监理人员名册	▲			▲	▲
4	施工单位工程项目经理及质量管理人员名册	▲		▲		▲
	监理文件(B类)					
B1	监理管理文件					
1	监理规划	▲			▲	▲
2	监理实施细则	▲		△	▲	▲
3	监理月报	△			▲	
4	监理会议纪要	▲		△	▲	
5	监理工作日志				▲	

续表

类别	归档文件	保存单位				
		建设单位	设计单位	施工单位	监理单位	城建档案馆
6	监理工作总结				▲	▲
7	工作联系单	▲		△	△	
8	监理工程师通知	▲		△	△	△
9	监理工程师通知回复单	▲		△	△	△
10	工程暂停令	▲		△	△	▲
11	工程复工报审表	▲		▲	▲	▲
B2	进度控制文件					
1	工程开工报审表	▲		▲	▲	▲
2	施工进度计划报审表	▲		△	△	
B3	质量控制文件					
1	质量事故报告及处理资料	▲		▲	▲	▲
2	旁站监理记录	△		△	▲	
3	见证取样和送检人员备案表	▲		▲	▲	
4	见证记录	▲		▲	▲	
5	工程技术文件报审表			△		
B4	造价控制文件					
1	工程款支付	▲		△	△	
2	工程款支付证书	▲		△	△	
3	工程变更费用报审表	▲		△	△	
4	费用索赔申请表	▲		△	△	
5	费用索赔审批表	▲		△	△	
B5	工期管理文件					
1	工程延期申请表	▲		▲	▲	▲
2	工程延期审批表	▲			▲	▲
B6	监理验收文件					
1	竣工移交证书	▲		▲	▲	▲
2	监理资料移交书	▲			▲	
	施工文件(C类)					
C1	施工管理文件					
1	工程概况表	▲		▲	▲	△
2	施工现场质量管理检查记录			△	△	
3	企业资质证书及相关专业人员岗位证书	△		△	△	△
4	分包单位资质报审表	▲		▲	▲	

续表

类别	归档文件	保存单位				
		建设单位	设计单位	施工单位	监理单位	城建档案馆
5	建设单位质量事故勘查记录	▲		▲	▲	▲
6	建设工程质量事故报告书	▲		▲	▲	▲
7	施工检测计划	△		△	△	
8	见证试验检测汇总表	▲		▲	▲	▲
9	施工日志			▲		
C2	施工技术文件					
1	工程技术文件报审表	△		△	△	
2	施工组织设计及施工方案	△		△	△	△
3	危险性较大分部分项工程施工方案	△		△	△	△
4	技术交底记录	△		△		
5	图纸会审记录	▲	▲	▲	▲	▲
6	设计变更通知单	▲	▲	▲	▲	▲
7	工程洽商记录(技术核定单)	▲	▲	▲	▲	▲
C3	进度造价文件					
1	工程开工报审表	▲	▲	▲	▲	▲
2	工程复工报审表	▲	▲	▲	▲	▲
3	施工进度计划报审表			△	△	
4	施工进度计划			△	△	
5	人、机、料动态表			△	△	
6	工程延期申请表	▲		▲	▲	▲
7	工程款支付申请表	▲		△	△	
8	工程变更费用报审表	▲		△	△	
9	费用索赔申请表	▲		△	△	
C4	施工物资出厂质量证明及进场检测文件					
	出厂质量证明文件及检测报告					
1	砂、石、砖、水泥、钢筋、隔热保温、防腐材料、轻骨料出厂证明文件	▲		▲	▲	△
2	其他物资出厂合格证、质量保证书、检测报告和报关单或商检证等	△		▲	△	
3	材料、设备的相关检验报告、型式检测报告、3C强制认证合格证书或3C标志	△		▲	△	
4	主要设备、器具的安装使用说明书	▲		▲	△	
5	进口的主要材料设备的商检证明文件	△		▲		
6	涉及消防、安全、卫生、环保、节能的材料、设备的检测报告或法定机构出具的有效证明文件	▲		▲	▲	△

续表

类别	归档文件	保存单位				
		建设单位	设计单位	施工单位	监理单位	城建档案馆
7	其他施工物资产品合格证、出厂检验报告					
	进场检验通用表格					
1	材料、构配件进场检验记录			△	△	
2	设备开箱检验记录			△	△	
3	设备及管道附件试验记录	▲		▲	△	
	进场复试报告					
1	钢材试验报告	▲		▲	▲	▲
2	水泥试验报告	▲		▲	▲	▲
3	砂试验报告	▲		▲	▲	▲
4	碎(卵)石试验报告	▲		▲	▲	▲
5	外加剂试验报告	△		▲	▲	▲
6	防水涂料试验报告	▲		▲	△	
7	防水卷材试验报告	▲		▲	△	
8	砖(砌块)试验报告	▲		▲	▲	▲
9	预应力筋复试报告	▲		▲	▲	▲
10	预应力锚具、夹具和连接器复试报告	▲		▲	▲	▲
11	装饰装修用门窗复试报告	▲		▲	△	
12	装饰装修用人造木板复试报告	▲		▲	△	
13	装饰装修用花岗石复试报告	▲		▲	△	
14	装饰装修用安全玻璃复试报告	▲		▲	△	
15	装饰装修用外墙面砖复试报告	▲		▲	△	
16	钢结构用钢材复试报告	▲		▲	▲	▲
17	钢结构用防火涂料复试报告	▲		▲	▲	▲
18	钢结构用焊接材料复试报告	▲		▲	▲	▲
19	钢结构用高强度大六角头螺栓连接副复试报告	▲		▲	▲	▲
20	钢结构用扭剪型高强螺栓连接副复试报告	▲		▲	▲	▲
21	幕墙用铝塑板、石材、玻璃、结构胶复试报告	▲		▲	▲	▲
22	散热器、供暖系统保温材料、通风与空调工程绝热材料、风机盘管机组、低压配电系统电缆的见证取样复试报告	▲		▲	▲	▲
23	节能工程材料复试报告	▲		▲	▲	▲
24	其他物资进场复试报告					
C5	施工记录文件					
1	隐蔽工程验收记录	▲		▲	▲	▲
2	施工检查记录			△		

续表

类别	归档文件	保存单位				
		建设单位	设计单位	施工单位	监理单位	城建档案馆
3	交接检查记录			△		
4	工程定位测量记录	▲		▲	▲	▲
5	基槽验线记录	▲		▲	▲	▲
6	楼层平面放线记录			△	△	△
7	楼层标高抄测记录			△	△	△
8	建筑物垂直度、标高观测记录	▲		▲	△	△
9	沉降观测记录	▲		▲	△	▲
10	基坑支护水平位移监测记录			△	△	
11	桩基、支护测量放线记录			△	△	
12	地基验槽记录	▲	▲	▲	▲	▲
13	地基钎探记录	▲		△	△	▲
14	混凝土浇灌申请书			△	△	
15	预拌混凝土运输单			△		
16	混凝土开盘鉴定			△	△	
17	混凝土拆模申请单			△	△	
18	混凝土预拌测温记录			△		
19	混凝土养护测温记录			△		
20	大体积混凝土养护测温记录			△		
21	大型构件吊装记录	▲		△	△	▲
22	焊接材料烘焙记录			△		
23	地下工程防水效果检查记录	▲		△	△	
24	防水工程试水检查记录	▲		△	△	
25	通风(烟)道、垃圾道检查记录	▲		△	△	
26	预应力筋张拉记录	▲		▲	△	▲
27	有粘结预应力结构灌浆记录	▲		▲	△	▲
28	钢结构施工记录	▲		▲	△	
29	网架(索膜)施工记录	▲		▲	△	▲
30	木结构施工记录	▲		▲	△	
31	幕墙注胶检查记录	▲		▲	△	
32	自动扶梯、自动人行道的相邻区域检查记录	▲		▲	△	
33	电梯电气装置安装检查记录	▲		▲	△	
34	自动扶梯、自动人行道电气装置检查记录	▲		▲	△	
35	自动扶梯、自动人行道整机安装质量检查记录	▲		▲	△	
36	其他施工记录文件					

续表

类别	归档文件	保存单位				
		建设单位	设计单位	施工单位	监理单位	城建档案馆
C6	施工试验记录及检测文件					
	通用表格					
1	设备单机试运转记录	▲		▲	△	△
2	系统试运转调试记录	▲		▲	△	△
3	接地电阻测试记录	▲		▲	△	△
4	绝缘电阻测试记录	▲		▲	△	△
	建筑与结构工程					
1	锚杆试验报告	▲		▲	△	△
2	地基承载力检验报告	▲		▲	△	▲
3	桩基检测报告	▲		▲	△	▲
4	土工击实试验报告	▲		▲	△	▲
5	回填土试验报告(应附图)	▲		▲	△	▲
6	钢筋机械连接试验报告	▲		▲	△	△
7	钢筋焊接连接试验报告	▲		▲	△	△
8	砂浆配合比申请书、通知单			△	△	△
9	砂浆抗压强度试验报告	▲		▲	△	▲
10	砌筑砂浆试块强度统计、评定记录	▲		▲		△
11	混凝土配合比申请书、通知单	▲		△	△	△
12	混凝土抗压强度试验报告	▲		▲	△	▲
13	混凝土试块强度统计、评定记录	▲		▲	△	△
14	混凝土抗渗试验报告	▲		▲	△	△
15	砂、石、水泥放射性指标报告	▲		▲	△	△
16	混凝土碱总量计算书	▲		▲	△	△
17	外墙饰面砖样板粘结强度试验报告	▲		▲	△	△
18	后置埋件抗拔试验报告	▲		▲	△	△
19	超声波探伤报告、探伤记录	▲		▲	△	△
20	钢构件射线探伤报告	▲		▲	△	△
21	磁粉探伤报告	▲		▲	△	△
22	高强度螺栓抗滑移系数检测报告	▲		▲	△	△
23	钢结构焊接工艺评定			△	△	△
24	网架节点承载力试验报告	▲		▲	△	△
25	钢结构防腐、防火涂料厚度检测报告	▲		▲	△	△
26	木结构胶缝试验报告	▲		▲	△	
27	木结构构件力学性能试验报告	▲		▲	△	△

续表

类别	归档文件	保存单位				
		建设单位	设计单位	施工单位	监理单位	城建档案馆
28	木结构防护剂试验报告	▲		▲	△	△
29	幕墙双组分硅酮结构胶混匀性及拉断试验报告	▲		▲	△	△
30	幕墙的抗风压性能、空气渗透性能、雨水渗透性能及平面内变形性能检测报告	▲		▲	△	△
31	外门窗的抗风压性能、空气渗透性能和雨水渗透性能检测报告	▲		▲	△	△
32	墙体节能工程保温板材与基层粘结强度现场拉拔试验	▲		▲	△	△
33	外墙保温浆料同条件养护试件试验报告	▲		▲	△	△
34	结构实体混凝土强度验收记录	▲		▲	△	△
35	结构实体钢筋保护层厚度验收记录	▲		▲	△	△
36	图护结构现场实体检验	▲		▲	△	△
37	室内环境检测报告	▲		▲	△	△
38	节能性能检测报告	▲		▲	△	▲
39	其他建筑与结构施工试验记录与检测文件					
	给水排水及供暖工程					
1	灌(满)水试验记录	▲		△	△	
2	强度严密性试验记录	▲		▲	△	△
3	通水试验记录	▲		△	△	
4	冲(吹)洗试验记录	▲		▲	△	
5	通球试验记录	▲		△	△	
6	补偿器安装记录			△	△	
7	消火栓试射记录	▲		▲	△	
8	安全附件安装检查记录			▲	△	
9	锅炉烘炉试验记录			▲	△	
10	锅炉煮炉试验记录			▲	△	
11	锅炉试运行记录	▲		▲	△	
12	安全阀定压合格证书	▲		▲	△	
13	自动喷水灭火系统联动试验记录	▲		▲	△	△
14	其他给水排水及供暖施工试验记录与检测文件					
	建筑电气工程					
1	电气接地装置平面示意图表	▲		▲	△	△
2	电气器具通电安全检查记录	▲		△	△	
3	电气设备空载试运行记录	▲		▲	△	△
4	建筑物照明通电试运行记录	▲		▲	△	△
5	大型照明灯具承载试验记录	▲		▲	△	

续表

类别	归档文件	保存单位				
		建设单位	设计单位	施工单位	监理单位	城建档案馆
6	漏电开关模拟试验记录	▲		▲	△	
7	大容量电气线路结点测温记录	▲		▲	△	
8	低压配电电源质量测试记录	▲		▲	△	
9	建筑物照明系统照度测试记录	▲		△	△	
10	其他建筑电气施工试验记录与检测文件					
	智能建筑工程					
1	综合布线测试记录	▲		▲	△	△
2	光纤损耗测试记录	▲		▲	△	△
3	视频系统末端测试记录	▲		▲	△	△
4	子系统检测记录	▲		▲	△	△
5	系统试运行记录	▲		▲	△	△
6	其他智能建筑施工试验记录与检测文件					
	通风与空调工程					
1	风管漏光检测记录	▲		△	△	
2	风管漏风检测记录	▲		▲	△	
3	现场组装除尘器、空调机漏风检测记录			△	△	
4	各房间室内风量测量记录	▲		△	△	
5	管网风量平衡记录	▲		△	△	
6	空调系统试运转调试记录	▲		▲	△	△
7	空调水系统试运转调试记录	▲		▲	△	△
8	制冷系统气密性试验记录	▲		▲	△	△
9	净化空调系统检测记录	▲		▲	△	△
10	防排烟系统联合试运行记录	▲		▲	△	△
11	其他通风与空调施工试验记录与检测文件					
	电梯工程					
1	轿厢平层准确度测量记录	▲		△	△	
2	电梯层门安全装置检测记录	▲		▲	△	
3	电梯电气安全装置检测记录	▲		▲	△	
4	电梯整机功能检测记录	▲		▲	△	
5	电梯主要功能检测记录	▲		▲	△	
6	电梯负荷运行试验记录	▲		▲	△	△
7	电梯负荷运行试验曲线图表	▲		▲	△	
8	电梯噪声测试记录	△		△	△	
9	自动扶梯、自动人行道安全装置检测记录	▲		▲	△	

续表

类别	归档文件	保存单位				
		建设单位	设计单位	施工单位	监理单位	城建档案馆
10	自动扶梯、自动人行道整机性能、运行试验记录	▲		▲	△	△
11	其他电梯施工试验记录与检测文件					
C7	施工质量验收文件					
1	检验批质量验收记录	▲		△	△	
2	分项工程质量验收记录	▲		▲	▲	
3	分部(子分部)工程质量验收记录	▲		▲	▲	▲
4	建筑节能分部工程质量验收记录	▲		▲	▲	▲
5	自动喷水系统验收缺陷项目划分记录	▲		△	△	
6	程控电话交换系统分项工程质量验收记录	▲		▲	△	
7	会议电视系统分项工程质量验收记录	▲		▲	△	
8	卫星数字电视系统分项工程质量验收记录	▲		▲	△	
9	有线电视系统分项工程质量验收记录	▲		▲	△	
10	公共广播与紧急广播系统分项工程质量验收记录	▲		▲	△	
11	计算机网络系统分项工程质量验收记录	▲		▲	△	
12	应用软件系统分项工程质量验收记录	▲		▲	△	
13	网络安全系统分项工程质量验收记录	▲		▲	△	
14	空调与通风系统分项工程质量验收记录	▲		▲	△	
15	变配电系统分项工程质量验收记录	▲		▲	△	
16	公共照明系统分项工程质量验收记录	▲		▲	△	
17	给水排水系统分项工程质量验收记录	▲		▲	△	
18	热源和热交换系统分项工程质量验收记录	▲		▲	△	
19	冷冻和冷却水系统分项工程质量验收记录	▲		▲	△	
20	电梯和自动扶梯系统分项工程质量验收记录	▲		▲	△	
21	数据通信接口分项工程质量验收记录	▲		▲	△	
22	中央管理工作站及操作分站分项工程质量验收记录	▲		▲	△	
23	系统实时性、可维护性、可靠性分项工程质量验收记录	▲		▲	△	
24	现场设备安装及检测分项工程质量验收记录	▲		▲	△	
25	火灾自动报警及消防联动系统分项工程质量验收记录	▲		▲	△	
26	综合防范功能分项工程质量验收记录	▲		▲	△	
27	视频安防监控系统分项工程质量验收记录	▲		▲	△	
28	入侵报警系统分项工程质量验收记录	▲		▲	△	
29	出入口控制(门禁)系统分项工程质量验收记录	▲		▲	△	
30	巡更管理系统分项工程质量验收记录	▲		▲	△	
31	停车场(库)管理系统分项工程质量验收记录	▲		▲	△	

续表

类别	归档文件	保存单位				
		建设单位	设计单位	施工单位	监理单位	城建档案馆
32	安全防范综合管理系统分项工程质量验收记录	▲		▲	△	
33	综合布线系统安装分项工程质量验收记录	▲		▲	△	
34	综合布线系统性能检测分项工程质量验收记录	▲		▲	△	
35	系统集成网络连接分项工程质量验收记录	▲		▲	△	
36	系统数据集成分项工程质量验收记录	▲		▲	△	
37	系统集成整体协调分项工程质量验收记录					
38	系统集成综合管理及冗余功能分项工程质量验收记录	▲		▲	△	
39	系统集成可维护性和安全性分项工程质量验收记录	▲		▲	△	
40	电源系统分项工程质量验收记录	▲		▲	△	
41	其他施工质量验收文件					
C8	施工验收文件					
1	单位(子单位)工程竣工预验收报验表	▲		▲		▲
2	单位(子单位)工程质量竣工验收记录	▲	△	▲		▲
3	单位(子单位)工程质量控制资料核查记录	▲		▲		▲
4	单位(子单位)工程安全和功能检验资料核查及主要功能抽查记录	▲		▲		▲
5	单位(子单位)工程观感质量检查记录	▲		▲		▲
6	施工资料移交书	▲		▲		
7	其他施工验收文件					
	竣工图(D类)					
1	建筑竣工图	▲		▲		▲
2	结构竣工图	▲		▲		▲
3	钢结构竣工图	▲		▲		▲
4	幕墙竣工图	▲		▲		▲
5	室内装饰竣工图	▲		▲		
6	建筑给水排水及供暖竣工图	▲		▲		▲
7	建筑电气竣工图	▲		▲		▲
8	智能建筑竣工图	▲		▲		▲
9	通风与空调竣工图	▲		▲		▲
10	室外工程竣工图	▲		▲		▲
11	规划红线内的室外给水、排水、供热、供电、照明管线等竣工图	▲		▲		▲
12	规划红线内的道路、园林绿化、喷灌设施等竣工图	▲		▲		▲
	工程竣工验收文件(E类)					
E1	竣工验收与备案文件					
1	勘案单位工程质量检查报告	▲		△	△	▲

续表

类别	归档文件	保存单位				
		建设单位	设计单位	施工单位	监理单位	城建档案馆
2	设计单位工程质量检查报告	▲	▲	△	△	▲
3	施工单位工程竣工报告	▲		▲	△	▲
4	监理单位工程质量评估报告	▲		△	▲	▲
5	工程竣工验收报告	▲	▲	▲	▲	▲
6	工程竣工验收会议纪要	▲	▲	▲	▲	▲
7	专家组竣工验收意见	▲	▲	▲	▲	▲
8	工程竣工验收证书	▲	▲	▲	▲	▲
9	规划、消防、环保、民防、防雷、档案等部门出具的验收文件或意见	▲	▲	▲	▲	▲
10	房屋建筑工程质量保修书	▲				▲
11	住宅质量保证书、住宅使用说明书	▲		▲		▲
12	建设工程竣工验收备案表	▲	▲	▲	▲	▲
13	城市建设档案移交书	▲				▲
E2	竣工决算文件					
1	施工决算文件	▲		▲		△
2	监理决算文件	▲			▲	△
E3	工程声像资料等					
1	开工前原貌、施工阶段、竣工新貌照片	▲		△	△	▲
2	工程建设过程的录音、录像资料(重大工程)	▲		△	△	▲
3	其他工程文件					

注：表中符号“▲”表示必须归档保存；“△”表示选择性归档保存。

附件3　石油化工项目交工技术文件编制指南

为了让本书读者，尤其是以本书为工具，组织或参与石油化工建设项目交工技术文件编制工作的文档工作者，在工作中可以得到参考和借鉴，特列入本章内容。

本指南是以《石油化工建设工程项目交工技术文件规定》SH/T 3503—2017 为项目交工技术文件主要编制标准，采用其他标准，如以其他行业标准、地方标准等为编制依据的项目，可依情况进行参考。

本指南所针对的石油化工项目为全厂性或大型石化项目，其他中小型工程、临时工程、大件吊装等项目也可以作为借鉴。为了全面反映交工技术文件全貌，本指南是从建设单位的角度，全面介绍了包括建设单位、监理单位在内，所有参建单位归档至建设单位文档控制管理中心的所有交工技术文件(建设档案)的编制、组卷及审查办法。

一、职责

1. 建设单位或项目管理单位

a）负责交工技术文件的接收。

b）对交工技术文件的形成、收集、编制、组卷、整理和交付等活动进行组织。

c）交工技术文件移交前，应对交工技术文件真实性、统一性、规范性、完整性、时效性、系统性做最终审查，审查合格后办理交接。

2. EPC 承包商

a）负责组织各分包商交工技术文件的编制、组卷和交付。分包商编制、组卷和整理范围内交工技术文件，交给 EPC 承包商汇总后，由 EPC 承包商向建设单位交付归档。

b）EPC 承包商对范围内交工技术文件的真实性、统一性、规范性、完整性、时效性和系统性负责。

c）EPC 承包商应严格执行承包合同和建设单位发布程序中有关文档管理的要求和标准。

3. 设计承包商：负责编制、交付竣工图卷。

4. 采购承包商

a）负责设备出厂文件的收集、整理和交付。确认设备出厂文件的合格、有效。

b）由采购承包商采购的材料，应由采购承包商将材料质量证明文件提交施工承包商进行整理、组卷及交付，采购承包商确认上述材料质量证明文件的合格、有效。

5. 施工承包商：负责范围内交工技术文件施工部分的编制，包括各专业工程材料质量证明文件、工程检测报告、工程设计变更一览表、工程联络单一览表的汇编(材料质量证明文件由施工单位编制的，采购单位不再组卷归档）。

6. 监理单位

a）监理负责组织对受控承包商交付文件真实性、统一性、规范性、完整性、时效性、系统性的审核，在交工技术文件编制及归档期间，重点对施工文件、竣工图进行审核与把关。

b）收集、整理监理工作中形成的文件并向建设单位进行交付归档。

7. 检测单位：负责无损检测报告和其他检测报告的编制，交由相关施工单位汇入其工程卷。

二、执行标准

1）GB/T 10609.3 技术制图、复制图的折叠方法。

2）GB/T 11821 照片档案管理规范。

3）GB/T 11822 科学技术档案案卷构成的一般要求。

4）GB/T 14689 技术制图图纸幅面和格式。

5）GB/T 18894 电子文件归档与电子档案管理规范。

6）GB 50300 建筑工程施工质量验收统一标准。

7）GB/T 50328 建设工程文件归档规范。

8）DA/T 22 归档文件整理规则。

9）DA/T 28 建设项目档案管理规范。

10）SH/T 3503 石油化工建设工程项目交工技术文件规定。

11）SH/T 3508 石油化工安装工程施工质量验收统一标准。

12）SH/T 3543 石油化工建设工程项目施工过程技术文件规定。

13）SH/T 3903 石油化工建设工程项目监理规范。

14）SH/T 3904 石油化工建设工程项目竣工验收规定。

15）重大建设项目档案验收办法（档发〔2006〕2 号）。

16）建设工程项目中有关铁路、公路、港口码头、电信、电站、35kV 以上送变电工程和油气田、长输管道等工程的交工技术文件内容按国家相关标准规定执行。

17）锅炉、压力容器、压力管道、起重机械、电梯等特种设备安装工程的交工技术文件内容除执行《石油化工建设工程项目交工技术文件规定》SH/T 3503 外，还应执行特种设备安全技术监察机构的规定。

18）土建工程中的钢结构、房屋建筑工程及其附属建筑电气、暖通、建筑智能化等交工技术文件内容应执行建设工程项目所在地建设行政主管部门的规定，设备基础、构筑物等工程交工技术文件内容执行《石油化工建设工程项目交工技术文件规定》SH/T 3503 标准。

19）监理资料按《建设工程监理规范》GB/T 50319、石化工程《石油化工建设工程项目监理规范》SH/T 3903、港口码头等水运工程《水运工程施工监理规范》JTJ 216、厂外供电及动力站《电力建设工程监理规范》DL/T 5434、铁路工程《铁路建设工程监理规范》TB 10402 等规范编制。

20）实际应用过程中还应遵循以下规定：

a）项目合同中针对交工技术文件的相关规定。

b）经建设单位和工程监理单位审批批准的单位工程项目文件收集、整理和交付规定。

c）建设单位编制的其他相关管理规定。

三、交工技术文件交付

工程项目文件归档范围符合《建设工程文件归档规范》GB/T 50328 中的附录 A“建筑工程文件归档范围”的要求。重大建设项目的归档范围还应符合《建设项目档案管理规范》DA/T 28 中的“建设项目文件归档范围和保管期限表”的要求，以及项目管理文件等有关规定。

设计单位：应在工程交工验收前，按合同约定的时间向建设单位交付纸质版和电子版竣工图。

采购、施工或 EPC 承包商：应在工程交工验收前向建设单位提交交工技术文件。

交工技术文件应交付建设单位两份(不含城建部分，具体份数按合同规定执行)，一正一副，正本应为原件，副本可为复制件；以电子版形式提供时，电子文件格式应符合国家及行业有关标准。

交工技术文件经审查验收合格后，建设单位应与 EPC 承包商、设计、采购、施工承包商共同签署“交工技术文件移交证书”，办理移交手续。

四、交工技术文件质量及装订要求

1. 通用质量要求

1）文件的内容及质量必须符合国家工程勘察、设计、施工、监理等方面的相关技术规范和标准。

2）归档的项目文件应为原件。

3）文件形成时，应完善文件审核签署手续。

4）文件的内容必须真实、统一、规范、完整、系统、且具有时效性，与工程实际相符合。

5）文件内容字迹清楚，图样清晰，图表整洁。

6）项目名称要统一、规范，避免自行发挥和缩减。

7）签章要求：

a）文件应采用耐久性强的书写材料，如黑色中性笔、碳素墨水、蓝黑墨水。不得使用易褪色的书写材料，如：红色墨水、纯蓝墨水、圆珠笔、复写纸、铅笔等。

b）签字盖章齐全完整。

c）文件批示、签署字迹清楚、易于辨认。不宜使用艺术字或简写。不能超出格外、框外。

d）批示、意见、签署、等级评定等应手签，不能机打和复制。文件意见栏不能为空，如无填写内容，则填写“无”或“/”。

e）加盖印章时要做到印记端正、清晰；用力均匀平稳；盖章跨年月日，上 2/3，下 1/3，左右居中。禁止印章不全或印章层叠。

8）纸张要求：

a）文件中文字材料幅面尺寸规格宜为 A3 或 A4 幅面。

b）图纸宜采用国家标准图幅。

ⅰ. 图幅尺寸及代码见表附件 3-1。

表附件 3-1 图幅尺寸及代码

序号	图幅代码	尺寸/mm	序号	图幅代码	尺寸/mm
1	A0	1189×841	4	A3	420×297
2	A1	841×594	5	A4	297×210
3	A2	594×420			

ⅱ. 原则上所有图纸采用 A2 以上图幅，文表采用 A4。当 A2 或 A4 不能很好表达设计意图时，可采用上述图幅中的其他规格。采用非上述图幅规格的图纸，应先征得建设单位书面同意。

c）项目文件的纸张应采用能够长期保存的韧力大、耐久性强的纸张。使用 A3 或其他规格的纸张时，纸张需折叠成 A4 大小。纸张要求 $75g/m^2$ 及以上(图纸除外)。

9）项目文件页边距要求：

a）竖排版的文件左边距 25mm、上边距 20mm、右边距 20mm、下边距 20mm、装订线位置在左侧。

b）横排版的文件左边距 20mm、上边距 25mm、右边距 20mm、下边距 20mm、装订线位置在上部。

c）竣工图页边距应执行《技术制图图纸幅面和格式》GB/T 14689 的规定。

10）打印、复印要求：

a）除计划、方案等单份文件由多页组成的管理类文件可双面打印，其余文件均单面打印。

b）纸质文件复印时应保证文件图文上下左右居中对齐，如无特殊需要，版面图文的颜色均为黑色，做到均匀清晰，杜绝漏印、倒印等问题发生。

c）凡由易褪色材料(如复写纸、热敏纸等)形成的并需要归档保存的文件，应附一份复印件(原件在上，复印件在下，页码相同)。

d）复印、打印文件及照片的字迹、线条和影像的清晰及牢固程度应符合设备标定质量的要求。

11）《石油化工建设工程项目交工技术文件规定》SH/T 3503 附录 A～附录 H 所列表格中表头左侧栏内的字号为标准黑体五号字；表头中部表格名称为宋体加粗三号字；其他各栏文字为标准宋体五号字；录入文字为五号楷体。

12）各类计划、方案等资料要编制页码，装订不能胶装，要便于复印。

13）请示与批复要一起归档。

14）文件要保持页面整洁，禁止在文件正面及背面涂写与文件无关内容。

2. 施工文件质量要求

1）使用国标、行标等标准表格时，不应添加页眉、页脚(公司名称、项目名称等)。

2）施工表格未经质量监督部门允许严禁私自进行改动。

3）施工表格应填写完整、签署齐全。

4）文件由代理人代签，必须有委托文件，并对委托文件进行归档。严禁超出委托时间及范围签批文件。

5）施工表格的内容采用计算机打印时，宜采用不同于栏目名称字体的五号标准楷体字；栏目较小时，可适当缩小字号，但不能小于小五号；书写时，字体应清晰、工整，不得涂改；表格内顺序号使用阿拉伯数字从 1 开始连续编写。

6）施工过程中因记录内容过多，表格一页容纳不下内容时，次页也应添加表头，表格应满页。

3. 图纸及设计变更质量要求

1）设计变更要有变更要点或变更主题。

2）与图纸有关的设计变更要标明图纸编号。

3）图纸目录与文件的编码、名称、页数要一一对应。

4）图纸文件必须由设计/编制、审核等人员签名，原则上名字应具有机打及手写(可使用电子签名)两种形式。

5）电子版图纸要每一个编码对应一个文件。不能将文件合并成一个，同时应提供可编辑版目录。

6）图纸应清晰整洁。

4. 检测报告质量要求

1）检测报告文件编制及格式应符合档案管理要求(重点关注文件的页边距，装订边过小，装订时会损坏到文件内容)。

2）检测报告文件应为原件。

3）检测报告和管道无损检测结果汇总表应符合下列规定：

a）设备无损检测报告应按设备位号编制，应有焊缝编号(射线检测报告还应有片位号)、焊工代号、返修及扩探等可追溯性标识，并附检测位置示意图。

b）管道无损检测结果汇总表应按管道编号编制，应有焊缝编号、固定焊焊接位置标记、焊工代号、返修及扩探等可追溯性标识。

c）材料、配件的检测报告按材料、配件的种类编制，应有质量证明文件编号、炉/批号、检件编号等可追溯性标识。

5. 制造厂商文件质量要求

1）纸版文件质量要求：

a）所有制造厂商最终图纸资料除签署外，文件资料中不应有手写痕迹。

b）复印件应为黑白件，不可使用深褐色油墨，避免采用深色纸张(尤其是红色纸张)。

c）所有终版制造厂商文件不允许有修改痕迹，终版制造厂商文件需有签字和单位公章(应加盖鲜章)。

d）制造厂商应提供全套设备技术文件，含配套设备/配件供货商提供的文件。

e）制造厂商应将其所有的制造厂商文件装订成册(优选 A4 幅面大小，图纸按规范折叠)。

f）每份制造厂商资料应有终版标识，如加盖“终版”章；文件封面包含：订单号、设备号、设备/材料名称、建设单位名称、项目名称、制造厂商标识和名称。

g）对于有位号的单台设备，制造厂商手册应根据每台设备单独汇总成册。

2）电子版文件质量要求：

a）一般情况下，制造厂商只需交付带签字的PDF文件，如合同中规定还需交付可编辑版文件，可编辑版图纸采用AutoCAD（推荐），文档采用Word/Excel。质量证明文件等无法提供可编辑版的文件，应提交其PDF格式的扫描件，图片文件应提交jpg等格式文件。

b）提交可编辑版文件需遵从以下规则：必须采用标准AutoDesk交付字体；所有嵌入式文件的链接或参考文件必须捆绑在图纸图块中。

c）制造厂商提交的电子版文件应与纸版文件一致。

d）每个电子版文件只允许含有一个文件编号的文件，每个有独立文件编号的文件只能作为一个电子文件提交，不允许一个电子文件中含有多个文件编号的文件，一个文件编号的文件也不能分为两个及以上的电子文件提交（附件除外；特殊情况可以将文件放入一个文件夹进行打包）。

6. 交工技术文件质量要求

1）建设单位应统一各类文件标准模板，要求各参建单位按模板编制文件。

2）签字不能代签。

3）文件中意见、总结、等级评定应手签。

4）组卷时不能出现隐蔽工程卷或地基验槽卷、射线报告卷等。按单位工程组卷。

5）资料中有复印件时，需在复印件上注明原件存放单位和复印人，加盖原件存放单位公章。

6）外文资料要将文件封面及目录翻译成中文。格式与原文相同。

7）各卷文件命名不能只用第几分卷，应尽量概括描述卷内文件内容，以便查找。

8）铁路、公路、码头、电力、电信等资料应按各行业的行业标准进行组卷。

9）交工技术文件组卷过程中，报审文件需附带报审表（报审表在前，文件在后）。

10）交工技术文件的文字资料应用计算机编制打印（资料形成单位的记录及结论用计算机打印，其他会签单位的结论及签字、资料形成单位相关人员的签字全部为手写完成）。

11）交工技术文件表格的栏目应填写齐全，不需填写的栏目应用“无”或“/”表示。当汇总表等栏目内填写内容较少、不满整页时，在最后一行文字下面填写“以下空白”词句进行封闭。

12）表格内的签名栏，若需有职业资格的人员（如监理工程师、岩土工程师、建筑师、结构师、建造师、造价师等）签名时，应本人签字后再加盖执业资格章；其他人员应本人签字。

13）表格中的签署意见栏中，应填写明确的检查验收意见，如：“检查合格，符合设计/××××标准要求。”若需参建单位加盖公章，应加盖其行政章或经过建设单位备案的该单位的项目印章。

14）表格填写和签名，应在检查验收、检测试验、调试调校、交付接收等工作完成后立即进行，当场填写意见并签名。

15）交付份数按合同执行。一般情况下，一套为正本，其他为副本（副本文件中除第三方质量证明等文件外，其他施工过程中形成的文件建议为原件），竣工图应为蓝图加盖鲜章并进行签署的原件。归档的项目文件、工程档案要求完整、成套、准确、系统。要字迹清楚、图表整洁、技术数据可靠、签字手续完备，不得使用易褪色的书写材料书写、绘制。应记述和反映项目的规划、设计、施工及竣工验收的全过程；真实记录和准确反映项目建设过程和竣工时的实际情况，图物相符；文件质量符合项目文件质量要求；严禁涂改、伪造。

16）项目文件的内容及其专业技术要求必须符合国家有关工程勘察、设计、施工、监理、石化行业等方面的技术规范、标准和规程。

17）工程联络单中包含与设计有关的内容时，工程联络单应与设计变更一同归档。

18）案卷内不允许有金属物。

19）长期存储的电子文件应使用不可擦除型光盘及U盘、硬盘等。电子文件质量应符合相关规范。

20）录音录像文件应保证载体的有效性。

21）监理日志机打、手写均可，需保证真实准确，且应手写签名。

22）设备文件：同一单项工程同一厂家采购多台相同设备时，这些设备可以组成一卷，但每台设备的合格证、装箱资料、设备验收资料应齐全；使用手册、安装手册、安装简图等可共用一套。

五、交工技术文件组卷（承包单位）

1. 组卷说明

建设工程项目交工技术文件承包单位编制部分按单项工程或单位工程分专业汇编。

建设工程项目交工技术文件承包单位组卷一般分为：综合卷、土建工程施工卷、设备安装工程施工卷、管道安装工程施工卷、电气安装工程施工卷、仪表安装工程施工卷、材料质量证明卷（部分项目将材料质量证明文件组卷至上述施工专业卷中）、竣工图卷、设备出厂资料卷和声像资料卷（非必须，按项目要求编制）。不同的工程由于施工内容不同，故其组卷构成有所差异。例如：变电所工程通常只有：综合卷、土建工程卷、电气安装工程卷、材料质量证明卷、竣工图卷、设备出厂资料卷和声像资料卷（如需要）。

2. 交工技术文件组卷框架（见图附件3-1）

3. 综合卷

建设工程项目均应编制综合卷。实行EPC工程总承包的综合卷由EPC承包商编制，未实行EPC工程总承包由多家施工承包商参建的项目由监理单位编制，未实行工程总承包只有一家施工承包商的由施工承包商编制。

文件宜按时间及工程进展顺序组卷。

按单项工程（装置）编制，根据内容的多少，可组成一卷或多卷，案卷包含：

1）交工技术文件封面（SH/T 3503—J101A或B）。

2）交工技术文件目录（SH/T 3503—J103）（卷/册目录）。

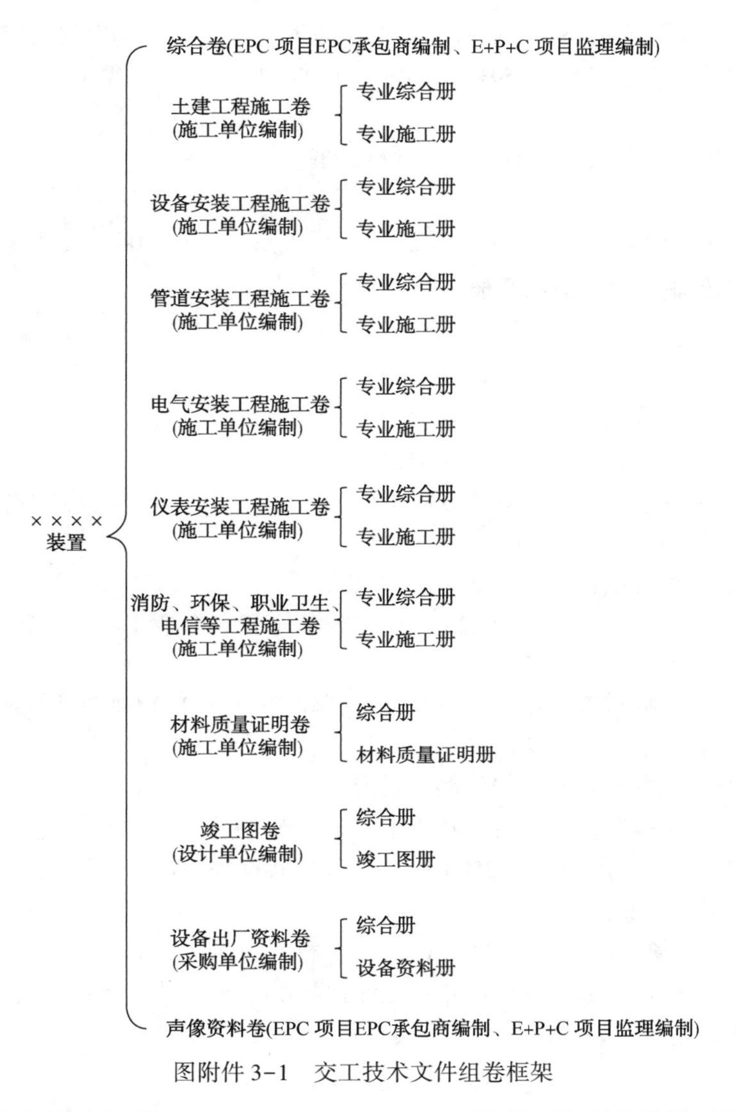

图附件 3-1　交工技术文件组卷框架

3）交工技术文件总目录（SH/T 3503—J102）（本工程项目所有文件资料目录）。

4）交工技术文件说明（SH/T 3503—J104）。

5）综合性工程技术专题洽商记录。

6）项目经理及项目印章授权文件。

7）单位工程划分表。

8）施工图会审记录。

9）设计交底记录。

10）主要会议纪要。

11）工程施工开工报告（SH/T 3503—J105A 或 B）（指工程总体开工报告，如有）。

12）单位工程质量验收记录（分部工程和分项工程质量验收记录编入专业工程施工综合册）。

13）工程中间交接证书(SH/T 3503—J106A 或 B)(指工程总体中间交接证书，如有)。

14）重大质量事故处理报告(SH/T 3503—J109)(如发生，必须加盖公章，不可以加盖项目部章)。

15）其他一些应归入综合卷中的文件材料(如施工总结)。

16）……

注：工程交工验收证书、交工技术文件移交证书按 SH/T 3904 规定签署，单独办理。

4. 各专业工程施工卷专业综合册

放置各专业的综合性文件。

案卷包含：

1）交工技术文件封面(SH/T 3503—J101 A 或 B)。

2）交工技术文件目录(SH/T 3503—J103)(本册目录)。

3）交工技术文件总目录(SH/T 3503—J102)(指本专业工程施工卷的文件总目录，应放第一册中。视建设单位要求添加)。

4）交工技术文件说明(SH/T 3503—J104)。

5）工程施工开工报告(SH/T 3503—J105A 或 B)(指各专业工程开工报告，即施工单位提交监理审查的专业工程开工报告)。

6）工程质量事故处理方案报审表及批复(SH/T 3903 A. 12)(如发生)。

7）合格焊工登记表及焊工资料。

8）无损检测人员登记表及无损检测人员资料。

9）工程设计变更一览表(SH/T 3503—J110)及设计变更单(本专业)。

10）工程联络单一览表(SH/T 3503—J111)及工程联络单(本专业)。

11）工程质量评定文件。

12）工程竣工报验单(SH/T 3903—A. 1 0)。

13）工程中间交接证书(SH/T 3503—J106A 或 B)(不同专业间的交接证书，一般用于两个不同施工单位之间，如土建单位交安装单位)。

14）……

5. 土建工程施工卷专业册

宜按单位工程、分部工程、分项工程顺序组卷。

卷内文件应按施工物资材料、施工记录、施工试验记录、过程质量验收记录等文件顺序排列。

案卷包含：

1）交工技术文件封面(SH/T 3503—J101 A 或 B)。

2）交工技术文件目录(SH/T 3503—J103)(本册目录)。

3）交工技术文件说明(SH/T 3503—J104)。

4）本专业的施工记录和检测报告、试验报告、安装记录等(优先采用 SH/T 3503 相关专业表格，不适用的工程采用监理和质量监督部门确定的相应表格)。

5）施工质量验收记录(SH/T 3503、SH/T 3508、GB 50300 等标准规范及专业表格)。

6）设备材料代用单。

7）……

6. 设备安装工程施工卷专业册

宜按单位工程、分部工程、分项工程顺序组卷，动、静设备分别组卷。

整体到货的设备，卷内文件应按设备类别、位号、施工工序顺序组卷。每台(组)设备按设备开箱、基础复测、设备安装、垫铁隐蔽、检测、试验、内件安装、隐蔽验收、单机试车(动设备)等工序形成的记录、报告的顺序汇集成卷。同设备的附属设备、附属设施、脱脂、防腐、保温、保冷及隔热耐磨衬里等施工文件宜一并编入主设备施工卷。

现场组焊的锅炉、工业炉、压力容器、储罐等设备施工文件应单台组卷。

大型机组现场组装的施工文件及成套设备现场安装的施工文件应单独组卷。

设备的保温、保冷、脱脂、防腐及隔热耐磨衬等施工工程由专项施工单位施工的，可由专项施工单位按单位工程、分部工程、分项工程顺序将施工文件单独整理组卷，提交建设单位或汇总到设备安装工程卷中。

案卷包含：

1）交工技术文件封面(SH/T 3503—J101 A 或 B)。

2）交工技术文件目录(SH/T 3503—J103)(本册目录)。

3）交工技术文件说明(SH/T 3503—J104)。

4）本专业的施工记录和检测报告、试验报告、安装记录等(优先采用 SH/T 3503 相关专业表格，不适用的工程采用监理和质量监督部门确定的相应表格)。

5）施工质量验收记录(SH/T 3503、SH/T 3508、GB 50300 等标准规范及专业表格)。

6）设备材料代用单。

7）……

7. 管道安装工程施工卷专业册

管道安装施工文件宜按试压包组卷，且试压包的内容应包括流程图、轴测图、管道焊接工作记录、管道焊接接头热处理报告、硬度检测报告、金属材料化学成分分析检验报告、管道无损检测结果汇总表、管道无损检测数量统计表、管道系统压力试验条件确认记录、管道系统压力试验记录，管道试压包一览表按管道编号排列顺序填写并置于案卷中。

管道组成件验证性和补充性检验记录、阀门试验确认表、安全阀调整试验记录、弹簧支/吊架安装检验记录、管道补偿器安装检验记录、安全附件安装检验记录、管道静电接地测试记录、管道焊接接头热处理曲线、管道系统泄漏性/真空试验条件确认与试验记录及管道吹扫/清洗检验记录等管道安装施工文件等，如不便于列入试压包，可分类汇编组卷。

施工单位应按管道编号确认管道焊接接头实际无损检测比例，在管道轴测图或焊缝布置图上标识焊缝编号、施焊焊工代号、固定口位置、检测焊缝位置及无损检测种类、返修标识，也可在轴测图空白处集中标识或附表。

管道安装工程中的防腐、保温、保冷等施工文件宜单独组卷。防腐、保温、保冷、脱指等单独委托施工的，应单独组卷提交。

无损检测单位应出具无损检测报告，交相关施工单位。管道工程无损检测报告可用无损检测结果汇总表代替。

案卷包含：

1）交工技术文件封面(SH/T 3503—J101 A或B)。

2）交工技术文件目录(SH/T 3503—J103)(本册目录)。

3）交工技术文件说明(SH/T 3503—J104)。

4）本专业的施工记录和检测报告、试验报告、安装记录等(优先采用SH/T 3503相关专业表格，不适用的工程采用监理和质量监督部门确定的相应表格)。

5）施工质量验收记录(SH/T 3503、SH/T 3508、GB 50300等标准规范及专业表格)。

6）设备材料代用单。

7）……

8. 电气安装工程施工专业册

安装检验(质量验收)记录、隐蔽工程记录及接地电阻测量记录等文件宜按单位工程、分部工程、分项工程顺序整理，按供配电系统设备、系统位号、安装工序等顺序组卷。

案卷包含：

1）交工技术文件封面(SH/T 3503—J101 A或B)。

2）交工技术文件目录(SH/T 3503—J103)(本册目录)。

3）交工技术文件说明(SH/T 3503—J104)。

4）本专业的施工记录和检测报告、试验报告、安装记录等(优先采用SH/T 3503相关专业表格，不适用的工程采用监理和质量监督部门确定的相应表格)。

5）施工质量验收记录(SH/T 3503、SH/T 3508、GB 50300等标准规范及专业表格)。

6）设备材料代用单。

7）……

9. 仪表安装工程施工专业册

仪表安装工程中的调试记录、安装检验记录宜按单位工程、分部工程、分项工程顺序整理，按控制、检测回路位号顺序组卷或仪表控制系统安装文件单独组卷。

案卷包含：

1）交工技术文件封面(SH/T 3503—J101 A或B)。

2）交工技术文件目录(SH/T 3503—J103)(本册目录)。

3）交工技术文件说明(SH/T 3503—J104)。

4）本专业的施工记录和检测报告、试验报告、安装记录等(优先采用SH/T 3503相关专业表格，不适用的工程采用监理和质量监督部门确定的相应表格)。

5）施工质量验收记录(SH/T 3503、SH/T 3508、GB 50300等标准规范及专业表格)。

6）设备材料代用单。

7）……

10. 材料质量证明卷

按建设工程项目划分的单位工程组卷；同一单位工程材料质量证明文件按品种、规格、材质类别顺序组卷。卷内文件宜按报审表、自检、质量证明、检测、试验等文件汇集成卷。

材料质量证明卷文件册数较多时，应设立综合册，册数较少未设立综合册的应在交工技术文件说明内进行说明，并将综合管理文件归入第一册。

材料质量证明文件报审时，施工单位应编制《SH/T 3503—J132-1 材料质量证明文件一览表》，必要时添加《SH/T 3503—J132-2 材料质量证明文件一览表(续)》。材料质量证明文件按品种、规格、材料类别区分，与报审表、材料质量证明文件一览表、开箱检验记录、自检结果表一起组卷。

当不设立综合册时，案卷包含：

1）交工技术文件封面(SH/T 3503—J101 A 或 B)。

2）交工技术文件目录(SH/T 3503—J103)(本册目录)。

3）交工技术文件说明(SH/T 3503—J104)。

4）发放领用登记表一览表(如设综合册，应归入综合册)。

5）材料发放领用登记表(如设综合册，应归入综合册)。

6）重大质量事故处理报告(如设综合册，应归入综合册)。

7）材料质量证明文件一览表(SH/T 3503—J132-1/2)。

8）报验申请表(SH/T 3903—A.4)、材料、设备质量证明文件一览表(SH/T 3543—G114)、材料质量证明文件原件(供货单位提供的原件)。

9）……

11. 竣工图卷

1）设计单位负责竣工图的编制和交付(SH/T 3503)。

2）竣工图组卷(以下两种方式皆可，二选一，项目应统一规定)：

a）宜按设计文件目录顺序组卷(SH/T 3503)(优选)。

b）竣工图应依据工程技术规范按单位工程、分部工程、专业组卷，并配有竣工图组卷说明和图纸目录(DA/T 28)。

3）竣工图应按 GB/T 10609.3 统一折叠成手风琴式 A4 幅面，图标栏应外露(SH/T 3503)。

4）竣工图页边距应执行 GB/T 14689 的规定(SH/T 3503)。

5）竣工图标识(SH/T 3503)：

a）竣工图绘制依据为原施工图、已经实施完成的设计变更通知单等工程变更信息；

b）在石油化工行业，一般采用重新绘制竣工图的方式编制竣工图，签署栏中的版次号标注为 J 版(以竣工图“竣”字汉语拼音第一个字母大写为标识)。

6）竣工图应真实、准确、统一、规范、完整、清晰，真实反映项目竣工时的实际情况。

7）竣工图编制说明的内容应包括：竣工图涉及的工程概况、编制单位、编制人员、编制时间、编制依据、编制方法等(DA/T 28)。

8）标准图、通用图：

a）同一建筑物、构筑物重复的标准图、通用图可不编入竣工图中，但应在图纸目录中列出图号，指明该图所在位置并在竣工图编制说明中注明；不同建筑物、构筑物应分别编制竣工图(DA/T 28)。

b）通用图、标准图可放入相应项目文件中或单独组卷。其他涉及这些通用图、标准图的项目，应在卷内备考表中注明并标注通用图、标准图的图号和档号(GB/T 11822)。

9）签字、盖章(DA/T 28)：

a）行业规定设计单位编制或建设单位、施工单位委托设计单位编制竣工图，应在竣工图编制说明、图纸目录和竣工图上逐张加盖并签署竣工图审核章，见图附件 3-2。

b）特殊情况需加盖竣工图章时，见图附件 3-3。竣工图章、竣工图审核章应使用红色印泥，盖在标题栏附近空白处。

c）竣工图章、竣工图审核章中的内容应填写齐全、清楚，应由相关责任人签字，不得代签；经建设单位同意，可盖执业资格印章代替签字。

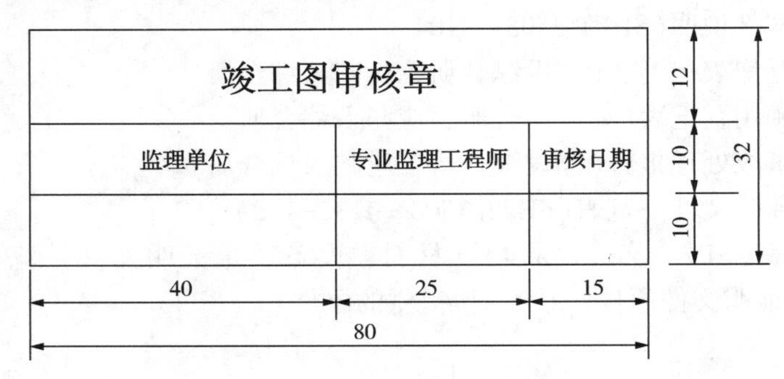

图附件 3-2　竣工图审核章

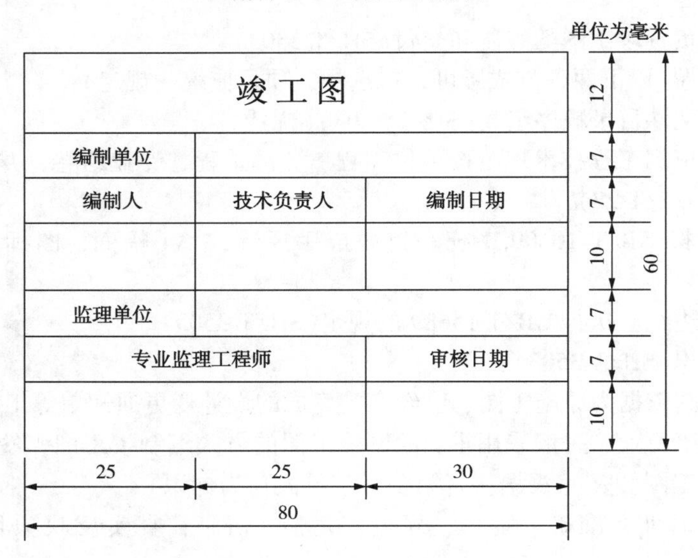

图附件 3-3　竣工图章

10）图纸变更主体修改部位采用云图标识示意，利于变更部位查询(建议)。

11）竣工图放入符合国家标准统一规定样式的档案盒内，可不进行装订，每卷厚度宜在 40mm 以内，且标题栏必须露在最外面(已验收项目经验)。

竣工图卷综合册：

a）交工技术文件封面(SH/T 3503—J101 A 或 B)。

b）交工技术文件目录(SH/T 3503—J103)(本册目录)。

c）交工技术文件总目录（SH/T 3503—J102）。

d）交工技术文件说明（SH/T 3503—J104）。

e）其他需要归入综合册的内容。

注：交工技术文件移交证书（竣工图）是否放入按建设单位规定执行；如本册内容较少，可合并至专业册。

竣工图卷各专业册：

a）交工技术文件封面（SH/T 3503—J101 A 或 B）。

b）交工技术文件目录（SH/T 3503—J103）（本册目录）。

c）交工技术文件说明（SH/T 3503—J104）。

d）竣工图。

注：竣工图可按设计文件规定的单元工程或按建设工程项目划分的单位工程组卷，也可按设计文件目录顺序组卷。

12. 设备出厂资料卷

1）设备出厂资料应独立组卷。

2）按单台或成套采购的设备，宜单台或成套设备组卷：一个案卷内的文件装订方式，可根据文件成卷实际情况灵活选择按卷装订或按件装订；一个案卷内的文件构成可简化，即案卷内容为：案卷封面、卷内目录、设备出厂技术资料、备考表。

3）设备出厂质量证明文件、设备使用维护说明书、图纸等技术资料应归档原件，且应按设备开箱检验记录、设备出厂质量证明文件、设备使用维护说明书、图纸的顺序排列，归档组卷时可不做拆分或合并装订。

4）外文出厂资料的标题、目录需翻译成中文。

5）一般情况下，设备出厂资料是成套或印刷成册，自成一卷的文件，可保持原来的案卷及文件排列顺序、装订形式。设备存在质量问题在施工现场进行整改的，相关整改及验收文件应一并编入。

6）设备出厂资料的案卷编目、装订参照施工文件及竣工图的案卷编目与装订要求。

a）平行承发包（E+P+C）项目的设备出厂资料，由采购单位整理。

b）工程总承包（EPC）项目的设备出厂资料，由 EPC 承包商整理。

c）采购施工总承包（PC）项目的设备出厂资料，由采购施工承包商整理。

7）EPC 承包商或采购单位/部门完成设备出厂资料的收集、整理后，将其提交建设单位项目管理部门，由建设单位项目管理部门（或机械/生产部门）对设备出厂资料案卷质量进行审核后，向建设单位档案管理部门归档。

8）每盒文件有多份文件时，按件进行标识（加盖件号章）。

9）设备卷内目录的填写：

a）一个档案盒（资料夹）内只有一册设备资料，卷内目录只填写本册资料名称。

b）一个档案盒（资料夹）中有多册设备资料的，列出每册资料的题名，每盒（夹）中设备资料按件统计，件数与卷内目录的序号要相同。

设备出厂资料卷综合册：

1）交工技术文件封面（SH/T 3503—J101 A 或 B）。

2）交工技术文件目录(SH/T 3503—J103)(本册目录)。

3）交工技术文件说明；(SH/T 3503—J104)。

4）设备出厂资料清单。

5）其他相关文件。

6）交工技术文件移交证书(SH/T 3503—J108A 或 B)(是否放入按建设单位规定执行)。

设备出厂资料卷设备资料册：

1）交工技术文件封面(SH/T 3503—J101A 或 B)。

2）交工技术文件目录(SH/T 3503—J103)(本册目录)。

3）交工技术文件说明(SH/T 3503—J104)。

4）设备出厂资料。

13. 声像资料卷

声像资料卷分照片册及录音录像册，录音录像册无纸质文件，照片册视建设单位要求决定是否有纸质文件。

(1) 建设项目交工技术文件声像资料卷归档主要内容。

a）开工前的原址、原貌；

b）开工典礼；

c）主体工程施工状况，如地基及基础工程、隐蔽工程、重要设备安装；

d）工程施工组织、工程质量检查、工程质量缺陷及质量事故处理情况；

e）采用新材料、新技术、新工艺的施工情况；

f）工程建设过程中的重要会议、领导视察、主要关键点、节点、仪式等及其他重要活动；

g）竣工验收的验收会及现场检查情况、竣工后的新貌(室内外及周边环境)等。

(2) 照片册。

1）照片文件编制要求：

a）照片册由封面、目录、说明和若干芯页组成。芯页按照《照片档案管理规范》GB/T 11821 附录 C 的格式编制。芯页以 30 页左右为宜，有活页式和定页式(首选)两种。

b）反映同一场景的照片一般只归档 1 张，反映同一事由的照片原则上归档不超过 5 张，重大事项原则上不超过 10 张。

c）照片册纸版照片按工程项目单独组卷装订。

d）照片册电子版需要将可编辑版、扫描版及电子照片一同放入光盘中进行交付。

e）照片册所用纸张应为铜版纸或相纸。

f）主题明确、画面清晰完整、色彩还原准确、未加修饰裁剪、被摄主体不能有明显失真变形现象。

g）照片一般按工程项目(单项工程、单位工程、装置单元等)、分部分项(问题、专业等)划分，按形成时间(最近一张的形成时间)，结合重要程度排列(时间相同时)。专业排序为：建筑工程、设备安装、管线安装、电气安装、仪表安装等。

h）各参建单位(EPC 承包商、施工单位、监理单位及相关单位)完成建设项目照片的拍摄、收集、整理、组卷，将其提交建设单位项目管理部门，由建设单位项目管理部门进行审核后，向建设单位档案管理部门归档。

2）照片说明的填写：

a）说明的格式：说明应采用横写格式，分段书写。其格式如下：

题名：

照片号：

参见号：

时间：

摄影者：

文字说明：

b）说明的内容：题名应简明概括、准确反映照片的基本内容，人物、时间、地点、事由等要素尽可能齐全。

c）照片号：按建设单位要求进行编制，如无要求可以自行编制。（可参考如下编码形式：项目号—装置/系统单元号—ZP—流水号）

d）参见号：指与本张照片有密切联系的其他档案的档号。

e）照片拍摄时间：用8位阿拉伯数字表示，第1至4位表示年，第5至6位表示月，第7至8位表示日。

示例：2020年3月2日，写作：20200302

f）摄影者：一般填写个人，必要时可加写单位。

g）文字说明：

ⅰ）应综合运用事由、时间、地点、人物、背景、摄影者等要素，概括揭示照片影像所反映的全部信息；或仅对题名未及内容做出补充。其他需要说明的事项亦可在此栏表述。

ⅱ）一组（若干张）联系密切的照片按顺序排列后，可拟写组合照片说明。采用组合照片说明的照片，其单张照片说明可以从简。

ⅲ）组合照片说明应概括揭示该组照片所反映的全部信息内容及其他需要说明的事项。

ⅳ）应在组合照片说明中指出所含照片的起止张号和数量。

ⅴ）反映同一主题的一组照片应在照片题名、照片号、文字说明或使用其他关联符号，以表示其是一组相互关联的照片。

声像资料卷照片册：

a）交工技术文件封面（SH/T 3503—J101 A或B）。

b）交工技术文件目录（SH/T 3503—J103）（本册目录）。

c）交工技术文件说明（SH/T 3503—J104）。

d）照片文件。

（3）录音录像册

1）录音录像文件编制要求

a）录音录像册由封面、目录、说明和录音录像文件组成，均应提供电子版文件。

b）录音录像文件应客观、系统地反映主题内容，画面完整、端正，声音和影像清晰。

c）录音录像文件分为两种形式：一种是经摄录设备直接形成的录音录像文件应收集、保存；另一种是间接形成的，以摄录设备直接形成的录音录像文件为素材，遵循活动时序与客观事实编辑制作的录音录像文件应收集、保存。

d）关于同一工作活动的录音录像电子文件应存储在同一个文件夹中。

e）有多件录音录像电子文件反映相同场景或主题内容的，应挑选一件影像清晰、人物端正、声音清楚、画面构图平衡的进行收集、归档。

f）应以通用或开放格式收集、存储并归档录音录像电子文件。录音电子文件归档格式为WAV、MP3、AAC等，音频采样率不低于44.1kHz。录像电子文件归档格式为MPG、MP4、FLV、AVI等，视频比特率不低于8Mbps，珍贵的录像电子文件可收集、归档一套MXF格式文件。

g）以件为管理单位整理录音录像电子文件，整理结果应能保持录音录像电子文件之间的内在有机联系，通过规范命名、著录等建立录音录像电子文件与目录数据之间的一一对应关系，便于利用和长期保存。

h）应按录音录像文件记录的工作活动时间顺序排列录音录像文件记录载体，按照规则为其编号并标示。

2）基本著录项：

对每一件应归档的录音录像电子文件使用XLS格式通用电子表格进行著录，对录音录像文件记录的工作活动进行描述。著录格式按照《录音录像类电子档案元数据方案》DA/T 63中相应元数据的著录说明执行。基本著录项如下：

题名：

录音录像号：

参见号：

摄录日期：

摄录者：

时间长度：

计算机文件大小：

文字说明：

著录项填写说明及要求：

a）题名：能揭示录音录像文件中心主题的标题或名称。

b）录音录像号：按建设单位要求进行编制，如无要求，一般按照"项目号—装置/系统单元号—LY—流水号"形式编制。

c）参见号：与录音录像文件密切关联的其他档案的档号。

d）摄录日期：录音录像文件的录制或拍摄日期，著录格式为yyyy-mm-dd或yyyymmdd。

e）摄录者：录音录像文件的录制者或拍摄者及其工作单位名称。

f）时间长度：录音录像文件持续时间的数量，以小时、分、秒为计量单位，著录格式为hh：mm：ss。

g）计算机文件大小：录音录像电子文件的字节数。

h）文字说明：著录工作活动、重要会议、重大事件等的主要内容，包括名称、起始日期、地点、主要人物、主要议程或过程、结果等；同一项工作活动中形成的多件录音录像文件的著录内容相同。

声像资料卷录音录像册：

a）交工技术文件封面（SH/T 3503—J101 A 或 B）。

b）交工技术文件目录（SH/T 3503—J103）（本册目录）。

c）交工技术文件说明（SH/T 3503—J104）。

d）录音录像文件。

14. 特殊工程组卷

（1）大件吊装　大件吊装资料按单项工程组卷，如由同一单位施工，可共用综合卷，其余文件按单项工程单独成卷。

编制要求：

1）综合资料编制在综合卷。

2）按单项工程进行组卷。

3）每一吊装需有完整吊装方案、吊装记录等文件。

4）印章及项目经理授权书。

5）企业、机械、设备、人员资质齐全。

6）声像资料卷应包含每一吊装过程的重要环节及吊装完毕的照片、录像、录音等。

（2）小型项目（或临时工程）：

1）小型项目（或临时工程）施工项目组卷，原则上与其他装置组卷方式相同。

2）因为项目较小，文件量少，可以适当进行合并。合并原则为：

a）两卷或多卷内容均不足一卷，可合并成一卷。

b）专业卷按土建、设备、管道、电气、仪表顺序进行合并。

c）施工专业综合册、专业册可合并为一册。

d）竣工图卷独立成卷（如图纸可与其他交工技术文件一起厚度不足 4cm，可合并编制为一卷）。

小型项目文件组卷应包括：

1）项目印章及项目经理授权文件。

2）企业资质。

3）管理人员资质。

4）特种作业人员资质。

5）施工组织设计及批复文件。

6）单位工程划分表。

7）开工报告。

8）工程变更。

9）施工记录文件。

10）设备、材料质量证明文件。

11）检测记录文件。

12）工程实物量交接清单（如有）。

13）工程质量初评情况汇总表（如有）。

14）重大质量事故鉴定报告。

15）工程中间交接验收申请。

16）工程中间交接证书。

17）工程交工证书。

18）施工质量自评报告及施工总结。

19）交工文件移交证书(是否放入按建设单位要求)。

20）竣工图。

21）……

六、监理文件组卷

监理文件(不包含监造文件)应在监理项目竣工验收后归档。

监理文件宜按单项工程组卷，分为管理卷、技术卷；卷内一般按文件形成时间排列。

1. 监理文件组卷

1）监理文件管理卷：主要包含监理单位形成的文件，其中监理日志应按专业进行记录，尽量用数据说话。

2）监理文件技术卷：主要包含施工单位报审、报验文件。报审资料组卷，文件较多时，要编制文件索引。材料、设备报审要附带材料、设备清单。

2. 监理文件管理卷通常放置以下文件

1）总监理工程师委托书。

2）总监理工程师资质证书。

3）监理印章授权书。

4）监理人员明细。

5）监理单位资质。

6）监理大纲、规划。

7）监理暂停令。

8）质量评估报告。

9）监理工作总结。

10）消防监理工作总结。

11）交工技术文件移交证书(是否放入按建设单位规定执行)。

12）监理日志。

13）监理周、月报。

14）监理会议纪要。

15）监理通知单。

16）……

上述文件按文件类型进行分册，如监理周月报册等，文件较少无法独立成册的，归入综合册。各册应放入交工技术文件封面(SH/T 3503—J101A 或 B)；交工技术文件目录(SH/T

3503—J103)；交工技术文件说明(SH/T 3503—J104)。综合册还应放入交工技术文件总目录(SH/T 3503—J102)。

3. 监理文件技术卷综合册通常放置以下内容

1）交工技术文件封面。

2）交工技术文件目录。

3）交工技术文件说明。

4）施工单位资质报审表及资质。

5）单位工程划分报审表及附件。

6）工程开工/复工报审表(包含开/复工文件)。

7）施工组织设计(方案)报审表(只放报审页)。

8）人员资质报审及名单。

9）……

监理文件技术卷中其他报审文件，如工程材料报审、见证取样等文件应独立成册，各册依据文件量还可设立分册，各册/分册应放入交工技术文件封面、交工技术文件目录、交工技术文件说明。

七、交工技术电子文件

1）交工技术电子文件内容和排列顺序应与纸质文件保持对应一致。

2）各案卷中的卷内目录，应有Excel格式版本，与对应电子文件一起存放。

3）存储载体要求使用不可擦除型光盘即只读型光盘CD-ROM、只读光盘DVD-ROM、U盘、硬盘等，光盘统一使用12厘米直径单面碟片。

4）电子文件的格式要求见表附件3-2。

表附件3-2 电子文件存储格式

序号	文件类别	格式	序号	文件类别	格式
1	文本(表格)文件	Word、Excel、PDF	4	影像文件	MPEG、AVI
2	图纸文件	DWG、PDF	5	声音文件	MP3、WAV
3	图像文件	JPG/JPEG、TIFF			

专用软件产生的电子文件原则上应转换成通用型电子文件后归档，确实无法转换的，则连同专用软件一并归档，并附上使用说明文件。

5）数字化技术要求：

采用扫描仪或数码相机等数码设备对纸质档案进行数字化加工，执行国家档案局发布的行业标准《纸质档案数字化技术规范》DA/T 31要求，主要指标规定如下：

a）为最大限度保留档案原件信息，便于多种方式的利用，宜全部采用彩色模式进行扫描。页面中有红头、印章或插有照片、彩色插图、多色彩文字等的档案，应采用彩色模式进行扫描；页面为黑白两色，并且字迹清晰、不带插图的档案，也可采用黑白二值模式进行扫描；页面为黑白两色，但字迹清晰度差或带有插图的档案，也可采用灰度模式扫描。

b）扫描分辨率应不小于200dpi。如文字偏小、密集、清晰度较差时，建议扫描分辨率不小于300dpi。

c）扫描分辨率的选择，应保证扫描后图像清晰、完整，并综合考虑数字图像后期利用方式等因素。

6）电子档案存储要求：

a）存储载体内电子文件严格按下面的目录树结构方式进行组织存储。采用四级目录树结构。

ⅰ. 第一级，“××××项目”文件夹。

ⅱ. 第二级，交工技术文件各卷文件夹，承包商交工技术文件包括：①综合卷（该目录下应放置可编辑版交工技术文件总目录）；②土建工程卷；③设备安装工程卷；④管道安装工程卷；⑤电气安装工程卷；⑥仪表安装工程卷；⑦材料质量证明卷；⑧竣工图卷；⑨设备出厂资料卷；⑩声像资料卷。监理交工技术文件包括：监理文件管理卷、监理文件技术卷。存储载体中，只保留有内容的文件夹。

ⅲ. 第三级，案卷文件夹，或称为册/分册文件夹，即每一卷纸质实体案卷制作一个文件夹，卷内各册/分册排列顺序与纸质载体一致。

ⅳ. 第四级，册/分册文件夹，放置册/分册内文件，其中应包括“卷内目录”。

注：

1. 交工技术文件卷内目录中的每个文件序号对应一个电子文件。电子文件命名方式：交工技术文件卷内目录中的文件序号+（空格）+文件名称。

2. 案卷外封面（科技档案封面）、卷内目录、卷内备考表PDF扫描版文件应放入相应文件夹内，文件名前不添加序号。

3. 声像资料卷照片册需要将可编辑版（WORD）、扫描版（PDF）及电子照片源文件（一般为jpg格式）一同放入存储载体。电子照片源文件应单独设置文件夹，其电子文件名应与照片号一致。

4. 声像资料卷录音录像册中的录音录像电子文件名应与录音录像文件号一致。

7）存储载体内电子档案检索目录要求：

每份存储载体内必须包括电子文件目录，统一使用Excel格式存储。具体要求如下：

a）卷内目录中各单元格内容超长不能显示时，应使用Excel表自动换行功能，不允许使用“ALT键+ENTER键”手动分行，不允许使用行或列隐藏功能。

b）一个案卷只能包含一个卷内目录，不管卷内目录多少页，卷内目录内容都存放在同一张Excel表上。

8）电子文件整理：

电子文件目前多采用U盘、硬盘（含移动硬盘）的方式进行存储，也可采用只读CD或DVD光盘进行存贮，并装入光盘盒/袋交付。电子文件归档载体的标签应注明项目、装置、专业、内容、编制单位、存入日期、保管期限等信息。标签样式见图附件3-4。一般情况下，标签应放置在U盘、硬盘（含移动硬盘）、光盘盒/袋中，禁止将标签粘贴于载体上。

序号：××原盘(或备份盘)
名称：××项目
××装置
编制单位：××××
存入日期：20××年××月
保管期限：永久/30年/10年

图附件3-4　电子文件载体标签

注：

① 一般情况下，标签上的字体字号等没有严格要求，清晰美观即可。同一项目自行统一。

② 如遇建设单位有特殊要求，以建设单位要求为准。

八、项目交工技术文件审查

项目交工技术文件的审查一般实行“三级审查”，即：形成单位自审—监理单位核审—建设单位会审，对项目文件（纸质、电子）的真实性、统一性、规范性、完整性、时效性、系统性及案卷质量进行审查。

1. 形成单位自审

包括在项目文件形成后对文件形成质量的审查，项目文件整理组卷后对案卷质量的审查和项目档案归档移交前案卷整体质量审查。

（1）施工单位：

a）项目施工过程中，按照施工班组长—质量检验员—专业工程师—总工程师的流程，对现场施工记录进行审核并签署。

b）在分部工程、单位工程质量验收时，审查单位工程、分部、分项、检验批形成的施工文件的真实、统一、规范、完整、准确及是否与施工建设同步。

c）项目中交后，对施工文件进行整理组卷，审查各专业施工文件的系统性及是否符合建设单位组卷要求。

d）档案移交前，组织相关人员对案卷整体质量进行全面审查。

e）项目实行工程总承包的，EPC 承包商应对各承包单位的全部施工文件进行全面审查，并形成审查意见。

（2）设计单位：

a）在竣工图设计过程中，按照设计—校对—审核的流程，对单张图纸进行审核并签署。

b）在竣工图组卷前，对照变更文件对竣工图修改进行审查。

c）在竣工图移交前，对竣工图（纸质、电子）案卷进行总体审查包括对其真实、统一、规范、完整，是否反映工程原貌，是否具有系统性进行审查。

d）项目实行工程总承包的，EPC 承包商应对设计单位竣工图等设计文件进行审查，并形成审查意见。

（3）采购单位：

a）项目设备、材料采购过程中，按照采购专员—专业工程师—采购经理的流程，对采购设备、材料的质量证明文件、检验/实验文件、图纸等进行审核并签署。

b）按阶段分批或工程中交后统一对设备文件进行整理组卷，审查设备文件的真实、统一、规范、完整、系统和编制质量；必要时可邀请建设单位生产准备部门共同审查（生产准备部门为设备的使用部门，需编制设备的使用、检修、维护手册等，可以从不同角度审查文件的完整性）。

c）采购材料相关文件的原件分批或工程中交后统一交施工单位进行整理组卷。

d）同一项目设备由不同单位采购时（如：建设单位采购长周期设备，采购单位采购其他设备），不同采购单位之间应协调一致、统一文件编制规则，保障项目设备文件合并后的统一性、规范性。

e）档案移交前，组织相关人员对案卷整体质量进行全面审查。

（4）监理单位：

a）在工程监理过程中，按照专业监理工程师—总监的流程，对监理文件进行审核并签署。

b）工程中交后，对监理文件进行整理组卷，审查监理文件的真实、统一、规范、完整、系统和编制质量。

c）档案移交前，组织相关人员对案卷整体质量进行全面审查。

（5）建设单位：

a）由建设单位自行采购的设备，设备出厂资料如由建设单位自行编制归档（也可与相应施工单位协商由施工单位代为编制），项目设备采购过程中，按照采购专员—设计相关单位专业工程师—采购经理的流程，对采购设备的质量证明文件、检验/试验文件、设计图纸等进行审核并签署。

b）设备出厂资料编制前，应按照全项目交工技术文件的要求，对制造厂商提出文件编制、交付的各项要求，建设单位采购部也应按照交工技术文件组卷要求，对制造厂商交付的文件进行整理组卷，同时，还应与项目施工单位之间保持沟通、协调，保障各单项工程交工技术文件的统一性、规范性、系统性。

c）设备出厂资料编制完成后，建设单位采购部应邀请质量管理等部门进行审核，必要时可邀请生产准备部门共同审查（生产准备部门为设备的使用部门，需编制设备的使用、检修、维护手册等，可从不同角度审查文件的完整性）。

2. 监理单位核审

1）在项目文件形成的过程中，监理单位专业工程师负责对项目文件进行逐一审查，确认无误后才能签署放行进入下一工作环节。

2）项目文件整理组卷后，责任单位应向监理单位提出项目案卷核审请求，监理单位对项目文件的真实、统一、规范、完整、时效性、系统性及案卷质量进行核审，并签署核审意见。

3. 建设单位会审

1）建设单位文档控制管理中心（DMCC）应组织质量部、专业工程师，以及地方质量监督机构对参建单位项目交工技术文件进行会审。

2）项目建设过程中，建设单位依据国家法律、法规，行业、地方相关标准，以及项目制定的相关制度，对参建单位项目文件编制、整理的程序与质量进行定期或不定期检查。

3）参建单位项目文件整理组卷完成后，交付归档前，应提交建设单位组织会审，建设单位对项目文件的真实、统一、规范、完整、时效性、系统性及案卷质量进行会审，并签署会审意见。

4. 交工技术文件（含监理文件）的审查、移交流程

交工技术文件（含监理文件）的审查、移交流程见图附件 3-5。

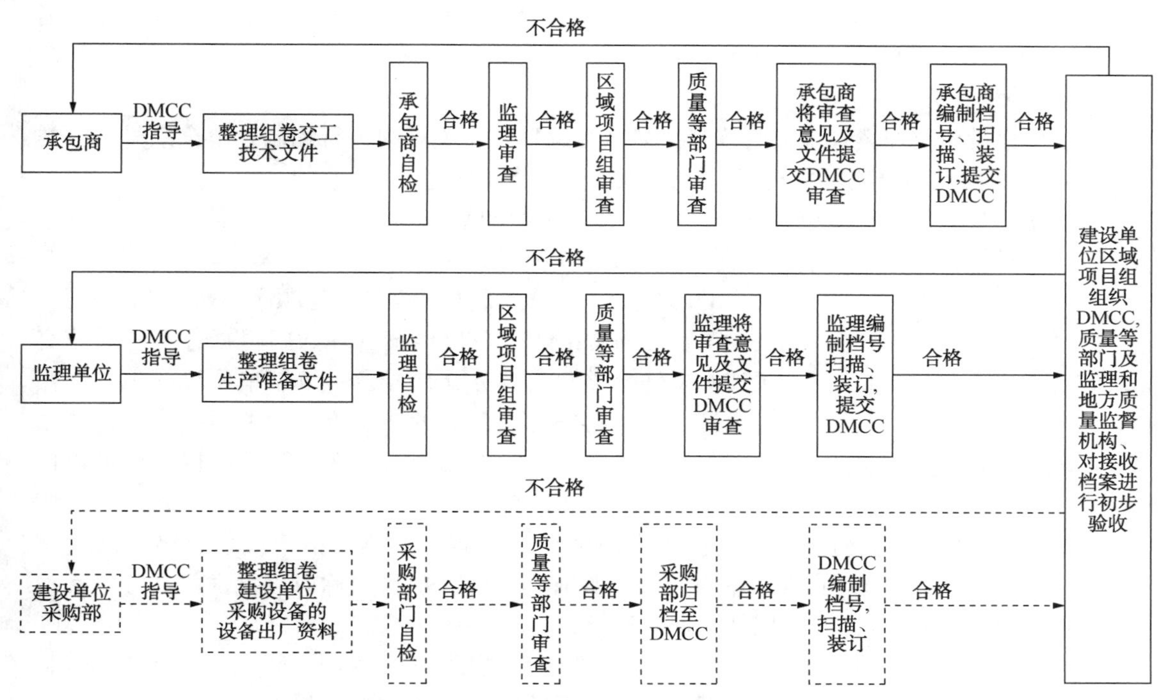

图附件 3-5 交工技术文件(含监理文件)的审查、移交流程

九、案卷编目

本章内容，如无特殊说明，主要参考《科学技术档案案卷构成的一般要求》GB/T 11822，以下简称 GB/T 11822。

1. 案卷组成

交工技术文件案卷构成包括：案卷外封面(科技档案封面)、卷内目录、案卷内封面(交工技术文件封面)、交工技术文件目录、交工技术文件说明、交工技术文件内容、卷内备考表。

2. 卷内文件页号的编写

1) 以件为单位编写页号时，以有效内容的页面为一页，采用打码机打印页号。各件之间不连续编写页号。

2) 以案卷为单位编号时，页号从“1”开始。各案卷之间不连续编写页号。

3) 页号编写位置：单面书写文件在右下角；双面书写文件，正面在右下角，背面在左下角；图纸的页号编写在右下角(一般在图标题栏外右下角)。

4) 成套图纸或印刷成册的文件材料，自成一卷的，页号连续的，原目录可代替卷内目录，不必重新编写页码。

5) 案卷外封面、卷内目录(原有目录除外)、卷内备考表不编写页号。

3. 案卷外封面的编制

案卷外封面采用科技档案封面(见 GB/T 11822 图 A. 1)印制在案卷盒正表面，为了便于管理，通常需要同步印制于150g/m²牛皮纸上，置于内封面前，并进行装订。字体、字号需根据项目要求统一执行。

（1）档号：

a）由建设单位档案管理部门按其档案分类编号的相关规则进行编制。由全宗号、分类号（通常按文件类别及项目号/装置进行分类）、案卷号组成。

b）全宗号：需向档案馆移交的档案，其全宗号由负责接收的档案馆给定。

c）分类号：应根据本单位分类方案设定的类别号确定。

d）案卷号：应填写科技档案按一定顺序排列后的流水号。

档号（35mm）	序号（15mm）	
档号	序号	10mm
		10mm

图附件 3-6　档号章式样

项目中通常由建设单位档案管理部门根据各参建单位交工技术文件分类及内容分配档号，由编制单位统一填写。档号可打印在案卷外封面，也可加盖档号章填写于内。档号章见图附件 3-6。为了便于案卷内文件的管理，档号还可以件为单位，加盖在文件封面。

（2）案卷题名　应简明、准确揭示卷内文件的内容，主要包括建设项目名称或代字（号）、结构、文件类型名称等。案卷题名应具有唯一性。项目名称应以批准的基础工程设计文件中的项目名称为准。归档外文资料的题名应译成中文。

a）案卷题名中必须包括建设项目名称，即建设项目名称+单项工程名称+卷名+册名。另外，生产装置名称前填写生产规模（例如：×万吨/年，×吨/时，×万方米/时）。

例如：

建设项目名称：××公司炼油乙烯一体化工程

单项工程名称：400 万吨/年柴油加氢装置

b）如建设项目只有一个单项工程，即建设项目名称就是单项工程名称的，则案卷题名中的单项工程名称可省略。建设项目名称已包括单项工程名称的，则案卷题名中的单项工程名称也可省略。

c）案卷题名参考样例：

施工交工技术文件案卷题名结构：

建设项目名称+单项工程名称（如有）+××工程施工卷+××册

以上卷册名称具体可参考图附件 3-1。

竣工图案卷题名结构：

建设项目名称+单项工程名称（如有）+竣工图卷+××册（专业）（落尾名或后缀语可书写为“竣工图”）

册名一般参照设计单位竣工图目录名称，例如：××建筑竣工图，××电气竣工图，等等。专业名称参考：工艺、建筑、结构、机械（设备）、给排水（给水、排水）、采暖、通风、电气、电信、仪表（自控）、消防等专业。

监理文件案卷题名结构：

建设项目名称+单项工程名称（如有）+监理文件管理卷（或监理文件技术卷）+××册

册名一般依据册内文件进行命名，如监理大纲、监理规划册等。

设备出厂资料案卷题名结构：

建设项目名称+单项工程名称(如有)+设备出厂资料卷+××册(设备名称)

(3) 立卷单位 填写文件组卷单位或部门。

实行工程总承包的项目，立卷单位填写 EPC 承包商名称；E+P+C 的项目，综合卷填写监理单位名称，工程施工卷填写施工承包商名称，竣工图填写设计承包商名称，设备出厂资料由建设单位组卷的，填写建设单位采购部。

监理文件的立卷单位填写监理单位名称。

(4) 起止日期 文字卷填写卷内文件形成的起止日期(即案卷内文件形成的最早和最晚日期)。

例如“2010 年 10 月 12 日”填写为“20101012”。起止日期中间用“—”相连，例如“20100320—20101009”。

(5) 保管期限：

a) 建设单位档案管理部门应依据保管期限表对档案进行价值鉴定，确定其保管期限，同一卷内有不同保管期限的文件时，该卷保管期限应从长。

b) 项目档案保管期限分为永久和定期两种，定期一般分为 30 年和 10 年(DA/T 28)。

(6) 密级：

a) 分为绝密、机密、秘密三种(GB/T 50328)。

b) 同一案卷内有不同密级的文件，应以卷内文件的最高密级作为本卷密级。

注：如与建设单位管理规定不同，由建设单位确定。

(7) 正副本章 应在案卷外封面右上角和案卷脊背(推荐下方)加盖“正本”或“副本”印章，均采用红色印泥，见图附件 3-7。

图附件 3-7 正/副本章式样(单位为毫米)

4. 案卷脊背编制

1) 案卷脊背印制在卷盒侧面(见 GB/T 11822 图 A.2)。

2) 案卷题名、保管期限、档号，填写方法同上。

3) 案卷脊背填写内容可根据需要选择填写。

4) 案卷脊背宽度依据档案盒厚度制定，分别为 10mm、20mm、30mm、40mm、50mm、60mm。

5. 卷内目录的编制

每一案卷必须有卷内目录，卷内目录应排列在案卷内封面之前。目录中的条目以件为单位编制，通常交工技术文件施工卷、监理卷卷内目录中只有一条记录。

卷内目录填写说明：

序号：应依次标注卷内文件排列顺序，用阿拉伯数字从“1”起依次标注。

文件编号：应填写文件文号或图样的图号等。

责任者：应填写文件形成者或第一责任者。

文件题名：应填写文件全称。

日期：应填写文件形成的时间，一般为8位阿拉伯数字。

页数：应填写每份文件总页数。(也可根据实际需要，填写页次。)

备注：可根据实际填写需注明的情况。

档号：一般由建设单位自行编写，或按照建设单位分配的档号进行编写。

6. 案卷内封面的编制

施工文件、竣工图、监理文件组卷必须有案卷内封面(即交工技术文件封面)，案卷内封面排列在卷内目录之后，并由案卷编制单位、监理单位和建设单位区域项目组的责任人员审核、签名。

SH/T 3503—J101A、B"封面"为石油化工建设工程项目交工技术文件封面。其中"卷号"系建设单位编排的归档编号。实行工程总承包的工程项目填写表J101B，未实行工程总承包的工程项目填写表J101A。

(1) 工程名称：

a) 工程名称以批准的项目基础工程设计文件中的项目名称为准。

b) 案卷内封面的"工程名称"必须与案卷外封面保持一致。

示例：

工程名称：××项目800万吨/年常减压装置

(2) 卷名　填写：综合卷、土建工程施工卷、设备安装工程施工卷、管道安装工程施工卷、电气安装工程施工卷、仪表安装工程施工卷、材料质量证明卷、竣工图卷等。

(3) 签字　同一单项/单位工程的施工文件、竣工图、监理文件案卷内封面中，建设单位项目经理的签名原则上应为同一个人；监理单位项目总监的签名原则上应为同一个人；EPC承包商项目经理的签名原则上应为同一个人；施工单位项目经理的签名原则上应为同一个人。

签名应由本人手写签字，字迹清晰可辨，不得由他人代签或以个人印章代替。

(4) 印章　单位栏"项目部章"应加盖责任单位经过建设单位备案的项目章；无项目章的加盖责任单位行政公章。

7. 交工技术文件目录的编制

1) 交工技术文件目录排列在案卷内封面之后。

2) SH/T 3503—J102"交工技术文件总目录"编列在交工技术文件综合卷。"文件名称"栏内应填写各卷、册及分册名，表中页数系各卷、册及分册的总页数。

3) SH/T 3503—J103"交工技术文件目录"为案卷的交工技术文件目录。

4) 成套或印刷成册的文件，自成一卷的，原目录可替代交工技术文件目录，可不必重新编写；但是，若该文件目录中未标注页号的必须标注页号。

5) 交工技术文件目录填写说明：

序号：应依次标注卷内文件排列顺序，用阿拉伯数字从1起依次标注卷内文件的排列顺序，一个文件一个号。

文件编号：填写文件文号、编号或图纸的图号，或设备、项目代号。无文件编号的文件使用"/"标识。

文件名称：填写文件材料标题全称（文件名称、或设备位号/管线号加表头名称），文件没有题名的，应由立卷人根据文件内容拟写题名。

页次：填写文件在卷内所排的起始页号。每卷内最后一份文件填写起止页号，起止页号之间用“/”或“—”连接，例：91/128，或91—128。

一般情况下，交工技术文件目录编制内容及排列顺序为：案卷内封面、交工技术文件目录、交工技术文件总目录（如有）、交工技术文件说明、案卷内文件。

8. 交工技术文件说明的编制

1）SH/T 3503—J104“交工技术文件说明”由交工技术文件编制单位填写。

2）说明交工技术文件编制依据、案卷构成、该卷册内容与哪些卷册相关，以及需要特别说明的事项。交工技术文件说明可参考以下结构组织编写，但主要需依据建设单位要求。

a）综合卷交工技术文件说明。主要按以下几点进行描述：

工程概况：工程内容、工程规模、参建单位等。

案卷构成：交工技术文件组卷策略及各卷册构成。

本册主要内容及文件排列方式（如需要）。

编制依据：交工技术文件组卷、文件格式、模板及其他文件编制依据。

编制单位。

其他说明。

b）除综合卷外其他卷交工技术文件说明。主要按以下几点进行描述：

本卷分册情况。

本册主要内容及文件排列方式（如需要）。

编制依据：交工技术文件组卷、文件格式、模板及其他文件编制依据。

编制单位。

其他说明。

3）表中“编制人”为编制单位各专业技术负责人，“审核人”为编制单位项目总工程师。

9. 卷内备考表的编制

1）每一案卷均应放置卷内备考表。

2）卷内备考表排列在卷内全部文件之后，其作用是用以说明卷内文件材料的情况，即卷内文件材料状况的记录单。

3）卷内备考表应标明案卷内全部文件总件数、总页数以及在组卷和案卷提供使用过程中需要说明的问题。

4）卷内备考表应标明卷内文件的件数、页数情况等，没有涉及说明的事项需用“/”标识。

5）互见号：应填写反映同一内容不同载体档案档号，并注明其载体类型（如光盘、硬盘等）。

6）立卷人，由立卷责任者签名。

7）立卷日期，填写完成立卷的日期。

8）检查人，由案卷质量审核者签名。

9）检查日期，填写案卷质量审核的日期。

10）施工文件、竣工图的立卷人、检查人的填写：立卷人应为立卷单位责任者，一般情况下为立卷单位文档控制工程师或资料员，立卷单位的确定见本章节3“案卷外封面的编制”中立卷单位的详细说明。检查人为立卷单位质量审核人，一般为项目经理/质量经理。

11）监理文件的立卷人、检查人应分别由监理单位立卷责任者（一般为文档控制工程师）、案卷质量审核者（一般为总监）签名。

十、项目交工技术文件整理中常见的共性问题

在交工技术文件编制、整理过程中，常见问题如下：

1. 组卷

1）编制交工技术文件应按SH/T 3503中规定：按照单项工程或单位工程进行组卷。部分单位编制过程中，未按报验的工程划分组卷，或报验文件与实际施工不符。

2）设备安装卷、管道安装卷组卷问题较多。特别提醒：

a）设备安装工程类宜按设备位号顺序、安装工序顺序组卷。同一台设备附属设备、附属设施及保温、保冷、脱脂、防腐等交工文件宜一并编入。

b）管道安装工程类（包括室外给排水工程）宜按管道编号顺序、安装工序顺序组卷。阀门检验、保温、保冷、脱脂、防腐等交工文件宜一并编入。

3）案卷未按文件形成的有机联系组卷。如：施工文件涉及的申请及批复、函件与复函；监理单位往来文函未按照有关工程质量、进度、安全、资金等问题进行组卷，不利于检索利用；原材料出厂试验报告、质量证明书未与进场复试报告有机联系组卷；机电安装施工文件未按照规范要求组卷；设备厂家文件未按照机组、台套组卷，而是按照采购合同组卷等。

4）各单项工程或标段组卷原则不统一，如文件的排列顺序、题名的拟写等未按统一要求执行。

5）组卷没有考虑文件的成套性。如：单位（分部）工程验收、阶段验收、重要活动等形成的文件，没有将验收申请、批复、会议通知及签到、自检报告、汇报材料、验收鉴定（签证）、整改闭合文件一起组卷。

6）案卷内不应有重份文件，件内不应有重页文件，但卷与卷相互之间有关联的文件，在归档过程中允许有一定数量的重复。

2. 案卷编目

（1）案卷封面（含案卷内外封面）：

a）案卷封面案卷题名拟写不规范，未能准确揭示卷内文件内容。

b）案卷题名中的项目名称不是项目核准名称，应使用核准项目名称。

c）立卷单位应为文件整理的组卷单位，有时误写为文件责任者。如：EPC项目交工技术文件施工卷立卷单位应为EPC承包商，责任单位应为施工分包商。

d）案卷外封面、脊背样式未按照GB/T 11822编制。

（2）目录（含卷内目录及交工技术文件目录）：

a）目录内容不满一页的，用空单元格填充。

b）卷内目录未按照 GB/T 11822 编制，其中责任者填写不准确或与实际文件责任者不符，责任者应填写文件材料的形成者或第一责任者。文件题名应按照有关要求填写文件材料全称。

ⅰ. 合同填写甲、乙双方两个责任者。

ⅱ. 竣工图、设计变更单责任者是设计单位。

ⅲ. 检测报告责任者是检测单位。

ⅳ. 施工文件的责任者是施工单位等。

c）日期填写不准确。

ⅰ. 竣工图日期应填写为竣工图监理审核日期。

ⅱ. 报审表日期应填写为监理签字日期。

ⅲ. 文件印发日期，应填写盖红章处的日期，或文件材料形成的时间。一份文件有多个日期的，以责任者的日期为准。

d）页号与对应的文件位置不一致。

e）文件题名著录。

ⅰ. 针对性不够。文件题名用相同的文件名著录，没有专指性，不便检索查找。例如：设计变更、通知、检测报告、报告单、会议纪要等。

ⅱ. 题名不完整，缺少事项发生的部位。例如：常压塔××单元工程质量评定表，只著录单元工程质量评定表。

ⅲ. 有的文件没有题名，或题名含义不清，不能揭示或全面揭示文件内容，应根据文件内容重新拟写题名或补充题名，新拟或补充标题应加“[ ]”。

（3）一支笔现象 案卷内封面、目录、交工技术文件说明、卷内备考表及卷内文件中，出现一支笔签字的现象，应注意签字、日期不能代签，应由各责任人签署。

（4）日期不符合逻辑关系：

a）开工报告时间在中间交接证书之前，中间交接证书时间在交工证书之前。各报表中签字时间应与实际相符。

b）会议纪要、会议签到表日期应同一天，在签发日期之前。

c）备考表日期应为本卷最晚日期，封面日期要晚于资料日期。

d）案卷封面的起止时间不准确，归档日期常出现早于文件形成日期现象。

3. 施工文件

（1）施工组织设计、方案(《建筑施工组织设计规范》GB/T 50502）

a）施工组织总设计应由总承包单位技术负责人审批并加盖单位印章；单位工程施工组织设计应由施工单位技术负责人或技术负责人授权的技术人员审批并加盖单位印章。

b）施工方案应由施工单位项目技术负责人审批并加盖项目印章；由专业承包单位施工的分部(分项)工程或专项工程的施工方案，应由专业承包单位技术负责人或技术负责人授权的技术人员审批并加盖单位印章；有总承包单位时，应由总承包单位项目技术负责人核准。

c）重点、难点分部(分项)工程和专项工程施工方案应由施工单位技术负责人批准并加盖单位印章。

（2）会议纪要不完整　设计交底、图纸会审等会议纪要应为原件；部分会议纪要缺签发人签字、无签到表或签到表填写不完整（少会议名称、主持人、会议时间等）。

（3）报审表填写不齐全　有多选框的应勾选相应选项；审查意见项不能只签名不写意见。

4. 监理文件

（1）监理规划、细则（《建设工程监理规范》GB/T 50319）：

a）监理规划：总监理工程师签字后由监理单位（企业）技术负责人审批，加盖企业印章。

b）监理细则：由总监理工程师审批，加盖项目印章。

（2）会议纪要问题同上。

5. 竣工图

1）竣工图组卷不够合理。一卷内图纸数量过多或过少现象。组卷时，根据工程实际情况及竣工图数量，一般按图纸目录顺序组卷。

2）竣工图卷内目录著录不够规范，卷内目录日期一栏一般填写竣工图的监理审核日期，而不是竣工图编制日期。

3）工程设计中采用的标准图、通用图，只需要组卷归档一套，其他卷使用时只需在卷内目录中列出图纸名称、图号，卷内备考表中注明标准图、通用图文件所在档号即可。

6. 设备出厂资料

1）出厂资料各专业卷按装置单元、设备位号排列，一台设备资料较多时，根据实际情况可组成一册，也可组成多册。

2）外文出厂资料的标题、目录需翻译成中文。

3）页码编号要求：出厂资料没有页码的需编页码。原资料中有页码的可不必重新编页码。

4）出厂资料的签章要求：

a）供货商提供的设备原材料质量证明文件上需加盖生产厂商或供应商质量证明或检验专用章。

b）质量证明文件中的原材料证明文件不是原件的需注明原件存放处、复印人、审核日期，并加盖保存单位公章。

c）压力容器、特种设备竣工图的签章必须完整，相应资质的设计、制造许可章不可缺少，竣工图必须为原件。

7. 声像档案

1）照片档案未对整个工程照片档案分类及收集范围做要求，归档照片未做编制说明。

2）场面性照片多，反映隐蔽工程、重点工序等细节的照片较少，且个别照片主题不突出，未能反映工程实际施工情况（工程施工、监理单位在尚未撤场的情况下，建议加大照片收集力度，包括工程原始地貌、主体工程开工前原始照片、建筑物形象照片，以及隐蔽工程、重点工序、施工缺陷及缺陷处理等照片的收集，尽量保证工程照片档案的完整性）。

3）照片参见号未填写，与纸质施工文件及光盘档案未建立对应关系。个别照片说明表述不完整、不准确，如：未将照片涉及的人物的职务、姓名及所在位置准确描述。照片题名过于简单，不能准确揭示照片内容。

4）调试单位归档照片及照片说明中未见人物/人物姓名及所在位置标识。

5）探伤底片卷内目录及脊背格式不统一、不规范。

6）已收集的光盘、U 盘、硬盘等档案未见整理，如设备文件光盘、程序文件光盘等。

7）光盘、U 盘、硬盘封面及档案说明中未见数据格式、运行环境、保管期限、编制日期等标识。